VIKTOR ALEXEJEWITSCH PALM

Grundlagen der quantitativen Theorie organischer Reaktionen

VIKTOR ALEXEJEWITSCH PALM

Grundlagen der quantitativen Theorie organischer Reaktionen

Bearbeitet und herausgegeben von

PROF. DR. RER. NAT. GÜNTHER HEUBLEIN

Jena

Mit 61 Abbildungen und 67 Tabellen

AKADEMIE-VERLAG · BERLIN

1971

В. А. ПАЛЬМ
ОСНОВЫ КОЛИЧЕСТВЕННОЙ ТЕОРИИ ОРГАНИЧЕСКИХ РЕАКЦИЙ

Erschienen im Verlag „Chimija“, Leningrad

Erschienen im Akademie-Verlag GmbH, 108 Berlin, Leipziger Straße 3—4

Lizenz-Nr. 202 · 100/500/71
Gesamtherstellung: VEB Druckhaus „Maxim Gorki“, 74 Altenburg
Bestellnummer: 5757
EDV-Nr.: 761 438 4
Printed in German Democratic Republic

Inhalt

Anlagen

Vorwort zur deutschen Ausgabe

Für die weitere Entwicklung der organischen Chemie ist eine Rationalisierung der Experimentplanung hinsichtlich der Auswahl der Synthesewege und deren vorausberechenbare Optimierung zur gezielten Reaktionsführung von großer Bedeutung.

Die Mehrzahl der gegenwärtig akzeptierten Reaktionsmechanismen beruht auf mehr oder weniger gut gestützten experimentellen Befunden, die zur Formulierung möglicher Übergangs- und Zwischenzustände führen. Auf Grund der komplexen Natur der Einflüsse auf ein Reaktionszentrum kann der Grad der Übereinstimmung zwischen den so erhaltenen Modellvorstellungen und dem realen Ablauf der Reaktion nur in ganz einfachen Fällen durch eine statistische Analyse ermittelt werden.

Da es auch in naher Zukunft noch nicht möglich sein wird, die Dynamik der Reaktion quantenmechanisch exakt zu erfassen, dürfte die Suche nach empirischen Beziehungen zur quantitativen Parametrisierung organischer Reaktionen von erheblichem Interesse sein. Einen Ausgangspunkt zur Lösung dieser Problematik bietet das „Prinzip der Linearität der freien Enthalpie", dessen Verallgemeinerungsfähigkeit von V. A. Palm einer kritischen Wertung unterzogen wird. Die Aufstellung von Korrelationsbeziehungen und besonders die Ausarbeitung eines Modells der „Polylinearität" mit den daraus ableitbaren Möglichkeiten zur Vielparameterkorrelation bewogen den Herausgeber, die Bearbeitung einer Übersetzung der „*Grundlagen der quantitativen Theorie der organischen Reaktionen*" vorzunehmen.

Die deutsche Ausgabe des „Palm" entspricht in der sachlichen Darlegung im wesentlichen dem Original. Veränderungen erfolgten in der Terminologie, um eine bessere Anpassung an den deutschen Sprachgebrauch zu erreichen. Besonders in den einleitenden Kapiteln wurde eine textliche Straffung angestrebt, die Wiederholungen in den vertiefenden Kapiteln einschränkt, jedoch nicht völlig ausschließt, um den Charakter einer Übersetzung zu wahren und dem Autor wesentlich erscheinende Akzentuierungen zu belassen. In Übereinstimmung mit dem russischen Original und dem größten Teil der dort zitierten Arbeiten wird allgemein für die (partielle molare) Gibbssche freie Energie bzw. freie Enthalpie das Symbol F anstelle des im deutschen üblicheren G verwendet.

Auf ergänzende Darlegungen sowie einige Schlußfolgerungen einschränkende Bemerkungen (z. B. kinetische Lösungsmitteleffekte) wurde bewußt verzichtet, da die Gesamtthematik der Vielparameterkorrelationen zu sehr in den Anfängen steckt und die experimentelle Sicherung der vorgeschlagenen Gleichungen noch aussteht.

Das Buch wendet sich an fortgeschrittene Studenten, als eine Einführung in die Problematik der quantitativen Erfassung organischer Reaktionen. Es dient gleichzeitig interessierten Fachkollegen als Grundlage zur Gewinnung, Einordnung und mathematischen Behandlung von Parametern, die die Elementarprozesse chemischer Reaktionen charakterisieren. Dabei kann die vorgeschlagene Methode für die Prozeßmodellierung eine Bestätigung ihrer Richtigkeit oder eine weiterführende Korrektur erfahren. In beiden Fällen würde die Aufgabe des Buches, eine forcierte Bearbeitung dieser aktuellen Thematik anzuregen, erfüllt sein.

Für fehlerhafte Interpretationen der Übersetzung sowie stilistische und technische Mängel der deutschen Fassung fühlt sich der Herausgeber verantwortlich und bittet die Fachkollegen um kritische Hinweise.

Der Entwurf zur Übersetzung des „Palm“ wurde von einem Studentenkollektiv der Sektion Chemie der Friedrich-Schiller-Universität Jena erarbeitet.

Bei der Abfassung des Manuskriptes unterstützte mich Herr *Dr. Peter Hallpap* mit vielen Vorschlägen und Anregungen, wofür ich ihm meinen besonderen Dank aussprechen möchte.

Fräulein *Dipl.-Chem. Brigitte Adelt* und Fräulein *Ing.-Chem. Ursula Köditz* danke ich herzlich für ihre Hilfe bei der Manuskriptgestaltung.

Jena, April 1970 *Günther Heublein*

Vorwort

In der organischen Chemie haben sich in den letzten drei Jahrzehnten bedeutungsvolle Veränderungen vollzogen. Neben einer großen Zahl neuer Reaktionen und Synthesemethoden ist die genaue Struktur einer Reihe komplizierter Naturstoffe bis hin zu den Nucleinsäuren und Eiweißstoffen erkannt worden. Die Erfolge in dieser Richtung fanden ein ziemlich breites Echo, nicht nur unter den eigentlichen Spezialisten.

In steigendem Maße behandeln Monographien die Ergebnisse zahlreicher Arbeiten, die der Untersuchung von Reaktionsmechanismen gewidmet sind. Doch eng verknüpft mit dem Studium der Mechanismen ist die Anwendung der Quantentheorie auf organische Reaktionen, die lange Zeit unverdient im Hintergrund stand. Noch vor ganz kurzer Zeit konnten viele Chemiker, unter ihnen auch der Autor dieses Buches, nicht vermuten, daß auf diesem Gebiet ein schneller und wirksamer praktischer Erfolg möglich ist. Die Perspektiven für die Entdeckung quantitativer Beziehungen zwischen der chemischen Struktur der Reaktanten und den Geschwindigkeits- oder Gleichgewichtskonstanten der Reaktionen schienen zunächst unklar, da die entsprechenden Bemühungen der Quantenchemie auf große Schwierigkeiten stießen.

Das vorliegende Buch stellt sich das Ziel, zur Füllung der erwähnten Lücke beizutragen. Es werden eine Reihe quantitativer Gesetzmäßigkeiten und theoretischer Modelle erörtert, die das Ergebnis einer mehrjährigen Entwicklung der physikalischen organischen Chemie sind.

Das Buch wendet sich an alle Chemiker, die sich für Fragen der quantitativen Berechnung von Reaktionen interessieren. Für seine Lektüre ist keine spezielle Vorbildung erforderlich, die über die im Hochschulstudium vermittelten Grundlagen hinausgeht. Die verwendeten Daten sind dem 3. Band des „*Handbuches des Chemikers*“ (russ.) [262] entnommen. Ergänzende Angaben werden im Text zitiert.

Die vorliegende Arbeit ist ein erster Versuch des Autors, einen großen Teil des Materials zu erörtern, das die verschiedenen Einflüsse auf organische Reaktionen erfaßt. Dabei können sich Fehler und Mängel in der Darlegung ergeben. Deshalb werden alle kritischen Hinweise der Leser mit Dank entgegengenommen. Bei der Vorbereitung und Interpretation des Materials waren die verschiedenen Diskussionen mit M. I. Kabačnik, L. M. Litvinenko, E. S. Rudakov, O. Exner, A. I. Šatenštein, A. M. Stock, H. H. Jaffe, S. I. Miller, S. Winstein, A. Streitwieser, M. Charton, E. Grunwald und anderen von außerordentlich großer Bedeutung, unabhängig davon, ob sich eine Übereinstimmung der Standpunkte oder Unstimmigkeiten in den Ansichten über dieses oder jenes Problem herausstellten. Besonderen Dank schuldet der Autor R. W. TAFT für nützliche Diskussionen und die regelmäßige Zusendung von z. T. noch unveröffentlichtem wissenschaftlichen Material. So wäre das Kap. 14.3. nicht in dieser Form geschrieben worden, wenn dem Autor nicht der Text des Vortrages von R. W. TAFT auf einem Seminar der kalifornischen Universität in Irving zur Verfügung gestanden hätte.

Für die regelmäßige Zusendung ihrer Arbeiten, darunter auch der noch nicht veröffentlichten, dankt der Autor aufrichtig den obengenannten wie auch vielen anderen Wissenschaftlern aus verschiedenen Ländern, die aufzuzählen hier leider nicht möglich ist. Der Autor dankt ebenfalls I. A. KOPPEL für die Hilfe bei der Niederschrift des Kap. 14.1. und 2.

Ein großer Teil des dargelegten Materials entstammt den Arbeitsergebnissen der Mitarbeiter des Laboratoriums für chemische Kinetik und Katalyse und des Lehrstuhls für organische Chemie der staatlichen Universität Tartu, I. A. KOPPEL, A. O. KYRGESAAR, V. M. MAREMJAE, A. E. PICHL, V. O. PICHL, A. I. TAL'VIK, I. V. TAL'VIK. V. G. TIMOTCHEUS, CH. R. TIMOTCHEUS, A. V. TUULMETS und J. L. CHALDN.

Das Erscheinen dieser Arbeit wäre kaum möglich ohne die Existenz dieses wissenschaftlichen Kollektivs, dem der Autor durch jahrelange Zusammenarbeit verbunden ist.

Bei der Durchführung des rechnerischen Teils der Arbeit ist der Autor J. K. KICHO sehr zu Dank verpflichtet, der auch zusammen mit A. R. ICHER das allgemeine Rechenprogramm für das Gleichungssystem der Polylinearität aufgestellt hat.

Große technische Hilfe bei der Sichtung des Materials und bei der Ausarbeitung des Manuskripts leisteten T. LAANPERE, T. RAUDAM und I. M. SOBOLEV. Dafür bringt ihnen der Autor seinen aufrichtigen Dank zum Ausdruck.

Einführung

Eine Reihe quantitativer Gesetzmäßigkeiten und theoretischer Gesichtspunkte, die das Ergebnis der Entwicklung der modernen physikalisch-organischen Chemie darstellen, entstanden auf der Grundlage der klassischen Strukturtheorie, der Elektronentheorie, der chemischen Thermodynamik, der chemischen Kinetik und der Theorie des Übergangszustandes. Das wichtigste Ergebnis dieser Synthese ist ein bedeutender Fortschritt in der Theorie des Molekülbaus. Daraus lassen sich wesentliche Schlußfolgerungen auf die kinetischen und thermodynamischen Parameter chemischer Reaktionen ableiten, so daß die Frage nach der quantitativen Abschätzung der Einflüsse der Struktur der Moleküle gestellt werden kann. Gleiche Aspekte treffen auch auf das Reaktionsmilieu zu (Lösungsmitteleinfluß).

Wie ist diese Aufgabe zu lösen, welche Größen müssen als Grundlage verwendet werden, und wie können die Zahlenwerte dieser Größen gefunden werden?

Von entscheidender Bedeutung ist hierbei die Methode zur Lösung des Problems. Bei der Auswahl der Methode müssen in jedem Falle die bekannten Naturgesetze Berücksichtigung finden. Das schließt jedoch mögliche Alternativen nicht aus. Daraus folgt, daß man Naturgesetze, die für ein System verschiedenartiger Stufen der Kompliziertheit gelten und somit verschiedenen Stufen der „Wissenschaftshierarchie" angehören, ausnutzen kann. Je niedriger diese Stufen sind, um so mehr werden fundamentalere Naturgesetze gelten und es sollte prinzipiell möglich sein, den physikalischen Sinn der angewendeten komplizierteren logischen und mathematischen Operation zu erklären. Deshalb konnte im allgemeinen die Auswertung der theoretischen Vorstellungen und des mathematischen Apparates komplizierter Systeme und Erscheinungen mit Erfolg auf die Ergebnisse des Studiums der einfacheren Systeme zurückgeführt werden. In unserem Falle können solche fundamentalen Vorstellungen und mathematischen Ableitungen aus der Quantenmechanik und der statistischen Thermodynamik erhalten werden.

Der genannte Weg hat jedoch Mängel, wenn auch nicht prinzipieller Natur, so doch hinsichtlich seiner praktischen Durchführung. Es zeigt sich, daß dieses Herangehen die Berücksichtigung einer großen Zahl von Wechselbeziehungen erfordert, die für komplizierte Objekte statistisch bestimmt ist. Im Sprachgebrauch der Quantenchemie entspricht dies einem Vielteilchenproblem mit den damit verbundenen Schwierigkeiten. Deshalb entsteht die Notwendigkeit wesentlicher Vereinfachungen, der Anwendung von Näherungsmethoden in den Berechnungen und des Ersatzes realer Systeme durch mehr oder weniger grobe Modelle. Gleichzeitig wird es oft notwendig sein, zusätzliches experimentelles Material für die empirische „Festlegung" einiger Parameter zur Berechnung heranzuziehen. Es scheint uns, daß der gegenwärtige Stand der Quantenchemie, ihre großen Erfolge einerseits und die bestehenden Schwierigkeiten andererseits, als charakteristische Illustration des Gesagten dienen kann.

Aus diesen Schwierigkeiten ergibt sich oft die Notwendigkeit, Gesetzmäßigkeiten zu Hilfe zu nehmen, die auf höheren Stufen der „Wissenschaftshierarchie“ aufgestellt worden sind. Diese Gesetzmäßigkeiten nehmen, falls sie nicht eindeutig aus einer vollständigen Problemanalyse folgen, unvermeidlich empirischen Charakter an. Dann ist die „wahre“ physikalische Bedeutung der ausgewerteten Größen bzw. Abhängigkeiten und sogar der Begriffe ganz oder teilweise unbekannt. Trotzdem besitzen die aus Analogiebetrachtungen erhaltenen empirischen Gesetzmäßigkeiten in praktischer Hinsicht nicht unbeträchtliche Vorzüge. Diese bestehen in der Einfachheit des mathematischen Apparates und in der Genauigkeit der Berechnungsergebnisse.

Der Begriff „Empirische Gesetzmäßigkeit“ bedarf hier einer Präzisierung. Die grundlegenden Naturgesetze sind oft auf empirischem Wege aufgestellt worden. Bei ihrer Formulierung benutzte man solche Begriffe wie elektrische Ladung, Gravitation usw., deren physikalisches Wesen unbekannt ist. Die Werte der grundlegenden Parameter (Ladung, Spin und Masse der Elementarteilchen usw.) wurden ebenfalls empirisch gefunden. In diesem Sinne sind die fundamentalen Gesetzmäßigkeiten ihrem Wesen nach auch empirisch. Der Unterschied besteht nur darin, daß sie auf der untersten Stufe der „Wissenschaftshierarchie“ aufgestellt worden sind. Welche Stufe als die grundlegende erscheint, hängt nicht nur von der objektiven Stellung der Dinge in der Natur ab, sondern auch von der erreichten Tiefe der wissenschaftlichen Erkenntnis.

Aus dem Gesagten folgt ein wichtiger Schluß. Es ist zu erwarten, daß auf höherer Stufe der Verallgemeinerung quantitative empirische Abhängigkeiten gefunden werden können, die die Strukturen von grundlegenderen (und in niederen Stufen enthaltenen) Gleichungen enthalten und die dadurch den mathematischen Apparat wesentlich vereinfachen, was für die quantitative Beschreibung komplizierter Systeme unerläßlich ist. Dabei ergibt sich auch die Möglichkeit, daß die in den Gesetzen höherer Stufen enthaltenen elementaren und empirischen Begriffe und Größen ihre Erklärung finden (im physikalischen Sinne) oder sogar auf dem Wege der Anwendung fundamentaler Gesetze und Größen berechnet werden können. Als Beispiel kann man die Wechselbeziehungen zwischen Thermodynamik und statistischer Mechanik heranziehen.

Im Vordergrund der Betrachtung dieses Buches werden gerade solche empirischen „nichtfundamentalen“ quantitativen Beziehungen stehen, die die Reaktionsgeschwindigkeits- oder Gleichgewichtskonstanten mit Strukturparametern oder Parametern für das Reaktionsmilieu verknüpfen. Deshalb ist es wichtig, von Anfang an zu betonen, daß jede Theorie, die zur Berechnung der Konstanten und der Reaktionsgleichgewichte organischer Verbindungen brauchbar sein soll, zwei sehr strenge Anforderungen erfüllen muß. Die erste ist die Genauigkeit der Berechnungen. Es besteht kaum ein besonderes praktisches Interesse an einer Theorie, deren Anwendung auf die Berechnung der Geschwindigkeits- oder Gleichgewichtskonstanten zu Fehlern führt, die nur wenig mehr als die Größenordnung eines Parameters zu bestimmen gestatten. Mit anderen Worten, bei 300 °K sollten die Fehler bei der Bestimmung der freien Aktivierungs- bzw. Reaktionsenergie 1,0···1,5 kcal/Mol nicht übersteigen, selbst wenn nur eine grobe halbquantitative Abschätzung angewendet wird. Wenn wir die Fehlergrenze der Beträge der Reaktions- oder Gleichgewichtskonstanten auf $\pm 20\%$ festlegen, ist damit die Forderung verbunden, die freie Energie mit einer Genauigkeit von $\pm 0{,}1$ kcal/Mol zu bestimmen. Dieses Ergebnis könnte man schon als vollkommen befriedigend bezeichnen.

Die zweite Anforderung leitet sich ab aus der unendlichen Mannigfaltigkeit der organischen Verbindungen und ihren Reaktionsbedingungen. Bei der Erfassung empirischer Gesetzmäßigkeiten ist es zur rechnerischen Überprüfung einer bestimmten Anzahl möglicher Varianten notwendig, über ein Minimum quantitativer experimenteller Daten zu verfügen. Aus begreiflichen Gründen kann die Anzahl der letzteren nicht allzu groß sein. Daraus folgt die Forderung nach der progressiven Erhöhung der „praktischen Effektivität" von Berechnungen, bei wachsender Zahl der möglichen Varianten. Als praktische Effektivität soll die Größe N/n gelten. Dabei ist N die potentielle Zahl der Varianten, die in der entsprechenden Gleichung erfaßt werden und n die Mindestzahl empirischer Parameter, deren Beträge für die Durchführung der Berechnungen bei der gleichen Variantenzahl notwendig sind. Die angeführte Forderung kann auch so formuliert werden: Bei beliebiger Vergrößerung von N muß die Zahl n „vernünftig" klein bleiben, d. h.:

$$\lim_{N \to \infty} \frac{N}{n} = \infty$$

Es ist verständlich, daß auch diese Forderung sehr streng erscheint, und es wird nicht leicht werden, ihr zu genügen.

Unter den empirischen Gesetzmäßigkeiten in der Chemie besitzt die Methode der vergleichenden Berechnung der physiko-chemischen Eigenschaften einen großen Wert. Eine ausführliche Gesamtübersicht über solche Methoden wird in der Monografie von M. Ch. Karapet'janc gegeben [1].

Zur Berechnung der Geschwindigkeits- oder Gleichgewichtskonstanten besitzen einige Spezialfälle für die Anwendung der Methoden der vergleichenden Berechnung auf die freie Reaktions- oder Aktivierungsenergie eine besondere Bedeutung. Diese Spezialfälle vereinigen sich zu einer allgemeinen Gesetzmäßigkeit, die unter der Bezeichnung „Freie-Energie-Beziehung" (Linear-Free-Energy-Relationship = *LFE*) bekannt ist. An späterer Stelle werden Ergebnisse betrachtet, die durch unmittelbare Anwendung des *LFE*-Prinzips erhalten worden sind. Dieser Teil wird als geschichtlicher Überblick dargelegt. Danach erfolgt eine allgemeine theoretische Begründung sowohl für *LFE* als auch für andere Methoden der linearen vergleichenden Berechnungen. Dann werden von diesem Standpunkt aus die allgemeineren Grundlagen der abstrakten quantitativen Theorie der Reaktionsfähigkeit organischer Verbindungen betrachtet. Der daran anschließende Teil des Buches ist dem Vergleich der Theorie mit den Experimenten und der Analyse des konkreten Materials gewidmet.

Zunächst seien einige Worte über die Terminologie und Symbolik vorangestellt. In der Spezialliteratur finden sich drei parallele und in vielem einander entsprechende Systeme der Termini, die die Elektronenstruktur der Moleküle charakterisieren. Das eine System ist von der englischen Schule ausgearbeitet worden. Es bringt neben der umfassenden Verwendung des Begriffes „Mesomerie" eine detaillierte Klassifizierung elektronischer Effekte, die als „statische" und „dynamische" zusammengefaßt werden. Das zweite System verwendet den Begriff „Resonanz" und die sogenannten „Resonanzformeln". Ihrem Gehalt nach sind die Termini „Mesomerie" und „Resonanz" praktisch gleichwertig. Das dritte System verwendet den Terminus „Kopplung"[1]), der in vielen Fällen im gleichen Sinne wie „Resonanz" oder „Mesomerie" gebraucht wird, aber im allgemeinen ein engeres Gebiet dieser Erscheinungen umfaßt. Beispielsweise kann der induktive Effekt mit Hilfe von Resonanzformeln dargestellt werden, fällt aber nicht unter die Kategorie der Erscheinungen, die vom Terminus „Kopplung" erfaßt werden.

Im vorliegenden Buch werden die beiden letztgenannten Begriffe nebeneinander verwendet, jedoch dient die Resonanzsymbolik als Grundlage. Das hängt damit zusammen, daß die Resonanzformeln eine große Anschaulichkeit besitzen. Sie gestatten es, Besonderheiten der Elektronenstruktur hervorzuheben, ohne dabei die Formeln durch gebogene Pfeile zu entstellen. Man muß aber auch in Betracht ziehen, daß die Mehrheit der organischen Arbeiten die Resonanzsymbolik und die entsprechenden Bezeichnungen der Substituentenkonstanten enthält. Die Einführung neuer Bezeichnungen, wie sie übrigens in einer Reihe vorhergehender Arbeiten vom Autor dieses Buches angeregt wurden, trüge zu einer weiteren Komplizierung bei, so daß vielmehr eine Vereinheitlichung angestrebt werden sollte.

Was die traditionelle Terminologie der englischen Schule betrifft, so ist sie oft unnötig kompliziert. Das wirkt sich besonders bei der Klassifizierung der elektronischen Effekte aus. Die dabei getroffenen Unterscheidungen basieren auf der oben erwähnten Vorstellung von der Existenz der „dynamischen" Elektroneneffekte. Praktisch entsprechen letztere der Betrachtung des Reaktionsablaufes vom Standpunkt der Theorie des Übergangszustandes. Geht man aber nun von der Theorie des aktivierten Zustandes aus, so müssen diese „dynamischen" Elektroneneffekte durch die Betrachtung der statischen Elektronenstruktur aktivierter Komplexe ersetzt werden. Ein solches Herangehen findet sich auch in voller Übereinstimmung mit dem quantenchemischen Standpunkt, der alle molekularen Systeme als stationär betrachtet, darunter auch den Aktivierungszustand.

[1]) *Anmerkung des Herausgebers:* Dieser Begriff wird bevorzugt im russischen Sprachgebrauch verwendet.

Teil I

Bisherige Entwicklung und Formulierung einer abstrakten Theorie

Kapitel 1: Kurzer historischer Überblick

1.1. Die Brönsted-Beziehung

Der erste Versuch, ein quantitatives Maß für den Zusammenhang zwischen der Struktur organischer Verbindungen und ihrer Reaktionsfähigkeit zu finden, wurde bereits im Jahre 1911 von DERICK [2] unternommen. Als Maß für den polaren Einfluß der Substituenten war die freie Energie der Basen- bzw. Säure-Dissoziation entsprechend substituierter Basen und Säuren vorgeschlagen worden. Ausgehend von diesem Prinzip führte DERICK die Zahlenwerte der so benannten Positivität (φ) und Negativität (ϑ) der Atome und Substituenten ein,

$$\varphi = \frac{1000}{\ln K_b} \quad \text{und} \quad \vartheta = \frac{1000}{\ln K_a}$$

wobei K_b und K_a die entsprechenden Konstanten der Basen- bzw. Säure-Dissoziation in Wasser bei 25 °C darstellen. Er bestimmte auch die Zahlenwerte der α-, β-, γ- und δ-Faktoren, die die Verkleinerung des Einflusses elektronegativer Gruppen bei ihrer Entfernung von der Carboxylgruppe der Säure widerspiegeln. Die Faktoren sind von der Natur dieser Gruppen abhängig.

DERICK versuchte jedoch noch nicht, die von ihm eingeführten Größen ϑ und φ für die quantitative Korrelation zwischen den Geschwindigkeits- oder Gleichgewichtskonstanten anderer Reaktionen zu verwenden. Da diese Parameter keine praktische Anwendung fanden, kam ihnen zunächst keine Bedeutung zu. Deshalb sollte der Beginn der Geschichte der quantitativen Theorie organischer Reaktionen erst mit dem Jahre 1924 angesetzt werden, als BRÖNSTED und PEDERSON [3] erstmalig Geschwindigkeits- und Gleichgewichtskonstanten für verschiedene Reaktionen gegenüberstellten. Dies geschah in Form der von ihnen vorgeschlagenen Gleichung, die eine Abhängigkeit zwischen den Katalysekonstanten der Säuren oder Basen im Falle verschiedener Reaktionen, die allgemein einer sauren oder basischen Katalyse zugängig sind, und zwischen den Aciditäts- oder Basizitätskonstanten der gleichen Säuren oder Basen herstellt. Die quantitative Beziehung, die später die Bezeichnung BRÖNSTEDsche Gleichung erhalten hat, wird folgendermaßen formuliert:

für Säuren $$k_{HA} = G_A (K_{HA})^{\alpha} \tag{1.1}$$

für Basen $$k_B = G_B (K_B)^{\beta} \tag{1.2}$$

Durch $k_{HA}(k_B)$ wird die Katalysekonstante der jeweiligen Säure (Base) und durch $K_{HA}(K_B)$ die Dissoziationskonstante der gleichen Säure (Base) gekennzeichnet. Die Größen $G_A(G_B)$ und $\alpha(\beta)$ charakterisieren die betrachtete katalytische Reaktion.

Die BRÖNSTEDsche Gleichung stellt eine gewöhnliche empirische Beziehung dar, die innerhalb gewisser Grenzen verwendbar ist. Für ihre Gültigkeit muß berücksichtigt werden, daß die Größen G_A (G_B) oder α (β) in der Mehrzahl der Fälle nur bei Säuren und Basen ähnlicher Struktur konstant sind (bei gleicher funktioneller Gruppe als Zentrum der Acidität oder Basizität). Kaum einer erblickte in dieser Gleichung den Vorläufer einer neuen wissenschaftlichen Richtung, die später zu wesentlichen Veränderungen in der theoretischen Chemie führen sollte. Die BRÖNSTEDsche Gleichung ist somit das erste praktische Beispiel eines Typs quantitativer Abhängigkeiten, die später unter der Bezeichnung „Freie-Energie-Beziehung" *LFE* zusammengefaßt wurden. Um sich davon zu überzeugen, genügt es, die Gleichung (1.1) oder (1.2) zu logarithmieren:

$$\ln k_{HA} = \ln G_A + \alpha \ln K_{HA} \tag{1.3}$$

Aus (1.3) ersieht man, daß die Logarithmen der Größen k_{HA} und K_{HA} eine lineare Abhängigkeit zeigen. Bekanntlich ist der Logarithmus einer beliebigen Gleichgewichtskonstanten proportional der freien Energie ΔF der Reaktion (der Kürze halber werden im folgenden die Termini „freie Energie" der Reaktion und „freie Aktivierungsenergie" anstelle der „Änderung der freien Energie" im Laufe der Reaktion oder der kritischen Aktivierung verwendet).

$$\ln K_{HA} = -\frac{1}{RT}\Delta F_{HA} \tag{1.4}$$

Dabei ist ΔF_{HA} die freie Dissoziationsenergie der Säure *HA*.

Der Logarithmus der Geschwindigkeitskonstante befindet sich in linearer Abhängigkeit von der freien Aktivierungsenergie $\Delta F^{\ddagger}$:

$$\ln k_{HA} = -\frac{1}{RT}\Delta F^{\ddagger}_{HA} + \ln\frac{kT}{h} \tag{1.5}$$

Bei der Kombination von (1.3) mit (1.4) und (1.5) erhalten wir:

$$\Delta F^{\ddagger}_{HA} = \alpha\,\Delta F_{HA} + const. \tag{1.6}$$

Folglich befindet sich die freie Aktivierungsenergie in linearer Abhängigkeit von der freien Dissoziationsenergie.

Natürlich war es im Jahre 1924 noch nicht möglich, zu diesem einfachen Schluß zu kommen, da zu dieser Zeit der Begriff der freien Aktivierungsenergie selbst nicht bekannt war. Aus diesem Grunde konnten mit der Entdeckung der BRÖNSTEDschen Gleichung noch keine verallgemeinerungsfähigen Vorstellungen über die lineare Abhängigkeit zwischen den freien Energien verschiedener Prozesse entwickelt werden.

Wie bereits erwähnt, beschreibt die BRÖNSTEDsche Gleichung nur die Abhängigkeit zwischen den Katalysekonstanten der Säuren oder Basen und den entsprechenden Aciditäts- oder Basizitätskonstanten.

Damit wird durch diese Definition der Anwendungsbereich der Gleichung eingeschränkt. Im Jahre 1933 fand die Entwicklung dieser Theorie eine Erweiterung durch die Arbeit von HAMMETT und PFLUGER [4], die zeigen konnten, daß die

Logarithmen der Geschwindigkeitskonstanten für die Reaktion

$$R - COOCH_3 + N(CH_3)_3 \rightarrow [R - COO]^{\ominus} [N(CH_3)_4]^{\oplus}$$

sich in linearer Abhängigkeit von den Logarithmen der Dissoziationskonstanten der Säure R — COOH befinden.

Der Rest R kann eine beliebige aliphatische Gruppe oder eine substituierte Phenylgruppe sein. In der genannten Arbeit wurde diese Abhängigkeit nur als Erweiterung der Anwendungsmöglichkeiten der Brönstedschen Gleichung interpretiert, und zwar hinsichtlich der Analogie zwischen der Abspaltung des Protons einer Säure und des $CH_3^{\oplus}$-Ions eines Esters. Damit waren aber die genannten Autoren der Ableitung eines wesentlich universelleren Typs quantitativer Abhängigkeiten des Reaktionsgeschehens beträchtlich näher gekommen, und es erscheint naheliegend, daß gerade dieses Beispiel Hammett zur Suche nach einer solchen Abhängigkeit zwischen den Logarithmen der Geschwindigkeits- und Gleichgewichtskonstanten veranlaßte, die bereits nicht mehr an bestimmte Reaktionstypen gebunden ist.

1.2. Die Hammett-Beziehung und die Formulierung des LFE-Prinzips

In der Mitte der 30er Jahre war von einigen Forschern (Hammett [5] im Jahre 1935; Backhard, Ford und Singleton [6] sowie Dippy und Watson [7] im Jahre 1936) fast gleichzeitig eine interessante quantitative Gesetzmäßigkeit untersucht worden, die bei Reaktionen der meta- und para-substituierten Derivate des Benzols beobachtet wird. Wenn eine beliebige Reaktion an der Seitenkette eines meta- oder para-substituierten Benzolringes erfolgt, so verändern sich die Geschwindigkeits- oder Gleichgewichtskonstanten parallel zu den Dissoziationskonstanten der entsprechenden meta- oder para-substituierten Benzoesäuren. Diese Parallele spiegelt sich in einer einfachen linearen Abhängigkeit zwischen den Logarithmen der Geschwindigkeits- bzw. Gleichgewichtskonstanten und den Logarithmen der Dissoziationskonstanten der entsprechend substituierten Benzoesäuren wider.

Der Anwendungsbereich dieser Abhängigkeit führt bereits über die Brönstedsche Gleichung hinaus, da nicht nur die gleichen Reaktionen einer bestimmten Verbindungsklasse unter Beibehaltung des stets gleichen Reaktionszentrums erfaßt werden. Allerdings war die neue Gesetzmäßigkeit insofern begrenzt, als sie nur auf meta- bzw. para-substituierte Derivate des Benzols angewendet werden konnte.

Im Jahre 1937 konnte von Hammett folgender wichtige Schritt getan werden [8]. Er formulierte die obengenannte Gesetzmäßigkeit in folgender Form:

$$\ln k = \ln k_0 + \varrho \ln \frac{K}{K_0} \qquad (1.7)$$

In dieser Gleichung sind k und k_0 die Reaktionsgeschwindigkeits- oder Gleichgewichtskonstanten für meta- oder para-substituierte bzw. monosubstituierte Benzolderivate innerhalb des gleichen Reaktionstyps und unter gleichen Bedingungen. K und K_0 sind die Dissoziationskonstanten der entsprechenden Benzoesäuren in Wasser bei 25 °C.

Setzt man

$$\ln K/K_0 \equiv \sigma \tag{1.8}$$

so erhält die Gleichung (1.7) folgendes Aussehen:

$$\lg k = \lg k_0 + \varrho \cdot \sigma \tag{1.9}$$

Die Formulierung (1.9) ist unter der Bezeichnung HAMMETT-Gleichung bekannt.

Mit der Einführung dieser Gleichung konnte HAMMETT zeigen, daß sie im Grunde genommen die lineare Abhängigkeit zwischen den entsprechenden Größen der freien Reaktions- und der Aktivierungsenergie darstellt, und damit dem *LFE*-Prinzip entspricht. Die HAMMETT-Gleichung enthält alle Begriffe, die das *LFE*-Prinzip charakterisieren und ist somit ein klassisches Beispiel dieser allgemeinen Abhängigkeit.

Zu diesen Begriffen zählt einmal die Reaktionsfolge bzw. Reaktionsserie mit wechselndem Substituenten. Darunter versteht man die Reaktion einer Reihe von Verbindungen mit der allgemeinen Formel $X - Y$, worin Y das Reaktionszentrum ist, das im Laufe der Reaktion oder der Aktivierung bestimmten Veränderungen unterzogen wird. X stellt jenen Teil des Moleküls dar, der im Laufe der Reaktion nicht angegriffen wird (der sogenannte Substituent). Für die Reaktionsfolge sind die Gleichartigkeit des Reaktionszentrums Y und all die Veränderungen charakteristisch, die es im Laufe der Reaktion erfährt (Typ und Mechanismus der Reaktion), aber auch die Temperatur, das Lösungsmittel und die übrigen Reaktionsbedingungen. Innerhalb der Seriengrenzen ist nur der Substituent X variabel. So stellen gleichartige Reaktionen der Verbindungen $X - Y$ unter gleichen Bedingungen und variablem X eine Serie bzw. Reihe dar.

Im Falle der HAMMETT-Gleichung sind die Variationsmöglichkeiten durch die spezifische Natur der Substituenten begrenzt, und sie ist infolgedessen nur dann zu verwenden, wenn X durch die folgende Struktur charakterisiert wird:

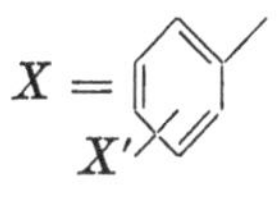

Die rechte Seite der Gleichung (1.9) enthält zwei neue Konstanten. Die Größen σ (s. Gl. 1.8) sind nicht nur charakteristisch für eine bestimmte Reaktion einer speziellen Reihe von Verbindungen (Dissoziation der meta- oder para-substituierten Benzoesäuren). Sie besitzen allgemeinere Bedeutung als Parameter zur quantitativen Charakterisierung des Substituenteneinflusses (in diesem Fall meta- oder para-substituierte Phenylgruppen). Deshalb erhielten die Größen σ die Bezeichnung „Substituentenkonstanten".

Die Größen $\lg k_0$ und ϱ sind Konstanten, die den Reaktionsablauf charakterisieren. $\lg k_0$ ist ein Maß für die freie Reaktions- oder Aktivierungsenergie unter Standardbedingungen (s. u.) und nicht vom Substituenten X abhängig. Die Konstante ϱ zeigt die Empfindlichkeit des Reaktionsablaufs gegenüber dem Einfluß des Substituenten X an. Je größer der Absolutwert von ϱ ist, desto stärker verändert sich die freie Reaktions- oder Aktivierungsenergie mit der Veränderung des Substituenten X.

Eine besondere Bedeutung kommt dem Begriff der Standardreaktion und des Standardsubstituenten zu. Für die Standardreaktion kann im Prinzip jede Substanzreihe gewählt werden, die der HAMMETT-Gleichung folgt. Sie dient der Normierung der Größen und der Bestimmung der Zahlenwerte von σ. Im Falle der HAMMETT-Gleichung wurde als Standardreihe die Dissoziation substituierter Benzoesäuren in Wasser bei 25 °C gewählt. Für diese Reihe ist $\varrho \equiv 1$ festgesetzt worden. Durch diese Normierung erhält die Gleichung (1.9) für die Standardreihe die Form von (1.8). Ein Substituent X wird als Standardsubstituent gewählt. Für diesen ist $\sigma \equiv 0$ und $\lg k \equiv \lg k_0$. Im Falle der HAMMETT-Gleichung ist der Standardsubstituent die unsubstituierte Phenylgruppe.

In der ersten Veröffentlichung von HAMMETT wurden die Konstanten der HAMMETT-Gleichung auf folgende Weise interpretiert: Die Substituentenkonstanten σ gelten als Maß für die Änderung der Elektronendichte am C_1-Atom des Benzolringes, welches mit einer das Reaktionszentrum enthaltenden Seitenkette verbunden ist. Die Änderung der Elektronendichte resultiert aus dem summierten induktiven und mesomeren Einfluß des Substituenten X' auf den Benzolkern.

Geht die Ladungsänderung am C_1-Atom in die positive Richtung (d. h. abnehmende Elektronendichte), so erhält σ ein positives Vorzeichen. Durch negative σ-Werte werden solche Substituenten charakterisiert, die die Elektronendichte am C_1-Atom erhöhen. Durch diese Behandlung charakterisiert man mit den σ-Konstanten nicht die substituierte Phenylgruppe insgesamt, sondern nur den Substituent X' am Benzolkern, wobei der Betrag von σ auch von der Stellung (meta- oder para) dieses Substituenten abhängt. Diese Interpretation ist weit verbreitet, auch wenn sie nicht dem strengen Begriff von Substituentenkonstanten entspricht. Letztere sollten nur den Substituenten charakterisieren, unabhängig von seiner Stellung.

Die Größe ϱ zeigt, in welchem Maße die Reaktionsfähigkeit von der Ladungsänderung am C_1-Atom des Benzolkernes abhängt. Wenn eine Verkleinerung der Elektronendichte (positivere Ladung) am C_1-Atom den Reaktionsverlauf begünstigt (d. h. die Geschwindigkeits- oder Gleichgewichtskonstante vergrößert), so hat ϱ einen positiven Betrag, und umgekehrt. Je stärker die Reaktionsfähigkeit von der Ladung am C_1-Atom abhängt, desto größer ist der Absolutwert von ϱ.

In der ursprünglichen Abhandlung wurde ϱ zur Temperatur und der Dielektrizitätskonstante D der Umgebung in Beziehung gesetzt:

$$\varrho = -\frac{1}{d^2 T}\left(\frac{B_1}{D} + B_2\right) \tag{1.10}$$

In dieser Gleichung sind B_1 und B_2 Konstanten, d ist der Abstand zwischen dem Substituenten X und dem Reaktionszentrum.

In der Monografie [9], die im Jahre 1940 herausgegeben wurde, führte HAMMETT das Ergebnis einer breiteren statistischen Überprüfung seiner Gleichung an. Für 52 Reaktionsserien mit den Größen ϱ zwischen $-3{,}69$ und $+3{,}99$ beträgt der durchschnittliche Fehler S 0,060 logarithmische Einheiten. Das entspricht einer

Abweichung vom Betrag der Geschwindigkeits- oder Gleichgewichtskonstanten von $\pm 15\%$. Nur für 7 Reaktionsfolgen ist $S > 0{,}1$, und in einem Falle ist $S > 0{,}2$.

Weit umfangreicheres statistisches Material bezüglich des Anwendungsbereiches der HAMMETT-Gleichung wurde im Jahre 1953 von JAFFE [10] mitgeteilt. Aus der inzwischen wesentlich angestiegenen Fülle experimentellen Materials wurde für 371 Reaktionsfolgen die mittlere Standardabweichung s für die experimentellen Punkte der Regressionsgeraden nach Gleichung (1.9) zu $s = 0{,}091$ logarithmische Einheiten gemessen ($s = 1{,}48\,S$). Für 27 Reaktionsfolgen ist $s > 0{,}3$ und für 5 Reaktionsfolgen ist $s > 0{,}5$. Da unter vergleichbaren Bedingungen die Größe s proportional ϱ ist, führte JAFFE einen Korrelationskoeffizienten r ein, der den Grad der Linearität zwischen $\lg k$ und σ entsprechend der Gleichung (1.9) charakterisiert. Die Größe r hängt in geringerem Maße von ϱ ab. Der mittlere Wert von r für die 371 Reaktionsfolgen ist gleich 0,977. Für 129 Reaktionsfolgen fand man $r > 0{,}99$, für 137 Reaktionsfolgen $0{,}95 < r < 0{,}99$ und für 71 Reaktionsfolgen $r < 0{,}90$. Nach der Einschätzung von JAFFE entspricht $r > 0{,}99$ einer ausgezeichneten und $0{,}95 < r < 0{,}99$ einer genügenden Korrelation. Bei $r < 0{,}90$ ist der aus der HAMMETT-Gleichung erhaltene ϱ-Wert unsicher. Als Ergebnis seiner Statistik findet JAFFE, daß nur 26 von 371 Reaktionsfolgen durch die HAMMETT-Gleichung nicht erfaßt werden.

In der von JAFFE dargelegten Übersicht wurden auch eine Reihe von Beispielen für die Anwendung der HAMMETT-Gleichung zur Korrelation der Halbstufenpotentiale polarographischer Reduktionen, aber auch solcher physikalischer Parameter wie die charakteristischen Frequenzen der *JR*-Absorptionsspektren, Dissoziationsenergien der Verbindungen, chemische Verschiebungen in der Kernresonanzspektroskopie und Frequenzen der Kernquadrapolresonanz beschrieben. Diese Beispiele, die über den Aspekt der Reaktionsfähigkeit hinausgehen, haben einen großen prinzipiellen Wert, denn sie zeigen die Unabhängigkeit der σ-Werte vom Reaktionsgeschehen selbst.

Mit dem schnellen Anwachsen der entsprechenden experimentellen Daten wurde klarer, daß die HAMMETT-Gleichung beschränkt anwendbar ist, und nicht über den Bereich m- und p-substituierter Benzolderivate hinausgeht. Darauf wurde schon von HAMMETT selbst hingewiesen, als von ihm zwei σ-Werte für p-NO_2-gruppen eingeführt wurden: ein „normaler" (0,778) und ein wesentlich höherer Wert (1,27). Letzterer wurde für Reaktionen wie die Dissoziation von Phenolen und Anilinium-Ionen vorgeschlagen. Es zeigte sich schließlich, daß bei beiden Reaktionsfolgen auch für einige andere elektronegative Substituenten die angegebenen σ-Werte modifiziert werden müssen.

In der Übersicht JAFFES werden bereits für eine Reihe elektronegativer Gruppen zwei σ-Werte eingeführt. Für die höheren σ-Werte, die aus den Reaktionsfolgen der Dissoziation von Phenolen und Anilinium-Ionen bestimmt werden, führte JAFFE die Bezeichnung σ^* ein, die später durch σ^- ersetzt wurde. Die Zahl der Reaktionen, die die Verwendung der höheren σ-Werte erfordern, geht über die erwähnten Beispiele hinaus. Etwas später zeigten DENO und SCHRIESHEIM [11] sowie OKAMOTO und BROWN [12], daß die HAMMETT-Gleichung mit den σ-Werten, die aus den Dissoziationskonstanten der Benzoesäure bestimmt wurden, im Falle der p-Substituenten noch für eine Reihe anderer Reaktionen nicht befolgt wird. Diese Fälle sind durch eine starke Erhöhung der Elektronenakzeptor-Eigenschaften des Reaktionszentrums im Aktivierungsschritt charakterisiert (z. B. die Bildung von Carbonium-Ionen). Das erste Beispiel derartiger Abweichungen von der HAMMETT-Gleichung wurde bereits 1951 von SWAIN und LANGSDORF gegeben [13]. Gleiches gilt auch für einige Substitutionsreaktionen in der aromatischen Reihe [14—16].

1.3. Modifikationen der Hammett-Beziehung

Dadurch, daß der Einfluß der *m*- und *p*-substituierten Phenylgruppen nicht durch die gleichen σ-Werte für alle Reaktionsfolgen charakterisiert werden kann, besitzt die HAMMETT-Gleichung offensichtlich nicht den Grad der Universalität, der ihr bei der Untersuchung eines begrenzten experimentellen Materials zugeschrieben wurde. Diese Feststellung regte zur Analyse der Ursachen und zur Suche nach solchen Modifikationen an, die eine Korrelation der Daten gestatten, auch wenn die ursprüngliche HAMMETT-Gleichung nicht mehr gilt.

Für die Abweichung von der HAMMETT-Gleichung zeigt sich eine höchst einfache Gesetzmäßigkeit. In der Regel finden Abweichungen nur bei p-Substituenten statt, während sich der Einfluß der m-Substituenten gut durch die ursprünglichen σ-Werte beschreiben läßt. Abweichungen werden für solche Reaktionsfolgen festgestellt, bei welchen man von der Struktur des substituierten Benzolkörpers her, eine wesentliche Veränderung der Resonanzwechselwirkung zwischen p-Substituenten und dem Reaktionszentrum im Laufe der Reaktion erwarten kann. Als Beispiel kann man die weiter oben erwähnte Dissoziation der substituierten Phenole anführen:

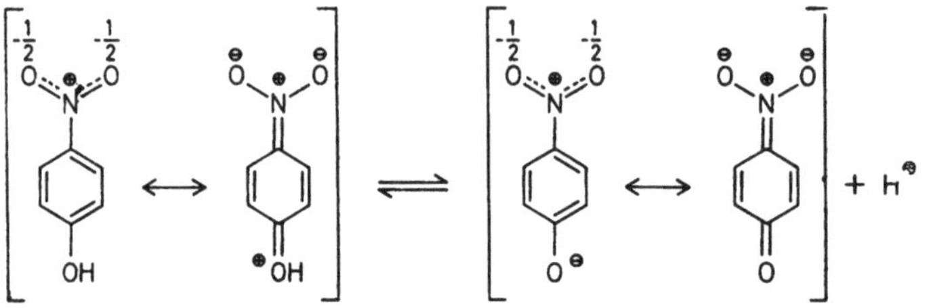

I *II*

Es erscheint klar, daß das größere Relativgewicht der Resonanzstruktur *II* im Vergleich zur Struktur *I* einen größeren Resonanzenergiegewinn für das p-Nitrophenolation liefert, als für das p-Nitrophenol. Da die Resonanzstruktur des Typs *II* im Falle des m-Nitrophenols und auch des p-Aminophenols nicht möglich ist, ergibt sich für die p-Nitrogruppe (oder analoge p-Substituenten) ein Ergänzungsfaktor zum „Normalbetrag" der Größe σ, der sich zusätzlich auf die freie Reaktionsenergie auswirkt. Das gilt dann, wenn das direkt an den Benzolkern gebundene Atom des Reaktionszentrums ein freies Elektronenpaar besitzt, das mit dem Substituenten in Wechselwirkung treten kann.

Analog ist die Situation auch im Falle solcher Reaktionen wie z. B. der Dissoziation substituierter Triphenylcarbinole:

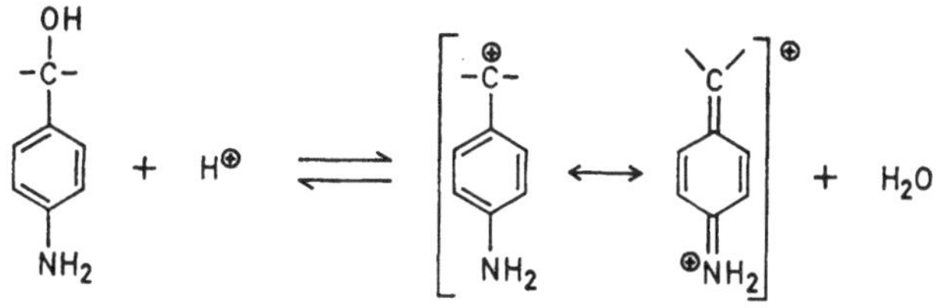

III

Hier ist im Endzustand die Resonanzstruktur *III* möglich, die zu einem zusätzlichen Energiegewinn und dementsprechend zu einer Änderung der freien Reaktionsenergie führt, die in den Größen σ nicht enthalten ist. In diesem Beispiel wird die zusätzliche Resonanzstabilisierung durch solche p-Substituenten bewirkt, die ein freies Elektronenpaar am direkt mit dem Benzolkern verbundenen Atom haben, oder auch für solche Alkylreste, die zur Hyperkonjugation befähigt sind.

Für Reaktionen dieses Typs wurden von einigen Autoren für elektronenabgebende Substituenten [12, 17, 18] neue σ-Werte vorgeschlagen (NH_2, NR_2, OH, O*R*, Halogene, Alkyle usw.), die mit σ^+ gekennzeichnet werden. Die Beträge von σ^+ sind kleiner (d. h. negativer) als die HAMMETTschen Werte von σ für die entsprechenden Substituenten. Am bekanntesten ist die Skala der σ^+-Werte, die von BROWN und OKAMOTO [12, 17] eingeführt wurde. Die σ^-- und σ^+-Werte (bezeichnet als $\sigma_N{}^{**}$ und $\sigma_E{}^{**}$) waren auch von MILLER vorgeschlagen worden [75]. Er ging dabei von den Abweichungen der Punkte für p-Substituenten $\big((-)R$ und $(+)R\big)$ von der Geraden aus, die durch Auftragen von $\lg k_m$ gegen σ im Falle der nucleophilen und elektrophilen aromatischen Substitution erhalten wird.

So ergaben sich außer (1.9) noch zwei Modifikationen der HAMMETT-Gleichung:

$$\lg k = \lg k_0 + \varrho\sigma^- \tag{1.11a}$$

$$\lg k = \lg k_0 + \varrho\sigma^+ \tag{1.11b}$$

Im Falle der m-substituierten Verbindungen sind die Gleichungen (1.11a) und (1.11b) identisch mit (1.9) ($\sigma_M{}^- = \sigma_M{}^+ = \sigma_M$).

Die Anwendbarkeit der Gleichung (1.11b) von HAMMETT-BROWN wurde an zahlreichen Beispielen experimentell überprüft [12, 18—25]. Dabei zeigte sich, daß sie nicht nur von vielen Reaktionen befolgt wird, die durch unmittelbare Kopplung zwischen dem elektronenanziehenden Reaktionszentrum und dem Benzolkern charakterisiert sind, sondern auch im Falle der elektrophilen Substitution am aromatischen Kern [26—28].

Die Gleichungen (1.11a) und (1.11b) können auch wie folgt geschrieben werden:

$$\lg k = \lg k_0 + \varrho\sigma + \psi \tag{1.12}$$

σ ist der normale HAMMETT-Wert und ψ stellt einen Summanden dar, der durch die überschüssige Resonanzstabilisierung entsprechend Typ *II* und *III* bedingt wird.

Um die Gleichungen (1.11a) und (1.11b) mit den Werten für σ^-- und σ^+ anwenden zu können, muß die Größe ψ/ϱ eine Konstante sein, die unabhängig von den Reaktionsfolgen ist. Mit anderen Worten, die Größe ψ muß sich proportional ϱ

ändern. Die Ursache dieser Proportionalität kann nicht begründet werden. Daraus folgt, daß die Größen σ^- und σ^+ keine universellen Konstanten sein können, die für alle Reaktionen des entsprechenden Typs anwendbar sind. Deshalb müßte man für die Modifikationen der HAMMETT-Gleichung (1.11a) und (1.11b) immer neue und zusätzliche Größen σ^- und σ^+ einführen, von denen jede nur im Falle einer begrenzten Unterklasse von Reaktionen brauchbar ist. Einem derartig empirischen Weg kommt offensichtlich keine Perspektive zu.

Schließlich kann man zeigen [29], daß die ursprünglichen HAMMETT-Größen σ, die aus Dissoziationskonstanten der substituierten Benzoesäuren definiert sind, ihrem Wesen nach Konstanten vom Typ σ^+ für elektronenabgebende p-Substituenten sind, da die übliche Resonanzstabilisierung analog der Struktur des Typs *III* möglich ist:

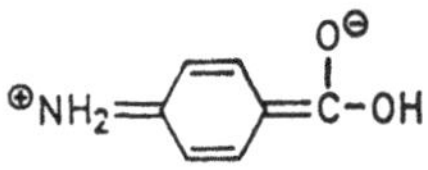

Der Weg, Mittelwerte von σ zu benutzen, die aus den Daten einer großen Zahl von Reaktionsfolgen errechnet wurden, erscheint ebenfalls nicht gangbar. Dadurch könnte zwar der mittlere statistische Fehler verbessert werden, aber die Genauigkeit für die einzelnen Reaktionsfolgen würde sich verringern, und die Substituentenkonstanten verlören ihren eindeutigen physikalischen Sinn. Dieser Weg ist in der Übersicht von JAFFE [10] untersucht worden, und es wurde eine neue Skala der auf den Durchschnitt bezogenen σ-Werte vorgeschlagen. Als Entgegnung auf diese Konzeption kann man den Versuch von MC DANIEL und BROWN [30] werten, die Bedeutung der ursprünglichen Skala der σ-Werte, wiederherzustellen und zu präzisieren.

In der zweiten Hälfte der fünfziger Jahre war endgültig klar, daß ein universeller Typ der HAMMETT-Gleichung nicht existiert. Es begann die Suche nach komplizierteren, dafür aber auch präziseren und allgemeineren Abhängigkeiten, die auf der freien Energiebeziehung beruhen. Diese Untersuchungen führten zu einem bedeutenden Fortschritt durch Modifizierungen in der Anwendung der freien Energiebeziehung und einer detaillierten Berücksichtigung der physikalischen Natur der Substituentenkonstanten.

1.4. Anwendung des LFE auf Struktureinflüsse — Additivitätsprinzip

Zu Beginn der fünfziger Jahre glaubte man, daß die HAMMETT-Gleichung in der aliphatischen Reihe nicht anwendbar ist. Die Geschwindigkeitskonstanten der alkalischen Hydrolyse aliphatischer Ester befinden sich z. B. nicht in linearer Abhängigkeit von den pK_a-Werten der entsprechenden Säuren. Das gleiche gilt auch für o-substituierte Benzolderivate (Abb. 1).

Die Gründe für diese Situation sah man in erster Linie in der sterischen Hinderung [9]. Weiter wurde angenommen, daß eine einfache Abhängigkeit wie die HAMMETT-Gleichung mit der Forderung nach der Konstanz der Reaktionsentropie oder der Aktivierungsentropie verbunden ist. Da man annahm, daß entropische Effekte im wesentlichen sterischer Natur sind (in Analogie zum sterischen Faktor p in der Stoßtheorie), wurde für rein elektronische Effekte eine feste

Molekülstruktur mit einer relativ großen Entfernung zwischen dem wechselnden Substituenten und dem Reaktionszentrum als notwendig erachtet. Im Falle der m- und p-substituierten Benzolderivate wird diese Forderung erfüllt, was man allgemein als Grund für die Anwendbarkeit der Hammett-Gleichung auf diese Verbindungstypen ansah. In den Jahren 1952/53 erfuhren diese Vorstellungen eine wesentliche Erweiterung. Die folgenden zwei Hypothesen wurden von Taft [31–33] aufgestellt und später durch umfangreiches experimentelles Material [34–38] bestätigt.

Abb. 1: Nichtbefolgung der Hammett-Gleichung bei aliphatischen Systemen und *o*-substituierten Benzolderivaten

k – Geschwindigkeitskonstanten für die alkalische Hydrolyse von Äthylestern der Säuren *X*COOH in 85%igem Äthanol bei 25 °C

K – Dissoziationskonstanten dieser Säuren in H_2O bei 25 °C

○ – aliphatische Substituenten *X*; $X_0 = CH_3$

● – *X* = o-substituierte Phenylgruppe; $X_0 = C_6H_5$

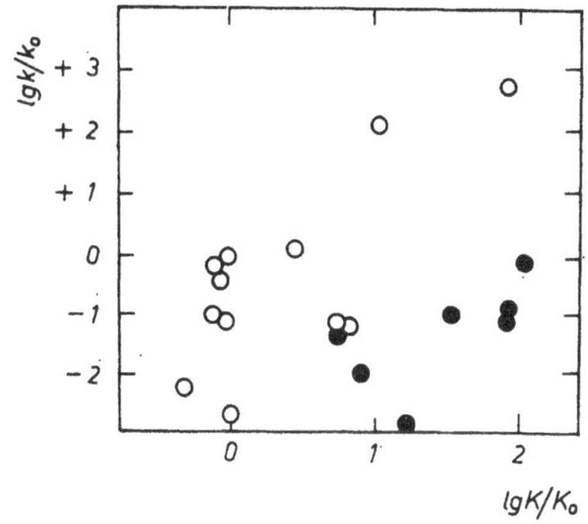

Die erste Hypothese besagt, daß die Beträge, die in die Summe der freien Reaktions- oder Aktivierungsenergie eingehen und durch verschiedene Strukturfaktoren verursacht werden (Wechselwirkungen zwischen den Struktureinheiten im Molekül), wie z. B. Induktionseffekt, sterische Hinderung, Resonanzeffekte usw., in erster Näherung nicht voneinander abhängen. Danach setzt sich die Größe ΔF additiv aus einzelnen Summanden, die verschiedenen Strukturfaktoren entsprechen, zusammen.

Das zweite Postulat lautet, daß man das Prinzip der Freien Energie nicht auf die summierte Größe ΔF anwenden darf, sondern nur auf jeden Summanden einzeln.

Es steht heute außer Zweifel, daß die beiden Postulate Tafts in ihrer Bedeutung der Entdeckung der Freien Energie-Beziehung durch Hammett nicht nachstehen. Nur auf dieser Grundlage war es möglich zu erkennen, daß die Freie Energie-Beziehung keineswegs eine einfache empirische Gesetzmäßigkeit ist, die nur innerhalb enger Grenzen gilt und für eine weitergehende theoretische Verallgemeinerung untauglich ist.

Die ersten Arbeiten Tafts [31, 39] beruhten auf kinetischen Untersuchungen für die Reaktionsfolgen der sauren und alkalischen Hydrolyse aliphatischer Ester. Es soll noch einmal unterstrichen werden, daß diese Reaktionen klassische Beispiele der Nichtbefolgung der Hammett-Gleichung sind. Ausgehend von der Vorstellung, die bereits von Ingold [40] 1931 geäußert wurde, nahm Taft an, daß die Struktur der aktivierten Komplexe für die saure und alkalische Esterhydrolyse sehr ähnlich sein muß und sich nur durch das Vorzeichen der Ladung und die Anwesenheit zweier zusätzlicher Protonen bei der sauren Hydrolyse unterscheidet:

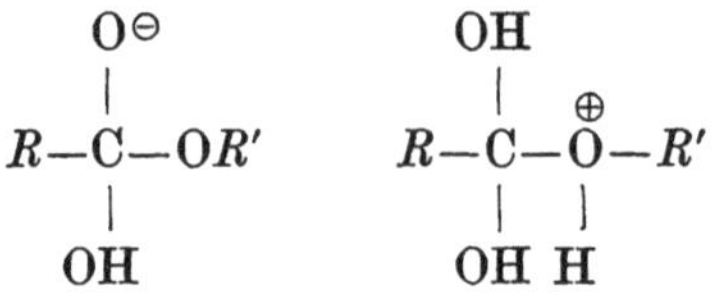

Infolge des kleinen Volumens der Protonen müssen die sterischen Verhältnisse in der Nähe des Reaktionszentrums praktisch identisch sein. Gleiches trifft auch auf die Möglichkeiten der Resonanz mit der Carbonylgruppe zu, die in beiden Fällen im tetraedrischen Zustand aufgehoben ist. Dagegen ist der Induktionseinfluß der Substituenten R und R' für die betrachteten Mechanismen nicht gleich. Somit folgt die Differenz

$$P = \lg (k/k_0)_B - \lg (k/k_0)_A \qquad (1.13)$$

(die Indices B und A kennzeichnen die alkalische bzw. saure Hydrolyse) aus der Wirkung des Induktionseffektes, der durch den Substituenten R verursacht wird. Aus dieser Definition abgeleitet, wurde die Größe

$$\sigma^* = \frac{P}{2{,}48}$$

von Taft als quantitatives Maß für den Induktionseffekt (effektive Elektronegativität) des Substituenten R vorgeschlagen. Der Faktor 1/2,48 ist eingeführt worden, um den Betrag der σ^*-Werte in der gleichen Größenordnung wie die Hammettschen σ-Werte zu erhalten.

Es soll noch darauf hingewiesen werden, daß bereits vor Taft im Jahre 1941 von Branch und Calvin [41] für den induktiven Substituenteneffekt Zahlenwerte abgeleitet wurden, die im Prinzip den Taftschen σ^*-Werten [36] äquivalent sind. Taft konnte an einer großen Zahl von Beispielen die universelle Anwendbarkeit seiner σ^*-Werte zeigen und damit das Bestehen einer Abhängigkeit [32] analog zur Hammett-Gleichung nachweisen:

$$\log k = \lg k_0 + \varrho^* \sigma^* \qquad (1.14)$$

Die Formel (1.14) erhielt die Bezeichnung Taft-Gleichung. Sie ist brauchbar für alle Reaktionsfolgen, bei denen nur der Induktionseffekt die Reaktionsfähigkeit beeinflußt. Gerade dieser Umstand zog die Aufmerksamkeit einer großen Zahl von Forschern auf sich, und die Taft-Gleichung wurde sehr schnell anerkannt und in der Praxis angewandt.

Aber auch die Gleichung (1.14) als eine modifizierte Form der Hammett-Gleichung, genügt nicht den weiter oben dargelegten prinzipiellen Forderungen. Obgleich mit der Einführung der Größe σ^* die Abtrennung des Induktionseffektes vom Einfluß aller anderen Faktoren erreicht werden konnte, ist ein derartig komplizierter Weg der Ableitung nicht unbedingt erforderlich. Die Skala der Induktionskonstanten könnte auch durch die Wahl irgendeiner anderen Reaktionsfolge als Standard eingeführt werden, bei welcher nur der induktive Einfluß der Substituenten auftritt. Damit entfiele die Notwendigkeit der Abschätzung des Einflusses verschiedener Einzelfaktoren, d. h. man könnte völlig analog zur Definition der σ-Größen HAMMETTS vorgehen. Die Gleichung (1.14) betrachtet von Anfang an nur einen Teilaspekt der Gleichungen (1.11a und 1.11b), sie enthält aber auch den Einfluß anderer Strukturfaktoren. Einer davon ist der sterische Effekt.

Für die saure Hydrolyse der substituierten Äthylbenzoate ist der Wert für ϱ in der HAMMETT-Gleichung nahe Null. Daraus wurde der Schluß gezogen, daß sich polare Einflüsse auf die Geschwindigkeit dieser Reaktion praktisch nicht auswirken [31]. Auf Grund dessen und unter Vernachlässigung der Hyperkonjugation nahm TAFT an [31], daß die Größe lg $(k/k_0)_A$ auch für die saure Hydrolyse aliphatischer Ester nur durch den sterischen Effekt des Substituenten R (mit Ausnahme der ungesättigten Substituenten, die zur Konjugation mit der Carbonylgruppe neigen) bestimmt wird. Auf dieser Basis wurde von TAFT die Skala der sterischen Substituentenkonstanten (E_s-Werte) eingeführt:

$$\lg (k/k_0)_A = E_s \tag{1.15}$$

Formal betrachtet sind die E_s-Werte völlig analog den Konstanten σ oder σ^*. Von TAFT [33, 36, 42] und anderen Forschern war gezeigt worden, daß man die E_s-Werte, oder besser die entsprechenden Konstanten, die von „Beimengungen" der Hyperkonjugationsanteile separiert worden sind [43], für die Korrelation der Geschwindigkeitskonstanten von Reaktionsfolgen, die ausschließlich sterischen Einflüssen auf das Reaktionszentrum unterliegen, verwenden kann. Mit anderen Worten, auf die sterischen Komponenten der freien Energie der Aktivierung ist ebenfalls das Prinzip der Freien Energie-Beziehung in folgender Form anwendbar:

$$\lg k = \lg k_0 + \delta E_s \tag{1.16}$$

Hierbei beziehen sich k und k_0 auf einen beliebigen Substituenten R und den Standardsubstituenten (Methyl-). Die Konstante δ ist das Maß der Empfindlichkeit der betrachteten Reaktion gegenüber dem sterischen Einfluß des Substituenten. Die Gleichung (1.16) ist völlig analog den Gleichungen (1.9) und (1.14).

Wenn die freie Energie der Aktivierung oder der Reaktion vom induktiven wie auch vom sterischen Einfluß des Substituenten abhängt, so erhält man durch Kombination von (1.14) und (1.16) die folgende Gleichung:

$$\lg k = \lg k_0 + \varrho^* \sigma^* + \delta E_s \tag{1.17}$$

In (1.17) ist bereits das Prinzip der Additivität verschiedener Strukturfaktoren enthalten. Sie enthält gleichzeitig auch die Notwendigkeit zur Anwendung der Freien Energie-Beziehung jeweils auf die Komponenten der summierten Größe der freien Energie, die nur den Einfluß eines Strukturfaktors widerspiegeln.

Wie die weiteren Untersuchungen zeigten, hat dieses Prinzip allgemeine Bedeutung. In bezug auf die aliphatischen Verbindungen wurde die Gleichung (1.17) noch durch Glieder ergänzt, die den Einfluß der Hyperkonjugation und der Konjugation [35, 37, 38] berücksichtigen:

$$\lg k = \lg k_0 + \varrho^* \sigma^* + \delta E_s + \Delta n h + \psi \tag{1.18}$$

Hierin bedeutet Δn die Differenz der Anzahl H-Atome, die an der Hyperkonjugation teilnehmen, und zwar zwischen dem betrachteten Substituenten R und dem Standardsubstituenten, h ist der Hyperkonjugationsparameter der Reaktionsfolgen (analog ϱ^*). Die Größe ψ enthält den Beitrag der Konjugation irgendeines π-Elektronensystems (Vinyl-, Phenyl, Äthinyl, usw.) mit dem Reaktionszentrum. Es hat sich gezeigt, daß in erster Näherung die Größe ψ nicht vom speziellen Charakter des π-Elektronensystems abhängt, wohl aber von der Anzahl der π-Elektronen (grobe Additivität). Bei fehlender Konjugation hat ψ den Wert Null. Schließlich ist darauf hinzuweisen [38, 44], daß die Größe ψ selbst in grober Näherung eine Konstante ist, d. h. sie ist unabhängig von der Reaktionsfolge:

$$\frac{\psi}{2{,}3RT} = \pm 6 \text{ kcal/Mol} \tag{1.19}$$

Die Genauigkeit beträgt ungefähr ± 1 kcal/Mol.

Die Beispiele für die erfolgreiche Anwendung des Prinzips der Additivität und der Separierbarkeit der Einflüsse verschiedener Strukturfaktoren in der aliphatischen Reihe veranlaßten auch eine analoge Bearbeitung bei substituierten Benzolderivaten. Schon 1952 untersuchte TAFT [31] die Gleichung (1.13) hinsichtlich einer Separierung der Einflüsse polarer und sterischer Effekte bei der Hydrolyse *o*-substituierter Benzoate. Im Ergebnis dieser Untersuchungen schlug er Größen der polaren und der sterischen Konstanten für *o*-Substituenten vor.

Große Aufmerksamkeit wurde dem Problem der Unterteilung der Einflüsse des Induktionseffekts und des Resonanzeffekts auf den Benzolring gewidmet. Ein Aspekt dieser Problematik ist die Aufteilung der HAMMETTschen σ-Werte in induktive und Resonanzkomponenten. Als Ausgangspunkt dafür diente die Arbeit von ROBERTS und MORELAND [45]. Sie untersuchten am Beispiel von 4-substituierten Bicyclo-[2,2,2]-oktan-1-carbonsäuren und deren Estern die Übertragung des „reinen“ induktiven Effektes über ein starres Ringsystem:

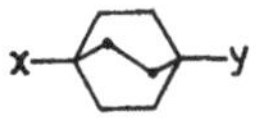

Bei der Untersuchung von Kinetik und Gleichgewichten für einige Reaktionsfolgen der 4-substituierten Bicyclo-[2,2,2]-oktan-1-carbonsäure und ihrer Äthylester stellten die Autoren die Anwendbarkeit der Freie-Energie-Beziehung auf diese Reaktion fest. Sie folgerten, daß der Einfluß der Substituenten X auf das Reaktionszentrum Y dem induktiven Effekt der p-Substituenten am Benzolring entspricht und schlugen eine „aromatische“ Skala der induktiven Konstanten σ' vor. TAFT zeigte [36, 46], daß die Größen σ' in linearer Abhängigkeit von σ^* stehen. Aus diesem Grunde wurde von ihm eine Skala der induktiven Substituentenkonstanten am Aromaten eingeführt, die er mit σ_I bezeichnete:

$$\sigma_{I(X)} = 0{,}450\,\sigma^*_{XCH_2} = 0{,}160\,\sigma^*_{(X)} \tag{1.20}$$

Schließlich wurde ein zusätzliches Postulat aufgestellt, wonach der Induktionseinfluß irgendeines Substituenten in der p-Stellung des Benzolrings zahlenmäßig dem Einfluß des Substituenten in der m-Stellung gleich ist [47, 48].

Somit erschien es möglich [48—50], die Resonanzbeträge aus den Konstanten σ, σ^- und σ^+ auszurechnen:

$$\sigma_R = \sigma - \sigma_I \tag{1.21}$$

$$\sigma_R^- = \sigma^- - \sigma_I \tag{1.22}$$

$$\sigma_R^+ = \sigma^+ - \sigma_I \tag{1.23}$$

Unter Berücksichtigung der oben genannten Einschränkungen für den Geltungsbereich der HAMMETT-Gleichung stellte TAFT fest [49], daß sie im Prinzip durch die folgenden Beziehungen ersetzt werden muß:

$$\lg k_p = \lg k_0 + \varrho_I{}^p \sigma_I + \varrho_R{}^p \sigma_R \tag{1.24}$$

$$\lg k_m = \lg k_0 + \varrho_I{}^m \sigma_I + \varrho_R{}^m \sigma_R \tag{1.25}$$

$\varrho_I{}^p$ und $\varrho_I{}^m$ kennzeichnen die Empfindlichkeit der Reaktion gegenüber dem Induktionseffekt, $\varrho_R{}^p$ und $\varrho_R{}^m$ gegenüber dem Einfluß des Resonanzeffektes aus der p- bzw. m-Stellung).

In der Praxis wurden diese Gleichungen in etwas vereinfachter Form angewandt [47, 48]:

$$\lg k_p = \lg k_0 + \varrho_I \sigma_I + R \tag{1.26}$$

$$\lg k_m = \lg k_0 + \varrho_I \sigma_I + \alpha R \tag{1.27}$$

Das heißt, es wurde angenommen, daß $\varrho_I{}^p = \varrho_I{}^m$ und $\frac{\varrho_R{}^m}{\varrho_R{}^p} = \alpha$ sind. Zunächst nahm man an, daß $\alpha = \frac{1}{3}$ für normale Reaktionsfolgen und $\alpha = 0{,}1$ [46, 50] für erhöhten Resonanzeinfluß gilt. Nachdem an dieser Auffassung Kritik geübt wurde, gingen die Autoren von der universellen Bedeutung von α ab und betrachteten sie als spezielle Konstante für jede Reaktionsfolge [48]. Durch Kombination der Gleichungen (1.26) und (1.27) wurde die folgende Gleichung erhalten [48]:

$$\lg k_m/k_0 - \alpha \lg k_p/k_0 = (1 - \alpha) \varrho_I \sigma_I \tag{1.28}$$

Sie ist anhand umfangreichen experimentellen Materials überprüft worden. Schließlich wurde der Versuch gemacht, aus den Differenzen $\lg k/k_0 - \varrho_I \sigma_I$ die Größen für R zu berechnen. Gleiche Beträge für ϱ_R und ϱ_I vorausgesetzt, errechnete man die Größen $\sigma_R{}^p$ und $\sigma_R{}^m$. Die erhaltenen Resultate erwiesen sich jedoch als widersprüchlich [48]. Wenn man die Daten für verschiedene Reaktionsfolgen einsetzt, stimmen die errechneten $\sigma_R{}^p$-Werte nicht miteinander überein (selbst ein Vorzeichenwechsel von σ_R kann erfolgen). Die Gleichungen (1.22)—(1.28) wurden ohne die genaue Erfassung der Resonanzwechselwirkung des Substituenten mit dem Benzolring einerseits und mit dem Reaktionszentrum andererseits aufgestellt. Das ist ein Grund dafür, daß die Größe α in (1.28) nicht konstant ist. Die Berücksichtigung dieses Umstandes war der nächste Schritt bei der Untersuchung des Prinzips der Additivität und der Unabhängigkeit der Anteile der einzelnen Strukturfaktoren. TAFT [47, 50] sowie WEPSTER und Mitarbeiter [52] steckten sich praktisch gleichzeitig das Ziel, solche σ-Werte für m- und p-substituierte Phenylgruppen zu bestimmen, die keinen Resonanzbeitrag enthalten.

TAFT benutzte zu diesem Zweck Reaktionsfolgen, bei denen die Resonanz infolge der Isolierung des Reaktionszentrums vom Benzolring durch den Einschub gesättigter Atomgruppierungen verhindert wird. Der Betrag für ϱ resultiert aus experimentellen Daten für m-Substituenten, und aus den Daten der p-Substituenten erhält man dann neue Substituentenkonstanten, die mit σ^0 bezeichnet werden. Letztere haben ihre physikalische Bedeutung als Maß für den Induktionseffekt der substituierten Phenylgruppen und sind Konstanten vom gleichen Typ wie die σ_I- bzw. σ^*-Werte. Auf Grund der Normierungsbedingungen [32] der σ^*-Werte gilt die Beziehung

$$\sigma^*_{(XC_6H_4)} = \sigma^0_{(XC_6H_4)} + 0{,}600 \qquad (1.29)$$

wobei 0,600 der Größe σ^* für Phenylgruppen entspricht.

Die Einführung der Konstanten σ^0 gab eine neue Antwort auf die Frage nach der physikalischen Bedeutung und den Grenzen der Anwendbarkeit der HAMMETT-Gleichung in ihrer ursprünglichen Form. Sie ist als ein Spezialfall der TAFT-Gleichung (1.14) auf die Reaktionen anwendbar, bei denen der Einfluß des substituierten Phenylringes, im Vergleich zum nichtsubstituierten, nur durch seinen Induktionseffekt bestimmt wird. Dabei muß man σ^0-Werte anstelle der ursprünglichen σ-Konstanten benutzen. In erster Näherung ist dann für alle m-substituierten Phenylgruppen und für elektronenanziehende p-Substituenten $\sigma^0 = \sigma$. Für elektronenabgebende p-Substituenten (freies Elektronenpaar am C_1-Atom) ist $\sigma < \sigma^0$. Die Gründe dafür wurden in Kap. 1.3. bereits beschrieben.

VAN BEKKUM, VERKADE und WEPSTER [52] arbeiteten ein Verfahren aus, wonach sie von den ϱ-Werten ausgingen, die lediglich aus Daten für m-substituierte Derivate berechnet wurden. Für p-Substituenten werden neue sogenannte „normale" Konstanten σ^p eingeführt. Dabei wird angenommen, daß sie frei von einem Resonanzanteil sind. Bei der Berechnung der Größen σ^p wurde im Vergleich zum Vorgehen TAFTS ein anderes Prinzip ausgenutzt. Man wählte Reaktionsfolgen aus, bei denen das Reaktionszentrum, obwohl es ebenfalls unmittelbar an den Benzolkern gebunden ist, keinen elektronenanziehenden Charakter hat. Dadurch soll die Resonanzwechselwirkung mit den elektronenabgebenden Substituenten ausgeschlossen werden. Es entstehen jedoch bei diesem Verfahren zusätzliche Komplikationen, die darauf zurückzuführen sind, daß die Beziehung $\sigma^p = \sigma^0$ nicht immer befolgt wird und die Größen σ^p selbst, wenn sie aus verschiedenen Reaktionsfolgen bestimmt werden, nicht konstant bleiben.

Die Verwendung der Induktionskonstanten des Typs σ^0 gestattete es, die Größen der Komponente ψ abzuschätzen, die durch die Resonanzwechselwirkung zwischen dem Reaktionszentrum und dem p-Substituenten entsprechend der folgenden Gleichung [48] bedingt ist:

$$\lg k = \lg k_0 + \varrho\sigma^0 + \psi \qquad (1.30)$$

Das Problem der Abhängigkeit des ψ-Wertes von der Reaktionsfolge und dem Substituenten wurde im Prinzip durch die Arbeiten von YUKAWA und TSUNO [53, 54] für Reaktionen mit einem „Akzeptor-Reaktionszentrum" (elektrophile Reaktionen) gelöst. Die Autoren zeigten, daß die nachstehende Gleichung

$$\lg k = \lg k_0 + \varrho(\sigma + r\Delta\sigma_R^+) \qquad (1.31)$$

von diesem Reaktionstyp gut befolgt wird.

Hier ist σ die HAMMETT-Konstante; ϱ die Reaktionskonstante, die lediglich aus Daten für m-Substituenten bestimmt worden ist; $\Delta\sigma_R^+ = \sigma^+ - \sigma$, wobei σ^+ die von BROWN angegebenen Werte für p-Substituenten hat (siehe Kap. 1.3.); r ist eine Konstante, die die Reaktionsfolge charakterisiert. Die Größe $\Delta\sigma_R^+$ ist ein Maß für die Fähigkeit der entsprechenden Substituenten zur elektronenabgebenden Resonanzwechselwirkung. Die Konstante r charakterisiert die Empfindlichkeit der jeweiligen Reaktion gegenüber dem Einfluß dieser Substituenten auf das Reaktionszentrum, im Vergleich zu einer Standardreaktion (Solvolyse der substituierten Cumylchloride), für die $r = 1$ ist.

Die Gleichung (1.31) kann unter Verwendung der Größen σ^0 anstelle von σ [55] modifiziert werden.

1.5. Anwendung des LFE bei wechselndem Reaktionszentrum

Im Falle der HAMMETT- und TAFT-Gleichungen wird jede Reaktionsfolge durch die Konstanz des Reaktionszentrums, des Reaktionstyps und der im Verlaufe der Reaktion erfolgenden Veränderungen charakterisiert. Die Unterschiede im Molekülaufbau betreffen dabei nur den Substituenten, der nicht von der Reaktion erfaßt wird. Im Jahre 1953 war von SWAIN und SCOTT [56] eine Gleichung vorgeschlagen worden, in der sich ein etwas anderes Prinzip für die Anwendung des *LFE* widerspiegelt. Es wurden Reaktionsserien des folgenden Typs betrachtet:

$$S_i + N_j \rightarrow \textit{Reaktionsprodukte} \qquad (1.32)$$

S_i ist ein elektrophiles Reagenz, das mit dem Nucleophil N_j in einer nucleophilen Substitution nach dem S_N2-Typ reagiert. Innerhalb einer Reaktionsserie wird das Nucleophil N_j variiert, und die verschiedenen Reaktionsserien unterscheiden sich durch die Natur des Elektrophils S_i. Die Gleichung von SWAIN und SCOTT hat die folgende Form:

$$\lg k_{ij} = \lg k_{i0} + s_i n_j \qquad (1.33)$$

k_{ij} und k_{i0} sind Konstanten für die Reaktionsgeschwindigkeit zwischen S_i und dem jeweiligen N_j bzw. dem Standardnucleophilen N_0; s_i und n_j sind Konstanten, die die Nucleophilie des N_j und die Empfindlichkeit des S_i gegenüber der Veränderung der Nucleophilie des angreifenden Agenz' charakterisieren. Für das Standardnucleophil (H_2O) ist $n = 0$, für das Standardelektrophil (CH_3Br) ist $s = 1$.

Die Anwendbarkeit der Gleichung (1.33) ist beschränkt auf Gruppen ähnlicher Elektrophilie. Umfassender anwendbar ist eine Gleichung, die im Jahre 1954 von EDWARDS vorgeschlagen wurde [57]. Sie berücksichtigt, daß die Nucleophilie nicht durch einen Zahlenwert charakterisiert werden kann, der unabhängig vom Elektrophil ist, mit dem die Wechselwirkung erfolgt. Ursprünglich hatte die EDWARDS-Gleichung folgende Form:

$$\lg k_{ij} = \lg k_{i0} + \alpha E_n + \beta H \qquad (1.34)$$

Die Größen E_n und H charakterisieren das Nucleophil, die Konstanten α und β das Elektrophil. H ist ein Maß für die relative Basizität des Nucleophils:

$$H = pK_a + 1{,}74 \qquad (1.35)$$

Der Wert 1,74 entspricht dem pK_a-Wert für H_3O^+, da H_2O als Standardnucleophil angenommen wird.

Der zweite Parameter der Nucleophilie E_n ist der relative Wert des Oxydationspotentials E^0 des Nucleophils:

$$E_n = E^0 + 2{,}60 \qquad (1.36)$$

Der Wert 2,60 ist das Elektrodenpotential für das folgende Gleichgewicht:

$$2\,H_2O \rightleftharpoons H_4O_2^{2+} + 2e \qquad (1.37)$$

Später wurde von EDWARDS bewiesen [58], daß die Größe E_n mit der Polarisierbarkeit des Reaktionszentrums des Nucleophils und dessen Basizität in Beziehung gesetzt werden kann:

$$E_n = aP + bH \qquad (1.38)$$

Dabei ist $P \equiv \lg (R_\infty/R_{H_2O})$. R_∞ und R_{H_2O} sind die molaren Refraktionen für das Reaktionszentrum des Nucleophils und des Wassers. In der Praxis wurden im wesentlichen Nucleophile von kleiner Molekülgröße betrachtet. In solchen Fällen gilt das ganze Molekül als Reaktionszentrum und die entsprechende summarische Größe der molaren Refraktion kann direkt eingesetzt werden. Die EDWARDS-Gleichung wird nicht von allen Elektrophilen [59] befolgt, obgleich ihre Anwendbarkeit weniger begrenzt ist als die Gleichung von SWAIN und SCOTT. Man erkennt leicht, daß die EDWARDS-Gleichung nach dem Prinzip der BRÖNSTED-Gleichung (1.3) aufgebaut ist. Auf der einen Seite umfaßt sie einen größeren Bereich von Reaktionen, weil die BRÖNSTED-Gleichung eingeschränkt wird durch die Katalysekonstanten der betrachteten Basen (Nucleophile). Andererseits wird ein zusätzlicher Parameter E_n eingeführt, der berücksichtigt, daß die Nucleophilie nicht nur durch die Basizität bestimmt wird. Im übrigen sind auch die Gleichungen (1.3) und (1.34) analog aufgebaut.

Zur Betrachtung der Anwendung des *LFE* gehören auch einige Korrelationsgleichungen für Radikalreaktionen. Zunächst sei auf die Gleichung von LEVY und SZWARC [60] verwiesen, die im Jahre 1955 aufgestellt wurde:

$$\lg k_{ij} = n_i \lg k_{0j} \qquad (1.39)$$

k_{ij} und k_{0j} sind die Geschwindigkeitskonstanten für Reaktionen zwischen dem j-ten Kohlenwasserstoff und dem i-ten freien Radikal bzw. dem Standardradikal. Die Größe n_i charakterisiert ein freies Radikal. Für das Standardradikal gilt $n_0 = 1$.

Es ist einleuchtend, daß formal die Gleichung (1.39) identisch ist mit (1.33). Man braucht nur (1.39) in folgender Weise zu schreiben:

$$\lg k_{ij} = \lg k_{i0} + n_i \lg \frac{k_{0j}}{k_{00}} \qquad (1.39\,\text{a})$$

Eine andere Gleichung für Radikalreaktionen wurde im Jahre 1959 von BAMFORD, JENKIS und JOHNSTON [61] vorgeschlagen:

$$\lg k_{ij} = \lg \gamma_j + \lg k_{i0} \qquad (1.40)$$

k_{i0} ist eine Geschwindigkeitskonstante zwischen dem i-ten freien Radikal und dem Standardkohlenwasserstoff (Toluol); γ_j ist eine Konstante, die den j-ten Kohlenwasserstoff charakterisiert. Die Gleichung (1.39a) kann auch in folgender Weise geschrieben werden:

$$\lg k_{ij} = \lg k_{i0} + \lg \frac{k_{0j}}{k_{00}} \tag{1.41}$$

Sie ist ein Spezialfall der Gleichung (1.39a), für $n_i = 1$, die damit der Gleichung (1.40) entspricht.

1.6. Die Ausnutzung des LFE zur Charakterisierung des Lösungsmitteleinflusses[1])

Im Jahre 1949 haben GRUNWALD und WINSTEIN [62] den ersten Versuch gemacht, in Analogie zu den Reaktionsfolgen mit veränderlichen Substituenten Reaktionen zu betrachten, bei denen das Lösungsmittel der veränderliche Faktor ist. Als Reaktionstyp, der eine Lösungsmittelvariation in weiten Grenzen ohne Wechsel des Reaktionsmechanismus gestattet, wurden nach dem S_N1-Mechanismus verlaufende Solvolysereaktionen ausgewählt. In Analogie zur HAMMETT-Gleichung haben die genannten Autoren für die Berechnung des Lösungsmitteleinflusses folgende Gleichung vorgeschlagen [62, 63]:

$$\lg k_{ij} = \lg k_{i0} + m_i Y_j \tag{1.42}$$

Mit k_{ij} und k_{i0} werden die Geschwindigkeitskonstanten der i-ten Reaktion im j-ten bzw. im Standardlösungsmittel (80%iges Äthanol) bezeichnet; Y_j ist eine das Lösungsmittel charakterisierende Konstante (ionisierende Kraft, Polarität); m_i ist eine Konstante, welche die Empfindlichkeit der i-ten Reaktion gegenüber dem Einfluß des Lösungsmittels kennzeichnet. Als Standardreaktion wurde die Solvolyse des tert.-Butylchlorids ausgewählt, für die $m_0 = 1$ gesetzt wird. Somit kann man die Größe Y_j für ein beliebiges Lösungsmittel bestimmen, indem man in ihm die Geschwindigkeitskonstante der Solvolyse des tert. Butylchlorids mißt:

$$Y_j \equiv \lg k_{0j} - \lg k_{00} \tag{1.43}$$

Die Gleichung (1.42) wird für die Reihe der Alkylhalogenide befriedigend erfüllt. Allerdings liegen die Punkte für verschiedene Lösungsmittelgemische oftmals nicht auf einer Geraden [64].

Ein etwas anderer Weg für die Festlegung einer quantitativen Skala der Lösungsmittelpolarität wurde im Jahre 1958 von KOSOWER vorgeschlagen [65, 66]. Von ihm wurde die Polaritätsgröße $Z = h\nu_{max}$ eingeführt, wobei ν_{max} die Frequenz des längstwelligen Absorptionsmaximums einer stark polaren Verbindung (Pyridinoxid) im jeweiligen Lösungsmittel ist. Zwischen den Größen Z und Y besteht eine lineare Abhängigkeit.

[1]) *Anmerkung des Herausgebers:* Eine zusammenfassende Übersicht dieser Thematik befindet sich auch bei C. REICHARDT, Lösungsmitteleffekte in der organischen Chemie, Weinheim Verlag Chemie 1969.

Eine große Zahl kinetischer und Gleichgewichtsdaten für verschiedene Reaktionen und Spektralfrequenzen wurden zur Untersuchung des Lösungsmitteleinflusses von BROWNSTEIN [92] anhand der folgenden Gleichung überprüft:

$$\lg k_{ij}(\nu_{ij}) = \lg k_{i0}(\nu_{i0}) + S_i R_j \quad (1.44)$$

$k_{ij}(\nu_{ij})$ und $k_{i0}(\nu_{i0})$ sind die Geschwindigkeitkonstanten oder Gleichgewichtskonstanten der i-ten Reaktion (Spektralfrequenzen für eine i-te Verbindung) im j-ten bzw. im Standardlösungsmittel (absolutes Äthanol). Als Standardprozeß für die Bestimmung der Größe R wurde die Ultraviolettabsorption des 1-Äthyl-4-methoxy-carbonyl-pyridinium-jodids ($R \equiv 1$) ausgewählt.

Die Analyse eines umfangreichen experimentellen Materials zeigte [56, 67], daß die Gleichungen des Typs (1.42) im allgemeinen begrenzte Anwendbarkeit haben und in weiteren Grenzen nur angenähert oder überhaupt nicht mehr erfüllt werden. Von SWAIN [67, 68] wurde versucht, diese Schwierigkeit durch eine Gleichung zu überwinden, in der ein zusätzlicher Summand zur Erfassung der Abweichungen von der GRUNWALD-WINSTEIN-Gleichung auftritt. Entsprechend dem ursprünglichen Vorschlag des Autors sollte er den Einfluß der Nucleophilie des Lösungsmittels berücksichtigen.

1.7. Grenzen der Gültigkeit des LFE

In den vorangegangenen Paragraphen wurde gezeigt, daß sich im Laufe der letzten Jahrzehnte ein ständig größer werdendes experimentelles Material ansammelte, auf das mit erstaunlicher Allgemeingültigkeit einfache quantitative Beziehungen, die auf dem Prinzip des *LFE* beruhen, anwendbar sind. Ungeachtet aller Vorsicht und Skepsis vieler Autoren, die unterstreichen, daß es sich hier um rein empirische und angenäherte Beziehungen handelt, ist es unumgänglich, auf die Frage nach den Gründen für diese Allgemeingültigkeit eine Antwort zu geben.

Was ist das Wesen des *LFE*? Warum beschreiben gleichartige und äußerst einfache mathematische Formeln Systeme und Prozesse, die einander z. T. recht unähnlich sind? Oder noch konkreter, warum werden die Einflüsse des Induktionseffektes, der sterischen Hinderung und der Polarität des Lösungsmittels durch Gleichungen von ein und demselben Typ beschrieben? Warum sind Gleichungen ähnlich, die sich einerseits auf die Wechselwirkung zwischen Nucleophil und Elektrophil und andererseits auf die Wechselwirkung zwischen freiem Radikal und Kohlenwasserstoff beziehen? Wenn es sich hierbei um Zufälligkeiten handeln sollte, wo liegen dann die „Grenzen der Anwendbarkeit" der Zufälligkeit selbst? Es ist sicher nicht möglich, das Fundament einer quantitativen Theorie für einen ganzen Wissenschaftszweig auf zufällige Ereignisse zu stützen!

Man kann schwerwiegende Fakten dafür anführen, daß die oben angegebenen quantitativen Beziehungen, die auf dem *LFE* beruhen, überhaupt nicht existieren dürften. So operiert das *LFE* mit Freien Energien als „Gesamtmaß" der Reaktionsfähigkeit. Aus der elementaren chemischen Thermodynamik ist jedoch bekannt, daß sich die Freie Energie aus zwei Komponenten zusammensetzt: der Enthalpie und der Entropie. Diese Komponenten sind unterschiedlicher Natur und müßten sich in Abhängigkeit vom Bau der Reaktanten oder der Art des Lösungsmittels verschieden verhalten. Sowohl im Falle des Substituenteneinflusses als auch beim Lösungsmitteleinfluß handelt es sich um Systeme großer Kompliziertheit und man sollte eigentlich nicht erwarten, daß dort, wo diese Komplikationen gegenwärtig ein unüberwindliches Hindernis für quantenchemische Berechnungen bilden und reale Systeme durch äußerst vereinfachte Modelle mit daraus resultierenden groben „Näherungsrechnungen" ersetzt werden müssen, die ganze Problematik durch Einführung eines empirischen Parameters mit universeller Anwendbarkeit, gelöst werden kann.

Und trotzdem existieren die Gleichungen, die auf dem *LFE* begründet sind. Das experimentelle Material, als Bestätigung für die Gültigkeit dieser Gleichungen, wächst stetig an. Dieser Umstand sollte zur Suche nach einer theoretischen Begründung des *LFE* anregen.

Im Zusammenhang mit dieser Problematik wurde der Untersuchung der Abhängigkeit zwischen den Reaktions- und Aktivierungsenthalpien- und -entropien viel Aufmerksamkeit geschenkt. Schon Hammett hat darauf hingewiesen [9], daß das *LFE* entweder unter der Bedingung der Konstanz der Entropiekomponente oder beim Vorhandensein einer linearen Abhängigkeit zwischen dieser und der Enthalpiekomponente befolgt wird. Es wurde gezeigt [9, 36], daß im allgemeinen die Konstanz des Entropiegliedes nicht zutreffend ist. Deshalb erschien eine Reihe von Arbeiten [69, 70 u. a.] zur Untersuchung der linearen Abhängigkeit zwischen den Logarithmen des Präexponenten und den Aktivierungsenergien (oder zwischen den Entropien und den Enthalpien) für verschiedene Reaktionsfolgen. Solche Abhängigkeiten, die als „Kompensationseffekt" (*KE*) oder „Isokinetische Beziehung" (*IB*) bezeichnet wurden, konnten tatsächlich in einer Reihe von Fällen nachgewiesen werden [69—74]. Allerdings wurde auch gezeigt [12], daß zum Nachweis der *IB* die Verwendung sogenannter „experimenteller" Werte für die Aktivierungsentropie bzw. die Aktivierungsenthalpie wenig zuverlässig ist, da die Fehlerbreite dieser Werte, selbst bei relativ genauer Bestimmung der Geschwindigkeitskonstanten ziemlich groß ist. Aus diesem Grunde wurden andere Methoden zur Überprüfung der *IB* vorgeschlagen [77—79]. Ohne auf diese Vorschläge im einzelnen einzugehen, soll folgendes unterstrichen werden. Wie groß auch die Bedeutung der *IB* für die Anwendung des *LFE* sein mag, so trägt sie doch wenig zum Verständnis der eigentlichen Ursachen des *LFE* und der auf ihm beruhenden Gleichungen bei. Die *IB* selbst ist eine empirische lineare Gleichung, die der Erklärung bedarf, ebenso wie das *LFE*. Man kann zeigen, daß es in dieser Hinsicht zwischen der *IB* und dem *LFE* eine weitgehende Analogie gibt. Beide Beziehungen werden unabhängig von der physikalischen Natur des Prozesses erfüllt. So gilt die *IB* sowohl bei der Änderung der Substituenten in der Nähe des Reaktionszentrums oder dem Wechsel des Lösungsmittels, als auch im Falle einiger rein physikalischer Erscheinungen (Viskosität [74] usw.). Damit drängt sich die Annahme auf, daß diese beiden Gesetzmäßigkeiten irgendeine gemeinsame Grundlage haben. Hammett [8, 9] unterstrich, daß die Erfüllung seiner Gleichung nur dann gegeben ist, wenn bei der Variation der Substituenten sich irgendein Parameter kontinuierlich verändert, dessen Betrag den jeweiligen Substituenten quantitativ charakterisiert. Wie wir schon weiter oben gesehen haben, sind im allgemeinen mit jedem Substituenten mehrere solche Parameter verbunden. Von Glastone, Laidler und Eyring [80] wurde festgestellt, daß die

Gleichungen nach dem HAMMETT-Typ erfüllt sind, wenn der Differentialquotient der Freien Reaktions- oder Aktivierungsenergie nach einem solchen Parameter (χ) eine konstante Größe ergibt:

$$\frac{\partial \Delta F}{\partial \chi} = const. \qquad (1.45)$$

Bei Gültigkeit der Gleichung (1.45) befindet sich die Größe ΔF in linearer Abhängigkeit vom Parameter χ, wenn alle anderen Variablen, von denen im Prinzip ΔF abhängt, konstant sind. Der nächste wesentliche Schritt wurde von HINE im Jahre 1959 getan [81, 82]. Als Voraussetzung für die Erfüllung der HAMMETT-Gleichung und analoger Gleichungen wies HINE nach, daß die Größe der Freien Energie für die Wechselwirkung zweier Substituenten in einem Molekül dem Produkt beider Substituentenkonstanten proportional ist. Für die polare Wechselwirkung zweier Substituenten am Benzolkern ergibt sich somit [83]:

$$\Delta F_{xy} = \tau \sigma_x \sigma_y \qquad (1.46)$$

σ_x und σ_y sind die HAMMETT-Konstanten der entsprechenden meta- oder para-Substituenten. τ ist eine Konstante, die die Leitfähigkeit des m- oder p-Phenylensystems charakterisiert.

Aus (1.46) folgt, daß die Größe ϱ in der HAMMETT-Gleichung folgendem Ausdruck entsprechen muß:

$$\varrho = \tau(\sigma_{y_2} - \sigma_{y_1}) \qquad (1.47)$$

σ_{y_1} und σ_{y_2} sind die Konstanten der Substituenten Y_1 und Y_2, die als Reaktionszentrum im Ausgangs- und End- bzw. Aktivierungszustand auftreten. Die der Gleichung (1.46) zugrunde liegende Idee kann folgendermaßen verallgemeinert werden [84]. Wenn die Voraussetzung richtig ist, daß die Freie Energie der Wechselwirkung zweier Systeme als Produkt zweier Größen ausgedrückt werden kann, von denen jede nur durch die Natur eines der genannten Systeme bestimmt wird, so folgt daraus schon die Notwendigkeit für die Einhaltung des *LFE*. Es muß darauf hingewiesen werden, daß in der Literatur Untersuchungen beschrieben sind, die für speziell Fälle die Anwendung des *LFE* (bzw. *IB*) aus Vorstellungen über die physikalische Natur bestimmter Erscheinungen ableiten [85, 86]. Ein solches Herangehen an die Lösung der Problematik erscheint a priori zu sehr begrenzt. Es gelingt ohne Zweifel, die TAFT-Gleichung (1.14) auf der Basis konkreter Vorstellungen über das physikalische Wesen des Induktionseffektes abzuleiten. Aber eine Gleichung genau derselben Form kann für solche Fälle aufgestellt werden, die nicht mit dem Induktionseffekt zusammenhängen (Einfluß des sterischen Effektes des Lösungsmittels und des nucleophilen Charakters des Reaktanten). Daraus folgt offensichtlich, daß bei der Suche nach einer theoretischen Begründung des *LFE* sowie der *IB* die Berücksichtigung spezifischer Mechanismen keine notwendige Bedingung ist, sondern umgekehrt das Abstrahieren von speziellen physikalischen Erscheinungen eher zum Ziel führt.

Wie paradox und ungewöhnlich eine solche Aufgabenstellung auch klingen mag, so ist doch zur Zeit bewiesen [84, 87, 88], daß gerade auf diesem Wege ein entscheidender Erfolg erreicht werden kann. Dieses Prinzip vereinigt alle Spezialfälle des *LFE* sowie eine Reihe anderer empirischer Beziehungen zu fundamentaleren Vorstellungen. Derartige Vorstellungen erlauben es, bekannte und auch neue Beziehungen aus einer allgemeineren Gleichung, die offensichtlich nicht nur auf dem Gebiete der Chemie Bedeutung hat, abzuleiten.

Der genannte Umstand erlaubt es, die Beschreibung der gesamten Problematik, die in dieser Monographie betrachtet wird, deduktiv aufzubauen und eine Gegenüberstellung der erhaltenen Resultate mit den vorliegenden experimentellen Werten anzuschließen.

Da uns in erster Linie nur die chemische Problematik interessiert, werden rein mathematische Ableitungen und Beweise nach Möglichkeit kurz und vereinfacht dargelegt.

Kapitel 2: Das allgemeine Prinzip zur Gewinnung empirischer linearer Gleichungen

2.1. Die Auswahl von Modellen

Bei der quantitativen Analyse eines beliebigen physikochemischen Objektes oder Prozesses interessiert uns im Endeffekt irgendeine mathematische Abhängigkeit. Im Falle derartiger Abhängigkeiten haben wir es mit zweierlei Größen zu tun. Die einen stellen gewissermaßen das endgültige Resultat der Berechnungen dar. Diese Größen für einen beliebigen Fall zu finden, ist das praktische Ziel, das durch die theoretischen Arbeiten auf dem jeweiligen Gebiet verfolgt wird. Der andere Typ spielt in diesen Beziehungen die Rolle der unabhängigen Variablen. Sie sind die Charakteristika der Objekte, Prozesse und Bedingungen, von denen die Größen des ersten Typs abhängen.

Mit welcher Art der Theorie wir es auch zu tun haben, müssen stets die Größen des ersten und auch des zweiten Typs der experimentellen Bestimmung zugänglich sein. Andernfalls würde die Möglichkeit zur experimentellen Überprüfung der vorgeschlagenen Beziehungen ausgeschlossen sein.

Aus elementaren Vorstellungen ist auch klar, daß nur solche Beziehungen von Interesse sind, in denen die zur Berechnung notwendige Zahl verschiedener Größen des zweiten Typs merklich kleiner ist als die durch die Berechnung erfaßte Zahl der Größen des ersten Typs. Diese Forderung ist nicht nur mit rein pragmatischen Erwägungen der praktischen Anwendung solcher Beziehungen verbunden, sondern in erster Linie mit der Notwendigkeit, eine ausreichende Menge statistischer Freiheitsgrade für eine zuverlässige Überprüfung durch das Experiment zu haben.

Die größte Bedeutung hat zunächst die Form der betrachteten Abhängigkeit selbst. In ihr soll annähernd das physikalische Wesen eines bestimmten Effektes oder des betrachteten Objekts wiedergespiegelt werden. Aus dem Gesagten wird klar, daß die Größen des zweiten Typs elementarere Objekte oder Effekte charakterisieren, als die Größen des ersten Typs. Diese elementareren Objekte und Effekte können als physikalische Modelle einzelner Aspekte eines komplexeren Objekts oder Prozesses angesehen werden. Dabei zeigt die Form der Abhängigkeit, auf welche Weise und warum diese einzelnen Seiten auf das Endresultat einwirken.

Während die konkrete Auswahl der Größen des ersten Typs durch den Charakter der Aufgabe selbst diktiert wird (Was soll ausgerechnet werden?), hat man bei der Auswahl der Größen des zweiten Typs mehr Freiheit.

Betrachten wir folgendes Beispiel: Bei der quantenchemischen Berechnung der Energie der Moleküle, wählen wir als Modelle nichtrelativistische Elektronen und Atomkerne aus, die über bestimmte Ladungen und Massen verfügen. Das sind auf jeden Fall nicht die der Wirklichkeit am nächsten kommenden Modelle, wenn man vom gegenwärtigen Stand der Entwicklung der Wissenschaft ausgeht. Dann hätte man als Modelle relativistische Elektronen und Nucleonen auszuwählen. Warum verfährt man bei der Lösung quantenchemischer Aufgaben nicht in dieser Weise?

Der Grund ist hier äußerst einfach. Je mehr ein Modell alle Eigenschaften eines Objektes enthalten soll, umso komplizierter wird dessen mathematische Beschreibung werden. Die Komplikationen können so groß werden, daß eine mathematische Lösung für das Modell nicht mehr möglich ist. Die notwendigen Vereinfachungen der Modelle sind oft so weitgehend, daß die physikalische Natur der realen Objekte weitgehend verschleiert werden kann. Sie bieten aber in dieser Form die Möglichkeit mathematisch beherrschbar zu sein.

Um dieser Problematik zu entgehen, kann ein völlig anderes Herangehen gewählt werden, das auf den ersten Blick etwas paradox erscheint. Warum sollte man die Aufgabe nicht umgekehrt stellen? Versuchen wir von vornherein keine bestimmten Modelle vorauszusetzen, und gehen wir von irgendeiner einfachen mathematischen Abhängigkeit aus. Die Modelle versuchen wir in Übereinstimmung mit dieser auszuwählen. Eine solche Abhängigkeit wäre die Gleichung einer Geraden (etwas Einfacheres ist schwer vorzustellen!). Eine solche Aufgabenstellung kann auf den ersten Blick als primitiv aufgefaßt werden. Trotzdem versuchen wir weiter unten zu beweisen, daß sie völlig legal ist und dort zum Erfolg führen kann, wo sich andere Methoden als unzureichend erweisen.

2.2. Das Prinzip der Polylinearität (PPL)

Jede beliebige physikochemische Abhängigkeit stellt im mathematischen Sinne die Funktion einer Größe für ein komplexes System dar, das von einer bestimmten Zahl unabhängiger Variabler parametrisiert wird. In die Ausgangsfunktion sollen die elementarsten von allen möglichen Parametern (sog. Grundparameter) eingehen. Das würde gleichbedeutend mit der Wahl der einfachsten Modelle sein. Allgemein kann eine solche Funktion folgendermaßen geschrieben werden:

$$f = f(x_1, x_2, \ldots, x_i, \ldots, x_n) \tag{2.1}$$

f ist die quantitative Charakteristik des komplexen Systems; x sind die Grundparameter.

Wir nehmen weiter an, daß weder die mathematische Form dieser Abhängigkeit noch die Natur und die Größen der Grundparameter bekannt sind. Gegeben ist lediglich eine begrenzte Anzahl von Werten für die Größe f (durch experimentelle Messung). Bekannt oder zumindest überprüfbar sind schließlich auch die Faktoren, deren Variation zu einer Änderung der Größe f führt. Als solche Faktoren kommen die Temperatur, der Druck, die Konzentrationen verschiedener Stoffe, ihre chemische Natur, der Molekülbau, die Art und Zusammensetzung des Mediums (Lösungsmittels) usw. in Frage. Es muß bemerkt werden, daß bei Unkenntnis dieser Faktoren keine Reproduzierbarkeit des Experiments erreicht werden kann und damit die betrachtete Aufgabenstellung hinfällig wird.

Da die Einzeleinflüsse der genannten Faktoren auf die Größe f voneinander getrennt werden können, kann man voraussetzen, daß sie mit der Änderung verschiedener Grundparameter (oder verschiedener Gruppen) verbunden sind.

Betrachten wir jetzt, wie und unter welchen Bedingungen die Abhängigkeit des Typs (2.1) durch eine Funktion ersetzt werden kann, die sich linear zu jedem in sie eingehenden Argument verhält.

Man kann beweisen [84, 88, 89], daß eine beliebige Funktion $f(x, y)$ von zwei unabhängigen Variablen x und y, die im betrachteten Intervall kontinuierlich und monoton sind, angenähert durch folgende Abhängigkeit ersetzt werden kann:

$$f(x, y) = f_0 + x' + y' + \alpha x'y' \tag{2.2}$$

f_0 ist der Wert von $f(x, y)$ für irgendwelche Standardwerte der Argumente x und y; x' ist ein Parameter, der nur von der Variablen x abhängt; y' ist das gleiche in bezug auf die Variable y, und α ist eine Konstante.

Es ist nicht schwer festzustellen, daß $f(x, y)$ linear sowohl von x' als auch von y' abhängt. Dabei ist die Größe x' der Größe x äquivalent, da sie nur von der letzteren abhängt. Das gleiche gilt in bezug auf y' und y.

Die Gleichung (2.2) kann für den Fall einer beliebigen Zahl von Argumenten [88, 89] verallgemeinert werden. Im Resultat erhalten wir für die Funktion des Typs (2.1), unter den oben angegebenen Bedingungen folgenden Ausdruck

$$\begin{aligned} f(x_1, x_2, \ldots, x_i, \ldots, x_n) &= f(x_1^0, x_2^0, \ldots, x_i^0, \ldots, x_n^0) \\ &+ \sum_{i=1}^{n} x_i' + \alpha \sum_{\substack{j=1 \\ j\neq i}}^{n} \sum_{i=1}^{n} x_i'x_j' + \cdots + \alpha^{(n-1)} \prod_{i=1}^{n} x_i' \end{aligned} \tag{2.3}$$

x_i', x_j' usw. sind Parameter, die nur von den entsprechenden Argumenten x_i, x_j usw. abhängen; x_i^0, x_j^0 usw. sind irgendwelche Standardwerte dieser Argumente, und α ist eine Konstante.

Weiter kann man zeigen, daß unter jeder Größe des Typs x_i' ein Parameter verstanden werden kann, der nicht nur von einem Argument, sondern von einer ganzen Gruppe von Argumenten, die willkürlich ausgewählt werden, abhängt. Das bedeutet, daß die Gesamtheit jener Glieder aus dem rechten Teil der Gleichung (2.3), die nur von Argumenten abhängen, welche in die ausgewählte Gruppe eingehen, durch einen Parameter des Typs x_i' ersetzt werden kann. Zum Beispiel gilt für die Gruppe von Argumenten, die aus x_1, x_2 und x_3 besteht:

$$x_1' + x_2' + x_3' + \alpha(x_1'x_2' + x_1'x_3' + x_2'x_3') + \alpha^2 x_1'x_2'x_3' = x'_{1,2,3} \tag{2.4}$$

Man kann sich davon überzeugen, daß ein beliebiger Austausch nach Gleichung (2.4) im rechten Teil der Gleichung (2.3) nicht zu einer Änderung der allgemeinen Form von (2.3) führt, sondern nur mit einer Änderung der Zahl der Parameter des Typs x_i' verbunden ist, von denen die Größe f abhängt.

Es ist unschwer festzustellen, daß die Funktion f linear von jeder Funktion des Typs x_i' im einzelnen abhängt (unter der Bedingung der Konstanz aller übrigen Funktionen). Mit anderen Worten, der Differentialquotient der Funktion f nach jeder beliebigen Größe des Typs x_i' ergibt eine Konstante:

$$\frac{\partial f}{\partial x_i} = const. \tag{2.5}$$

Aus diesem Grunde kann die Gleichung (2.3) „Prinzip der Polylinearität (*PPL*)" genannt werden. Früher wurde von uns anstelle „Polylinearität" der etwas unglückliche Ausdruck „partielle Linearität" benutzt.

Die mathematische Ableitung des *PPL* wird in der Anlage 1 (s. S. 274) angeführt. Im folgenden bringen wir ein Modellbeispiel für seine Anwendbarkeit und betrachten, wie es bei der Lösung von physikochemischen Aufgaben benutzt werden kann.

PPL bedeutet, daß eine lineare Abhängigkeit zwischen den Funktionen $f(x_1, y_1, z_1, \ldots)$ und $f(x, y_0, z_0 \ldots)$ existieren muß, wobei y_1, z_1 und $y_0, z_0 \ldots$ zwei beliebige Gruppen festgelegter Werte der Argumente $y, z, \ldots$ sind und die Größe x die Variable ist. Dabei braucht die Größe $f(x, y_1, z_1 \ldots)$ nicht linear in bezug auf

Abb. 2:
Beispiele für die Linearisierung einer Funktion mit Hilfe des *PPL*

Gerade: Abhängigkeit in den Koordinaten $f(x, 5) - f(x, 2)$

Kurve: Abhängigkeit in den Koordinaten $f(x, 5) - x$

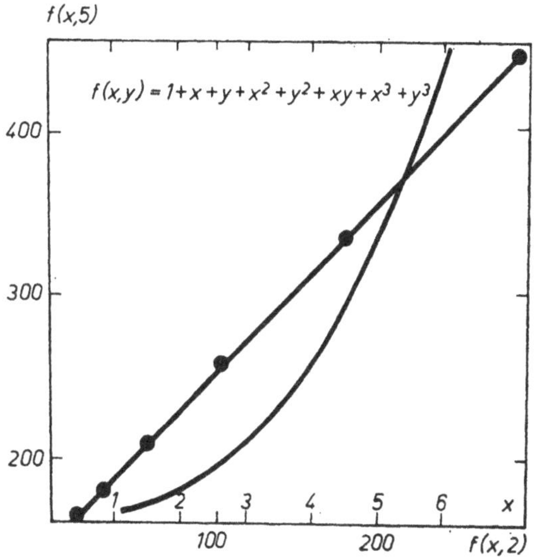

das Argument x selbst zu sein. Gerade darin besteht die Möglichkeit der Linearisierung einer breiten Palette von Abhängigkeiten, die das *PPL* zu einem außerordentlich wertvollen Mittel bei der Analyse komplizierter physikochemischer Systeme macht. In Abb. 2 ist ein Beispiel dieser Linearisierung für eine willkürlich vorgegebene Funktion angeführt.

2.3. Allgemeines Verfahren zur Anwendung des PPL

Bisher betrachteten wir das *PPL* als rein mathematische Möglichkeit zur Aufstellung der Funktion f für die Änderung der Argumente in einem begrenzten Intervall. Überprüfen wir jetzt, welchen physikalischen Sinn die Größen des Typs x_i' haben, wenn das *PPL* auf eine Funktion f angewandt wird, die selbst eine quantitative Beschreibung für das Zusammenwirken „elementarer" Parameter vom Typ x_i in einem System oder Prozeß darstellt. f soll eine makroskopische Größe sein, die aus experimentellen Messungen erhalten wird. Weiterhin soll nichts bekannt sein über Wesen, Größen und Anzahl der „elementaren" Parameter. Bekannt sind dagegen die experimentell bestimmbaren Faktoren, deren Änderung die Größe f beeinflußt. Solche Faktoren können sein die Temperatur, die Natur oder Zusammensetzung des Lösungsmittels (in allgemeinerer Formulierung — die Natur der Komponenten des Systems und deren Konzentrationen), der Bau der Struktureinheiten (der Substituenten) in den Molekülen eines bestimmten Typs usw. Wenn die Änderung eines der Faktoren die Größe f beeinflußt, so muß dies zwangsläufig mit Änderungen der Werte gewisser „elementarer" Parameter verbunden sein. Wenn eine bestimmte Gruppe der Parameter vom Wert der restlichen Faktoren unabhängig ist und die Bedingung (2.4) befolgt wird, dann ist mit der Änderung des gegebenen Faktors eindeutig auch die Änderung der Größe vom Typ x_i' verbunden, da diese eine Funktion der „elementaren" Parameter ist. Unter der Bedingung der Konstanz der restlichen Faktoren befindet sich die Größe f in linearer Abhängigkeit von x_i'.

Wenn die Größe f das zu betrachtende System insgesamt beschreibt, so stellt x_i' eine quantitative Charakteristik jenes Teils oder jener Eigenschaft des Systems dar, die mit dem gegebenen Faktor verbunden ist. Wenn schließlich durch experimentelle Überprüfung irgendwelche anderen noch elementarere Faktoren gefunden werden als die mit der Größe x_i' verbundenen, dann kann man bei Betrachtung von x_i' analog der Größe f eine Abhängigkeit von „elementareren" Größen x_i' des gleichen Typs erhalten usw.

Wenn jeder Faktor nur mit einer Eigenschaft verbunden ist, so erhalten wir ein außerordentlich einfaches Schema zur Bestimmung der Größen des Typs x_i', das nur auf experimentellen Messungen der Größe f in Abhängigkeit von jeweils einem der Faktoren beruht. Dafür genügt es, den Betrag der folgenden Differenzen zu bestimmen:

$$x_i' = f(x_1^0, x_2^0, \ldots, x_i, \ldots, x_n^0) - f(x_1^0, x_2^0, \ldots, x_i^0, \ldots, x_n^0) \qquad (2.6)$$

Dabei ist $f(x_1^0, \ldots, x_i^0, \ldots, x_n^0)$ der Wert von f unter Standardbedingungen für alle beeinflussenden Faktoren, und $f(x_1^0, \ldots, x_i, \ldots, x_n^0)$ ist der Wert von f in Abhängigkeit von der Änderung eines gegebenen Faktors bei Standardwerten aller restlichen Faktoren. Weiterhin kann man bei Abweichen der entsprechenden Faktoren vom Standard paarweise die Größe der Konstanten α in Gleichung (2.3) bestimmen.

Folglich kann in der Praxis das *PPL* für die Lösung folgender Aufgaben verwendet werden:

1. Quantitative Charakterisierung von Eigenschaften, die mit unterschiedlichen, veränderlichen Faktoren verbunden sind, welche das Gesamtbild des Systems beeinflussen. Weiterhin die Bestimmung von Konstanten, die die Intensität der Wechselwirkung zwischen den Eigenschaften charakterisieren, welche mit den verschiedenen Faktoren verbunden sind.
2. Experimentelle Prüfung des Vorhandenseins oder der Abwesenheit des Einflusses einer bestimmten Eigenschaft bei vorgegebenen Bedingungen.
3. Berechnung von neuen Werten der Größen f.

Die Aufgaben, die zum 1. und 2. Typ gehören, entstehen stets bei theoretischen Untersuchungen. Ihre Lösung ist auch die Voraussetzung zur Lösung der Aufgaben des Typs 3, die unmittelbar praktischen Wert besitzen. Um die Möglichkeiten zur Anwendung des *PPL* zu überprüfen, soll zunächst die Aussagefähigkeit dieses Prinzips näher beleuchtet werden.

2.4. Aussagekraft des PPL

Der praktische Wert einer beliebigen theoretischen Konstruktion hängt im Endeffekt von seiner Aussagefähigkeit ab. In diesem Paragraphen betrachten wir die Aussagefähigkeit des *PPL* von der quantitativen Seite her. Als Maß χ für diese „Aussagekraft“ verwenden wir die Beziehung (2.7). Sie enthält die Anzahl N diskreter Werte der Größe f, die ausgehend von N_0 Werten für f, welche experimentell bestimmt wurden, berechnet werden können:

$$\chi = \frac{N}{N_0} \tag{2.7}$$

Wenn die Größe f von n Parametern des Typs x_i' (n Eigenschaften) abhängt, und die i-te Eigenschaft durch m_i (außer x_i^0) unterschiedliche, diskrete (oder für die Interpolation hinreichende) Werte charakterisiert wird, dann ergibt sich:

$$N = 1 + \prod_{i=1}^{n} m_i \tag{2.8}$$

und

$$N_0 = 2 + \sum_{i=0}^{n} m_i \tag{2.9}$$

Daraus folgt:

$$\chi = \frac{1 + \prod_{i=1}^{n} m_i}{2 + \sum_{i=0}^{n} m_i} \tag{2.10}$$

Aus diesen Formeln wird ersichtlich, daß in dem Maße wie die Größen n und m_i anwachsen, die Größe N etwas schneller zunimmt als N_0. Daraus resultiert ein schnelles Anwachsen der Aussagekraft χ.

Zur Illustration dienen die folgenden Angaben:

	m_i	N	N_0	χ
$n = 2\ldots$	10	101	22	4,6
$n = 3\ldots$	10	10^3	32	31,2
$n = 4\ldots$	10	10^4	52	192
$n = 8\ldots$	100	10^8	402	$2{,}5 \cdot 10^5$
$n = 10\ldots$	10	10^{10}	10^3	10^7

Aus dem Gesagten folgt, daß das *PPL* mit der Vergrößerung der Anzahl Varianten, die erfaßt werden, sehr rasch an Aussagekraft gewinnt.

Kapitel 3: Folgerungen aus dem *LFE* und seine hauptsächlichen Standardfälle

Bei der Betrachtung der Reaktionsfähigkeit chemischer Verbindungen zur quantitativen Beschreibung der zu untersuchenden Systeme interessieren uns unmittelbar die Geschwindigkeits- und Gleichgewichtskonstanten der Reaktionen. Für deren theoretische Analyse ist es zweckmäßig, die Größen der Freien Aktivierungs- oder Reaktionsenergien zu verwenden, durch die die Geschwindigkeits- oder Gleichgewichtskonstanten eindeutig bestimmt werden. Bei der folgenden Analyse sollen partielle molare Größen der Freien Energien der einzelnen Verbindungen und der aktivierten Komplexe verwendet werden, da diese experimentell zugänglich sind.

3.1. Allgemeine Folgerungen aus dem LFE

Wenn wir von der Anwendung des *PPL* auf die partielle molare Freie Energie F einer beliebigen Verbindung ausgehen, dann wird die Größe F im allgemeinen durch Gleichungen vom Typ (2.3) dargestellt. Wenn jetzt alle Größen des Typs x_i' als Konstanten gelten, mit Ausnahme von x_j', das mit irgendeinem Einzelfaktor verbunden ist, so erhalten wir:

$$F_{1j} = F_{10} + a_1 x_j' \tag{3.1}$$

wobei F_{10} und a_1 Konstanten darstellen, die von den Parametern des Typs x_j abhängen. Letztere sind mit den Faktoren verbunden, deren Wirkung konstant bleibt (durch den Index „1" wird die „erste" Kombination mit den Werten der konstanten Faktoren bezeichnet). Wenn sich (3.1) auf die Ausgangsverbindung bezieht und für den aktivierten Komplex oder das Endprodukt der Reaktion analoges gilt, so ist:

$$F'_{1j} = F'_{10} + a_1' x_j' \tag{3.2}$$

Die Freie Aktivierungs- oder Reaktionsenergie wird dann gleich

$$\Delta F_1 = \Delta F_{10} + \Delta a_1 x_j' \tag{3.3}$$

wobei $\Delta F_{10} = F'_{10} - F_{10}$ und $\Delta a_1 = a_1' - a_1$ ist.

Weiter können wir die Änderung der Größe x_j' in Abhängigkeit von anderen konstanten Werten der übrigen Größen des Typs x_j' betrachten (Index „2" bezeichnet die „2". Kombination der konstanten Faktoren):

$$\Delta F_2 = \Delta F_{20} + \Delta a_2 x_j' \tag{3.4}$$

Es ist unschwer festzustellen, daß sich die Größen ΔF_2 und ΔF_1 in linearer Abhängigkeit zueinander befinden:

$$\Delta F_2 = A + B \Delta F_1 \tag{3.5}$$

wobei $A = \Delta F_{20} - \frac{\Delta a_2}{\Delta a_1} \Delta F_{10}$ und $B = \frac{\Delta a_2}{\Delta a_1}$ ist.

Wenn wir zu den Geschwindigkeits- oder Gleichgewichtskonstanten übergehen, erhalten wir

$$\lg k_2 = A' + B \lg k_1 \tag{3.6}$$

wobei $A' = -\frac{A}{2{,}3RT}$ im Fall der Gleichgewichtskonstanten und $A' = -\frac{A}{2{,}3RT} + (1 + B) \lg \frac{kT}{h}$ im Fall der Geschwindigkeitskonstanten ist.

Man erkennt ohne weiteres, daß (3.5) und (3.6) eine verallgemeinerte Form des *LFE* darstellen. Folglich ist das *LFE* ein spezieller Fall der Anwendung des *PPL*. Daraus kann man jetzt die Schlußfolgerung ziehen, daß das *LFE* in einfacherer Form befolgt wird, wenn sich in den beiden zu vergleichenden Reaktionsserien nur eine Eigenschaft verändert, die mit dem gleichen veränderlichen Faktor verbunden ist. Wenn mit letzterem veränderliche Eigenschaften verbunden sind (und diesen real beeinflussen), die durch unterschiedliche Parameter des Typs x_i' charakterisiert werden, so wird das *LFE* in der einfacheren Form nicht befolgt werden. In Abhängigkeit von der Natur des veränderlichen Faktors ergeben sich verschiedene Typen von Reaktionsserien und diesen entsprechende Korrelationsgleichungen.

3.2. Grundlegende Typen von Reaktionsfolgen und die ihnen entsprechenden Korrelationsgleichungen

Wie schon hervorgehoben wurde, hängt der Charakter der Reaktionsserien davon ab, welcher der Faktoren, die die Reaktionsfähigkeit beeinflussen, als veränderlich ausgewählt wurde. Betrachten wir jetzt die wichtigsten Spezialfälle:

1. Der veränderliche Faktor ist der Grad der „Erwärmung des Reaktionsmediums".

Den Terminus „Temperatur" vermeiden wir jetzt absichtlich, um diesen Faktor nicht mit dem Parameter des Typs x_i' zu verwechseln, der eine Eigenschaft charakterisiert, die mit diesem Faktor verbunden ist. Wenn man den Parameter des Typs x_i', der den Grad der Erwärmung kennzeichnet, mit τ bezeichnet, dann erhält Gleichung (3.3) für den gegebenen Fall die Form:

$$\Delta F_1 = \Delta F_{10} + \Delta a_1 \tau \tag{3.7}$$

Nimmt man an, daß der Grad der Erwärmung in allen Fällen nur mit einem Parameter des Typs x_i' verbunden ist, dann gilt Gleichung (3.7) nicht nur für die Freien Energien, sondern auch für eine beliebige Beschreibung eines Systems. Sie wird auch für das Volumen eines idealen Gases befolgt, dessen Abhängigkeit vom

Grad der Erwärmung (bei konstantem Druck p) durch die Zustandsgleichung gegeben ist:

$$V = \frac{R}{p} T \qquad (3.8)$$

Wenn in die Gleichung des Typs (3.7) anstelle von ΔF das Volumen eines idealen Gases eingesetzt wird

$$V = V_0 + a_1 \tau \qquad (3.9)$$

und als Standardtemperatur der Erwärmung der absolute Nullpunkt festgelegt wird ($V_0 = 0$), dann sind Gleichung (3.8) und (3.9) identisch (wenn $a_1 = \frac{R}{p}$ normiert wird, was immer gestattet ist).

Unter der Bedingung der Richtigkeit der dargelegten Voraussetzung ist der Parameter τ gleich der absoluten Temperatur, und Gleichung (3.7) wird der Form nach identisch mit einer aus der Thermodynamik bekannten Abhängigkeit für die Differenzen der Freien Energie, der Enthalpie und Entropie:

$$\Delta F = \Delta H - T \Delta S \qquad (3.10)$$

Dabei müßte $\Delta F_{10} = \Delta H$ und $-\Delta a_1 = \Delta S$ sein. Die Identität ist jedoch nur gültig, wenn die Größen ΔH und ΔS von der Temperatur unabhängig wären.

Daraus kann man die Schlußfolgerung ableiten, daß die Größe τ in (3.7) nur unter der Bedingung der Unabhängigkeit der Enthalpie und Entropie von der Temperatur gleich der absoluten Temperatur ist. Eine solche Annahme liegt z. B. der Arrhenius-Gleichung zugrunde, in der die Aktivierungsenergie und der Präexponent nicht von der Temperatur abhängen. Deshalb ist für die Reaktionsgeschwindigkeit Gleichung (3.7) bei $\tau = T$ der Arrhenius-Gleichung äquivalent, wenn die geringe Abhängigkeit des Multiplikators kT/h von der Temperatur vernachlässigt wird.

Im allgemeinen wird jedoch die dargelegte Annahme nicht befolgt. Bei einer gewöhnlichen thermodynamischen Behandlung findet das seinen Niederschlag in der Abhängigkeit der Enthalpie und Entropie von der Temperatur. Vom Standpunkt des *PPL* aus betrachtet, können die Größen vom Typ ΔF_{10} und Δa_1 in (3.7) nicht vom Grad der Erwärmung abhängen. Aber auch τ muß nicht unbedingt der absoluten Temperatur gleichgesetzt werden. Letztere kann nicht als Größe vom Typ x_i' betrachtet werden, sondern als ein „elementarer“ Parameter des Typs x_i, dessen Größe im gegebenen Fall bekannt ist. Für diesen Fall muß τ eine bestimmte Funktion von T darstellen, deren Form durch das Experiment präzisiert werden muß. Das kann durch die Wahl irgendeiner Reaktion (mit 0-Index) als Standard verwirklicht werden. Wenn man für letztere $\Delta a_0 \equiv 1$ normiert, erhalten wir für

$$\tau = \Delta F_0 - \Delta F_{00} \qquad (3.11)$$

Dieser Weg zur Bestimmung der Größe τ setzt die Wahl eines komplizierteren Modells voraus, als die Wärmeausdehnung eines idealen Gases. Folgt man dieser Logik weiter, so ergibt sich die Notwendigkeit zur Einführung unterschiedlicher Skalen für τ, in Abhängigkeit z. B. vom Typ der Reaktion usw.

In der Praxis können gewöhnlich die Temperaturintervalle nicht genügend eng gewählt werden, um eine Unabhängigkeit der Enthalpie und Entropie von der Temperatur zu gewährleisten.

Mit entsprechender Vorsicht sind jedoch Schlüsse zulässig, die zur Extrapolation der gefundenen Gesetzmäßigkeiten auf größere Temperaturintervalle dienen können.

2. Der veränderliche Faktor ist eine Struktureinheit (der Substituent) in der reagierenden Verbindung.

Wenn mit der betrachteten Struktureinheit nur eine veränderliche Eigenschaft verbunden ist, dann werden die Gleichungen (3.3), (3.5) und (3.6) befolgt. Die Größe x_j' besitzt dann die Bedeutung einer quantitativen Kenngröße dieser mit dem Substituenten verbundenen Eigenschaft. Bei Normierung auf die Standardserie (0) ist $\Delta a_0 = -2{,}3RT$ und da $\Delta F_{00} = -2{,}3RT \lg k_{00}$ ist, wobei k_{00} die Geschwindigkeits- oder Gleichgewichtskonstante für eine Verbindung mit dem Standardsubstituenten darstellt, erhalten wir

$$\lg k_0 - \lg k_{00} = x_j' \equiv \chi \tag{3.12}$$

Diese Gleichung gibt die Möglichkeit zur Bestimmung der Größen x_j' (die im gegebenen Fall mit den uns bekannten Substituentenkonstanten übereinstimmen), ungeachtet dessen, daß die Werte F, für die wir unmittelbar das *PPL* anwendeten, der direkten experimentellen Bestimmung unzugänglich sind. Dabei stellt die Größe χ in (3.12) eine allgemeine Substituentenkonstante dar. Durch Einsetzen von (3.12) in (3.6) und bei Ersatz von B durch φ erhalten wir für eine beliebige (i-te) Reaktionsserie:

$$\lg k_i = \lg k_{i0} + \varphi_i \chi \tag{3.13}$$

wobei $\lg k_{i0} = A' - B \lg k_{00}$ und φ_i eine für die Reaktionsserie charakteristische Konstante ist. Man kann leicht sehen, daß die Gleichungen (1.9) von Hammett sowie (1.14) und (1.16) von Taft Spezialfälle der Gleichung (3.13) sind.

3. Der veränderliche Faktor ist eine der reagierenden Verbindungen.

Wenn mit dieser Verbindung nur eine veränderliche Eigenschaft verbunden ist, dann erhalten wir beim formalen Herangehen in Analogie zu dem vorhergehenden Fall auf der Grundlage von (3.3), (3.5) und (3.6) die folgende Gleichung:

$$\lg k_i = \lg k_{i0} + p_i q \tag{3.14}$$

wobei k_i die Geschwindigkeitskonstante für die reagierende Verbindung im Fall der i-ten Reaktionsserie ist; die Konstante q charakterisiert die reagierende Verbindung (quantitatives Maß der veränderlichen Eigenschaft, die mit dem reagierenden Stoff verbunden ist); p_i ist die Reaktionskonstante für die i-te Reaktionsserie. Ein Spezialfall von Gleichung (3.14) ist die Gleichung (1.33) von Swain und Scott.

Das gleiche gilt für die Brösted-Gleichung [(1.1), (1.2) und (1.3)]. Für diese wurde später folgende Form gewählt:

$$\lg k_{HA} = \lg k_{HA_0} + \alpha \lg \frac{K_{HA}}{K_{HA_0}} \tag{3.15}$$

Daraus folgt, daß $\alpha = p_i$ und $q = \lg \frac{K_{HA}}{K_{HA_0}}$ ist (durch HA_0 wird die Standardsäure bezeichnet).

Spezialfälle von (3.14) sind auch die Gleichungen von Lewis und Schwarz (1.39) und (1.40) und von Bamford, Jenkins und Johnston (1.40) und (1.41). Innerhalb bestimmter Grenzen sind Gleichung (3.13) und alle ihre Sonderfälle gleichzeitig Spezialfälle von (3.14), da eine Änderung des Substituenten in der reagierenden Verbindung gleichzeitig auch eine Veränderung der Verbindung selbst darstellt.

Die Größen q für die verschiedenen Verbindungen können aus der Beziehung

$$q = \lg k_0 - \lg k_{00} \tag{3.16}$$

erhalten werden, wobei sich k_0 und k_{00} auf die Standard-Reaktionsserie beziehen ($i = 0$).

4. Der veränderliche Faktor ist das Lösungsmittel

Wenn mit letzterem nur eine veränderliche Eigenschaft verbunden ist, so wird sich der Gang unserer Überlegungen der Form nach nicht von den vorherigen unterscheiden. Gleichung (3.6) erhält dann die Form:

$$\lg k_i = \lg k_{i0} + r_i s \tag{3.17}$$

wobei k_i und k_{i0} die Geschwindigkeitskonstanten der zu betrachtenden Reaktion in einem beliebigen und im Standard-Lösungsmittel sind. Die übrigen Bedingungen bleiben konstant. s ist eine den Lösungsmitteleinfluß charakterisierende Konstante und r_i ist die Reaktionskonstante.

Spezialfälle von (3.17) sind die Gleichung (1.42) von Grunwald-Winstein, (1.44) von Brownstein und andere Analoga.

5. Der veränderliche Faktor ist der Druck

Verfährt man analog wie bisher, so erhalten wir aus (3.6) folgende Gleichung:

$$\lg k_i = \lg k_{i0} + v_i \pi \tag{3.18}$$

wobei k_i und k_{i0} die Geschwindigkeitskonstanten der i-ten Reaktion bei einem gegebenen und dem Standard-Druck darstellen und π eine vom Druck abhängige Funktion ist, da der Druck im gegebenen Fall ein „elementarer" Parameter vom Typ x_i ist; v_i charakterisiert die i-te Reaktion. Die numerischen Werte von π werden aus experimentellen Angaben für die Standard-Reaktion erhalten:

$$\pi = \lg k_0 - \lg k_{00} \tag{3.19}$$

Die praktische Überprüfung der Gleichung (3.18) wurde von Eljanov [90] am Beispiel einer Reihe von Reaktionsserien durchgeführt.

Auf diese Weise sehen wir, daß alle Grundtypen der Korrelationsgleichungen der Form nach mit der Hammett-Gleichung identisch sind und somit Spezialfälle von Gleichung (3.3) darstellen, die einen vereinfachten Fall für die Anwendung des *PPL* beschreibt. Folglich gelten für die Anwendbarkeit der dargelegten Gleichungen dieselben Grenzen, wie sie aus den Folgerungen über das *PPL* und bei der Darlegung von Gleichung (3.3) erörtert wurden.

Voraussetzungen für die Anwendung des *PPL* sind im gegebenen Fall:

1. Stetigkeit und monotone Abhängigkeit der Größen ΔF für chemische Reaktionen von „elementaren" Parametern, die mit allen betrachteten veränderlichen Faktoren verbunden sind, und in den praktisch beobachtbaren Grenzen der Änderung von ΔF in Erscheinung treten.
2. Die Grenzen dürfen nicht zu weit gewählt werden, damit Gleichung (3.3) mit der notwendigen Genauigkeit erfüllt wird.

Die Erfüllung dieser Forderungen kann unseres Erachtens nach nicht auf irgendeinem unabhängigen Weg theoretisch begründet werden. Sie soll deshalb als Grundpostulat gelten, dessen Berechtigung aus der experimentellen Überprüfung folgt.

Bei der Ableitung von Gleichung (3.3) wurde vorausgesetzt, daß mit dem zu beobachtenden veränderlichen Faktor nur eine veränderliche Eigenschaft verbunden ist. Wenn diese Forderung nicht erfüllt ist, dann wird das *LFE* in Form von Gleichung (3.3), d. h. des Typs der HAMMETT-Gleichung nicht befolgt. Dieser Fall tritt z. B. auf, wenn bei der Variation des Substituenten gleichzeitig Induktions- und sterische Effekte wirken. Für die weitere praktische Anwendung besitzen die Gleichungen vom Typ (3.3) die Bedeutung von Spezialfällen. Und zwar nicht nur deshalb, weil sie im Falle der gleichzeitigen Änderung mehrerer Eigenschaften, die mit ein und demselben Faktor verbunden sind, unanwendbar sind. Ein wesentlicher Mangel besteht auch darin, daß eine beliebige Änderung der Werte der restlichen Faktoren zu einer Änderung der Konstanten ΔF_0 und Δa führt, d. h. zu einer neuen Reaktionsserie. Infolgedessen wird die Anzahl der verschiedenen Reaktionsserien so groß, daß ihre „totale" empirische Beschreibung (Bestimmung aller Werte von ΔF_0 und Δa) weit über die Grenzen der realen Möglichkeiten hinausgeht.

Aus diesen Gründen ist es zweckmäßig, das *PPL* nicht in Form von (3.3) anzuwenden, sonden in seiner allgemeinen Form (2.3). Es gibt jedoch einen Weg, der es besser gestattet, den physikalischen Sinn aller zu verwendenden Konstanten und Gleichungen zu erkennen. Um diesen Weg darzulegen, ist es notwendig, uns zunächst mit den prinzipiellen Grundlagen der formalen Theorie der Wechselwirkung bekannt zu machen, die auf der Basis des *PPL* aufgebaut ist.

Kapitel 4: Die formale Theorie der Wechselwirkung

4.1. Definition des quantitativen Maßes der Wechselwirkung

Von Wechselwirkung sprechen wir dann, wenn zwei (oder mehr) Objekte oder Erscheinungen einen solchen Einfluß aufeinander ausüben, daß es zur Änderung der mit diesen Objekten verbundenen quantitativen Charakteristika kommt.

Gehen wir von einem System aus, das aus zwei in Wechselwirkung befindlichen veränderlichen Objekten besteht:

$$A_i \text{———} B_j \tag{4.1}$$

Betrachtet wird die quantitative Beschreibung f_{ij} dieses Systems. Wenn die Wechselwirkung nur durch je eine Eigenschaft der beiden Objekte A_i und B_j hervorgerufen wird, dann verwenden wir das *PPL* in Form von Gleichung (2.3).

$$f_{ij} = f_{00} + a_1 x_i + a_2 y_j + \alpha x_i y_j \tag{4.2}$$

wobei f_{00} den Wert f für das System aus den Standardobjekten A_0—B_0 darstellt; x_i ist das quantitative Maß der Eigenschaft, die mit den Objekten des Typs A_i verbunden ist; y_j ist das gleiche für Objekte des Typs B_j; a_1, a_2 und α sind Konstanten, die von der Temperatur abhängen.

In der Beziehung (4.2) sind die Summanden $a_1 x_i$, $a_2 y_j$ und $\alpha x_i y_j$ quantitative Charakteristika der betrachteten Wechselwirkung. Jedoch stellen die Größen $a_1 x_i$ und $a_2 y_j$ additive Glieder dar, die nur von einem Parameter abhängen und sich in diesem Sinne von der Größe $\alpha x_i y_j$ unterscheiden. In Verbindung damit ist es sinnvoll, den Begriff der Wechselwirkung etwas einzuengen, so daß nur der Fall des nichtadditiven Einflusses erfaßt wird. Dann wird die Wechselwirkung zwischen den Objekten A_i und B_j nur durch die Größe $\alpha x_i y_j$ charakterisiert. Die Natur der Eigenschaften, die durch die Parameter x_i und y_j charakterisiert werden, bestimmt den Mechanismus der Wechselwirkung. Die Größe α kann dann als Konstante der Wechselwirkung für diesen Mechanismus bezeichnet werden.

Die Wechselwirkung zwischen zwei Objekten, die durch Gleichung (4.2) beschrieben wird, bezeichnen wir als gleichartig, wenn sie nur durch einen Wechselwirkungsmechanismus hervorgerufen wird. Es sei noch einmal hervorgehoben, daß der Mechanismus der Wechselwirkung durch eine bestimmte Eigenschaft jedes der wechselwirkenden Objekte bestimmt wird. Diese Eigenschaften werden als gepaarte bezeichnet.

Die Eigenschaften, deren Kombination nicht zur Entstehung einer Wechselwirkung führt, nennen wir ungepaart. Die Wechselwirkung, die durch ein und dieselbe Eigenschaft beider Objekte bedingt ist und die paarweise durch sich selbst entsteht, nennen wir symmetrisch. Wenn die gepaarten Eigenschaften nicht identisch sind, dann nennen wir die darauf beruhende Wechselwirkung unsymmetrisch. Als Beispiel einer symmetrischen Wechselwirkung erinnern wir an die Gravitationskraft. Die Wechselwirkung zwischen einer Feder und einem an ihr aufgehängten Gewicht ist eine unsymmetrische. Wenn eine Wechselwirkung durch mehr als eine Eigenschaft bedingt ist, so entstehen einander überlagernde Mechanismen der Wechselwirkung. Die Anzahl der sich überlagernden Mechanismen gilt als Ordnung der Wechselwirkung. Wenn jede der Eigenschaften eines der Objekte nur mit einer Eigenschaft eines anderen Objektes gepaart ist und umgekehrt, dann nennen wir eine solche Wechselwirkung eine sich nicht kreuzende ungleichartige Wechselwirkung. Wenn irgendeine Eigenschaft eines Objektes mit zwei oder mehr Eigenschaften eines anderen Objektes gepaart ist, dann liegt eine sich kreuzende ungleichartige Wechselwirkung vor.

Bei Verwendung des *PPL* in Form von Gleichung (2.3) für eine sich nicht kreuzende ungleichartige Wechselwirkung zweiter Ordnung zwischen den Objekten A_i und B_j erhalten wir

$$f_{ij} = f_{00} + a_1 x_i + a_2 y_j + a_1' x_i' + a_2' y_j' + \alpha x_i y_j + \alpha' x_i' y_j' + c x_j y_j x_i' y_j' \quad (4.3)$$

wobei x_i und y_j die Parameter der Eigenschaften für den 1. Mechanismus der Wechselwirkung sind; x_i' und y_j' sind das gleiche für den 2. Mechanismus; α und α' sind die Wechselwirkungskonstanten für den 1. und 2. Mechanismus; c ist eine Wechselwirkungskonstante für die gegenseitige Beeinflussung der beiden Mechanismen. Die Glieder der Gleichung (2.3), die die Multiplikatoren des Typs $x_i y_j'$, $x_i x_i' y_j'$ usw. enthalten, entfallen, wenn keine Kreuzung vorliegt.

Den einfachsten Fall einer kreuzenden ungleichartigen Wechselwirkung erhalten wir, wenn eine Eigenschaft eines der Objekte (sagen wir B_j) mit zwei Eigenschaften des zweiten Objektes A_i gepaart ist.

$$f_{ij} = f_{00} + a_1 x_i + a_1' x_i' + a_2 y_j + \alpha x_i y_j + \alpha' x_i' y_j + c x_i x_i' y_j \quad (4.4)$$

Hier besitzen α und α' den Sinn von Wechselwirkungskonstanten für die beiden sich kreuzenden Mechanismen; c ist die Konstante der Wechselwirkung zwischen diesen Mechanismen.

Kompliziertere Fälle können in analoger Weise behandelt werden. Die Größen des Typs $\alpha x_i y_j$, $\alpha' x_i' y_j'$ usw. nennen wir additive Summanden der ungleichartigen Wechselwirkung. Es ist klar, daß diese Summanden den Größen entsprechen, die die gleichartige Wechselwirkung mit gleichem Mechanismus charakterisieren. Wenn die Konstanten c vernachlässigbar klein sind, dann ist die ungleichartige Wechselwirkung rein additiv.

Daraus können wir folgern, daß die Gesetzmäßigkeiten der ungleichartigen Wechselwirkung auf den Gesetzmäßigkeiten der gleichartigen Wechselwirkung basieren.

4.2. Ähnliche Einflüsse vieler und gleichartiger Struktureinheiten

Bei der Betrachtung der Abhängigkeit der Freien Energie chemischer Verbindungen von ihrem Bau interessiert uns die Wechselwirkung zwischen vielen Objekten (im Endeffekt zwischen allen Atomen im Molekül) oder zwischen komplizierteren Objekten (vielatomige Struktureinheiten). Eine solche Wechselwirkung nennen wir gleichartig, wenn sie durch zwei gepaarte Eigenschaften bedingt wird, von denen die eine für eine beliebige Zahl von Objekten charakteristisch ist und eine andere die restlichen umfaßt (nichtsymmetrische gleichartige Wechselwirkung). Eine weitere Möglichkeit ist, daß alle Objekte durch ein und dieselbe Eigenschaft charakterisiert werden, die mit sich selbst gepaart ist (symmetrische Wechselwirkung).

Der Wechselwirkungsmechanismus in den Molekülen kann entweder streng an Bindungen geknüpft sein oder zwischen einem beliebigen Paar von nicht unmittelbar gebundenen Objekten zustande kommen. Im letzten Falle erhält die Entfernung, die jedes der Paare der wechselwirkenden Objekte charakterisiert, eine große Bedeutung. Da dies ein zusätzlicher Einflußfaktor ist, wird die Voraussetzung, daß jedes der Objekte nur durch eine Eigenschaft charakterisiert wird, nicht erfüllt, und die Wechselwirkung kann nicht gleichartig sein. Das gleiche gilt auch für Gesamtheiten von Objekten, die nicht über Bindungen miteinander verknüpft sind (z. B. Gase). Zu welchen Komplikationen das führen kann, zeigt die Berechnung der Gravitationswechselwirkung vieler Körper.

Den weiteren Betrachtungen soll ein verallgemeinertes Modell eines Moleküls zugrunde gelegt werden. Als Objekte können hier entweder Atome oder kompliziertere Struktureinheiten auftreten. Jedes Molekül können wir in Form von (4.1) darstellen, wobei unter A_i und B_j irgendwelche Struktureinheiten (Atomgruppen oder Substituenten) verstanden werden, die durch kovalente Bindung verknüpft sind. Wenn die Wechselwirkung zwischen diesen Struktureinheiten gleichartig ist und nur über kovalente Bindungen erfolgt, dann ist es sinnvoll, eine Bestimmung der Abhängigkeit der Parameter x_i und y_j vom Bau der Gruppen A_i und B_j vorzunehmen. Das ist möglich, wenn x_i und y_j entweder nach dem gleichen Mechanismus von Teilen der Objekte A_i und B_j, wie er auch zwischen A_i und B_j selbst besteht, oder nach einem Mechanismus anderen Typs abhängen. Wenn die Wechselwirkung zwischen A_i und B_j gleichartig bleiben soll, ist es notwendig, daß alle Teile von A_j — mit einer Ausnahme — nicht nach diesem Mechanismus mit B_j oder dessen Teilen in Wechselwirkung treten und umgekehrt. Bei der Anwendung auf Moleküle bedeutet das, daß der Mechanismus der Wechselwirkung nur im Falle kovalenter Bindungen zustande kommt. Gehen wir aus von einer Struktur des folgenden Typs:

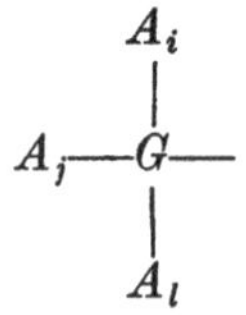

(4.5)

Uns interessiert, wie die charakteristische Größe χ (Substituentenkonstante) dieser komplizierten Struktureinheit von den Größen χ für elementarere Struktureinheiten A_i, A_j und A_l abhängt. Betrachten wir χ_i, χ_j und χ_l als Parameter der Eigenschaften, von denen die Größe χ_{Gijl} abhängt, so ergibt sich bei Anwendung des *PPL*:

$$\chi_{Gijl} = \chi_{G000} + z_G(\chi_i + \chi_j + \chi_l) + z_G'(\chi_i\chi_j + \chi_i\chi_l + \chi_j\chi_l) + z_G''\chi_i\chi_j\chi_l \quad (4.6)$$

Dabei ist χ_{G000} der Wert χ für eine Struktureinheit $(A_0)_3G$, in welcher G mit 3 Standardstruktureinheiten vom Typ A_i verbunden ist; z_G, z_G' und z_G'' sind Konstanten, die die Struktureinheit G charakterisieren.

Man kann zeigen, daß die Abhängigkeit der Konstanten χ_{Gijl} von den Größen χ_i', χ_j' und χ_l', qualitativ unterschiedlich ist von der durch den Parameter χ wiedergegebenen. Dabei behält die Gleichung (4.6) entsprechend der Voraussetzung bei ihrer Ableitung weiterhin Gültigkeit.

Für ein einfacheres System des Typs

$$A_i - G' - \tag{4.7}$$

erhalten wir

$$\chi_{G_i'} = \chi_{G_0'} + z_G' \chi_i \tag{4.8}$$

Die Größe z_G' gibt an, inwieweit sich die Wechselwirkung zwischen A_i und B_j durch G' von ihrer unmittelbaren Wechselwirkung in A_iB_j unterscheidet:

$$\frac{F_{A_iG'B_j} - F_{A_0G'B_j}}{F_{A_iB_j} - F_{A_0B_j}} = \frac{\alpha z_{G'} \chi_i \chi_j}{\alpha \chi_i \chi_j} = z_G' \tag{4.9}$$

Deshalb kann die Größe $z_{G'}$ als Maß der „Leitfähigkeit“ der Struktureinheit G' für die Wechselwirkung nach dem gegebenen Mechanismus bezeichnet werden.

Vergleichen wir (4.8) mit (4.6), so erhalten wir:

$$z_{G'} = z_{Gjl} = z_G'(\chi_j + \chi_l) + z_G'' \chi_j \chi_l \tag{4.10}$$

wobei z_{Gjl} die Leitfähigkeit der Struktureinheit

$$A_i - \overset{|}{\underset{|}{G}} - A_j$$

ist.

4.3. Ableitung grundlegender Typen von Korrelationsgleichungen

Betrachten wir eine Reihe von Verbindungen des Typs $X_i - Y_j$, wobei X_i der Substituent und Y_j das Reaktionszentrum sind. Zwischen X_i und Y_j soll eine gleichartige Wechselwirkung (nichtsymmetrisch) nach einem Mechanismus bestehen, der unabhängig von der Natur des X_i und Y_j ist. Das Reaktionszentrum im aktivierten oder Endzustand bezeichnen wir durch Y_f. Die Wechselwirkungen zwischen X_i und Y_f unterliegen den gleichen Bedingungen, wie sie auch für X_i und Y_j gelten. Für die Freien Energien der Ausgangsverbindungen $X_i - Y_j$ und die der aktivierten Komplexe oder Endprodukte $X_i - Y_f$ ergibt sich (s. (4.2)):

$$F_{ij} = F_{00} + F_{Xi} + F_{Yj} + a_1\chi_i + a_2\chi_j' + \alpha\chi_i\chi_j' \tag{4.11}$$

$$F_{if} = F_{00} + F_{Xi} + F_{Yf} + a_1\chi_i + a_2\chi_f' + \alpha\chi_i\chi_f' \tag{4.12}$$

wobei F_X und F_Y Beiträge sind, die nicht mit dem gegebenen Wechselwirkungstyp verbunden sind.

Für die Freie Aktivierungs- oder Reaktionsenergie erhalten wir somit den folgenden Ausdruck:

$$\Delta F_{ij} = \Delta F_{0j} + \alpha(\chi_f' - \chi_j')\chi_i \tag{4.13}$$

wobei $\Delta F_{0j} = F_{Y_f} - F_{Y_j} + a_2(\chi_f' - \chi_j)$ ist.

Die Größe $(\Delta F_{ij} - \Delta F_{0j})$ kann in folgender Form dargestellt werden:

$$\Delta F_{ij} - \Delta F_{0j} = (\Delta H_{ij} - \Delta H_{0j}) - T(\Delta S_{ij} - \Delta S_{0j}) = \alpha(\chi_f' - \chi_j')\chi_i \tag{4.14}$$

Dabei ist

$$\alpha = \frac{\Delta H_{ij} - \Delta H_{0j}}{(\chi_f' - \chi_j')\chi_i} - T\,\frac{\Delta S_{ij} - \Delta S_{0j}}{(\chi_f' - \chi_j')\chi_i} \tag{4.15}$$

Die Größen χ und χ' hängen vereinbarungsgemäß nicht von der Temperatur ab. Bei der näherungsweisen Annahme, daß ΔH und ΔS temperaturunabhängig sind (s. Kap. 3.2.), kann die Größe α auf folgende Art dargestellt werden.

$$\alpha = \alpha_0(1 - T\gamma) \tag{4.16}$$

wobei γ eine absolute Konstante für den gegebenen Mechanismus der Wechselwirkung ist, und α_0 ist eine Konstante für den Mechanismus der Wechselwirkung in Abhängigkeit von der Normierung des Maßstabes der Größen χ und χ'.

Durch Einsetzen von (4.16) in (4.13) und bei Verwendung von Geschwindigkeits- oder Gleichgewichtskonstanten erhalten wir folgende Gleichung:

$$\lg k_{ij} = \lg k_{0j} + \frac{\alpha_0(\chi_j' - \chi_f')}{2{,}3R}\left(\frac{1}{T} - \gamma\right)\chi_i \tag{4.17}$$

Es ist ohne weiteres klar, daß Gleichung (4.17) eine ausführlichere Form der Gleichung (3.13) darstellt, die die Konstante φ zur Charakterisierung der Reaktionsserie verwendet. Ausgehend von (4.17) gilt dann:

$$\varphi = \frac{a}{T} - b$$

wobei a und b die folgenden Konstanten sind:

$$a = \frac{\alpha_0(\chi_j' - \chi_f)}{2{,}3R} \qquad b = \frac{\alpha_0\gamma(\chi_j' - \chi_f')}{2{,}3R}$$

Dabei ist $\dfrac{b}{a} = \gamma$.

Die Größe $\gamma^{-1} = \beta$ stellt die sogenannte isokinetische Temperatur dar (bei $T = \tau$ und $\varphi = 0$). Auf diese Weise kommen wir zu der Schlußfolgerung, daß für alle zu beobachtenden Reaktionsserien das isokinetische Gesetz mit dem gleichen Wert der isokinetischen Temperatur $\beta = \gamma^{-1}$ befolgt werden muß, der für den gegebenen gleichartigen Mechanismus der Wechselwirkung zwischen Substituent und Reaktionszentrum charakteristisch ist. Wenn die Wechselwirkung zwischen

Substituent und Reaktionszentrum nicht gleichartig und zweiter Ordnung ist, dann kommen wir ausgehend von (4.3) zu einer Gleichung, die im Prinzip den Gleichungen (3.13) und (3.17) analog ist. Im rechten Teil sind 2 additive Summanden des Typs $\varphi\chi$ vorhanden, für die alle Gesetzmäßigkeiten der gleichartigen Wechselwirkung erfüllt werden. Außerdem wird, wenn c in (4.3) ungleich Null ist, noch ein „gekreuztes" Glied vorhanden sein, wobei für die Konstante c die Bedingung

$$c = c_0(1 - T\gamma')$$

erfüllt sein muß.

Es ist klar, daß die Größen γ für die beiden sich überlagernden Mechanismen der Wechselwirkung und die Größe γ' nicht einander gleich sind. In einem solchen Fall ordnen sich die Brutto-Größen ΔF_{ij} (oder $\lg k_{ij}$) nicht dem isokinetischen Gesetz unter. Bei Anwesenheit eines „gekreuzten" Gliedes entspricht die isokinetische Temperatur nicht der universellen Größe γ^{-1}. Das ist auch dann nicht der Fall, wenn die Wechselwirkung nach einem der sich überlagernden Mechanismen konstant bleibt. Betrachten wir jetzt die Freie Aktivierungsenergie für eine bimolekulare Reaktion:

$$a_i + b_j \rightarrow a_i b_j \tag{4.18}$$

Dabei soll $a_i b_j$ den aktivierten Komplex kennzeichnen. Das gleiche Schema gilt auch für die Freie Reaktionsenergie. Wenn die Wechselwirkung zwischen a_i und b_j im aktivierten Komplex (bzw. dem Reaktionsprodukt) gleichartig ist (nichtsymmetrisch), dann ergibt sich in Analogie zu (4.11):

$$F_{a_i b_j} = F_{00} + F_{a_i} + F_{b_j} + a_1 q_i + a_2 q_j + \alpha q_i q_j' \tag{4.19}$$

wobei q_i und q_j' die Parameter der Eigenschaften sind, die die Wechselwirkung bedingen.

Für den Ausgangszustand gilt:

$$F_{a_i + b_j} = F_{a_i} + F_{b_j} \tag{4.20}$$

Die Freie Aktivierungsenergie ist gleich:

$$\Delta F_{ij}^{\ddagger} = \Delta F_{00}^{\ddagger} + a_1 q_i + a_2 q_j' + \alpha q_i q_j' \tag{4.21}$$

$$\text{oder } \lg k_{ij} = \lg k_{00} - \frac{1}{2{,}3RT}(a_1 q_i + a_2 q_j' + \alpha q_i q_j')$$

Unter der Annahme der Unabhängigkeit der Enthalpie und Entropie von der Temperatur ist:

$$a_1 = a_1^0(1 - T\gamma_1) \tag{4.22}$$

$$a_2 = a_2^0(1 - T\gamma_2) \tag{4.23}$$

$$\alpha = \alpha_0(1 - T\gamma) \tag{4.24}$$

Gleichung (4.21) ist allgemeiner als (3.14) oder andere mögliche konkrete Fälle der letzteren, wie z. B. die Gleichung (1.33) von Swain-Scott. Aus (4.21) können zwei Gleichungen des letzteren Typs erhalten werden, wenn dabei beachtet wird, daß in den Grenzen einer Unterserie ein Reagens des Typs a_i bei konstantem b_j oder umgekehrt variiert wird:

$$\Delta F_{ij} = \Delta F_{0j} + (a_1 + \alpha q_j')q_i \qquad (4.25)$$

$$\Delta F_{ij} = \Delta F_{i0} + (a_2 + \alpha q_i)q_j' \qquad (4.26)$$

Der erhaltene Ausdruck besitzt die Bedeutung einer quantitativen Beziehung, die den Einfluß einer austretenden Gruppe in Reaktionen des folgenden Typs charakterisiert:

$$G_i - Y_j \rightarrow G_i^{\Delta+} + Y_j^{\Delta-} \qquad (4.27)$$

$$G_i - Y_j + Y_l^{\Delta-} \rightarrow G_i - Y_l + Y_j^{\Delta-} \qquad (4.28)$$

Mit Δ^- und Δ^+ soll nur die Richtung für die Änderung der Ladungen während der Reaktion angegeben werden.

Im Fall (4.27) und (4.28) haben die aktivierten Komplexe die Form:

$$G_i^{\Delta+} \cdots Y_j^{\Delta-} \quad \text{und} \quad Y_l^{\Delta-} \cdots G_i^{\Delta+} \cdots Y_j^{\Delta-} \qquad (4.29)$$

Die Freie Aktivierungsenergie wird durch die Differenz der Freien Wechselwirkungsenergie von G_i und Y_j im aktivierten und im Ausgangszustand bestimmt. Es kann nicht ohne weiteres vorausgesetzt werden, daß die Wechselwirkung im aktivierten Komplex durch die gleichen Eigenschaften von G_i und Y_j bedingt wird, wie sie auch im Falle des Ausgangszustandes vorhanden sind, selbst wenn wir es in beiden Fällen mit gleichartiger Wechselwirkung zu tun hätten. Nehmen wir letzteres an, erhalten wir für die Freien Energien des aktivierten und des Ausgangszustandes folgende Ausdrücke:

$$F_{ij}^{\ddagger} = F_{00}^{\ddagger} + a_1' x_i + a_2' y_j + \alpha' x_i y_j \qquad (4.30)$$

$$F_{ij} = F_{00} + a_1 \chi_i + a_2 \chi_j' + \alpha \chi_i \chi_j'$$

wobei x_i und y_j Parameter für die Wechselwirkung im aktivierten Zustand sind (unsymmetrisch); χ_i und χ_j' sind analoge Größen für den Ausgangszustand. Dabei sind χ_i und χ_j gewöhnliche Substituentenkonstanten.

Die Freie Aktivierungsenergie ist dann gleich:

$$\Delta F_{ij}^{\ddagger} = \Delta F_{00}^{\ddagger} + a_1' x_i - a_1 \chi_i + a_2' y_j - a_2 \chi_j' + \alpha' \chi_i y_j - \alpha \chi_i \chi_j \qquad (4.31)$$

Diese Gleichung gibt keine einfache Möglichkeit für die Ableitung des *LFE*, wenn nicht der qualitative Unterschied zwischen den Mechanismen der Wechselwirkung im aktivierten und Ausgangszustand aufgehoben wird, oder wenn nicht eine dieser Wechselwirkungen einen wesentlicheren Beitrag zur Größe $\Delta F_{ij}^{\ddagger}$ liefert als die andere. Trotzdem können im Modell des entsprechenden Experiments die zahlenmäßigen Größen aller Parameter, die in die Gleichung (4.31) eingehen, bestimmt werden.

Wenn der Mechanismus der Wechselwirkung zwischen G_i und Y_j im aktivierten und im Ausgangszustand gleich ist ($x_i = \chi_i$ und $y_j = \chi_j'$), und die Größe $\Delta F_{ij}^{\ddagger}$ praktisch nur durch die Wechselwirkung in einem dieser Zustände bestimmt wird, dann gilt:

$$\Delta F^{\ddagger}_{ij} = \Delta F^{\ddagger}_{00} + \Delta a_1 x_i + \Delta a_2 y_j + \Delta \alpha x_i y_j \quad (4.32)$$

wobei $\Delta a_1 = a_1' - a_1$ ist, usw.

Aus (4.32) kann man leicht zwei Gleichungen vom Typ (3.3) erhalten:

$$\Delta F^{\ddagger}_{ij} = \Delta F^{\ddagger}_{0j} + (\Delta a_1 + \Delta \alpha y_i) x_i \quad (4.33)$$

$$\Delta F^{\ddagger}_{ij} = \Delta F^{\ddagger}_{i0} + (\Delta a_2 + \Delta \alpha x_i) y_j \quad (4.34)$$

Mit anderen Worten, das *LFE*-Prinzip wird in seiner einfachsten Form erfüllt. Betrachten wir jetzt den Fall einer bimolekularen Reaktion (4.28). Hierbei ist es notwendig, zunächst einen Ausdruck für die freie Energie der Wechselwirkung im Falle des Reagenses $Y_l^{\Delta-}$ zu finden, das in seiner Zusammensetzung mit der potentiell austretenden Gruppe einer Verbindung des Typs $G_i - Y_l$, aber auch mit dem entsprechenden Bestandteil des aktivierten Komplexes identisch ist. Um berechtigterweise für Y_l im Ausgangs- und aktivierten Zustand ein und dieselbe Größe für die additive freie Energie F_{y_l} zu verwenden, muß die freie Energie der Wechselwirkung in beiden Fällen vom gleichen Nullniveau ausgehend ermittelt werden. Dabei ist es notwendig, eine weitere Annahme zu machen, deren Gültigkeit im allgemeinen nicht offensichtlich ist. Diese Annahme besagt, daß die Differenz der freien Energie des Reagenses $Y_l^{\Delta-}$ vom Nullniveau ausgehend linear vom Parameter y_l abhängen muß, der jene Eigenschaft von Y_l im aktivierten Komplex charakterisiert, die für seine Wechselwirkung mit der Struktureinheit G_i verantwortlich ist. Die freien Energien des Ausgangs- und des aktivierten Zustands können in einem solchen Fall in folgender Form ausgedrückt werden (die additiven Glieder des Typs F_{G_i} werden weggelassen):

$$F_{(ij)l} = F_{(00)0} + a_1 \chi_i + a_2 \chi_j' + \alpha \chi_i \chi_j' + b y_l \quad (4.35)$$

$$F^{\ddagger}_{(ij)l} = F^{\ddagger}_{(00)0} + a_1' x_i + a_2' (y_j + y_l) + \alpha' x_i (y_j + y_l) + \beta x_i y_j y_l \quad (4.36)$$

Die freie Aktivierungsenergie ist gleich:

$$\Delta F^{\ddagger}_{(ij)l} = \Delta F^{\ddagger}_{(00)0} + a_1' x_i - a_1 \chi_i - a_2' y_j - a_2 \chi_j' + (a_2' - b) y_l + \alpha' x_i y_j - \alpha \chi_i \chi_j' + \alpha' x_i y_l + \beta x_i y_j y_l \quad (4.37)$$

Setzen wir für die freie Energie des Endzustandes einen Ausdruck ein, der analog (4.35) ist, dann erhalten wir für die freie Energie der Reaktion folgende Gleichung:

$$\Delta F_{(ij)l} = b(y_j - y_l) + a_2(\chi_l' - \chi_j') + \alpha \chi_i (\chi_l' - \chi_j') \quad (4.38)$$

Wenn die Wechselwirkung im Ausgangs- und aktivierten Zustand nach dem gleichen Mechanismus erfolgt ($x_i = \chi_i$ und $y_j = \chi_j'$), erhalten die Gleichungen (4.37) und (4.38) die folgende Form:

$$\Delta F^{\ddagger}_{(ij)l} = \Delta F^{\ddagger}_{(00)0} + \Delta a_1 x_i + \Delta a_2 y_j + (a_2' - b) y_l + \Delta \alpha x_i y_j + \alpha' x_i y_l + \beta x_i y_l y_j \quad (4.39)$$

$$\Delta F_{(ij)l} = (\alpha x_i + a_2 - b)(y_l - y_j) \quad (4.40)$$

Die Gleichungen laufen auf die Form (3.3) hinaus, wenn zwei von den drei Indices (i, j und l) konstant bleiben, was offensichtlich nicht für die Gleichungen (4.37) und (4.38) gilt. Es ist klar, daß man die Gleichungen des Typs (4.28) und (4.27) ebenso auf die entsprechenden homolytischen Reaktionen beziehen kann, wenn man anstelle der Ladungen ungepaarte Elektronen einsetzt. Die Art der dargelegten Beziehungen ändert sich dabei nicht.

Die Reaktion (4.28) kann man als Spezialfall der Reaktion (4.18) betrachten. Eine Gegenüberstellung der Gleichungen (4.21) und (4.37) führt aber zu der Schlußfolgerung, daß sie nicht miteinander vereinbar sind. Das ist auch verständlich, da in (4.18) eine Wechselwirkung nur im aktivierten Zustand auftritt. Dagegen muß sich der Unterschied der Wechselwirkungsmechanismen zwischen G_i und Y_j im Ausgangs- und aktivierten Zustand im Falle der Gleichung (4.28) als eine verschiedenartige Wechselwirkung im aktivierten Komplex wiederspiegeln. Die Gleichung (4.39) ist nur dann mit (4.21) vereinbar, wenn $(a_2' - a_2) = 0$ ist. Unter dieser Bedingung erkennt man, daß $q_l' = y_l$ ist. Das bedeutet, daß das angreifende Reagens und die von ihm substituierte Gruppe durch die gleichen Parameter charakterisiert werden. Das ist eine Folge der Symmetrie des aktivierten Komplexes im Falle der Gleichung (4.28).

Betrachten wir jetzt die Abhängigkeit der freien Aktivierungsenergie (bzw. der freien Reaktionsenergie) vom Lösungsmittel. Hier sehen wir uns mit der Situation konfrontiert, daß sogar im Falle gleichartiger Wechselwirkung mit dem Lösungsmittel die Problematik wesentlich komplizierter ist, da der Mechanismus der Wechselwirkung im aktivierten oder im Endzustand nicht mit dem Mechanismus der Wechselwirkung im Ausgangszustand identisch sein muß. Für die monomolekulare Reaktion im Lösungsmittel s

$$a_i \xrightarrow{s} a_i^* \tag{4.41}$$

ergibt sich

$$F_{is} = F_{00} + a_1 x_i + a_2 z_s + \alpha x_i z_s \tag{4.42}$$

$$F_{is}^{\ddagger} = F_{00}^{\ddagger} + a_1' x_i^* + a_2' z_s' + \alpha x_i^* z_s' \tag{4.43}$$

wobei F_{is} und $F_{is}^{\ddagger}$ die freie Energie des Ausgangszustands bzw. die des aktivierten Komplexes ist. x_i und z_s sind die Parameter für die gleichartige Wechselwirkung des i-ten Reagenses mit dem Lösungsmittel s; x_i^* und z_s' sind die analogen Größen der Wechselwirkung des aktivierten Komplexes mit dem Lösungsmittel.

Die freie Aktivierungsenergie ist gleich:

$$\Delta F_{is}^{\ddagger} = F_{oo}^{\ddagger} + a_1' x_i^* - a_1 x_i + a_2' z_s' - a_2 z_s + \alpha' x_i^* z_s' - \alpha x_i z_s \tag{4.44}$$

oder

$$\Delta F_{is}^{\ddagger} = F_{io}^{\ddagger} + (a_2' + \alpha' x_i^*) z_s' - (a_2 + \alpha x_i) z_s \tag{4.45}$$

Die Gleichung (4.45) läßt sich nicht auf die einfache Form des *LFE* nach Typ (3.3) zurückführen. Das ist erst möglich, wenn eine Identität der Lösungsmittelwechselwirkung im Ausgangs- und Aktivierungszustand angenommen wird: $\alpha' = \alpha$ und $z_s' = z_s$. Für diesen Fall gelangt man zu einer einfachen Abhängigkeit:

$$\Delta F_{is}^{\ddagger} - \Delta F_{io}^{\ddagger} = \alpha (x_i^* - x_i) z_s \tag{4.46}$$

Man kann zeigen, daß bei einer bimolekularen Reaktion die Form der Gleichung (4.45) erhalten bleibt, wenn man annimmt, daß die Wechselwirkungen beider reagierenden Verbindungen mit dem Lösungsmittel im Ausgangszustand identisch sind. Soll das auch auf den aktivierten Komplex zutreffen, muß die Gleichung (4.46) benutzt werden. Besondere Aufmerksamkeit verdient das Problem der Abhängigkeit der freien Aktivierungsenergie von der Lösungsmittelzusammensetzung. Es ist nicht schwer zu verstehen, daß bei Betrachtung gleichartiger Wechselwirkungen (oder der gleichartigen Komponenten nichtgleichartiger Wechselwirkungen) das ganze Problem auf die Ermittlung der Abhängigkeit des Parameters z_s, der die Lösungsmittelwechselwirkung charakterisiert, von der Zusammensetzung des Lösungsmittels reduziert wird.

Für ein Zweikomponentenlösungsmittel, bestehend aus s und r, gilt dann:

$$z_{Nsr} = f(z_s, z_r', \varphi_N) \tag{4.47}$$

φ_N ist ein Parameter für die Veränderung des Molenbruchs N der Komponente s. Wenn wir die Polylinearität auf die Größe z_{Nsr} anwenden, erhalten wir:

$$z_{Nsr} = z_{10} + a_1\varphi_N + a_2 z_s + a_3 z_r' + b_{12}\varphi_N \cdot z_s + b_{13} \tag{4.48}$$

Bei Beachtung der Randbedingungen [91], die fordern, daß die Größe z_{Nsr} den Größen z_s und z_r' gleich ist, bzw. im Fall reiner Lösungsmittel s und r ($N = 1$ und $N = 0$), erhält man für den Spezialfall gleicher Wechselwirkungen mit beiden Komponenten des Lösungsmittels ($z_r' = z_r$) folgenden Ausdruck für z_{Nsr}:

$$z_{Nsr} = N_s z_s + N_r z_r \tag{4.49}$$

Wenn wir die Größe z_{Nsr} aus (4.49) in (4.46) für z_s einsetzen, erhalten wir:

$$\Delta F^{\ddagger}_{iNsr} = \Delta F^{\ddagger}_{io} + \alpha(x_i^{\ddagger} - x_i)(N_s z_s + N_r z_r) \tag{4.50}$$

Daraus folgt:

$$\Delta F^{\ddagger}_{iNsr} = N_s \Delta F^{\ddagger}_{is} + N_r \Delta F^{\ddagger}_{ir} \tag{4.51}$$

Das Einsetzen der entsprechenden Größen z_{Nsr} für z'_{Nsr} in (4.45) führt zu der Schlußfolgerung, daß die Gleichung (4.51) auch in diesem Fall gültig bleibt. Wenn wir zur den Geschwindigkeitskonstanten übergehen, erhalten wir aus (4.51):

$$\lg k_{iNsr} = N_s \lg k_{is} + N_r \lg k_{ir} \tag{4.52}$$

Folglich wird die Größe $\lg k$ linear von einer der Komponenten des Zweikomponentensystems abhängen, wenn die Lösungsmittelwechselwirkung des Ausgangszustands und des aktivierten Komplexes gleichartig ist, und nach dem gleichen Mechanismus mit beiden Komponenten des Lösungsmittels erfolgt. Es ist einleuchtend, daß die Gleichungen (4.49) und (4.52) leicht auf den Fall des Mehrkomponentenlösungsmittels übertragen werden können, wenn die folgenden Voraussetzungen gelten:

$$z_{N_1N_2} \cdots {}_{s_1s_2} \cdots = \sum_s N_s z_s \tag{4.53}$$

$$\lg k_{iN_1N_2} \cdots {}_{s_1s_2} \cdots = \sum_s N_s \lg k_s \tag{4.54}$$

Die Temperaturabhängigkeit kann analog behandelt werden. Alle in diesem Paragraphen betrachteten Gleichungen können für den Fall der nichtgleichartigen Wechselwirkung verallgemeinert werden. Auf der rechten Seite der Gleichungen stehen dann additive Glieder als Ausdrücke für jeden der bestehenden Wechselwirkunsmechanismen anstelle der oben angeführten Ausdrücke für gleichartige Wechselwirkungen. Wenn sich diese Wechselwirkungsmechanismen gegenseitig stören, dann treten auch gekreuzte Glieder auf.

Gleichungen, die den Einfluß der Lösungsmittelzusammensetzung auf die freie Energie widerspiegeln, können im Falle ungleichartiger Wechselwirkungen (als Folge verschiedener Wechselwirkungsmechanismen der Reagentien oder des aktivierten Komplexes mit unterschiedlichen Lösungsmittelkomponenten) nicht in einfacher Form als Summe verschiedener Summanden dargestellt werden, wie es in Gleichung (4.50) [91] der Fall ist.

Kapitel 5: Allgemeine Probleme bei der Diskussion von Reaktionsmechanismen

5.1. Schwierigkeiten und Grenzen

Für den Gleichgewichtsfall bereitet ein komplizierter Reaktionsmechanismus keinerlei Schwierigkeiten zur Berechnung der Gleichgewichtskonstanten, aus denen die entsprechenden freien Reaktionsenergien erhalten werden. Eine derartige Schlußfolgerung trifft jedoch auf die Geschwindigkeitskonstanten und die freien Aktivierungsenergien nicht mit dieser Allgemeingültigkeit zu, da es sich bei den Geschwindigkeitskonstanten um experimentelle Größen von z. T. recht komplexer Natur handelt. Bisher wurde stillschweigend angenommen, daß wir es nur mit elementaren Reaktionen zu tun haben, bei denen zwischen Ausgangs- und Endzustand nur ein aktivierter Zustand existiert. Folglich sind die angeführten Gleichungen nur im Falle elementarer Reaktionen anwendbar. Wenn die experimentell gemessene Geschwindigkeitskonstante nicht für den Elementarakt charakteristisch ist, sondern für irgendeine Bruttoreaktion, als Folge eines mehr oder weniger komplizierten Mechanismus, dann treten vom Standpunkt der Formalkinetik betrachtet, folgende Möglichkeiten auf:

1. Der Prozeß wird nicht durch eine kinetische Gleichung beschrieben, die nur eine ihn charakterisierende Geschwindigkeitskonstante enthält.

Hierzu gehören Folgereaktionen (Mehrstufenprozesse), für welche die Geschwindigkeiten der einzelnen Stufen nicht vergleichbar sind. In einem solchen Fall ist die Betrachtung der kinetischen Kenndaten für jede Stufe einzeln erforderlich. Das *PPL* oder das *LFE* können für die Korrelation von Folgereaktionen nur angewendet werden, wenn eine quantitative Analyse des Reaktionsmechanismus vorausgeht.

2. Die Kinetik wird durch eine Gleichung beschrieben, die nur eine Geschwindigkeitskonstante enthält. Jedoch soll diese effektive Geschwindigkeitskonstante nicht zum Elementarakt gehören.

Der Prozeß wird durch eine langsame Stufe zur Umwandlung eines der Zwischenprodukte charakterisiert, dessen Konzentration entweder durch ein schnelles Gleichgewicht bestimmt wird oder durch einen stationären Zustand mit vergleichbaren Geschwindigkeiten konkurrierender Reaktionen. Formal sind solche Fälle dadurch gekennzeichnet, daß die gemessene Geschwindigkeitskonstante von der Bildungsgeschwindigkeit und vom Gleichgewicht elementarer Stufen abhängt, wobei in die mathematischen Ausdrücke die entsprechenden Summen (oder Differenzen) eingehen. Der Logarithmus einer solchen effektiven Konstante kann kein Maß der freien Aktivierungsenergie für den Gesamtprozeß sein, da in den

Logarithmus die erwähnte Summe eingeht. Aus diesem Grunde ist die Anwendung des *PPL* und *LFE* auf den Logarithmus solcher Geschwindigkeitskonstanten im Prinzip unzulässig, und derartige Versuche können nicht zu Resultaten führen, die eine eindeutige physikalische Bedeutung haben. Als Beispiel führen wir eine säurekatalysierte Reaktion an, die durch folgende Gleichung beschrieben wird:

$$\begin{aligned} a + H^+ &\overset{K_a}{\rightleftarrows} aH^+ \text{ (schneller Schritt)} \\ aH^+ &\xrightarrow{k_0} \text{Reaktionsprodukte (langsamer Schritt)} \end{aligned} \tag{5.1}$$

Wenn das Protonisierungsgleichgewicht nicht völlig nach einer Seite verschoben ist, so ist die effektive Geschwindigkeitskonstante

$$k_{\text{eff}} = \frac{k_0[H^+]}{[H^+] + K_a} \tag{5.2}$$

K_a ist die Basizitätskonstante des Reagenses; k_0 ist die Geschwindigkeitskonstante für die Umwandlung der protonisierten Form aH^+. Es ist klar, daß der Logarithmus der Größe (5.2) den physikalischen Sinn eines Maßes für die freie Aktivierungsenergie verliert.

3. Die Situation sei dem vorhergehenden Fall analog, mit dem Unterschied, daß die Gleichgewichte, die der langsamen Stufe vorausgehen, praktisch ganz nach rechts bzw. nach links verschoben sind, oder im stationären Zustand eine Konkurrenzreaktion wesentlich schneller verläuft als die anderen.

In einem solchen Fall verschwinden die Summen (Differenzen) in den Ausdrücken der effektiven Geschwindigkeitskonstante (kleine Summanden kann man vernachlässigen) und es bleiben nur Produkte oder Quotienten, die die Geschwindigkeits- und Gleichgewichtskonstanten elementarer Stufen enthalten. Der Logarithmus einer solchen effektiven Konstante ist ein Maß für die freie Aktivierungsenergie des Bruttoprozesses, die der des langsamsten Schrittes der Reaktion entspricht. Diese Größe erlaubt die Anwendung des *PPL* und *LFE* in der gleichen Weise wie die freie Energie des Elementaraktes. Als Beispiel kann man die gleiche Reaktion (5.1) anführen unter der Bedingung, daß $[H^+] \ll K_a$ ist (geringe Acidität des Mediums).

Dann gilt

$$k_{\text{eff}} = \frac{k_0}{K_a} \tag{5.3}$$

und

$$\lg k_{\text{eff}} = \lg k_0 - \lg K_a$$

Wenn

$$\lg k_0 = \lg k_0{}^0 + \varphi\chi$$

und

$$\lg K_a = \lg K_a{}^0 + \varphi_1\chi$$

dann gilt:

$$\lg k_{\text{eff}} = \lg \frac{k_0{}^0}{K_a{}^0} + (\varphi - \varphi_1)\chi. \tag{5.4}$$

Wir bezeichnen solche komplizierten Reaktionen, bei denen der Logarithmus der effektiven Geschwindigkeitskonstante ein Maß für die freie Energie des Gesamtprozesses ist, als „quasielementar". Es ist leicht einzusehen, daß in Abhängigkeit vom pH-Wert die effektive Geschwindigkeitskonstante für die Reaktion (5.1) ein Charakteristikum sowohl für den quasielementaren als auch den nicht quasielementaren Gesamt- bzw. Elementarprozeß ist. Es gilt

$$\text{bei kleinem } pH\ [H^+] \gg K_a \quad \text{und} \quad k_{\text{eff}} = k^0$$

Damit hängt die beschriebene Reaktion nicht nur vom stöchiometrischen Schema des Gesamtprozesses, sondern auch von den experimentellen Bedingungen ab.

4. Die Brutto-Geschwindigkeit des Prozesses wird durch die Konkurrenz zweier (oder mehrerer) Mechanismen bestimmt, von denen jeder den Bedingungen eines quasielementaren Prozesses entspricht oder selbst elementar ist.

Innerhalb der gegebenen Reaktionsfolge wird die Geschwindigkeit des Prozesses durch eine der möglichen Parallelreaktionen (z. B. in Abhängigkeit vom Substituenten oder dem Lösungsmittel) bestimmt. In diesem Falle gilt für die Größe der freien Energie des Gesamtprozesses keine einheitliche Gesetzmäßigkeit, die die ganze Reaktionsfolge erfaßt. Das findet seinen Ausdruck z. B. darin, daß die linearen Abhängigkeiten nach HAMMETT oder TAFT nicht in vollem Umfang mit der Veränderung des variablen Faktors (z. B. des Substituenten) bei stets gleichen Größen von $\lg k_0$ und φ erfüllt werden, sondern es findet sich ein „Knick" in der entsprechenden Gerade, die damit in zwei Abschnitte zerfällt. Jeder dieser Abschnitte entspricht einem der konkurrierenden Mechanismen und hat die für ihn charakteristischen Größen $\lg k_0$ und φ.

5.2. Solvatationseffekte

Das Problem des Lösungsmitteleinflusses wurde schon weiter oben (Kap. 4.3.) rein formal vom Standpunkt der Wechselwirkungstheorie betrachtet. Dabei wurde angenommen, daß bei Veränderung des Lösungsmittels oder einer reagierenden Verbindung der Wechselwirkungsmechanismus zwischen beiden (einschließlich des aktivierten Komplexes) in der Mehrzahl der Fälle keinen qualitativen Veränderungen unterliegt und sich nur die Stärke der Wechselwirkung ändert. Zur besseren Illustration stellen wir uns vor, was im Falle der Umkehrung dieses Sachverhaltes erfolgen würde, d. h. wenn eine beliebige Veränderung des Lösungsmittels oder der Reaktionspartner mit einer qualitativen Veränderung des Wechselwirkungsmechanismus verbunden wäre. Es ist ganz offensichtlich, daß in einem solchen Fall nicht nur Abhängigkeiten wie (4.46) unanwendbar sind, sondern es würde schwerfallen, überhaupt irgendwelche Gesetzmäßigkeiten zu formulieren.

In Wirklichkeit ist die Lage nicht ganz so kompliziert. Solvatationserscheinungen beschränken sich keineswegs nur auf Veränderungen der Intensität der Wechselwirkung bei der Vielzahl der zu betrachtenden Mechanismen. Zu den Wechselwirkungen, die durch das Lösungsmittel als „konstantes Medium" hervorgerufen werden, gehört die unspezifische Solvatation. Sie kann auch als physikalische Solvatation bezeichnet werden.

Außerdem ist auch die Entstehung von Komplexen zwischen Molekülen oder Ionen des gelösten Stoffes und den Molekülen des Lösungsmittels durch die Bildung schwacher chemischer Bindungen vom Donator-Akzeptor-Typ (z. B. Wasserstoffbrücken-Bindungen), oder durch starke Dipol-Dipol-Wechselwirkung möglich. Die freie Energie der Bildung solcher Komplexe kann als freie Energie der Wechselwirkung mit dem Lösungsmittel betrachtet werden, und die Veränderung der Intensität dieser Wechselwirkung beim Übergang von einem Lösungsmittel zum anderen muß den formalen Gesetzmäßigkeiten gleichartiger bzw. nichtgleichartiger Wechselwirkungen unterliegen, wenn der Komplextyp dabei keine zusätzlichen Veränderungen erfährt und das Gleichgewicht der Komplexbildung vollkommen nach rechts verschoben ist. Die Veränderung des Komplextyps kann dann als Veränderung des Wechselwirkungsmechanismus betrachtet werden. Wenn es sich nicht um ständige Veränderungen handelt, so besteht die praktische Möglichkeit, sie im Rahmen der Gleichungen für die nichtgleichartige Wechselwirkung zu berechnen.

Wenn jedoch das Gleichgewicht der Komplexbildung nicht vollkommen auf einer Seite liegt, so ist das mit der Anwesenheit zweier reagierender Verbindungen in der Lösung gleichbedeutend, die sich miteinander im Gleichgewicht befinden und verschiedene Reaktionsmöglichkeiten haben. Dieses Gleichgewicht ist ein wesentlicher Punkt des Reaktionsmechanismus. Es kann z. B. die Ursache für eine Katalyse oder Inhibierung sein. In solchen Fällen muß das Lösungsmittel als einer der reagierenden Stoffe und das Solvatationsgleichgewicht als selbständige chemische Reaktion betrachtet werden. Vom Standpunkt der Formalkinetik fällt diese Variante unter die Kategorie, die im Punkt 2 des vorhergehenden Paragraphen beschrieben wurde. Es erfordert keine zusätzlichen Beweise, daß bei der praktischen Lösung derartiger Aufgaben große Schwierigkeiten sowohl im experimentellen als auch im theoretischen Bereich durch die große Zahl „anzupassender" Parameter auftreten. Damit entfernt man sich jedoch stark vom realen Bild der physikalisch-chemischen Erscheinungen. Das muß sich unweigerlich auf die Aussagekraft der entsprechenden quantitativen Beziehungen auswirken. Vom rein phänomenologischen Standpunkt können die aufgezeigten Umstände als „unverständliche" Ursachen für die Nichtbefolgung der Gleichungen dienen, die auf der Grundlage des *PPL* und *LFE* abgeleitet wurden. Somit wird der ganze Erfolg der praktischen Anwendung dieser Gleichungen zum großen Teil dadurch bestimmt, wie häufig eine solche Komplikation in der Praxis auftritt.

Kapitel 6: Allgemeines Schema der quantitativen Theorie der Reaktionsfähigkeit organischer Verbindungen

Es ist leicht einzusehen, daß Gleichungen, wie sie in Kap. 5.2. und Kap. 4.3. angegeben sind, in der Praxis nicht als Grundlage zur Aufstellung eines genügend allgemeinen Berechnungsschemas für Reaktionsgeschwindigkeits- und Gleichgewichtskonstanten dienen können.

In diesem Kapitel wollen wir zeigen, daß diese Schwierigkeiten in bedeutendem Maße durch sinnvolle Kombinationen dieser Gleichungen überwunden werden können. Um ein zweckmäßiges und praktikables Schema aufzustelles, ist es notwendig, zunächst eine Einteilung in bestimmte Reaktionstypen vorzunehmen. Natürlich hat man zur Zeit kaum die Möglichkeit, alle Reaktionstypen organischer Verbindungen zu erfassen, so daß die Ausarbeitung eines Berechnungsschemas von vornherein einer Eingrenzung unterliegt. Vereinbarungsgemäß sollen nur elementare oder quasielementare homogene Reaktionen in flüssiger Phase oder in der Gasphase betrachtet werden. Unter diesem Aspekt können folgende große Gruppen gleichartiger Mechanismen unterschieden werden:

1. „Spontaner" heterolytischer Zerfall (Typ S_{N1})

$$E - Y \rightleftharpoons E^{\Delta+} + |Y^{\Delta-} \tag{6.1}$$

   Durch die Zeichen $\Delta+$ und $\Delta-$ werden relative Ladungsänderungen im Vergleich zum Ausgangszustand ausgedrückt.
   Die Struktureinheit Y kann als elektronegativ austretende Gruppe bezeichnet werden, die zu dem Nucleophil $|Y^{\Delta-}$ führt, und die Struktureinheit E ist ein elektrophiler Rest, der zu dem Elektrophil $E^{\Delta+}$ führt.

2. Reaktionen zwischen Nucleophilen und Elektrophilen, die der Rückreaktion nach Gleichung (6.1) entsprechen.

3. Reaktionen unter bimolekularer nucleophiler Substitution einer elektronegativen Gruppe (Typ S_{N2}):

$$|Y^{\Delta-} + E - Y' \rightarrow |Y'^{\Delta-} + E - Y \tag{6.2}$$

4. Reaktionen unter bimolekularer elektrophiler Substitution eines elektrophilen Restes (Typ S_{E2}):

$$E^{\Delta+} + E' - \mathrm{X} \rightleftharpoons E - Y + E'^{\Delta+} \tag{6.3}$$

5. Bimolekulare Zweizentren- (oder Mehrzentren) Reaktionen, die durch einen Synchronmechanismus gekennzeichnet sind, wobei beide Reagenzien sowohl durch ein nucleophiles als auch ein elektrophiles Zentrum unter Bildung eines zyklischen Übergangszustandes reagieren.

6. „Spontaner" homolytischer Zerfall:

$$R - R' \rightleftharpoons R^{\Delta\cdot} + R'^{\Delta\cdot}$$

Das Zeichen Δ. bedeutet die Vergrößerung des freien Elektronenspins um eine Einheit. Wenn die Ausgangsgröße des freien Spins gleich Null ist, so ist $R^{\Delta}\cdot$ ein freies Radikal. Wenn R in $R - R'$ schon einen freien Spin hatte, so ist bei $R^{\Delta}\cdot$ die Möglichkeit der Spinkompensation zweier freier Elektronen — des „neuen" und des „alten" — gegeben. Zur Illustration dieses Falls kann man das folgende Beispiel anführen:

$$R - \mathrm{CH} = \mathrm{CH}\cdot \rightleftharpoons R\cdot + \mathrm{CH} \equiv \mathrm{CH}$$

7. Radikalreaktionen unter Rekombination entsprechend der Rückreaktion des vorhergehenden Punktes.
8. Reaktionen unter bimolekularer homolytischer Substitution einer Gruppe, die als freies Radikal austritt

$$R\cdot + R' - R'' \rightleftharpoons R - R' + R''\cdot \quad (6.4)$$

9. Zweizentren- oder (Mehrzentren-) Reaktionen. mit homolytischem Synchronmechanismus (beide Reagenzien bringen einige freie Radikalzentren „in Bewegung", die durch Aufspaltung von Valenzelektronen oder freien Elektronenpaaren entstehen).
10. Reaktionen unter Elektronenaustausch (Redox-Reaktionen) ohne Bildung einer kovalenten Bindung zwischen den Reagenzien:

$$A + B \rightleftharpoons A^{\Delta +} + B^{\Delta -} \quad (6.5)$$

Um die angeführte Klassifizierung entsprechend ihrer Zielstellung zur rationelleren Anwendung der oben angeführten Gleichungen ausnutzen zu können, ist eine konkrete Betrachtung jeder Gruppe mit einheitlichem Mechanismus sowie eine Gegenüberstellung der Resultate notwendig, die für die einzelnen Gruppen erhalten werden.

Die Gruppen 1—4 können durch die Anwendung der Parameter, Nucleophilie, Elektrophilie, austretende elektronegative und elektropositive Gruppen vereinigt werden. Das wird durch die Einheitlichkeit der Symbole in den Reaktionsgleichungen (6.1), (6.2) und (6.3) widergespiegelt. Wir sehen, daß eine Übereinstimmung zwischen Nucleophilen und elektronegativ austretenden Gruppen und zwischen Elektrophilen und elektropositiv austretenden Gruppen existiert. Da weiterhin der aktivierte Komplex für Reaktionen des Typs 1 und 2 entsprechend dem Prinzip der „mikroskopischen Reversibilität" der gleiche ist, müssen auch jene Konstanten, die die Fähigkeit von E und Y zur Wechselwirkung im Übergangszustand charakterisieren, gleich sein. Konkret bedeutet das, daß die Größe x_i aus Gleichung (4.31) der Größe q_i aus Gleichung (4.21) gleich sein muß. Ebenso muß die analoge Gleichheit $y_j = q_j'$ gelten.

Für die Mechanismen vom Typ 3 muß die Gleichung (4.37) angewendet werden, wobei im allgemeinen Fall die Parameter dieser Gleichung nicht mit den Parametern der dazu gehörenden Gleichung (4.31) identisch sein müssen. Für Mechanismen nach Punkt 4 muß die Gleichung (4.39) angewendet werden, nur mit anderen Werten der Eingangsparameter. Diese Aussagen können in anschaulicherer Form in der folgenden Tabelle dargestellt werden (Tab. 1). Obwohl man vom rein formalen Standpunkt aus nicht sagen kann, daß $x'' = x' = x$ und $y'' = y' = y$ ist, könnten die genannten Gleichheiten eine mögliche Grundlage zur Berechnung der Wechselwirkungen im Übergangszustand für die Mechanismen in Tab. 1 sein, was einer experimentellen Prüfung bedarf. Es ist nicht notwendig zu erklären, daß in einem solchen Fall das ganze Schema wesentlich vereinfacht und die Zahl der notwendigen empirischen Parameter erheblich verringert würde. Innerhalb der Grenzen für einen Typ der Wechselwirkung wäre es für den Übergangszustand ausreichend, die beiden Parameter x und y zu verwenden, die die Struktureinheiten (Reagenzien) Y und E charakterisieren. Natürlich werden infolge der Unterschiede in den Wechselwirkungsmechanismen die universellen Parameter für die Mechanismen 3 und 4 nicht unbedingt mit denen der Mechanismen 1 und 2 übereinstimmen.

Die in Klammern gesetzten Parameter in Tab. 1 charakterisieren eigentlich nicht die Wechselwirkung im aktivierten Zustand, sondern die normale Wechselwirkung zwischen den Struktureinheiten der entsprechenden Moleküle.

Tabelle 1: *Klassifizierung heterolytischer Reaktionen*

Reaktionsmechanismus	Gleichungstyp	Universelle Parameter	Reagens	Parameter, die das Reagens charakterisieren	
				allgemeiner Fall	mögliche vereinf. Variante
1	(4.31)	$\Delta F_{00}; a_1'; a_2'; \alpha'$ $(a_1; a_2; \alpha)$	Y	$x(\chi)$	$x(\chi)$
			E	$y(\chi)$	$y(\chi')$
2	(4.21)	$\Delta \mathrm{F}_{00}', a_1'; a_2'; \alpha'$	$Y:^{\Delta-}$	x	x
			$E^{\Delta+}$	y	y
3	(4.37)	$\Delta F^{\ddagger}_{0(00)}, a_1'', a_2'', a''$ (a_1, a_2, α)	$Y(Y:^{\Delta-})$	$x'(\chi)$	$x(\chi)$
			E	$y''(\chi)$	$x(\chi)$
4	(4.37)	$\Delta F'^{\ddagger}_{0(00)}, a_1''', a_2''', \alpha'''$ (a_1, a_2, α)	Y	$x''(\chi)$	$x(\chi)$
			$E(E^{\Delta+})$	$y''(\chi')$	$y(\chi')$

In Wirklichkeit wird die Wechselwirkung im aktivierten Zustand stets unterschiedlich sein. Für diesen Fall würde (analog Tab. 1) jedem der Wechselwirkungsmechanismen eine eigene Tabelle von Parametern entsprechen. In Tab. 3 und 4 sind die einfachsten Typen der Struktureinheiten Y und E angegeben. Es ist offensichtlich, daß diese in den meisten Fällen eine oder mehrere Variable zur Kennzeichnung der Substituenten enthalten. Der Substitutenteneinfluß kann durch Korrelationen der Größen vom Typ x und y mit Induktions-, sterischen und Resonanzkonstanten erfaßt werden. Dazu ist es erforderlich, zunächst die entsprechenden Reaktionskonstanten zu bestimmen. Die sich so ergebenden Gleichungen haben folgende Form:

$$x(y) = x_0(y_0) + \sum_j \alpha_j \sum_i \sigma_i^* + \sum_j \beta_j \sum_i E_{si}^0 + \sum_j \gamma_j \sum_i \sigma_{Ri}^{\pm} \tag{6.6}$$

Durch die Indizes „i“ werden die laufenden Nummern symmetrisch angeordneter Substituenten und durch die Indizes „j“ Substituenten mit unterschiedlicher Anordnung bezeichnet.

Der Einfluß des Lösungsmittels wirkt sich nur auf die Größen α_j, β_j, γ_j und $x_0(y_0)$ — entsprechend den Typengleichungen, die in Kap. 5 angeführt sind — sowie die Parameter a, a' usw. in Gleichung (4.37) aus. Der Einfluß einer spezifischen Solvatation kann zusätzlich die Abhängigkeit der Substituentenkonstanten vom Lösungsmittel verursachen.

Bei homolytischen Reaktionen kann man in gleicher Weise verfahren und die Typen der Mechanismen 6, 7 und 8 in einer Gruppe vereinigen. Nur wird hier das allgemeine Bild auf Grund des Vorhandenseins einer zusätzlichen Symmetrie noch vereinfacht. An Stelle von Nucleophilen oder Elektrophilen, die völlig entgegengesetzte Eigenschaften besitzen, sind hier nur freie Radikale vorhanden. Weiterhin besteht eine Übereinstimmung in der Natur der freien Radikale als reagierende Spezies und der als Radikale austretenden Gruppen. In Tab. 2 sind die entsprechenden Angaben für homolytische Reaktionen, in Analogie zu Tab. 1, aufgeführt. Natürlich haben die in gleicher Weise bezeichneten Parameter des Typs x aus Tab. 1 und Tab. 2 und die entsprechenden universellen Parameter nichts Gemeinsames.

Tabelle 2: *Klassifizierung homolytischer Reaktionen*

Mechanismus	Gleichungstyp	Universelle Parameter	Reagens	Parameter, die das Reagens charakterisieren	
				allgemeiner Fall	mögliche vereinf. Variante
6	(4.31)	$\Delta F_{00}, a_1', a_2', \alpha'$ (a_1, a_2, α)	R', R''	$x(\chi)$	$x(\chi)$
7	(4.21)	$\Delta F'^{\ddagger}_{00}, a_1', a_2', \alpha'$	$R'^{\Delta}\cdot, R''^{\Delta}\cdot$	$x(\chi)$	$x(\chi)$
8	(4.37)	$\Delta F_0'^{\ddagger}, a_1'', a_2'', \alpha'$ (a_1, a_2, α)	$R\cdot, R''(R'\cdot')$ R'	$x'(\chi)$ $x''(\chi)$	$x(\chi)$ $x(\chi)$

Redox-Reaktionen vom Typ 10 müssen durch eine Gleichung vom Typ (4.21) beschrieben werden, wobei Oxydations- und Reduktionsmittel durch die Parameter x und y charakterisiert werden.

Bei allen diesen Fällen müssen wir selbstverständlich berücksichtigen, daß die Wechselwirkung im aktivierten Komplex und im Ausgangszustand wahrscheinlich unterschiedlich ist. Folglich muß die Anzahl der in Tab. 1 und 2 für die verschiedenen Grundtypen angegebenen Parameter mit der Anzahl der entsprechenden Wechselwirkungsmechanismen multipliziert werden, um eine reale Vorstellung vom tatsächlichen Ausmaß der Parameter, die der experimentellen Bestimmung bedürfen, zu erhalten.

Um für die heterolytischen bzw. homolytischen Zweizentren- (Mehrzentren-) Synchronreaktionen die Gleichungen des Typs (4.21) anwenden zu können, sind noch zusätzliche Voruntersuchungen erforderlich.

Tabelle 3: *Wichtige Nucleophile $Y:^{\Delta-}$ und ihnen entsprechende elektronegativ austretende Gruppen $Y-$*

(Durch X, X', X'' usw. werden veränderliche Substituenten gekennzeichnet. Durch das Zeichen „:" wird ein freies Elektronenpaar am nucleophilen Zentrum gekennzeichnet. Das Symbol C_{ar} steht für ein mit dem Substituenten verbundenes aromatisches System.)

Nr.	$Y-$	$Y:^{\Delta-}$
1	$XX'X''C-$	$XX'X''\bar{C}:$
2	$^{+}C(X'')(X''')-C(X)(X)-$	$(X'')(X''')C=C(X)(X')$
3	$X'-\overset{+}{C}=C(X)-$	$X'-C\equiv C-X$
4	$X-\overset{+}{N}\equiv C-$	$X-\overset{+}{N}\equiv\bar{C}:$
5	$N\equiv C-$	$N\equiv\bar{C}:$
6	$C_{ar}(X)-$	$C_{ar}-X$
7	$X-C\equiv C-$	$X-C\equiv\bar{C}:$
8	$O=C(X)-$	$O=\underline{C}(X):$
9	$XX'X''\overset{+}{N}-$	$XX'X''N:$
10	$(X')(X'')C=\overset{+}{N}(X)-$	$(X')(X'')C=N(X):$
11	$X'-N=\overset{+}{N}(X)-$	$X'-N=N(X):$
12	$X-C\equiv\overset{+}{N}-$	$X-C\equiv N:$
13	$N\equiv\overset{+}{N}-$	$N\equiv N:$
14	$XX'N-$	$XX'N:$
15	$XX'C=N-$	$XX'C=\bar{N}:$
16	$\bar{C}\equiv\overset{+}{N}-$	$\bar{C}\equiv N$
17	$O=N-$	$O=\bar{N}:$
18	O_2N-	$O_2\bar{N}:$
19	$\overset{+}{N}-$ (im aromat. Ring)	$N:$ (im aromat. Ring)
20	$XX'\overset{+}{O}-$	$XX'O:$
21	$X-O-$	$X-\bar{O}:$
22	$(X)(X')C=\overset{+}{O}-$	$(X)(X')C=O:$
23	$F-$	$\bar{F}:$
24	$Cl-$	$\bar{Cl}:$
25	$Br-$	$\bar{Br}:$
26	$J-$	$\bar{J}:$
27	$X-\overset{+}{F}-$	$X-F:$
28	$X-\overset{+}{Cl}-$	$X-Cl:$

Fortsetzung der Tabelle 3

Nr.	*Y*–	*Y*:$^{\Delta-}$
29	*X*–$\overset{+}{\text{Br}}$–	*X*–Br:
30	*X*–$\overset{+}{\text{J}}$–	*X*–J:
31	*XX'X''*$\overset{+}{\text{P}}$–	*XX'X''*P:
32	*X*–S–	*X*–$\bar{\text{S}}$:
33	*XX'*$\overset{+}{\text{S}}$–	*XX'*S:
34	*X* \ C=$\overset{+}{\text{S}}$– / *X'*	*X* \ C=S: / *X'*

Tabelle 4: *Wichtige Elektrophile $E^{\Delta+}$ und ihnen entsprechende elektropositiv austretende Gruppen E*– (Bezeichnungen analog Tabelle 3)

Nr.	*E*–	$E^{\Delta+}$
1	H–	H⁺
2	*XX'X''*C–	*XX'X''*C⁺
3	*X''* *X* | | ⁻:C–C– | | *X'''* *X'*	*X''* *X* | | C=C | | *X'''* *X'*
4	*X'* *X* | | ⁻:C=C–	*X'*–C≡C–*X*
5	*X* \\| C–O⁻ / *X'*	*X* \ C=O / *X'*
6	*X* \\| C–$\bar{\text{N}}$–*X''* / *X'*	*X* \ C=N–*X''* / *X'*
7	*X* \\| C–S⁻ / *X'*	*X* \ C=S / *X'*
8	| *X*–C=N⁻	*X*–C≡N
9	*X* \\| C–O–*X''* / *X'*	*X* \ C=$\overset{+}{\text{O}}$–*X''* / *X'*
10	*X'* *X''* \\| / C–N / \ *X'* *X'''*	*X* *X* \ / C=$\overset{+}{\text{N}}$ / \ *X'* *X'''*
11	*X* \\| C–S–*X''* / *X'*	*X* \ C=$\overset{+}{\text{S}}$–*X''* / *X'*
12	| O=C–O⁻	O=C=O
13	| S=C–S⁻	S=C=S
14	C_{ar}^{-}	C_{ar}^{+}
15	*X'* *X* | | ⁻O–C–C– | | *X'''* *X''*	*X'* O *X* \ / \ / C – C / \ *X'''* *X''*

Fortsetzung der Tabelle 4

Nr.	E—	$E^{\Delta+}$
16	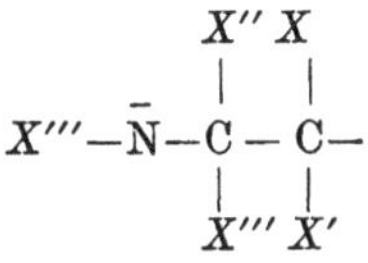	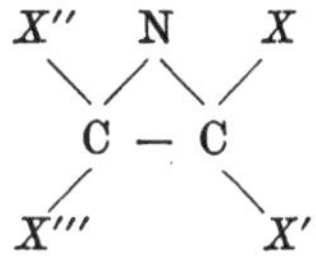
17	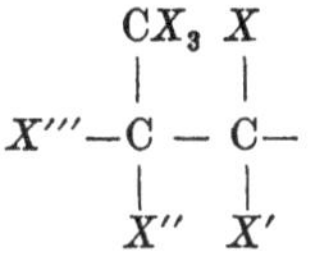	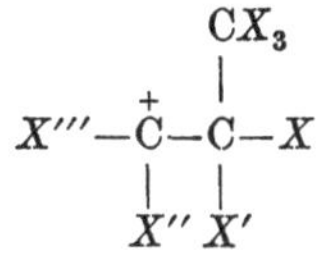
18	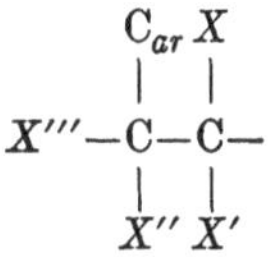	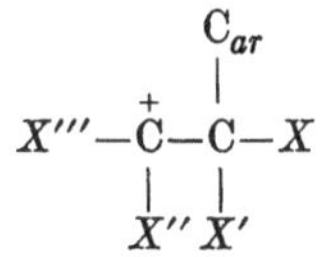
19	X—$\bar{\text{N}}$—O—	X—N=O
20	X'—$\bar{\text{N}}$—N—X	X'—N=N—X
21	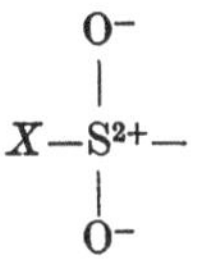	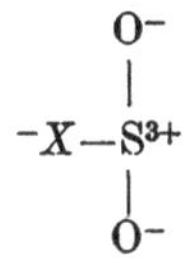
22	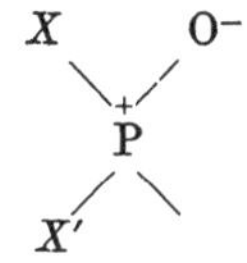	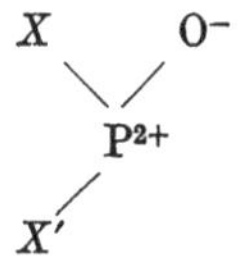
23	$XX'X''\bar{\text{B}}$—	$XX'X''$B
24	$XX'X''\bar{\text{Al}}$—	$XX'X''$Al
25	$XX'\bar{\text{Zn}}$—	XX'Zn
26 bis 30	Me_I—	Me_I^+ (Alkalimetalle)
31	X—Mg—	X—Mg^+
32	X—Zn—	X—Zn^+
33	X—Hg—	X—Hg^+
34*	X_nMe—	$X_n\text{Me}^+$

* Im allgemeinen $(n + 1)$-wertiges Metall

Teil II

Vergleich des theoretischen Schemas mit dem Experiment

Kapitel 7: Quantitative Gesetzmäßigkeiten der induktiven Wechselwirkung

Kapitel 8: Quantitative Betrachtung der Hyperkonjugation und der Resonanzwechselwirkung zwischen π-Elektronensystemen

Kapitel 9: Quantitative Behandlung der polaren Kopplung

Kapitel 10: Quantitative Behandlung sterischer Effekte der Substituenten

Kapitel 11: Gegenseitige Beeinflussung der Substituenten

Kapitel 12: Einfluß der Temperatur auf die Korrelationsparameter

Kapitel 13: Zur Kennzeichnung der Nucleophilie, Elektrophilie und der abgespaltenen Gruppen

Kapitel 14: Zur Frage der quantitativen Berechnung des Lösungsmitteleinflusses

Kapitel 15: Zum Problem des „Ortho-Effektes"

Im ersten Teil wurde gezeigt, wie man, ausgehend vom Prinzip der Polylinearität, zu verschiedenen quantitativen Beziehungen gelangen kann, die die Abhängigkeit der freien Aktivierungs- oder Reaktionsenergie von der Natur der reagierenden Verbindungen und des Lösungsmittels beschreiben. Aus der weiten Verbreitung der Korrelationsbeziehungen, die sich auf die freie Energiebeziehung stützen, kann man schließen, daß die Abhängigkeit der freien Energie chemischer Verbindungen von ihrem Bau und von den Eigenschaften des Lösungsmittels in vielen Fällen durch das Prinzip der Polylinearität beschrieben wird. Jedoch folgt aus der Natur des *PPL*, daß geeignete Gleichungen nur dann erhalten werden können, wenn man von der Analyse der entsprechenden experimentellen Parameter ausgeht. Dies gilt um so mehr für die verschiedenen Zahlenwerte, die in die Gleichungen eingehen. Die physikalische Bedeutung dieser Gleichungen und Parameter basiert auf den theoretischen Vorstellungen der organischen Chemie, d. h. der Kenntnis des Atombaues, quantenmechanischen Berechnungen, elektronischen Effekten, der Konformationsanalyse, der Theorie der Lösungen usw. Die Anwendung des *PPL* und *LFE* kann diesen Vorstellungen nur eine quantitative „Form" geben und sie präzisieren, aber es besteht kaum ein Grund zur Annahme, daß dadurch irgendwelche tiefen qualitativen Veränderungen unserer Vorstellungen über das Wesen und den Ablauf chemischer Prozesse erreicht würden.

Auf diese Weise kann nur die Analyse des konkreten experimentellen Materials als Grundlage für irgendwelche Schlußfolgerungen und Verallgemeinerungen dienen. Die Hauptaufgabe besteht dabei in der Feststellung, welche Schlüsse und Verallgemeinerungen mit hinreichender Sicherheit gemacht werden können und welche nur mehr oder weniger gerechtfertigte Hypothesen bleiben, deren Bestätigung oder Widerlegung experimentellen Ergänzungsmaterials bedarf.

Dabei ist es wesentlich zu erkennen, an welchen konkreten Angaben es gerade für die Lösung eines bestimmten Problems mangelt.

Bei der Gegenüberstellung der Theorie mit dem Experiment kann man zwei Wege einschlagen, die einander ergänzen. Der erste besteht in der Untersuchung von möglichst mannigfaltigem experimentellen Material, das sich auf irgendeine Erscheinung (den Wechselwirkungsmechanismus, einen bestimmten Einflußfaktor usw.) bezieht.

Der zweite Weg besteht in der Analyse des experimentellen Materials spezieller Reaktionen, ausgehend von Gesetzmäßigkeiten, die bei der Untersuchung einfacher Erscheinungen festgestellt worden sind. Die so erhaltenen Gesetzmäßigkeiten für konkrete Reaktionen können entweder durch Gleichungen mit breiter Allgemeingültigkeit beschrieben werden, oder sie decken Widersprüche auf, die zur weiteren Untersuchung der Problematik anregen.

Das Hauptproblem ist die Bestimmung der Kriterien zur Beurteilung der Richtigkeit von Schlußfolgerungen und Verallgemeinerungen, die aus der Analyse der experimentellen Daten resultieren. Letzten Endes ist das Kriterium für den Wert jeder Theorie ihre Voraussagefähigkeit. Je mehr Fakten man auf Grund von schon Bekanntem voraussagen kann und je mehr neue Größen man auf Grund einer bestimmten Menge an experimentellen Daten berechnen kann, desto wertvoller ist die Theorie (siehe Kap. 2.4.). Es ist jedoch beschwerlich, diese Kriterien in der Praxis anzuwenden. Die Menge des zur Verfügung stehenden experimentellen Materials über die eine oder andere Problematik ist oft sehr unterschiedlich.

Darüber hinaus sind die potentiellen Möglichkeiten der in diesem Buch angegebenen Berechnungen wesentlich größer als die Menge der experimentellen Messungen, die man praktisch verwirklichen kann. Das besagt natürlich nicht, daß man sich nur auf eine Gegenüberstellung der einzelnen berechneten Werte der Geschwindigkeits- und Gleichgewichtskonstanten mit den experimentell bestimmten Werten beschränken muß, obwohl solche Gegenüberstellungen an und für sich sehr wichtig sind (insbesondere dann, wenn ein wesentlicher Widerspruch zwischen Berechnungen und Experiment besteht). Nichtsdestoweniger haben die Ergebnisse der statistischen Auswertung experimenteller Daten eine große Bedeutung. Im Idealfall sollte sie stets mit einer gesonderten Analyse jeder wesentlichen Abweichung verbunden sein.

Wenn eine Auswertung der experimentellen Angaben (die z. B. die Größen $\lg k$ für einen bestimmten Teil der Varianten im Bereich der jeweiligen Reaktionsfolgen darstellen) nach irgendeiner Korrelationsgleichung mit der Methode der kleinsten Quadrate [93] erfolgt, so sind folgende Angaben von Interesse:

1. Der Korrelationskoeffizient r (R steht für eine Vielfachkorrelation, wenn mehr als ein veränderlicher Parameter vorhanden ist), der angibt, wie gut die experimentellen Daten durch diese Gleichung beschrieben werden. Wenn der Korrelationskoeffizient gleich eins ist, so entspricht das einer genauen funktionellen Abhängigkeit. Je mehr sich $r(R)$ von eins unterscheidet, um so zweifelhafter ist es, daß die richtige Form der gesuchten Abhängigkeit gefunden wurde.

   Konkret gibt die Größe $r^2(R^2)$ an, welcher Anteil [$100r^2$ ($100R^2$) — wieviel Prozent] der Veränderung der untersuchten Größe durch entsprechende Veränderungen der variablen Parameter der verwendeten Gleichung (Substituentenkonstanten usw.) hervorgerufen wird.

2. Die mittlere quadratische Abweichung s der experimentellen Größen von den nach der gegebenen Gleichung berechneten (die Abweichung von der Regressionsgeraden), oder der Standardfehler der Korrelation.

   Eine allgemeine Wahrscheinlichkeitsbetrachtung der Abweichung experimenteller Größen von den berechneten kann nach der Methode des t-Tests von STUDENT [94] durchgeführt werden. Danach kann man aus entsprechenden Tabellen feststellen, wie die Wahrscheinlichkeit ω der Abweichung, die die Größe αs übersteigt, von der Größe α und der Anzahl n der statistischen Freiheitsgrade abhängt.

   n ist gleich der Anzahl der zu korrelierenden Größen abzüglich der Anzahl der Parameter, die auf Grund der betrachteten Beziehung (z. B. die Anzahl der Konstanten, die die gegebene Reaktionsfolge charakterisieren) berechnet werden.
3. Die mittleren quadratischen Abweichungen (Standardfehler) für Parameter, die die Reaktionsfolge charakterisieren.
4. Die von den vorhandenen experimentellen Daten erfaßte Variationsbreite $\Delta \lg k$ einer korrelierten Größe.
5. Individuelle Fehler experimenteller Größen, die von der Größe s aus gesehen kaum wahrscheinlich sind. Man kann z. B. unter Vorbehalt annehmen, daß die Abweichungen, für die nach dem t-Test von STUDENT die Wahrscheinlichkeit kleiner als 1% ist, nicht zufällig sind, sondern durch irgendeine objektiv vorhandene physikalische Ursache hervorgerufen werden, wenn der mittlere quadratische Fehler der Veränderung der gegebenen experimentellen Größe die Größe s nicht überschreitet.
6. Der quadratische (oder arithmetische) Mittelwert der mittleren quadratischen Fehler des Experiments, oder ihr Maximalwert.

Die Exaktheit einer gegebenen Gleichung kann durch die vorhandenen experimentellen Daten als bestätigt gelten, wenn folgende Bedingungen erfüllt sind:

1. Der Korrelationskoeffizient liegt nahe Eins. (Es ist wünschenswert, daß $r \geqq 0{,}99$, aber nicht kleiner als 0,95···0,97 ist.)
2. Die Größe s übersteigt den Mittelwert (Maximalwert) der mittleren quadratischen Fehler des Experiments nicht sehr.
3. Die Standardfehler der Parameter, die die Reaktionsfolge charakterisieren, sind bedeutend kleiner als die Parameter selbst. (Hier ist es auch günstig, den t-Test von STUDENT anzuwenden).
4. Die Variationsbreite korrelierter Größen, die von den gegebenen Gleichungen erfaßt wird, überschreitet die Größe s bedeutend. In dieser Beziehung kann man zwei Größen betrachten: $(\Delta \lg k - s)$ und $\Delta \lg k/s$.

   Die Größe $10^{(\Delta \lg k - s)}$ zeigt, wievielmal größer die Variationsbreite der korrelierten Größe ist, im Vergleich zum mittleren quadratischen Wert der Unbestimmtheit dieser Größe für die Skala der Geschwindigkeits- oder Gleichgewichtskonstanten. Die Größe $\Delta \lg k/s$ hat die gleiche Bedeutung für die Skala der freien Energie.
5. Es fehlen wenigwahrscheinliche individuelle Abweichungen der experimentellen Daten: Die maximale Abweichung entsprechend dem t-Test von STUDENT hat eine Wahrscheinlichkeit, die über der „kritischen Grenze" liegt, die z. B. gleich 1% ist.

   (Die Wahrscheinlichkeitsgrenze von 1% ist willkürlich. Man kann als „kritische Grenze" der Wahrscheinlichkeit auch irgend einen anderen Wert nehmen: 2% oder 5%).

Wenn nur Literaturdaten verwendet und keine zusätzlichen Berechnungen durchgeführt werden, ergibt sich in der Praxis keineswegs immer die Möglichkeit, alle genannton Kriterien zu beachten.

Schließlich sei hervorzuheben, daß es trotz mathematisch exakterer Methoden unpraktisch wäre, auf die Einfachheit und Anschaulichkeit der graphischen Datenanalyse, insbesondere, wenn es sich um lineare Abhängigkeiten handelt, zu verzichten.

Kapitel 7: Quantitative Gesetzmäßigkeiten der induktiven Wechselwirkung

7.1. Vorstellungen von der Natur des induktiven Einflusses

Qualitative Vorstellungen über den induktiven Effekt sind integrierender Bestandteil der klassischen Elektronentheorie der organischen Chemie. Trotzdem herrscht bis heute keine völlige Klarheit über die Natur dieser Erscheinung. Gegenwärtig bestehen in der Literatur zwei Hypothesen. Nach Kirkwood und Westheimer [95] entsteht der induktive Effekt als Ergebnis einer elektrostatischen Wechselwirkung vom Typ Dipol-Dipol, Dipol-Ladung oder Ladung-Ladung. Als miteinander in Wechselwirkung stehende Dipole werden polare Bindungen angenommen. Diese elektrostatische Theorie wird in einer Reihe neuerer Arbeiten [45, 96—99] zur Grundlage genommen oder als eine der möglichen Varianten behandelt.

Der zweiten Auffassung zufolge, die in den meisten Lehrbüchern aufgeführt ist (siehe z. B. [100]), wird unter dem induktiven Effekt die Polarisierung der σ-Bindungen verstanden, die durch eine Kette von Kohlenstoffatomen übertragen wird. Eine solche Polarisation wird z. B. durch irgendeine elektronegative oder eine Ladung tragende Gruppe induziert und klingt schnell mit zunehmender Entfernung ab. Entsprechend dieser Vorstellung läuft der induktive Effekt nicht auf eine einfache elektrostatische Wechselwirkung hinaus, weil er streng von Bindung zu Bindung (oder von Atom zu Atom) durch die Kette übertragen wird.

Nach Bent [101] hängt die Elektronegativität des jeweiligen Atoms von den Energieniveaus der an der Bindung beteiligten Orbitale ab. Je niedriger diese Niveaus liegen, um so größer ist die Elektronegativität. Daraus folgt, daß die Elektronegativität vom Hybridisierungsgrad der Orbitale abhängt, weil z. B. einem s-Orbital ein niedrigeres Energieniveau entspricht als einem p-Orbital. Da der „s-Charakter" in der Reihe der sp-, sp^2- und sp^3-Hybridorbitale abnimmt, verringert sich in derselben Reihenfolge auch die Elektronegativität. Es können auch beliebige Zwischenstufen der Hybridisierung angenommen werden.

Wenn in der Anordnung der Atome $A-X-B$ die Elektronegativität des Atoms B zunimmt, so führt das zu einer gewissen Rehybridisierung am Atom X. Letztere führt zur Verschiebung eines Teils des s-Charakters vom Orbital des Atoms X in der Bindung $X-B$ auf das Orbital, das die Bindung mit dem Atom A herstellt. Infolge der Vergrößerung des s-Charakters dieses Orbitals wird das ihm entsprechende Energieniveau ein wenig herabgesetzt, was zur Vergrößerung der Elektronegativität des Atoms X im Verhältnis zum Atom A führt. Eine solche abklingende Rehybridisierung, die durch die Atomkette übertragen wird, wird nach Bent auch als Übertragungsmechanismus des induktiven Effektes bezeichnet.

Am verbreitetsten ist die Annahme, daß die eigentliche Induktionswechselwirkung nach den Verstellungen der zweiten Hypothese erfolgt, daneben aber auch eine rein elektrostatische Wechselwirkung möglich ist, die Feldeffekt genannt wird (siehe z. B. [100, 102]).

Vom Standpunkt der abstrakten Theorie, die im ersten Teil dieses Buches dargelegt worden ist, interessieren uns im Zusammenhang mit dem induktiven Effekt folgende Fragen:

1. Welcher Typ der Wechselwirkung soll als induktiv bezeichnet werden?
2. Sind die Wechselwirkungen dieses Typs gleichartig?
3. Ist in allen Fällen der Mechanismus der Induktionswechselwirkung der gleiche?
4. Wie sind die Gesetzmäßigkeiten bei der Übertragung der Induktionswechselwirkung durch eine isolierte Struktureinheit?
5. Welchen Gesetzmäßigkeiten sind die Zahlenwerte der Induktionskonstanten und der Konstanten, die die Fähigkeit verschiedener Struktureinheiten zur Übertragung des induktiven Einflusses charakterisieren, unterworfen?
6. Welche Reaktionsfolgen können am zweckmäßigsten zur Bestimmung der Induktionskonstanten für verschiedene Substituenten verwendet werden?

Die genannten Punkte laufen auf ein grundsätzliches Problem hinaus: Gibt es eine einheitliche Skala universeller Induktionskonstanten? Oder — wenn das nicht der Fall ist — wie groß ist dann die Genauigkeit, und wo liegen die Grenzen der Anwendbarkeit für alle möglichen Varianten?

Die Anwendungsmöglichkeiten vorhandener Skalen der Induktionskonstanten (σ^*, σ_I, σ^0 oder einfach σ usw.) zur Bestimmung von Geschwindigkeits- und Gleichgewichtsdaten sowie weiterer physikalischer Größen werden in einer großen Anzahl von Arbeiten gezeigt (s. Tab. 5).

Wie in Kap. 1 gezeigt wurde, gehören zum Problem der Berechnung des rein induktiven Einflussses alle die Wechselwirkungen, bei denen eine lineare Abhängigkeit der zu korrelierenden Größe von den Substituentenkonstanten σ^*, σ_I, σ^0, sowie den ursprünglichen σ-Werten HAMMETTS (vgl. die in Kap. 1.2. und 1.3. dargelegten Vorbehalte) besteht. Bei der Aufstellung der Tab. 5 wurde dies berücksichtigt.

Wenn man aus den Tabellen [262] die Angaben, die sich auf die Korrelationen von Geschwindigkeits- und Gleichgewichtskonstanten mit den Induktionskonstanten beziehen, nach den angegebenen Merkmalen auswählt und den Grad der Linearität durch den Korrelationskoeffizienten r kennzeichnet, so resultiert das in Tab. 6 angegebene Ergebnis. Infolge der Verwendung der Größe r als Maß für die „Güte" der Korrelationen werden aus der Betrachtung alle Reaktionsserien ausgeschlossen, für die gilt: $\varrho^* < 0{,}03$ oder $\varrho < 0{,}2$.

Die angegebenen Auswahlprinzipien verringern die Wahrscheinlichkeit, daß das Abweichen von der Linearität neben dem induktiven Effekt entweder durch den Einfluß anderer Strukturfaktoren oder durch eine zu enge Variationsbreite der Größe $\lg k$ verursacht wird. Jedoch sind diese Faktoren keineswegs vollständig auszuschließen. Zur Betrachtung des Einflusses der Variationsbreite von $\lg k$ ist es von Nutzen, den Zusammenhang zwischen den Größen r und ϱ zu kennen, der durch die in Tab. 7 und 8 aufgeführten Daten veranschaulicht wird. Die Angaben spiegeln die Verteilung der Größe ϱ im Falle verschiedener Intervalle der Änderung von r wider.

Es ist offensichtlich, daß das statistische Gewicht der Reaktionsserien mit geringen ϱ-Werten seinen Mittelwert nur für den Typ stark übersteigt, wo

Tabelle 5: *Literaturverzeichnis zu Korrelationen*[1]) *verschiedener Größen mit den induktiven Substituentenkonstanten* σ^*, σ_I, σ^0, σ

korrelierte Parameter	Induktions-konstante	Literatur
pK_a-Werte für Säuren und Basen	σ^*	[31], [32], [103—119], [175],
	σ_I	[45], [96], [122—125],
	σ^0	[126—133]
	σ	[134—149], [315], [316]
Andere Gleichgewichts-konstanten	σ^*	[150]
	σ^0	[150—153]
	σ	[154—160], [315], [316]
Geschwindigkeitskonstanten	σ^*	[31], [31], [46], [113], [161—180], [284], [285]
	σ_I	[45], [121], [181—185]
	σ^0	[184], [186—199], [286—288]
	σ	[145], [182], [200—227]
Halbstufenpotentiale der polarographischen Reduktion	σ^*	[111], [150], [228—232]
	σ_I	[230], [233]
	σ^0	[150], [232], [289]
	σ	[228—230], [233]
Chemische Verschiebungen in *NMR*-Spektren	σ^*	[234—239]
	σ_I	[239—241]
Frequenzen und Intensitäten aus *IR*- und *UV*-Spektren	σ^*	[110], [111], [242—248], [290], [291]
	σ_I	[249]
	σ	[142], [245], [250—253], [291]
Andere physikalische Konstanten	σ^*, σ_I	[255], [256], [292]
Übersichtsarbeiten		[10], [36], [52], [86], [87], [98], [257—260]

[1]) Es werden nur Korrelationen mit den Konstanten σ von HAMMETT berücksichtigt, von denen angenommen werden kann, daß nur (oder in der Hauptsache) der induktive Einfluß des substituierten Phenylringes wirkt. Hierzu zählen die Korrelationen für meta-Substituenten und für para-Substituenten, die keine polare Resonanz mit dem Reaktionszentrum zeigen.

$r < 0{,}900$ ist. Daraus folgt, daß die Existenz derartiger Fälle mit einer ungenügend großen Variationsbreite von lg k verbunden ist.

Im Intervall $0{,}900 < r < 0{,}950$ sind nur vier Werte von ϱ kleiner als 0,7 (nach den Angaben von Tab. 7 kann man diese Zahl als etwaige Grenze zwischen „kleinen“ und „normalen“ Werten von ϱ betrachten). Ein genaueres Herangehen zeigt jedoch, daß man mindestens für 14 von den restlichen 17 Serien neben dem induktiven Effekt auch den Einfluß anderer Strukturfaktoren annehmen kann (vor allem die polare Resonanz).

Uns scheint, daß die Ergebnisse dieser noch unvollständigen statistischen Analyse trotzdem genügend charakteristisch sind, und daß man mit zunehmender Menge

Tabelle 6:

Statistische Analyse von Korrelationen zwischen Geschwindigkeits- und Gleichgewichtskonstanten und induktiven Substituentenkonstanten σ^*, σ_I. σ^0, σ

r	$r^2 \cdot 100$	Reaktionsserien	
		Anzahl	%
$\geqq$ 0,989	$\geqq$ 97,6	142	51
0,970···0,989	94,0···97,6	64	23
0,950···0,970	90,2···94,0	35	12,5
0,900···0,950	81,0···90,2	21	7,5
0,790···0,900	68 ···81	17	6,0
	Summe	279	100

Tabelle 7:

Einteilung der Reaktionsfolgen nach verschiedenen Intervallen der Größen ϱ in Abhängigkeit von der Größe des Korrelationskoeffizienten r

r	insges.	Anzahl der Reaktionsserien				
		$\varrho > 2$	$1 < \varrho < 2$	$0{,}7 < \varrho < 1$	$0{,}4 < \varrho < 0{,}7$	$\varrho < 0{,}4$
$\geqq$ 0,989	142	42(29,5%)	57(40%)	33(23%)	10(7%)	—
0,970···0,989	64	20(31%)	18(28%)	14(22%)	9(14%)	3(5%)
0,950···0,970	35	7(20%)	15(43%)	8(23%)	5(14%)	—
0,900···0,950	21	4(19%)	8(38%)	5(24%)	4(19%)	—
0,790···0,900	17	1(6%)	1(6%)	3(18%)	10(59%)	2(12%)

Tabelle 8:

Die Abhängigkeit des relativen Anteils der Reaktionsfolgen, die durch die Größen ϱ im jeweiligen Intervall charakterisiert werden, vom Intervall der Größen r

(Als Bezugsgröße wurde der Anteil der Reaktionsfolgen mit den Größen ϱ im jeweiligen Intervall an der Gesamtzahl der Reaktionsfolgen, unabhängig von r, angenommen).

r	ϱ				
	> 2	1···2	0,7···1	0,4···0,7	$< 0{,}4$
alle Reaktionsfolgen	1,00	1,00	1,00	1,00	1,00
$\geqq$ 0,989	1,11	1,13	1,05	0,52	0
0,970···0,989	1,17	0,79	0,98	1,04	2,6
0,959···0,970	0,75	1,21	1,05	1,04	0
0,900···0,950	0,72	1,07	1,07	1,41	0
0,790···0,900	0,23	0,17	0,78	4,36	6,7

des Untersuchungsmaterials kaum prinzipiell andere Resultate erwarten kann. Diese Ergebnisse stehen nicht im Widerspruch zur Annahme der Universalität der Induktionskonstanten. Die meisten Beispiele für unzulängliche Korrelationen kann man erklären, ohne die Universalität dieser Konstanten in Frage zu stellen. Die übrigen Beispiele kann man angesichts ihres unbedeutenden statistischen Gewichts außer acht lassen.

Es ist nicht notwendig, noch einmal den außerordentlichen Nutzen und die breite Anwendbarkeit der Induktionskonstanten zu beweisen. Gegenwärtig ist ein anderes Problem aktuell. Wie genau bringen diese Konstanten den Einfluß der Induktionswechselwirkung zum Ausdruck?

Eine rein statistische Analyse von Literaturangaben gibt darauf noch keine ausreichende Antwort. Das Vorhandensein einer funktionellen Abhängigkeit bei hinreichender Genauigkeit der experimentellen Daten und bei der Untersuchung von Fällen ausschließlich induktiver Wechselwirkung sollte keine Ausnahme zulassen.

Im Grunde genommen wird damit die Forderung nach einer genauen Analyse jedes Sonderfalles gestellt. Es besteht jedoch die große Schwierigkeit, daß praktisch alle Reaktionsfolgen, für die es Korrelationen mit Induktionskonstanten gibt, stets nur eine beschränkte Gruppe von Substituenten erfassen (entweder meta- und parasubstituierte Phenylgruppen oder substituierte aliphatische und alicyclische Gruppen usw.). Folglich beziehen sich unsere Analysen nur auf mehr oder weniger lange „Ausschnitte" der Reaktionsfolgen. Die Übertragung der auf diese Weise erhaltenen Ergebnisse auf vollständige Serien, die alle möglichen Variationen veränderlicher Substituenten erfassen, ist eine kaum zulässige Operation.

Natürlich ist es schwer, eine solche Reaktionsserie zu nennen, in der bei Variation des Substituenten sich nur ein induktiver Einfluß zeigen würde. Diese Tatsache unterstreicht die ganze Schwierigkeit des praktischen Herangehens an die Lösung des zu behandelnden Problems.

Deshalb wird im folgenden einer detaillierten Analyse konkreten Materials der Vorzug gegenüber der statistischen Bearbeitung einer großen Zahl an Reaktionsfolgen gegeben.

7.2. Induktive Substituentenkonstanten aliphatischer Systeme

Ohne auf Einzelheiten einzugehen, müssen wir zu Beginn der Problemdiskussion voraussetzen, daß von einer beliebigen Struktureinheit, die durch eine σ-Bindung verknüpft ist, eine gewisse Wechselwirkung ausgeht, die die Polarität des entsprechenden Moleküls (Ions) beeinflußt. Unter Polarität versteht man hier die Verteilung der Elektronendichte auf die betrachteten Atome oder die Bindungen zwischen diesen. Diese Wechselwirkung muß, wenn sie gleichartig ist, die Abhängigkeit vom Typ (3.13) erfüllen. Man kann als Substituentenkonstanten im vorliegenden Falle die Größen σ^* von Taft annehmen. Wenn die Konstanten σ^* universell gelten, so muß ein beliebiges Beispiel für den Einfluß des induktiven Effektes durch eine konkrete Formel (3.13) in Form der Gleichung von Taft beschrieben werden können:

$$A = A_{X_0Y} + \varrho_Y{}^* \sigma_X{}^* \tag{7.1}$$

A ist die abhängige Größe (z. B. $\lg k$), die Indizes X und Y gehören zum Reaktionszentrum Y und dem veränderlichen Substituenten X in der Serie $X-Y$.

Entsprechend der Bestimmung des induktiven Effektes und der Logik der Ableitung von Gleichung (3.13) (siehe Kap. 3.2.), gibt es keine verbindlichen objektiven Kriterien, nach denen man sich bei der Aufspaltung des reagierenden Moleküls in das Reaktionszentrum und den Substituenten richten muß, mit Ausnahme der Tatsache, daß der Substituent im Reaktionsverlauf keinerlei Veränderungen im Sinne einer Lösung oder Knüpfung kovalenter Bindungen erfahren soll. Um diese Tatsache hervorzuheben, müssen wir die Verbindung in folgender Form darstellen:

$$X{-}G{-}Y \tag{7.2}$$

Hier werden sowohl X (der variable Teil des Moleküls), als auch G (der unveränderliche Teil des Moleküls) im Laufe der Reaktion nicht verändert. Alle Veränderungen betreffen nur jenen Teil des Moleküls, der mit Y bezeichnet ist. Als Substituent und Reaktionszentrum kann man im gegebenen Falle entweder XG und Y oder X und GY betrachten. Die Forderung nach der Universalität der Induktionskonstanten σ^* bedeutet, daß, unabhängig von der Wahl einer der bereits genannten Alternativen, die Gleichung von TAFT erfüllt sein muß:

$$A = A_{X_0GY} + \varrho^*_{GY}\sigma_X^* \tag{7.3}$$

$$A = A_{X_0Y} + \varrho_Y^*\sigma^*_{XG} \tag{7.4}$$

Dabei ist die Gleichung (7.4) nur ein Spezialfall von (7.1) und A_{X_0Y} sowie ϱ_Y^* sind in beiden Gleichungen ein und dieselben Größen.

Die Gleichungen (7.1) und (7.4) lassen sich dann vereinigen, wenn die Größe σ^* für $X{-}G$ folgendermaßen definiert wird:

$$\sigma^*_{XG} = \sigma^*_{X_0G} + z_G^*\sigma_X^* \tag{7.5}$$

Die Beziehung (7.5) muß dabei unabhängig vom Grad der Kompliziertheit von G erfüllt sein, wobei sich notwendigerweise folgende Gleichheit ergibt:

$$z^*_{G_1-G_2} = z^*_{G_1}z^*_{G_2} \tag{7.6}$$

Wenn wir die Gleichung (7.5) der in Kap. 4.2. angegebenen Gleichung (4.8) gegenüberstellen, können wir uns von ihrer Identität überzeugen. Die Ableitung der Gleichung (4.8) resultierte aus der Annahme, daß die Wechselwirkung gleichartig ist und nur durch σ-Bindungen von Atom zu Atom übertragen wird. Daraus folgt, daß die Werte für die Induktionskonstanten die Gleichung (7.5) nur dann erfüllen, wenn der Übertragungsmechanismus des induktiven Einflusses der genannten Bedingung entspricht.

Die Gleichungen (7.3) und (7.4) lassen sich nur unter der Bedingung vereinigen, daß folgende Gleichheiten erfüllt sind:

$$\varrho^*_{G-Y} = \varrho_Y^*z_G^* \tag{7.7}$$

$$A_{X_0GY} = A_{X_0Y} + \varrho_Y^*\sigma^*_{X_0G} \tag{7.8}$$

Die Größe z_G^* kann als Faktor für die Leitfähigkeit [36] oder als Übertragungskonstante des induktiven Effektes bezeichnet werden. Im Falle der Universalität der Induktionskonstanten darf z_G^* nur von der Art der Struktureinheit G abhängen, weil damit die Induktionswechselwirkung als etwas qualitativ Einheitliches charakterisiert wird. Daraus folgt, daß die experimentelle Überprüfung der Existenz eines konstanten Leitfähigkeitsfaktors z. B. für die Methylengruppe CH_2 eine wertvolle Information in bezug auf die tatsächliche Universalität der Größen σ^* gibt.

Für eine solche Überprüfung gibt es zwei Wege. Der erste von ihnen kann „σ — σ"-Verfahren genannt werden. Dieses Verfahren beruht auf der Überprüfung der Gültigkeit von Gleichung (7.5) durch einen Vergleich der Größen σ^* für Substituenten vom Typ XG mit den Größen σ^* für die Substituenten X. Zwischen beiden σ^*-Werten muß eine lineare Abhängigkeit mit dem Anstieg z_G^* bestehen.

Der zweite Weg, der „ϱ — ϱ"-Verfahren genannt werden soll, beruht auf der Abhängigkeit (7.7.), die in folgender Form dargestellt werden kann:

$$z_G^* = \frac{\varrho^*_{G-Y}}{\varrho_Y^*}$$

ϱ^*_{G-Y} und ϱ_Y^* kennzeichnen die Reaktionsserien $X—G—Y$ und $X—Y$, wobei sich die erstere als eine Untergruppe der zweiten erweist. Um wenigstens eine ungefähre Vorstellung von den Resultaten zu vermitteln, die durch Bearbeitung experimenteller Werte erhalten wurden, wenden wir das σ—σ-Verfahren auf σ^* aus der von Taft [36] veröffentlichten Tabelle an. In Abb. 3 sind die Größen $\sigma^*_{XCH_2}$ gegen σ_X^* aufgetragen. Wie man sieht, teilen sich die betrachteten Substituenten in 2 Gruppen. Jeder Gruppe entspricht eine Gerade [258, 263]. Zur ersten Gruppe gehören Wasserstoff und die gesättigten aliphatischen Kohlenwasserstoffreste. Die Substituenten der zweiten Gruppe sollen als „elektronegativ" bezeichnet werden.

Die Parameter der Gleichung (7.5) sind für beide Substituentengruppen in Tab. 9 angeführt.

Tabelle 9:
Parameter der Gleichung (7.5)

Substituententyp	$\sigma^*_{X_0CH_2}$	$z^*_{CH_2}$
Wasserstoff und gesättigte Kohlenwasserstoffreste (R)	−0,100	0,204
Elektronegative Substituenten	0,00	0,360

Es sei noch einmal darauf hingewiesen, daß bei der Bestimmung der Größen σ^* die CH_3-Gruppe als Standardsubstituent verwendet wird. Deshalb ist $\sigma^*_{X_0CH_2} = \sigma^*_{CH_3CH_2} = -0{,}100$. Wir sehen, daß dieser Zusammenhang nur für den ersten Typ der Substituenten (Wasserstoff und R) erfüllt ist. Im Falle der elektronegativen Substituenten ist $\sigma^*_{X_0CH_2} = 0$.

Dieser Sachverhalt sowie der große Unterschied in der Größe $z^*_{CH_2}$ führen zu dem Schluß, daß der induktive Effekt für die beiden Typen aliphatischer Substituenten ein qualitativ verschiedenes Wesen besitzt. Für den Fall $\sigma^*_{C_2H_5} = \sigma^*_{CH_3} = 0$ würde gelten $\sigma^* = 0$ sowohl für Wasserstoff als auch für alle anderen Substituenten dieser Gruppe, da $z^*_{CH_2} \neq 0$ ist.

Daraus folgt, daß elektronegative Substituenten $X(CH_2)_n$ nicht den gleichen Typ der Induktionswechselwirkung zeigen, wie die Substituenten der ersten Gruppe. Formal findet das darin seinen Ausdruck, daß die Größe $\sigma^*_{X(CH_2)_n}$ für Substituenten mit negativem X nicht kleiner als 0 werden kann, da

$$\sigma^*_{X(CH_2)_n} = 0{,}360^n \sigma_X{}^* \text{ ist,} \tag{7.9}$$

wenn die Größe $z^*_{CH_2}$ konstant bleibt und die Größe $z^*_{(CH_2)_n}$ gleich $(z^*_{CH_2})^n$ ist. Unabhängig von der Anzahl der Methylengruppen in $X = X'(CH_2)_n$ scheint sich die Konstanz von $z^*_{CH_2}$ zu bestätigen, da durch (7.9) die Punkte der Geraden für unterschiedliche Werte von n wiedergegeben werden (Abb. 3).

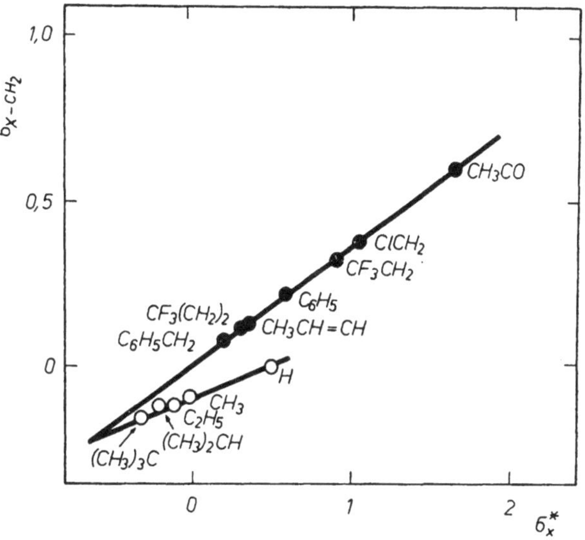

Abb. 3: Die Abhängigkeit der induktiven Konstanten σ^* für den Substituententyp XCH_2 von den Größen σ^* für X

Die letzte Ableitung führt zu einem Widerspruch. Die Annahme dieser Schlußfolgerung ist gleichbedeutend mit der Verneinung einer Übereinstimmung zwischen σ—σ- und ϱ—ϱ-Methode zur Bestimmung der Größe $z_G{}^*$.

Wenn die Gleichung (7.9) tatsächlich berechtigt ist, können wir die Gleichung (7.4) auf folgende Weise umschreiben:

$$A = A_{CH_3Y} + \varrho^* (z^*_{CH_2})^n \sigma_X{}^* \tag{7.10}$$

Andererseits erhalten wir bei Einsetzen des Wertes ϱ^*_{GY} gemäß (7.7) in die Gleichung (7.3):

$$A = A_{CH_3(CH_2)_nY} + \varrho^* (z^*_{CH_2})^n \sigma_x{}^* \tag{7.11}$$

Die Gleichungen (7.10) und (7.11) sind nur unter der Bedingung zu vereinbaren, daß

$$A_{CH_3(CH_2)_nY} = A_{CH_3Y} \tag{7.12}$$

ist. Diese Bedingung ist gleichbedeutend mit der Forderung, daß die Größe A bei Variation der Substituenten X innerhalb der ersten Gruppe der Substituenten stets konstant bleibt. Bereits bei oberflächlicher Kenntnis der experimentellen Fakten wissen wir, daß dies nicht der Wirklichkeit entspricht. Damit ist es zweifelhaft, ob die Gleichung (7.9) genau die wirkliche Lage der Dinge widerspiegelt. Wir bemerken dabei, daß die Größe $z^*_{CH_2} = 0,360$ genau 1/2,8 ist, wobei 2,8 der Größe des von Branch und Calvin vorgeschlagenen und später von Taft verwendeten Leitfähigkeitsfaktor für den induktiven Effekt bei Einschub der Methylengruppe zwischen dem Substituenten und dem Reaktionszentrum entspricht.

In der Literatur wurden für diese Größe aber auch andere Werte vorgeschlagen [104, 264–267].

Aus dem Gesagten geht klar hervor, daß die Bestimmung der Größe $z^*_{CH_2}$ für elektronegative Substituenten einer eingehenderen Analyse bedarf.

Betrachten wir als erstes, inwieweit die Größe $\sigma^*_{X(CH_2)_n}$ im Falle elektronegativer Substituenten bei beliebig großem Wert von n nicht kleiner als Null werden kann.

Zur Überprüfung der Richtigkeit dieser Behauptung ist es zweckmäßig, von den experimentellen Größen lg k Gebrauch zu machen, ohne zusätzliche Berechnungen anzustellen. Aus Gleichung (7.9) folgt, daß wir bei elektronegativem X für Serien mit positivem Vorzeichen von ϱ^* folgenden Ausdruck erhalten (hier ist $\varrho^* < 0$):

$$\lg k_{X(CH_2)_nY} \geqq \lg k_{CH_3Y} \tag{7.13}$$

In der Literatur gibt es für zwei Reaktionsfolgen Werte, die es ermöglichen, die Richtigkeit dieser Gleichung zu überprüfen: die pK_a-Werte der Dicarbonsäuren $HOOC(CH_2)_nCOOH$ [268, 269] und die pK_a-Werte der Cyanamine $NC(CH_2)_n \cdot N(C_2H_5)_2$ [104].

Im Falle der Dicarbonsäuren geht in die Größe pK_a die statistische Korrektur + lg 2 ein, da beide Carboxylgruppen zur Ionisation befähigt sind.

Wenn die Gleichung (7.13) richtig ist, dann darf die erhaltene Größe den pK_a-Wert für das entsprechende methylsubstituierte Derivat (Essigsäure) nicht übersteigen. Das gleiche gilt auch für die Cyanamine. Wie aus Tab. 10 ersichtlich ist, ist das in Wirklichkeit nicht so. In beiden Fällen kommt es zu einer weiteren Vergrößerung der pK_a-Werte beim Anwachsen der Polymethylenketten.

Aus Tab. 10 geht hervor, daß die Größe pK_a + lg 2 für $HOOC(CH_2)_nCOOH$ beim Vergrößern von n einer Grenzgröße zustrebt, die den pK_a-Werten für $CH_3(CH_2)_nCOOH$ gleich ist. Vom Standpunkt der klassischen Vorstellung über den induktiven Effekt scheint dieses Resultat völlig verständlich.

Jedoch ist dadurch die Gleichung (7.9) als eine Beziehung mit dem Anspruch auf prinzipielle Genauigkeit auszuschließen, wenn man sich an die Definition der Konstanten σ^* hält, wie sie von Taft (siehe 1.13) vorgeschlagen wurde.

Man muß daher annehmen, daß die Substituenten des Typs $X(CH_2)_n$ mit elektronegativem X ebenfalls zur induktiven Wechselwirkung befähigt sind, diese aber für solche Substituenten streng genommen verschiedenartig ist. Wenn n genügend klein ist, verdeckt der große Effekt des elektronegativen Substituenten den geringen Einfluß der Polymethylkette und umgekehrt. Auf Grund dessen kann die Taft-Größe σ^* keine absolute Universalität besitzen, wenn versucht wird, in den Grenzen der oben erwähnten σ—σ-Methode mit ihnen zu operieren. Das schließt jedoch nicht aus, daß die universellen Werte von σ^* durch Ausnutzung

Tabelle 10:
Abhängigkeit der pK_a-Werte bei Polymethylenderivaten von der Anzahl der Methylengruppen

n	$HOOC(CH_2)_nCOOH$ [268]	$CH_3(CH_2)_nCOOH$ [268]	$NC(CH_2)_nN(C_2H_5)_2$ [104]	$CH_3(CH_2)_n N(C_2H_5)_2$ [103]
0	1,57	4,76	–2,0	10,29
1	3,16	4,87	4,55	10,60
2	4,51	4,82	7,65	10,65
3	4,64	4,86	9,29	10,70
4	4,72	4,86	10,08	10,72
5	4,78	4,87	10,46	10,73
6	4,82	4,89	–	–
7	4,85 [269]	4,90	–	–
8	4,87 [269]	4,90	–	–

der ϱ—ϱ-Methode erhalten werden können. Dabei resultiert aus der Anwendung des ϱ—ϱ-Verfahrens auf die Größen σ^*, unter Voraussetzung ihrer universellen Gültigkeit und der Verwendung der CH_3-Gruppe als Standardsubstituent, die nach folgender Gleichung zu erhaltende Größe von $z^*_{CH_2}$:

$$z^*_{CH_2} = \frac{\sigma^*_{X(CH_2)_{(n+1)}} - \sigma^*_{CH_3(CH_2)_{(n+1)}}}{\sigma^*_{X(CH_2)_n} - \sigma^*_{CH_3(CH_2)_n}} \qquad (7.14)$$

Die Größe $z^*_{CH_2}$ muß eine Konstante sein, die nicht vom Wert n abhängt. Die Gleichung (7.14) läßt sich leicht experimentell überprüfen. Dazu muß man sagen, daß nur für drei elektronegative Substituenten, die in Abb. 3 dargestellt sind, die Größen σ^* gemäß Gleichung (1.13) erhalten wurden. Für die übrigen wurden sie aus den Korrelationen der pK_a-Werte der Säuren XCOOH mit den Konstanten σ^* [36] errechnet. Deshalb ist es zur Überprüfung der Gleichung (7.14) zweckmäßiger, die entsprechenden pK_a-Werte mit Ausnahme der drei erwähnten Substituenten zu benutzen. Dabei kann eine größere Zahl verschiedener Varianten als auf Abb. 3 erfaßt werden.

In Abb. 4 sind die Größen

$$\Delta pK_{a_{n+1}} = pK_{aX(CH_2)_{n+1}COOH} - pK_{aCH_3(CH_2)_{n+1}COOH}$$

gegen die Größen

$$\Delta pK_{a_n} = pK_{aX(CH_2)_nCOOH} - pK_{aCH_3(CH_2)_nCOOH}$$

aufgetragen.

Zum Vergleich sind in der gleichen Abb. 4 die Größen

$$\Delta' pK_{a_{n+1}} = pK_{aX(CH_2)_{n+1}COOH} - pK_{aCH_3COOH}$$

gegen

$$\Delta' pK_{a_n} = pK_{aX(CH_2)_nCOOH} - pK_{aCH_3COOH}$$

aufgetragen.

Die dabei benutzten pK_a-Werte sind in Tab. 11 angeführt.

Abb. 4 zeigt charakteristische Unterschiede zu Abb. 3. Danach führt weder die ϱ—ϱ- noch die σ—σ-Methode zu einer guten linearen Abhängigkeit. Man kann noch versuchen, sich von der Festlegung eines Anfangswertes auf der Skala der pK_a-Größen zu lösen, wie dies bei der Berechnung von pK_a-Werten unter Benutzung der ϱ—ϱ- oder σ—σ-Methode gefordert wird.

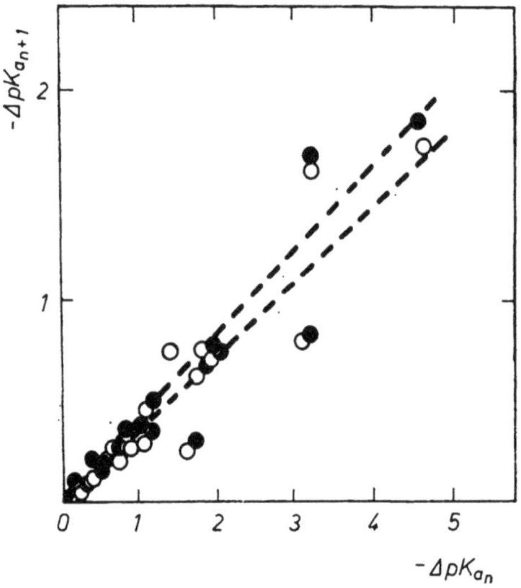

Abb. 4: Die Abhängigkeit $\Delta pK_{a_{n+1}}$ von ΔpK_{a_n} (●) und $\Delta' pK_{a_{n+1}}$ von $\Delta' pK_{a_n}$ (o) für die Säuren $X(CH_2)_nCOOH$.

Tabelle 11:
pK_a-Werte für Carbonsäuren der Formel $X(CH_2)_nCOOH$

Nr.	Substituent X	$n = 0$	$n = 1$	$n = 2$	$n = 3$
1	Cl	—	2,86 [268]	4,08 [268]	4,52 [268]
2	Br	—	2,90 [268]	4,01 [268]	—
3	J	—	3,18 [272]	4,09 [272]	—
4	C_6H_5	—	4,31 [268]	4,66 [268]	4,76 [268]
5	$CH_3CH{=}CH$	—	4,51 [272]	4,72 [272]	—
6	$Cl_2C{=}CH$	—	4,04 [273]	4,57 [273]	—
7	HO	—	3,83 [268]	4,51 [124]	4,72 [268]
8	HS	—	3,68 [124]	4,32 [124]	—
9	CN	—	2,47 [268]	3,99 [124]	—
10	CF_3	0,23 [268]	3,06 [272]	4,16 [272]	—
11	CH_3OOC	—	3,35 [124]	4,03 [124]	—
12	H_2NCO	—	3,64 [272]	4,54 [272]	—
13	HOOC[1])	1,57 [268]	3,16 [268]	4,51 [268]	4,64 [268]
14	$^-$OOC[2])	3,97 [268]	5,40 [268]	5,34 [268]	4,97 [268]
15	H	3,75 [268]	4,76 [268]	4,86 [268]	4,82 [268]

[1]) Unter Berücksichtigung der statistischen Korrektur +lg 2.
[2]) Unter Berücksichtigung der statistischen Korrektur —lg 2.

Wenn die Substituenten des Typs $X(CH_2)_n$ gleichzeitig zwei induktive Eigenschaften besitzen, wie dies oben gezeigt wurde, kann man die Existenz folgender Abhängigkeiten annehmen:

$$\lg k = \lg k_0 + \varrho_1^*[1 + z'^*_{CH_2} + \cdots + (z'^*_{CH_2})^{(n-1)}] \cdot \sigma^*_{CH_2} + \varrho_2(z^*_{CH_2})^n \sigma_X^* \quad (7.15)$$

$$\text{für } n \geqq 1;$$

$$\lg k = \lg k_0 + \varrho_2^* \sigma_X^* \quad (7.16)$$

$$\text{für } n = 0$$

Bei der Formulierung dieser Gleichungen wurde angenommen, daß die induktive Wechselwirkung verschiedenartig ist und sich additiv aus den Wechselwirkungen von Substituenten der ersten Gruppe und denen der elektronegativen Substituenten zusammensetzt.

Träger des ersten Typs der Wechselwirkung ist die Polymethylenkette, Träger des zweiten Typs der Substituent X.

Die Größen ϱ_1^*, $z'^*_{CH_2}$ und $\sigma^*_{CH_2}$, die dem ersten Typ der induktiven Wechselwirkung entsprechen, bezeichnen die Empfindlichkeitskonstante, den Leitfähigkeitsfaktor und die induktive Konstante der Methylengruppe; ϱ_2^*, $z^*_{CH_2}$ und σ_x^* sind die analogen Größen für den zweiten Typ. Aus Gleichung (7.15) ist zu entnehmen, daß die Verwendung der Methylgruppe als Standardsubstituent bei der Festlegung des Skalenanfangs für die Größen σ_x^* streng genommen unzulässig ist, das gleiche gilt für Wasserstoff in den Serien des Typs $X(CH_2)_n$, da $\sigma^*_{(CH_2)_n} \neq \sigma^*_{H(CH)_{2n}}$ ist. Was jedoch k_0 betrifft, so gehört diese Größe zu einem hypothetischen Substituenten, der keinerlei Fähigkeit zur induktiven Wechselwirkung entsprechend den genannten Typen besitzt.

Gleichung (7.16) weist diesen Mangel nicht auf, und deshalb könnte eine beliebige elektronegative Gruppe als Standardsubstituent verwendet werden.

Leider fehlt bisher experimentelles Material, das für die praktische Bestimmung der Größen der Induktionskonstanten nötig ist, da Gleichgewichts- oder Geschwindigkeitskonstanten für umfangreiche Serien des Typs $X - Y$, wobei X nicht zum Typ $X'(CH_2)_n$ gehört, noch nicht gemessen wurden. Aus Gleichung (7.15) und (7.16) kann man folgende Gleichung erhalten:

$$\lg k_{n+1} = (\lg k^0_{n+1} - z^*_{CH_2} \lg k_n{}^0) + z^*_{CH_2} \lg k_n \quad (7.17)$$

Dabei gehören k_{n+1} und k_n zu den Verbindungen $X(CH_2)_{n+1}Y$ und $X(CH_2)_nY$ und es gilt

$$\lg k^0_{n+1} = \lg k^0 + \varrho_1^* \sigma^*_{CH_2}(1 + z'^*_{CH_2} + \cdots + (z'^*_{CH_2})^r) \text{ usw.},$$

$$\lg k^0_{n=0} = \lg k_0$$

Man kann annehmen, daß bei $n \geqq 1$ die Größe $\lg k_n{}^0$ in geringem Maße von n abhängig ist, da $z'^*_{CH_2} = 0{,}2$ (s. Tab. 9) gilt.

Folglich muß, wenn die Existenz eines konstanten Leitfähigkeitsfaktors $z^*_{CH_2}$ vorausgesetzt wird, eine lineare Abhängigkeit zwischen den Größen $\lg k_{n+1}$ und $\lg k_n$ mit einem Anstieg von $z^*_{CH_2}$ bestehen. Im Falle verschiedener n müssen die entsprechenden Geraden parallel laufen, wobei sich der Abstand Δ auf der Ordinate zwischen zwei benachbarten Geraden (z. B. für $n = m$ und $n = m + 1$) aus dem folgenden Ausdruck ergibt:

$$\Delta = (z'^{*}_{CH_2})^{m-2} \left[z'^{*}_{CH_2} (1 + z'^{*}_{CH_2} - z^{*}_{CH_2}) \right] \quad (7.18)$$

Die aus Gleichung (7.17) folgende lineare Abhängigkeit für pK_a von Carbonsäuren nach den Werten aus Tab. 11 ist in Abb. 5 dargestellt. Durch die den Größen n entsprechenden Punkte, die gleich 0, 1 bzw. 2 sind, kann für die Sub-

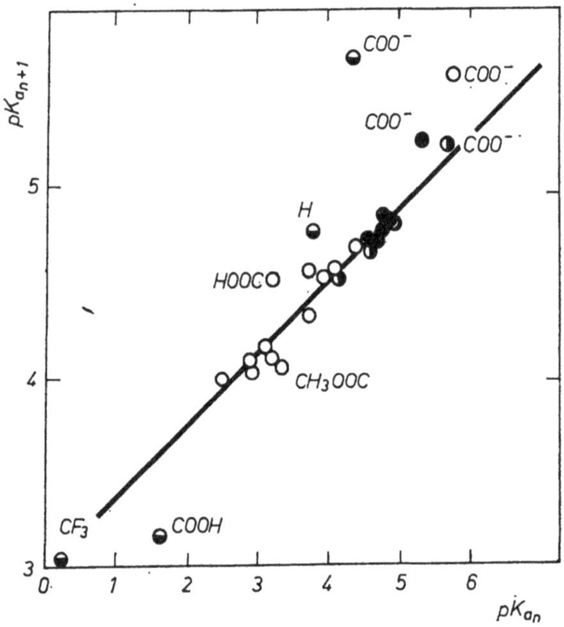

Abb. 5: Die Abhängigkeit $pK_{a_{n+1}}$ von pK_{a_n} für die Säuren $X(CH_2)_nCOOH$

◒ $n = 0$
○ $n = 1$
◑, ● $n \geqq 2$

stituenten Nr. 1—10 (s. Tab. 11) eine gemeinsame Gerade gelegt werden. Die vorhandenen experimentellen Daten gestatten keine Bestimmung der Größen nach Gleichung (7.18). Besonderes Interesse verdienen die Abweichungen von der geforderten linearen Abhängigkeit. Daß der Punkt für Wasserstoff bei $n = 1$ nicht auf der Geraden liegt, ist nicht verwunderlich und erklärt sich aus der Existenz der schon erwähnten zwei Typen der induktiven Wechselwirkung. Wesentliche Abweichungen beobachtet man auch für die Substituenten Nr. 11 bis 14, die logischerweise zur zweiten Gruppe gehören müssen.

In Tab. 12 sind die Resultate einer Analyse der Werte aus Tab. 11 nach der Methode der kleinsten Quadrate entsprechend Gleichung (7.17) angegeben. Wir sehen, daß die Korrelation bei $n = 1$ für die Substituenten Nr. 1—10 (Variante 1) nicht ideal ist, was bestimmt mit der geringen Variationsbreite der korrelierten Größen verbunden ist.

Das wird bestätigt durch eine entscheidende Verbesserung der Kennziffern der Korrelation beim Übergang zu den Varianten zwei und drei, wenn die Variationsbreite der pK_a etwa um das zweifache vergrößert wird.

Es soll darauf hingewiesen werden, daß das eine Folge der Einbeziehung des weit entfernt stehenden Punktes für die CF_3-Gruppe ist. Die Einbeziehung der in Nr. 11—13 angegebenen Substituenten (Variante 4) verschlechtert die Korrelation bedeutend. Was die Punkte für COO^- betrifft, so sind die Abweichungen von der Regressionsgeraden in diesem Falle so groß, daß es keinen Sinn hat, sie mit den anderen Substituenten zu einer gemeinsamen Korrelation zusammenzufassen.

Tabelle 12:
Die Anwendung der Gleichung (7.17) auf die pK_a-Werte von Carbonsäuren

Variante	Nr. der erfaßten Substituenten (s. Tab. 11)	$pK^0_{a_{n+1}} - z^*_{CH_2} pK^0_{a_n}$	$z^*_{CH_2}$	r	s	$pK_a{}^0$
1	$1-10; n = 1$	$2{,}913 \pm 0{,}11$	$0{,}401 \pm 0{,}030$	0,9770	0,064	$4{,}86 \pm 0{,}54$
2	$1-10; n = 0, 1$	$2{,}955 \pm 0{,}055$	$0{,}390 \pm 0{,}016$	0,9922	0,061	$4{,}84 \pm 0{,}31$
3	$1-10; n = 0,1,2$	$2{,}957 \pm 0{,}046$	$0{,}388 \pm 0{,}013$	0,9937	0,053	$4{,}83 \pm 0{,}19$
4	$1-13; n = 0,1,2$	$2{,}849 \pm 0{,}113$	$0{,}418 \pm 0{,}032$	0,9543	0,150	$4{,}90 \pm 0{,}47$

Tabelle 13:
Abweichungen von der Gleichung (7.17)

Substituent	$n = 0$	$n = 1$	Substituent	$n = 1$
CH_3OOC	—	$+0{,}07s$	Br	$+1{,}38s$
H_2NCO	—	$-3{,}78s$	J	$+1{,}90s$
HOOC	$+6{,}45s$	$-6{,}40s$	OH	$-1{,}22s$
COO^-	$+16{,}9s$	$+5{,}27s$	SH	$-1{,}25s$
			CN	$-1{,}38s$

In Tab. 13 sind die größten individuellen Abweichungen von der Regressionsgeraden in s-Werten angegeben.

Die Analyse der Werte für die Dissoziation aliphatischer Carbonsäuren zeigt uns, daß elektronegative Substituenten existieren, für die der konstante Leitfähigkeitsfaktor $z^*_{CH_2}$ nicht verwertbar ist.

Oben wurde schon gezeigt, daß das mit der fehlenden universellen Gültigkeit von σ^* für diese Substituenten gleichbedeutend ist. Diesen Substituenten können nicht irgendwelche bestimmten Werte der Induktionskonstanten zugeordnet werden. Andererseits kann man eine gewisse Gruppe „normaler" elektronegativer Substituenten bestimmen, für die zumindest in gewisser Näherung eine Konstanz der Größe σ^* gegeben ist. Zu dieser Gruppe gehören insbesondere auch die Substituenten Nr. 1—10 (siehe Tab. 11). Für sie ist die Größe $z^*_{CH_2} = 0{,}388 \pm 0{,}013$; d. h. etwas größer als 0,36.

Dabei muß man beachten, daß der Wert $z^*_{CH_2} = 0{,}388$ durch die Anwendung von Gleichung (7.17), die dem etwas modifizierten $\varrho-\varrho$-Verfahren entspricht, erhalten wurde. Unter bestimmten Voraussetzungen kann man für die gleichen Werte auch das $\sigma-\sigma$-Verfahren benutzen. Man muß dabei die Größe Δ aus Gleichung (7.18) vernachlässigen, was der Vernachlässigung des induktiven Effekts der Polymethylenkette gleichzusetzen ist. In diesem Falle ist:

$$pK^0_{a_{n+1}} = pK^0_{a_n} = pK_a{}^0 \tag{7.19}$$

Aus den Werten der Korrelation lassen sich nach Gleichung (7.17) die Größen $pK_a{}^0$ berechnen, die in der letzten Spalte in Tab. 12 enthalten sind. Auf Grund der Variante 3 erhalten wir für $pK_a{}^0 = 4{,}83$.

Die Größe $z^*_{CH_2}$ kann jetzt nach den Werten für irgendeinen Substituenten nach der Formel

$$z^*_{CH_2} = \frac{pK_{a_{n+1}} - 4{,}83}{pK_{a_n} - 4{,}83} \tag{7.20}$$

errechnet werden.

Tabelle 14:
$z^*_{CH_2}$-Werte nach Gleichung (7.20)

Nr.	Substituent	$n = 0$	$n = 1$	$n = 2$
1	Cl	—	0,381	0,413
2	Br	—	0,425	—
3	J	—	0,442	—
4	C_6H_5	—	0,397	0,410
5	$CH_3CH{=}CH$	—	0,344	—
6	$Cl_2C = CH$	—	0,330	—
7	HO	—	0,320	0,344
8	HS	—	0,443	—
9	NC	—	0,356	—
10	F_3C	0,385	0,378	—
	Mittelwert	0,375	± 0,045	
11	CH_3OOC	—	0,545	—
12	H_2NCO	—	0,244	—
13	HOOC	0,515	0,201	0,620
14	COO^-	−2,50	0,93	0,53

Die Resultate dieser Berechnung sind in Tab. 14 enthalten. Wir sehen, daß für „normale" Substituenten bei $n = 1$ der Mittelwert $z^*_{CH_2} = 0{,}375 \pm 0{,}045$ ist, was mit dem nach Gleichung (7.17) erhaltenen Wert ($0{,}388 \pm 0{,}013$) übereinstimmt.

Die für $n = 2$ errechneten Werte können infolge der kleinen Werte $pK_{a_2} - pK_a{}^0$ keine große Genauigkeit beanspruchen. Sie stimmen jedoch ebenfalls mit dem für $n = 1$ angegebenen Wert überein.

Die Betrachtung der Reaktionsserie für die Dissoziation der Carbonsäuren in Wasser gibt keine Bestätigung für die Existenz universeller Induktionskonstanten für alle elektronegativen Substituenten. Zu den Substituenten, die sich „anomal" verhalten, gehören auch die Carboxyl- und die Carboxylatgruppe, d. h. das Reaktionszentrum der hier betrachteten Reaktion sowohl im Ausgangs- als auch im Endzustand. Ausgehend von der Theorie der gleichartigen Wechselwirkung

(s. Kap. 4.3.), muß ϱ^* für die Dissoziation der Carbonsäuren der folgenden Größe [270] gleich sein (s. auch (1.47)):

$$\varrho^* = \frac{\alpha^*}{2{,}3RT} (\sigma^*_{\mathrm{COOH}} - \sigma^*_{\mathrm{COO^-}}) \qquad (7.21)$$

α^* ist die universelle Induktionskonstante der Wechselwirkung in Wasser bei 25 °C. Wenn die Größen σ^*_{COOH} und $\sigma^*_{\mathrm{COO^-}}$ nicht konstant sind, so wird dadurch die Berechtigung für die Anwendung dieser Reaktionsfolge zur Lösung allgemeiner Probleme der induktiven Wechselwirkung und zur Bestimmung der Zahlenwerte der Induktionskonstanten zweifelhaft.

Natürlich könnte man versuchen, das anomale Verhalten der COOH und COO^--Gruppen durch die Anwesenheit einer intramolekularen Wasserstoffbrückenbindung in den Monoanionen der Malon- ($n = 1$) und der Bernsteinsäure ($n = 2$) zu erklären:

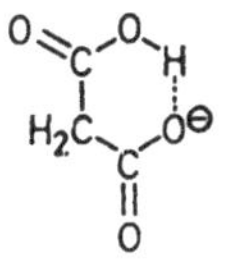

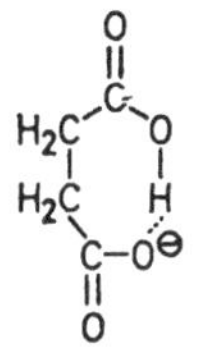

Wenn solche Wasserstoffbrückenbindungen existieren, und sich die Carboxyl- und die Carboxylatgruppe im Prinzip normal verhalten (im Sinne der Anwendbarkeit des genannten Wertes von $z^*_{\mathrm{CH_2}}$), müssen sich die freien Energien der 1. und 2. Dissoziationsstufe dieser Säuren von den „normalen" Werten annähernd um ein und denselben absoluten Betrag (aber mit verschiedenen Vorzeichen) unterscheiden und zwar um den Betrag der freien Bildungsenergie der Wasserstoffbrückenbindung im Monoanion. Entsprechende Angaben sind in Tab. 15 enthalten. Wir sehen, daß sich die Differenz

$$\Delta = pK_{a(\mathrm{exp})} - pK_{a(\mathrm{ber})}$$

dieser Gesetzmäßigkeit nicht unterwirft und für COOH bei $n = 1$ und $n = 2$ entgegengesetzte Vorzeichen trägt.

Folglich besteht kein Grund, die „Anomalie" der Carboxyl- und Carboxylatgruppe auf intramolekulare Wasserstoffbrückenbindungen zurückzuführen.

Tabelle 15:

Gegenüberstellung der berechneten und experimentellen pK_a-Werte für Malon- und Bernsteinsäure

Substituent X in $X(\mathrm{CH_2})_n\mathrm{COOH}$	$n = 1$			$n = 2$		
	berechnet pK_a	experimentell pK_a	Δ	berechnet pK_a	experimentell pK_a	Δ
COOH	3,55	3,16	−0,39	4,33	4,51	+0,18
COO^-	4,62	5,70	+1,08	4,76	5,64	+0,88

Das experimentelle Material für beliebige andere Reaktionsfolgen reicht aber nicht aus, um ähnlich wie für die Dissoziation der Carbonsäuren eine verallgemeinerungsfähige Bestimmung der Parameter durchführen zu können.

Wenn man sich wieder den Originalwerten der TAFT-Konstanten σ^* [36] zuwendet aber die aus dem pK_a-Wert der Carbonsäuren errechneten Größen aus der Betrachtung ausschließt, dann bleiben nur die Werte für die drei in Tab. 16 angegebenen Substituenten erhalten.

Eine Korrelation der gegebenen Werte nach der Methode der kleinsten Quadrate führt zu folgendem Resultat:

$$\sigma_{n+1}^* = (0{,}003 \pm 0{,}05) + (0{,}366 \pm 0{,}034)\sigma_n^* \tag{7.22}$$

$$r = 0{,}985; \qquad s = 0{,}034$$

In den Fehlergrenzen stimmt dieses Resultat mit den Ergebnissen der Analyse der pK_a-Werte von Carbonsäuren überein.

Allen Korrelationen mit aliphatischen Induktionskonstanten σ^* liegen Werte zugrunde, die aus der von TAFT angegebenen Tabelle entnommen wurden, oder Werte, die unter Benutzung der Additivitätsregel [36] und des Wertes $z_{CH_2}^* = 0{,}360$ errechnet wurden.

In der erwähnten Tabelle sind die Werte von σ^* für 34 elektronegative Substituenten angeführt, wobei 30 von ihnen entweder gemäß Gleichung (1.13) aus der Esterhydrolyse (15 Werte) oder ausgehend von den pK_a-Werten für

Tabelle 16:

σ^*-Werte für die Substituenten $X(CH_2)_n$ aus Daten der basischen und sauren Esterhydrolyse

Substituent X	$n = 0$	$n = 1$	$n = 2$	$n = 3$
CH_3CO	1,65	0,60	—	—
C_6H_5	0,60	0,215	0,080	0,02
$CH_3CH{=}CH$	0,360	0,13	—	—

Tabelle 17:

Gegenüberstellung von σ^*-Werten elektronegativer Substituenten aus Gleichung (1.13) mit den pK_a-Werten der entsprechenden Carbonsäuren

Nr.	Substituent X	σ^* [36]	pK_a für XCOOH [268]
1	CCl_3	2,65	−0,03 [261]
2	$(CH_3)_3\overset{+}{N}CH_2$	1,90	1,88
3	CH_2Cl	1,05	2,86
4	CH_3COCH_2	0,60	3,58
5	CH_3OCH_2	0,52	3,57
6	$C_6H_5CH_2$	0,215	4,31
7	$C_6H_5CH_2CH_2$	0,08	4,66
8	$C_6H_5CH_2CH_2CH_2$	0,02	4,76

Carbonsäuren entsprechend der Gleichung $pK_a = 4{,}65 - 1{,}72\sigma^*$ (15 Werte) erhalten werden.

Folglich ist für die Bewertung der σ^*-Skala eine sorgfältige Gegenüberstellung der σ^*-Größen wichtig, die einmal auf der Kinetik der Hydrolyse von Estern des Typs $XCOOC_2H_5$ beruhen und zum anderen aus den pK_a-Werten von Carbonsäuren des Typs $XCOOH$ erhalten wurden. Dabei muß aus den vorherigen Darlegungen klar sein, daß die Werte für die zwei genannten Substituentengruppen einzeln betrachtet werden müssen. Ausgehend von den existierenden Werten kann diese Gegenüberstellung für 8 elektronegative Substituenten durchgeführt werden (Tab. 17).

In Abb. 6 sind die pK_a-Werte aus Tab. 17 gegen σ^* aufgetragen. Wie man sieht, weicht der Punkt für den Substituenten Nr. 2 von der linearen Abhängigkeit ab.

Abb. 6: Die Abhängigkeit des pK_a-Wertes aliphatischer Säuren XCOOH mit elektronegativen Substituenten X von den Induktionskonstanten σ^* für X.

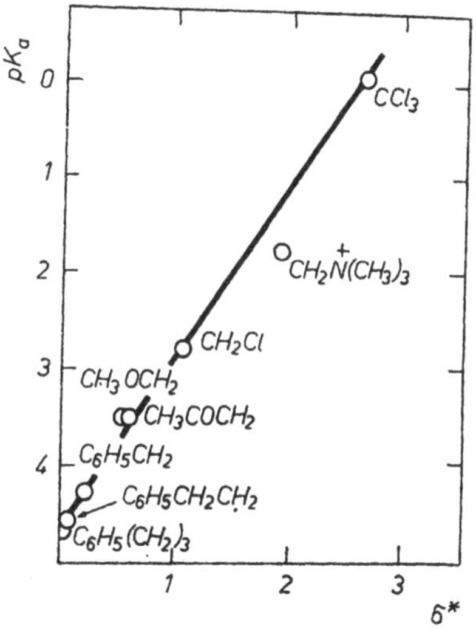

Das ist insofern nicht überraschend als die $(CH_3)_3N^+$-CH_2-Gruppe eine Ladung trägt und gegenwärtig nicht bekannt ist, ob für geladene Substituenten überhaupt konstante σ^*-Werte wie bei „normalen“ ungeladenen Substituenten existieren. Früher wurde schon gezeigt, daß sich COO^- in diesem Sinne anomal verhält. Wenn $(CH_3)_3N^+CH_2$ und CH_3OCH_2 aus der Betrachtung ausgeschlossen werden, da für diese die σ^*-Werte (nach 1.13) zweifelhaft sind [271], hat die Korrelation der Größen pK_a mit den Konstanten σ^* folgendes Aussehen:

$$pK_a = (4{,}748 \pm 0{,}0329) - (1{,}809 \pm 0{,}0276)\sigma^* \tag{7.23}$$

$$r = 0{,}9995; \qquad s = 0{,}0615$$

$$\sigma^* = (2{,}623 - 0{,}552\, pK_a) \pm 0{,}034 \tag{7.24}$$

Die Parameter dieser Korrelation unterscheiden sich etwas von den von Taft angeführten [36] (gemeinsame Betrachtung der Werte für beide Substituentengruppen), jedoch nur sehr wenig von den Größen, die von Odjakov [261] auf

Grund der Werte für 5 elektronegative Substituenten vorgeschlagen wurden. Die Größen σ^* für 3 von ihnen wurden von TAFT aus den pK_a-Werten der entsprechenden Carbonsäuren berechnet.

Unlängst wurde der Versuch unternommen, für die Bestimmung der Induktionskonstanten aliphatischer Substituenten die Reaktionsserie der Dissoziation von Carbonsäuren des Typs $XCH_2(COOH)$ [124] als Grundlage zu nehmen. Dabei benutzte man als Ausgangswerte zur Bestimmung des Maßstabs dieser Konstanten die Größen σ_I, die nach Gleichung (1.20) erhalten wurden.

Wie schon betont wurde, unterscheidet sich für elektronegative Substituenten die Größe σ_I von σ^* nur im Maßstab. Es erscheint wenig sinnvoll, die Größen σ_I als Ausgangsstandard zu nehmen, da diese aus den Größen σ^* berechnet wurden.

Wenn man Anspruch auf die Universalität der vorgeschlagenen Induktionskonstanten erhebt, muß man sich auf jeden Fall mit den normalen elektronegativen Substituenten begnügen.

Mit den genannten Vorbehalten könnte man den von CHARTON [124] vorgeschlagenen Weg zur Bestimmung der Induktionskonstanten, ausgehend von den pK_a-Werten für aliphatische Carbonsäuren zugrundelegen. Zu den normalen Substituenten können außer den Substituenten Nr. 1—10 (Tab. 11) auch solche gerechnet werden, die in Analogie zu diesen wahrscheinlich als „normal" gelten können.

Natürlich bedarf das „normale" Verhalten dieser Substituenten einer experimentellen Bestätigung.

Gegenwärtig ist die Reaktionsfolge der Dissoziation von Carbonsäuren zur Bestimmung der Induktionskonstanten noch ohne Konkurrenz und man muß sich vorläufig mit den oben hervorgehobenen schwachen Seiten abfinden.

Bevor ein abschließendes Urteil für die Bevorzugung des besprochenen Weges zur Bestimmung der Induktionskonstanten gefällt wird, müssen wir noch einige Werte betrachten, die in Beziehung zur Größe $z^*_{CH_2}$ stehen.

Als erstes wenden wir uns noch einmal den pK_a-Werten der Cyanamine des Typs $NC(CH_2)_nN(C_2H_5)_2$ zu, wobei von der Tab. 10 Gebrauch gemacht werden soll.

Da der Wert von n zwischen 0 und 5 variiert, und die Cyangruppe entsprechend der Analyse von Tab. 11 zu den „normalen" Substituenten gehört, haben wir hier den klassischen Fall für die Anwendung von Formel (7.17).

In Abb. 7 sind die Größen $pK_{a_{n+1}}$ gegen pK_{a_n} aufgetragen. Die erhaltene Abhängigkeit, die 6 Größenordnungen auf der Ordinate und 12 Größenordnungen auf der Abszisse umfaßt, besitzt eine sehr gute Linearität. Die Neigung der Geraden, die der Größe $z^*_{CH_2}$ entsprechen muß, beträgt 0,49 unter Vernachlässigung der Größe Δ (7.18), die den Betrag des induktiven Effekts der Polymethylenkette widerspiegelt. Wie bereits bei der Diskussion der Tab. 10 gezeigt wurde, trägt die Vernachlässigung des induktiven Effekts der Polymethylenkette zu der bereits erwähnten Ungenauigkeit bei.

Aus Formel (7.17) kann folgende Gleichung unter Berücksichtigung des angeführten Wertes für die Größe $\lg k^0_{n+1}$ abgeleitet werden:

$$pK_{a_{n+1}} - pK_{a_n} = (z'^*_{CH_2})^{n-1}(z^*_{CH_2} - z'^*_{CH_2})\,\varrho_1{}^*\sigma^*_{CH_2} + z^*_{CH_2}(pK_{a_n} - pK_{a_{n-1}}) \quad (7.25)$$

Diese Gleichung kann nicht unmittelbar für die Bearbeitung experimenteller

Daten zur Herstellung einer linearen Beziehung benutzt werden. Wenn man jedoch für die Größen $z'^{*}_{CH_2}$ den Wert 0,2 (s. Tab. 9) annimmt, dann erhält man:

$$\frac{pK_{a_{n+1}} - pK_{a_n}}{0{,}2^{n-1}} = (z^{*}_{CH_2} - z'^{*}_{CH_2}) + z^{*}_{CH_2} \frac{pK_{a_n} - pK_{a_{n-1}}}{0{,}2^{n-1}} \qquad (7.26)$$

Die Auswertung der experimentellen Daten (Tab. 11) entsprechend dieser Gleichung führt nach der Methode der kleinsten Quadrate zu $z^{*}_{CH_2} = 0{,}475 \pm 0{,}023$.

Diese Größe unterscheidet sich sehr von dem Wert $z^{*}_{CH_2} = 0{,}388 \pm 0{,}013$, der bei der Auswertung der Daten für Carbonsäuren mit „normalen" Substituenten erhalten wurde.

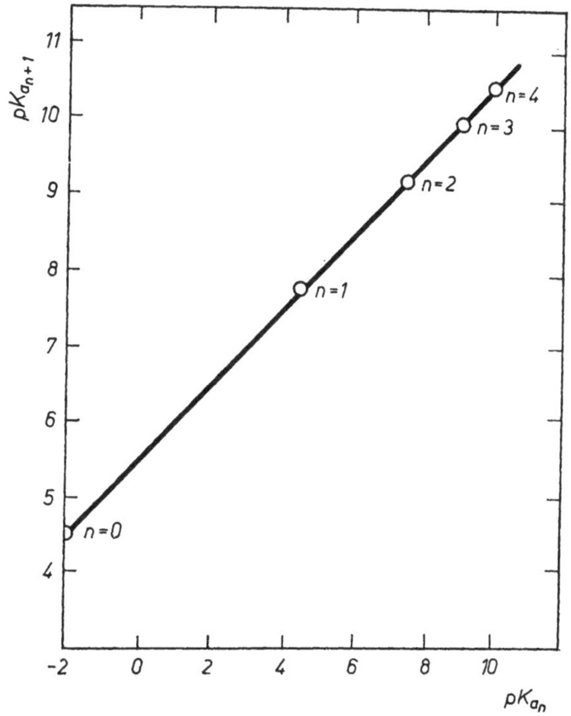

Abb. 7: Die Abhängigkeit $pK_{a_{n+1}}$ von pK_{a_n} für protonisierte Cyanamine $NC(CH_2)_n\overset{\oplus}{N}H(C_2H_5)_2$

Nach dem Merkmal konstanter Größen von $z^{*}_{CH_2}$ beurteilt, zählt die Nitrilgruppe zu den „normalen" Substituenten. Daraus folgt aber, daß ihr kein σ^{*}-Wert zugeschrieben werden kann, der innerhalb der Grenzen dieser beiden Reaktionsfolgen konstant ist. Genauer wird das etwas später dargelegt.

Es gibt noch zwei Reaktionsfolgen mit kinetischen Werten für Verbindungen des Typs $X(CH_2)Y$, wobei X einen ungeladenen elektronegativen Substituenten darstellt. Die erste, die von PETERSON, ALLEN und CASSEY [266, 267] untersucht wurde, behandelt die Anlagerung von CF_3COOH an substituierte Olefine $CH_2{=}CH{-}(CH_2)_nX$.

Die Geschwindigkeitskonstanten für $n = 3$, 4, 5, 6 und 9 und $X = CN$ bzw. CF_3COO werden in dieser Arbeit angegeben. Diese Werte ergeben eine lineare

Abhängigkeit der Größen lg $(\Delta k_{m+\alpha})$ von α gemäß der Gleichung:

$$\lg(\Delta \lg k_{m+\alpha}) = \lg(\Delta \lg k_m) + \lg(z^*_{\mathrm{CH_2}})\alpha$$

Dabei ist $\Delta \lg k_n = \lg k_n - \lg k_{n(X=\mathrm{H})}$. Dies folgt unmittelbar aus Gleichung (7.10) oder (7.11), wenn der Einfluß der Polymethylenkette vernachlässigt wird. Für die Substituenten CN und CF_3COO werden $z^*_{\mathrm{CH_2}}$-Werte von 0,663 und 0,656 erhalten [267]. Allerdings scheint die Deutung dieser Werte zweifelhaft, weil für diese Reaktion nicht bewiesen ist, daß der induktive Effekt des Substituenten X der einzige Strukturfaktor ist, von dem die Reaktionsgeschwindigkeit abhängt. Aus den Werten, die in der Arbeit [266] angegeben wurden, kann auch der umgekehrte Schluß gezogen werden.

Die zweite der erwähnten Reaktionsfolgen ist die Anlagerung des Trichlormethylradikals an substituierte Olefine

$$\mathrm{Cl_3C}\cdot + \mathrm{CH_2} = \mathrm{CH(CH_2)}_n X \rightarrow \mathrm{Cl_3CCH_2}-\dot{\mathrm{C}}\mathrm{H(CH_2)}_n X$$

Hierfür bestimmten Martin und Gleicher die entsprechenden Werte der Geschwindigkeitskonstanten bei $n = 1$, 2 und 3, und für $X =$ CN, Br und OH [174]:

	$n = 1$	$n = 2$	$n = 3$
ϱ_n^*	$-0{,}15 \pm 0{,}01$	$-0{,}06 \pm 0{,}01$	$+0{,}024 \pm 0{,}005$
$z^*_{\mathrm{CH_2}} = \dfrac{\varrho^*_{n+1}}{\varrho_n^*}$	0,31···0,50	0,27···0,58	

Wir sehen, daß bei einem Wert von $z^*_{\mathrm{CH_2}} = 0{,}40$ sowohl bei $n = 1$ als auch $n = 2$ die Werte von ϱ^* sehr ungenau sind.

Dabei muß man beachten, daß die Fehler in den ϱ^*-Werten nur die Ungenauigkeit der Korrelation der Größen lg k mit den Konstanten σ^* ohne Berücksichtigung der experimentellen Fehler in den Geschwindigkeitskonstanten widerspiegeln. Obwohl sich der angegebene Wert $z^*_{\mathrm{CH_2}} = 0{,}40$ in guter Übereinstimmung mit der Größe 0,388 nach Variante 3 (s. Tab. 12) befindet, darf man dieser Tatsache nicht zu große Bedeutung beimessen, da die Auswertung eben dieser experimentell erhaltenen Werte (Abb. 8) entsprechend Gleichung (7.17) zu dem Wert $z^*_{\mathrm{CH_2}} = 0{,}49$ führt.

Obgleich mit einer Ausnahme alle Punkte in Abb. 8 auf einer gemeinsamen Geraden liegen, weisen die von den Autoren angegebenen Grenzen der experimentellen Fehler darauf hin, daß das Gesamtergebnis mit Vorsicht zu betrachten ist. Man erkennt daraus, daß die experimentellen Daten noch nicht ausreichen, um endgültig die Möglichkeit der Existenz universeller Induktionskonstanten selbst für „normale" elektronegative Substituenten zu beweisen.

Zusammenfassend kann man folgende Bestimmungsmöglichkeiten für die induktiven Konstanten elektronegativer aliphatischer Substituenten vorschlagen:

1. Als Basis der σ^*-Skala werden die von Taft für 6 Substituenten (Nr. 1, 3, 4, 6, 7 u. 8 aus Tab. 17) angegebenen σ^*-Werte genommen. Bei Benutzung dieser Werte erhält man nach Gleichung (7.24) die berechneten σ^*-Konstanten auf der Grundlage der pK_a-Werte der entsprechenden Carbonsäuren.

2. Alle elektronegativen Substituenten werden in „normale" und „anomale" unterteilt. Die ersteren werden durch die Konstanz der Größe $z^*_{CH_2} = 0{,}388 \pm 0{,}015$ oder weniger optimistisch $z^*_{CH_2} = 0{,}375 \pm 0{,}045$ (s. Tab. 14) charakterisiert. Für diese Substituenten genügt es, die Größe σ^* des eigentlichen elektronegativen Substituenten X (bei $n = 0$) zu kennen. Für die Substituenten des **Typs** $X(CH_2)_n$ können die Größen σ^* unter Benutzung des zitierten Wertes von $z^*_{CH_2}$ berechnet werden.
3. Für „anomale" elektronegative Substituenten gibt es keine Sicherheit für die Existenz konstanter σ^*-Werte. Als Arbeitshypothese für die experimentelle Überprüfung kann gelten, daß die Größen σ^* in diesem Falle bei jedem Wert n für $X(CH_2)_n$ gesondert bestimmt werden müssen und man versuchen muß, die so erhaltenen Werte auf andere Reaktionen anzuwenden.

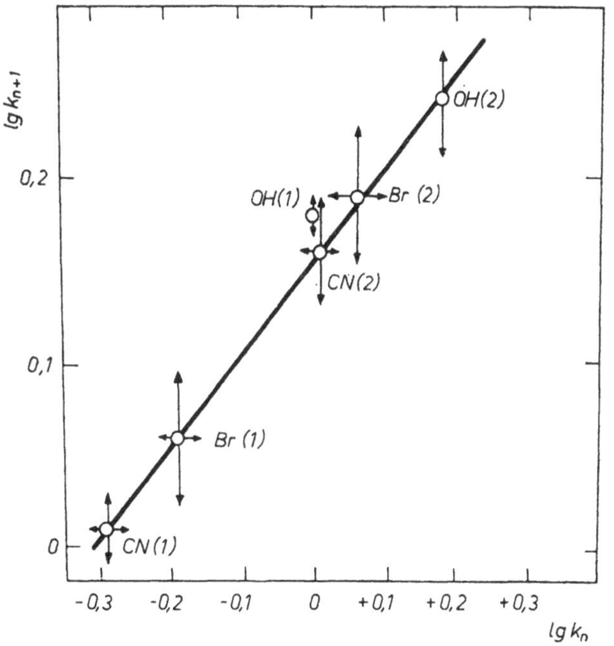

Abb. 8: Die Abhängigkeit des lg $k_{(n+1)}$ von lg k_n für die Reaktion $Cl_3C\cdot + H_2C{=}CH(CH_2)_nX \rightarrow Cl_3CCH_2\dot{C}H(CH_2)_nX$ (Die Werte von n sind in Klammern angegeben)

4. Neue σ^*-Werte, die auf Universalität Anspruch erheben, können nur nach Feststellung der Zugehörigkeit des Substituenten zu den „normalen" vorgeschlagen werden.
5. Ein mehr oder weniger endgültiger Schluß über die Existenz eines universellen σ^*-Wertes für jeden Substituenten kann nur gezogen werden, nachdem die Anwendbarkeit eines einheitlichen konstanten Wertes $z^*_{CH_2}$ für mehrere Reaktionsfolgen bewiesen wurde.

Die so erhaltenen σ^*-Werte sind in Tab. 18 angeführt. Zum Vergleich sind Werte mit aufgenommen, die bisher in der Literatur benutzt wurden [268].

Die Genauigkeit der in Tab. 18 angegebenen σ^*-Werte für normale Substituenten hängt außer vom Fehler in den pK_a-Werten und dem Standardfehler der Korrelation (7.24) auch von der Unsicherheit der Größe $z^*_{CH_2}$ ab. Wenn man für $z^*_{CH_2} = 0{,}388 \pm 0{,}015$ annimmt, erhält man folgende Formel für die Berechnung des Fehlers $\Delta\sigma_n^*$:

$$\Delta\sigma_n^* = \pm(1{,}039^{n-n_0}) - 1)\sigma_n^*.$$

Tabelle 18:
σ^*-Werte für elektronegative aliphatische Substituenten
($z^*_{CH_2} = 0{,}388 \pm 0{,}015$)

Nr.	Substituent	σ^* berechnet nach Gleichung (7.24)	σ^* aus [268]
1	F[1])	3,10 ± 0,11	3,06
2	Cl	2,68 ± 0,10	2,92
3	Br	2,63 ± 0,10	2,78
4	J	2,22 ± 0,09	2,36
5	HO	1,31 ± 0,05	1,55
6	HS	1,52 ± 0,06	—
7	NC	3,25 ± 0,13	3,6
8	F_3C	2,49 ± 0,11	2,6
9	Cl_3C[2])	2,61	2,65
10	CH_3O[1])	1,67 ± 0,07	1,45
11	O_2N[1])	3,53 ± 0,14	3,9
12	Cl_2HC[1])	1,93	1,94
13	F_2HC[1])	2,00	2,05
14	CH_3CO	1,67 ± 0,07	1,65
15	C_6H_5	0,62 ± 0,02	0,600
16	$CH_3CH{=}CH$	0,34 ± 0,01	0,360
17	$Cl_2C{=}CH$	0,98 ± 0,04	—
18	$CH_2{=}CH$[1])	0,59 ± 0,02	0,653 (0,40)
19	C_6H_5O[1])	2,24 ± 0,09	2,38
20	CH_3S[1])	1,44 ± 0,06	—
21	CH_3OOCCH_2[3])	0,77	—
22	$CH_3OOC(CH_2)_2$[3])	0,40	—
23	H_2NCOCH_2[3])	0,61	—
24	$H_2NCO(CH_2)_2$[3])	0,12	—
25	HOOC[3])	1,75	2,1 (2,9)
26	$HOOCCH_2$[3])	0,88	1,05
27	$HOOC(CH_2)_2$[3])	0,13	—
28	$(CH_3)_3\overset{+}{N}CH_2$[3])	1,61	1,90
29	^-OOC[3])	0,43	—
30	$^-OOCCH_2$[3])	−0,36	—
31	$^-OOC(CH_2)_2$[3])	−0,32	—

[1]) Abgeschätzte Werte (in Analogie zu „normalen" Substituenten).
[2]) Für die pK_a-Werte der Säuren $Cl_3C(CH_2)_nCOOH$ sind Werte bei $n = 0$ (−0,03 [274]), $n = 2$ (4,21 [273]) und $n = 3$ (4,52 [273]) vorhanden. Daraus werden die folgenden Werte für $z^*_{CH_2}$ erhalten:

$$z^*_{CH_2} = \sqrt{\frac{\Delta\, pK_{a_{n=2}}}{\Delta\, pK_{a_{n=0}}}} = \sqrt{\frac{0{,}62}{4{,}86}} = 0{,}357$$

$$z^*_{CH_2} = \frac{\Delta\, pK_{a_{n=3}}}{\Delta\, pK_{a_{n=2}}} = \frac{0{,}31}{0{,}62} = 0{,}500$$

$$(\Delta\, pK_a = pK_a - 4{,}83)$$

[3]) „anomale" Substituenten.

Dabei ist n die Zahl der Polymethylengruppen im Substituenten; n_0 ist das gleiche für den Substituenten, dessen pK_a-Wert der Berechnung zugrunde lag.

Dieser Fehler wächst verhältnismäßig schnell an mit der Vergrößerung der Differenz $n - n_0$ (s. Tab. 19). Die in Tab. 18 angegebenen Fehler ergeben sich entsprechend der Variante *I* aus Tab. 19. Die Unterschiede zwischen den von uns errechneten und den in der Literatur angegebenen σ^*-Werten für normale Substituenten sind auf die Benutzung der Größe $z^*_{CH_2} = 0{,}388$ anstelle von $z^*_{CH_2} = 0{,}360 = 1/2{,}8$ zurückzuführen.

Wenn keine Umrechnung unter Benutzung der Größe $z^*_{CH_2}$ durchgeführt wurde, müssen die nach Formel (7.24) errechneten Werte von σ^* den Größen gleich sein, die nach der Methode von TAFT [36] erhalten werden (zumindest für normale Substituenten).

Tabelle 19:
Die Abhängigkeit der Fehler der errechneten Größe $\Delta\sigma_n^*$ von der Differenz $(n - n_0)$

$\pm \frac{\Delta\sigma_n^*}{\sigma_n^*} \cdot 100$	Variante[1])	$\pm(n - n_0)$					
		1	2	3	4	5	6
	I	3,9	7,9	12,0	16,2	20,8	25,2
	II	12,0	25,5	40,5	57,4	76,3	97,4

[1]) I $z^*_{CH_2} = 0{,}388 \pm 0{,}015$;
II $z^*_{CH_2} = 0{,}375 \pm 0{,}045$ (s. Tab. 14).

Der Unterschied bei $HOOCCH_2$ ist nur scheinbar. TAFT errechnete diese Größe ausgehend vom pK_a-Wert für Malonsäure. Doch er berücksichtigte nicht die statistische Korrektur. Dabei würde die Größe 0,86 resultieren, die gut mit dem aus Gleichung (7.24) erhaltenen Wert übereinstimmt.

Die Substituenten der ersten Gruppe (Wasserstoff und gesättigte Kohlenwasserstoffreste) können alle als „normal“ bezeichnet werden. Man muß jedoch berücksichtigen, daß die Größe σ^* für diese Substituenten qualitativ andere Wechselwirkungen als im Falle elektronegativer Substituenten widerspiegelt.

Wenden wir uns jetzt dem Problem der Abhängigkeit aliphatischer Induktionskonstanten vom Molekülbau zu, und betrachten wir den allgemeinen Fall des Substituenten $X_iX_jX_lC$. Dabei gehen wir wieder von der Hypothese aus, daß die Übertragung des induktiven Effektes nur durch die σ-Bindungen erfolgt. Für diesen Fall kann man die Gleichung (4.6) anwenden, die für die Größe σ^* folgende Form erhält:

$$\sigma^*_{X_iX_jX_lC} = \sigma^*_{(X_0)_3C} + z_C^*(\sigma_i^* + \sigma_j^* + \sigma_l^*) + z_C^{*\prime}(\sigma_i^*\sigma_j^* + \sigma_i^*\sigma_l^* + \sigma_j^*\sigma_l^*) + z_C^{*\prime\prime}\sigma_i^*\sigma_j^*\sigma_l^* \tag{7.27}$$

Diese Gleichung stimmt gut für Substituenten der ersten Gruppe [258] mit den folgenden Werten der Konstanten $\sigma^*_{(X_0)_3C} = -0{,}300$; $z_C^* = 0{,}204$; $z_C^{*\prime} = z_C^{*\prime\prime} = 0$ überein. Fügt man den Wert $\sigma_H^* = 0{,}490$ hinzu, so kann die Größe σ^* nach Gleichung (7.27) für beliebige Substituenten der ersten Gruppe errechnet werden.

Im Falle normaler elektronegativer Substituenten muß die Gleichheit $z_C^* = z_{CH_2}^* = 0{,}388$ erfüllt sein. Einer Erläuterung bedürfen die Werte der Konstanten $z_C^{*\prime}$ und $z_C^{*\prime\prime}$. Der Autor dieses Buches vertritt die Meinung [84], daß sich die Größe $z_C^{*\prime}$ von Null unterscheidet und gleich $-0{,}02$ ist.

Dieses Resultat wurde bei Betrachtung der Größe σ^* hauptsächlich für die Substituenten CF_3, CCl_3 und $CHCl_2$ erhalten. Es scheint uns, daß damit die Grundlage für eine kritische Überprüfung der obigen Folgerung gegeben ist. Wenn $z_C^{*\prime} = z_C^{*\prime\prime} = 0$ ist, dann ist die von TAFT [36] festgestellte Additivität erfüllt, und wir erhalten

$$\sigma^*_{X_iX_jX_lC} - 0{,}388(\sigma_i^* + \sigma_j^* + \sigma_l^*) = \Delta = 0 \qquad (7.28)$$

Wenn die Differenz Δ in Gleichung (7.28) nicht gleich Null ist, so kann das so interpretiert werden, daß sich zumindest eine der Konstanten $z_C^{*\prime}$ oder $z_C^{*\prime\prime}$ von Null unterscheidet.

Für die Substituenten CF_3, CCl_3 und in geringerem Maße für $CHCl_2$ ist Δ wirklich wesentlich kleiner als Null (s. Tab. 20).

Aber andererseits ist von KNUNJANC und DJATKIN [115] gezeigt worden, daß im Falle der Acidität von Alkoholen des Typs CF_3CH_2OH, $(CF_3)_2CHOH$, $(CF_3)_3 \cdot COH$ und $O_2NCF_2(CF_3)_2COH$ eine gute lineare Abhängigkeit der Größen pK_a von den Werten σ^*, die nach dem Prinzip der Additivität errechnet wurden, erfüllt ist.

In Tab. 20 sind die σ^*-Werte für die entsprechenden Substituenten in Angleichung an die σ^*-Skala aus Tab. 18 angegeben. Dazu wurden die pK_a-Werte für Alkohole aus der Arbeit [107] mit den Konstanten σ^* korreliert, die aus den pK_a-Werten der Carbonsäuren berechnet wurden. Aus der gefundenen Korrelation wurden unter Hinzuziehung experimenteller Werte aus der Arbeit [115] die σ^*-Werte errechnet.

Tabelle 20:
σ^*-Werte für Halogenalkylsubstituenten

Substituent	σ^*	Δ aus (7.28)	Substituent	σ^*	Δ aus (7.28)
CH_2Cl	1,04	–	CF_3	2,49	−1,31
$CHCl_2$	1,93	−0,15	CF_3CH_2	0,93	–
CCl_3	2,61	−0,51	$(CF_3)_2CH$	1,82	−0,04
CH_2F	1,20	–	$(CF_3)_3C$	2,92	+0,13
CHF_2	2,00	−0,40			

Es fällt der große Unterschied im Verhalten der Halogene und Trifluormethylgruppen als elektronegative Substituenten auf. Für CF_3 ist die Größe σ^* kleiner als für F, für $(CF_3)_3C$ dagegen größer als für CF_3. Es fiele schwer, diese Fakten durch das Vorhandensein gekreuzter Glieder in Gleichung (7.27) zu erklären. Der nichtadditive Wert σ^* für polyhalogensubstituierte Methylgruppen könnte durch Resonanz erklärt werden [282]:

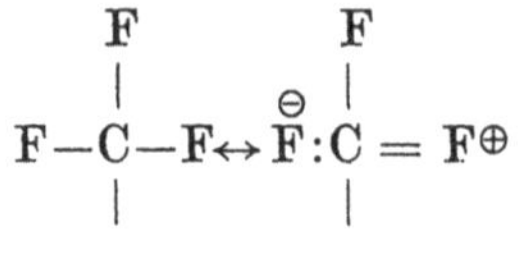

Diese polare Kopplung muß zu einer relativen Verkleinerung von σ^* im Vergleich zum additiven Wert führen und zwar beim Fluor stärker als beim Chlor (s. Kap. 9). Bei Ersatz der Halogenatome durch Trifluormethylgruppen wird diese Resonanz ausgeschlossen, und die Größen σ^* müssen additiv werden, falls man die Größen $z_C^{*\prime}$ und $z_C^{*\prime\prime}$ vernachlässigen kann. Wenn das nicht gilt, wäre der Δ-Wert von $(CF_3)_3C$ mindestens 3mal größer als der für $(CF_3)_2CH$. Wie man aus Tab. 20 sieht, hat die letztere Größe sogar ein positives Vorzeichen. So haben wir bisher keine ausreichende Sicherheit, um die Konstanten $z_C^{*\prime}$ und $z_C^{*\prime\prime}$ als verschieden von Null zu betrachten. Das gilt auch für elektronegative Substituenten.

Zum gleichen Schluß kann man kommen, wenn man von der Größe für die Gruppe $(NO_2)_3C$ ausgeht. In der Arbeit [165] ist für $(NO_2)_3C(CH_2)_2$ der Wert 0,579 angeführt. Daraus erhält man für $(NO_2)_3C$ den Wert 3,85 ± 0,30, bei einer additiven Größe den Wert 4,10.

Tabelle 21:
pK_a-Werte und $\Delta pK_a = pK_a - pK_a^0$ für Amine des Typs X CH_2NH_2

X	pK_a [1]	$pK_a^0 = 10{,}62$		$pK_a^0 = 10{,}16$	
		ΔpK_a	Δ aus (7.28) [2]	pK_a	Δ aus (7.28) [2]
CH_2F	8,80	1,82	—	1,36	—
CHF_2	7,10	3,52	−0,08	3,06	+0,34
	7,52	3,10 [103]	−0,42	2,64	−0,08
CF_3	5,62	5,00	−0,36	4,54	+0,46

[1]) Berechnet nach den von TAFT [283] angegebenen Werten $\Delta\Delta F^0 = \Delta F^0_{XCH_2NH_2} - \Delta F^0_{C_2H_5NH_2}$ für die Ionisation von Aminen bei 298°K (mit $pK_{a_{C_2H_5NH_2}} = 10{,}62$ [103]) nach

$$pK_a = 10{,}62 + \frac{\Delta\Delta F^0}{2{,}3RT}$$

[2]) Berechnet nach

$$\Delta = \frac{\Delta pK_{a_{CH_{3-n}F_n}} - n\,\Delta pK_{a_{CH_2F}}}{\varrho^*}$$

mit $\varrho^* = -3{,}29$.

In Wirklichkeit ist die Sachlage noch komplizierter. Um das zu demonstrieren, genügt es, die in Tab. 21 angegebenen Werte mit den pK_a-Werten für die Amine des Typs XCH_2NH_2 in Wasser zu vergleichen. Dabei ist $X = CH_2F$, CHF_2 und CF_3 [283]. Zur Feststellung der Additivität muß unbedingt zuerst die Größe pK_a^0 bestimmt werden.

Leider hat diese Aufgabe anscheinend keine eindeutige Lösung. Einerseits kann man die Größe 10,62 [103] einfach als pK_a^0 für Äthylamin annehmen. Andererseits kann die Größe pK_a aus der Korrelation zwischen den pK_a-Werten der Amine mit elektronegativen Substituenten und den entsprechenden Größen σ^* aus Tab. 18 berechnet werden (unter Benutzung von $z_C^* = 0{,}388$).

Für die Substituenten $C_6H_5(CH_2)_2$, $C_6H_5CH_2$, $CH_2{=}CHCH_2$, $HOCH_2$, CH_2, HO und CH_3O ergibt sich eine lineare Abhängigkeit des pK_a-Wertes (die Größen pK_a wurden aus der Arbeit [103] entnommen) von σ^* mit der Neigung $\varrho^* = -3{,}29$

und $pK_a^0 = 10{,}16$ ($s = 0{,}072$, $r = 0{,}9995$), (Abb. 9). Auf dieser Geraden liegt auch der Punkt für $CHF_2CH_2NH_2$ nach den in der Arbeit [103] angegebenen Werten. Doch nach den von Taft angegebenen Werten [283] weicht dieser Punkt ab. Wie aus Tab. 21 ersichtlich ist, besteht bei $pK_a^0 = 10{,}62$ eine negative Abweichung von der Additivität, doch ist sie bedeutend geringer als bei den σ^*-Werten, die aus den pK_a-Werten der Carbonsäuren berechnet wurden (s. Tab. 20). Wenn $pK_a^0 = 10{,}16$ angenommen wird, ist die Abweichung von der Additivität sogar positiv. „Im Mittel" kann man annehmen, daß für Amine die Additivität befolgt wird. Das bedeutet jedoch, daß die Größen σ^* für CHF_2 und CF_3, die aus den pK_a-Werten der Amine errechnet worden sind, nicht mit den Werten übereinstimmen, die aus den pK_a-Werten der Carbonsäuren erhalten wurden. Das gleiche wurde oben für die Substituenten $NC(CH_2)_n$ gezeigt.

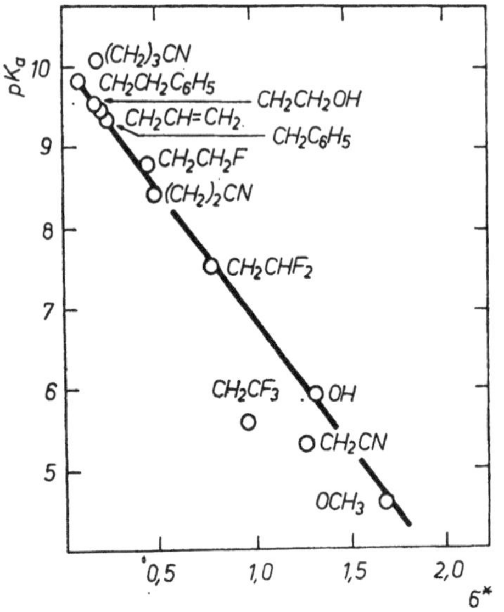

Abb. 9: Die Abhängigkeit des pK_a-Wertes der Amine XNH_2 mit elektronegativem X von deren Induktionskonstanten σ^*

Da wir es in beiden besprochenen Reaktionsfolgen nach bestehenden Vorstellungen nur mit den induktiven Einflüssen der Substituenten zu tun haben, könnte jede der Serien als Standardreaktion ausgenutzt werden mit dem Ziel der „Eichung" einer Skala für die Größen σ^* (die oben getroffene Auswahl zugunsten der Dissoziation der Carbonsäuren wird durch keinerlei prinzipielle Erwägungen diktiert). Jedoch wird dabei ein unterschiedliches Resultat erzielt. Man hätte natürlich einen Ausweg aus dieser Situation suchen können, indem man sowohl den Substituent CN als auch fluorhaltige Methylverbindungen zur Kategorie der anomalen Stoffe rechnete. Damit ist aber zu befürchten, daß wir bei einer detaillierteren Analyse der oben betrachteten Gesetzmäßigkeiten der Leitfähigkeit und der Additivität, unter Einbeziehung einer größeren Anzahl von Reaktionen fast alle normalen Substituenten verlieren.

Auf der anderen Seite hätte man versuchen können, die Anomalie einer der gezeigten Reaktionsfolgen zu beweisen. Es wurden schon einige Zweifel bezüglich der Benutzung der Dissoziation der Carbonsäuren als Standardreaktion ausgesprochen. Etwas weiter unten werden wir nochmals auf dieses Problem zurückkommen.

Man kann auch noch eine dritte Arbeitshypothese vorschlagen. Die Dissoziationsreaktionen der Carbonsäuren und der Ammoniumionen unterscheiden sich durch die Art der Ladung des Reaktionszentrums. Es ist möglich, daß zwischen den neutralen auf der einen und den positiven oder negativen Substituenten auf der anderen Seite verschiedene Gesetzmäßigkeiten der Induktionswechselwirkung auftreten.

Was jedoch die Erklärung der Abweichungen von der Additivität durch die Annahme des Einflusses der oben besprochenen Resonanz für Substituenten des Typs CF_3 betrifft, so müßte an und für sich dieser Faktor seinen Einfluß unabhängig von der Reaktionsserie ausüben. Folglich müßte man noch Gründe aufzeigen, die zum Auftreten oder dem Fehlen einer solchen Resonanz in Abhängigkeit von der Reaktionsserie führen. Das ist keine leichte Aufgabe.

Kehren wir jetzt wieder zurück zu der Frage nach der Art der Übertragung des Induktionseinflusses über die gesättigte aliphatische Kohlenstoffkette hinweg. Oben wurde schon betont, daß man die Konstanz des Wertes $z^*_{CH_2}$ unabhängig von der Anzahl der Methylengruppen als Beweis für die Übermittlung des Induktionseinflusses von Atom zu Atom nur durch die σ-Bindung betrachten kann. Man kann annehmen, daß eine solche Situation im Falle aller Substituenten der ersten Gruppe und der „normalen" elektronegativen Substituenten besteht. (Hier wird „normal" nur in bezug auf die Konstanz der Größe $z^*_{CH_2}$ innerhalb der Grenzen einer Reaktionsserie gebraucht).

Da jedoch in der Literatur [96—99, 274—278] bis in die letzte Zeit die rein elektrostatische Theorie der Übertragung des Induktionseinflusses erörtert wird, soll hier konkret betrachtet werden, wie sich in diesem Falle die induktive Wechselwirkung bei einer Verlängerung der Polymethylenkette verändern müßte.

Es existieren zwei Möglichkeiten für derartige Berechnungen. Die klassische Formel von Kirkwood und Westheimer [95] gründet sich auf das Modell der Wechselwirkung zwischen einem Dipol und einer Ladung. Aus diesem Modell folgt, daß die freie Energie der elektrostatischen Wechselwirkung umgekehrt proportional dem Quadrat des Abstandes zwischen Ladung und Zentrum des Dipols sein muß. Unlängst wiesen Dewar und Grisdall [97] daraufhin, daß die Vernachlässigung der wirklichen Ausmaße des Dipols ein übermäßig grobes Modell darstellt und es besser ist anzunehmen, daß die potentielle Energie der Wechselwirkung umgekehrt proportional der ersten Potenz des Abstandes ist.

Uns erscheint, daß beide Konzeptionen an einer Überbetonung des Formalen und an einer zu starken Vereinfachung der entsprechenden Modelle leiden. Anstelle der Betrachtung der Unterschiede der potentiellen Energie der elektrostatischen Wechselwirkung im Ausgangs- und Endzustand oder aktiviertem Zustand wird nur der Ausgangszustand betrachtet. Im Falle der Säuredissoziation unterscheiden sich Ausgangs- und Endzustand in der Art der Ladung. Das muß zu großen Unterschieden in den Energiewerten der elektrostatischen Wechselwirkung führen, die im Modell nur eines Zustandes nicht erfaßt werden können. Besonders interessant sind in dieser Hinsicht die Verhältnisse bei der Dissoziation von Carbonsäuren des Typs $HOOC(CH_2)_nCOOH$, weil die beiden Substituenten COOH und COO^- zu den anomalen gehören.

Für die Auswahl der Modelle gehen wir vom Bau und der Ladungsverteilung für die Carboxyl-(II) und die Carboxylatgruppe (I) aus. Die Ladungsverteilung in der Carboxylgruppe wurde auf der Grundlage der Dipolmomente des Wassers und des Formaldehyds berechnet [279].

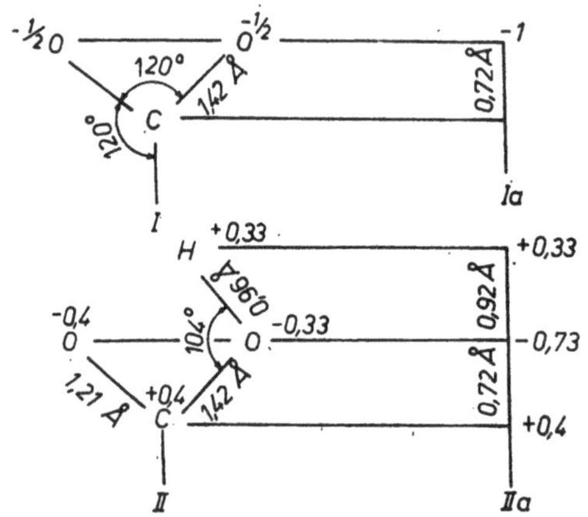

Diese Ladungsverteilung führt zu einem Wert des Gesamtdipolmomentes μ der Carboxylgruppe von $1{,}60 D$, der zwischen dem Wert der Ameisensäure (1,40) und dem der Essigsäure (1,70) liegt. Dann wird die reale durch eine effektive Ladungsverteilung ersetzt, wie es in den Schemata Ia und IIa gezeigt ist. Die Rechenmodelle werden durch Kombination von IIa—IIa (Dicarbonsäure), Ia—IIa (Monoanion der Dicarbonsäure) und Ia—Ia (Dianion der Dicarbonsäure), entweder direkt (Oxalsäure) oder über Polymethylenketten erhalten. Dabei geht man von tetraedrischen Valenzwinkeln, einer C—C-Bindungslänge von 1,54 Å und der Voraussetzung der trans-Konfiguration für die gesamte Polymethylenkette aus. Für die Berechnung der elektrostatischen potentiellen Energie U kann man die Formel

$$U_n = U_0 \sum_j \sum_i \frac{q_i q_j}{l_{nij}} \tag{7.29}$$

benutzen, in der durch q_i die i. Ladung der ersten und durch q_j die j. Ladung der zweiten Carboxylgruppe (bzw. Carboxylatgruppe) ausgedrückt wird, die als Modelle Ia und IIa dargestellt worden sind; l_{nij} ist der Abstand zwischen den Ladungen q_i und q_j. Bei gegebenem Wert von n ist U_0 die potentielle Energie der Wechselwirkung zweier gleichartiger Elementarladungen, die in einem Abstand von 1 Å liegen, unter der Voraussetzung gleicher Dielektrizitätskonstanten für den Vorgang der Wechselwirkung zwischen den Ladungen q_i und q_j. Es wird angenommen, daß der effektive Wert der Dielektrizitätskonstanten nicht von der Länge der Polymethylenkette abhängt. Die Größen des „elektrostatischen Anteils" an den freien Energien der 1. und 2. Dissoziationsstufe der Dicarbonsäuren kann man jetzt nach den folgenden Formeln berechnen:

$$\Delta F^{\mathrm{I}}_{eln} = U_{nR(\mathrm{COOH})_2} - U_{nR(\mathrm{COOH})\mathrm{COO}^-} \tag{7.30}$$

$$\Delta F^{\mathrm{II}}_{eln} = U_{nR(\mathrm{COOH})\mathrm{COO}^-} - U_{nR(\mathrm{COO}^-)_2} \tag{7.31}$$

$(\Delta pK_a = pK_a - 4{,}75)$:

$$\Delta\Delta\, pK^{\mathrm{I}}_{a_{eln}} = \frac{\Delta F^{\mathrm{I}}_{eln}}{2{,}3\,RT} \tag{7.32}$$

$$\Delta\Delta\, pK^{\mathrm{II}}_{a_{eln}} = \frac{\Delta F^{\mathrm{II}}_{eln}}{2{,}3\,RT} \tag{7.33}$$

Wenn wir nun voraussetzen, daß sich die gewöhnliche Induktions- und die elektrostatische Wechselwirkung additiv verhalten, so erhalten wir für die pK_a der ersten und der zweiten Dissoziationsstufe der Dicarbonsäuren folgende Ausdrücke:

$$\Delta\, pK^{\mathrm{I}}_{a_n} = -0{,}388^n \cdot 1{,}81\,\sigma^*_{\mathrm{COOH}} + \Delta\Delta\, pK^{\mathrm{I}}_{a_{eln}} \tag{7.34}$$

$$\Delta\, pK^{\mathrm{II}}_{a_n} = -0{,}388^n \cdot 1{,}81\,\sigma^*_{\mathrm{COO^-}} + \Delta\Delta\, pK^{\mathrm{II}}_{a_{eln}} \tag{7.35}$$

Die Größen $\Delta F^{\mathrm{I}}_{eln}/U_0$ und $\Delta F^{\mathrm{II}}_{eln}/U_0$, die mit Hilfe der Formeln (7.29), (7.30) und (7.31) berechnet worden sind, sind in Tab. 22 angeführt. Man erkennt, daß für die erste Dissoziationsstufe die elektrostatische Komponente um mehr als eine Größenordnung geringer ist als für die zweite. Als Ursache dafür gilt, daß die potentielle Energie der elektrostatischen Wechselwirkung vom Typ Ladung—Ladung viel größer ist als die Wechselwirkungen des Typs Ladung—Dipol oder Dipol—Dipol.

Wenn sich die beobachteten Effekte, die von ungeladenen polaren Substituenten und geladenen Substituenten hervorgerufen werden in der Größenordnung ihrer Beträge (in der Energieskala) nicht unterscheiden, kann man für ungeladene Substituenten in der Mehrzahl der Fälle die elektrostatische Wechselwirkung vernachlässigen. Wenn man in Gleichung (7.35) die experimentellen Werte $\Delta pK^{\mathrm{II}}_a$ bei $n = 0$ und $n = 1$ einsetzt, kann man die Werte $\sigma^*_{\mathrm{COO^-}} = 1{,}67$ und $U_0 = 9{,}55$ kcal/Mol berechnen. Setzen wir nun die letztgenannte Größe bei $n = 1$ in Gleichung (7.34) ein, erhalten wir $\sigma^*_{\mathrm{COOH}} = 1{,}68$. Mit Hilfe der Größen σ^*_{COOH}, $\sigma^*_{\mathrm{COO^-}}$ und U_0 kann man jetzt nach den Formeln (7.34) und (7.35) die Größen ΔpK^{I}_a und $\Delta pK^{\mathrm{II}}_a$ bei beliebigen n-Werten berechnen. Wie aus den Resultaten einer solchen Berechnung, die in Tab. 22 angegeben sind, ersichtlich ist, ist die Übereinstimmung zwischen berechneten und experimentell ermittelten ΔpK_a-Werten nicht sonderlich gut, obgleich wir bei den Berechnungen drei „auf das Experiment abgestimmte" Parameter benutzten.

Es ist auch notwendig, auf folgendes hinzuweisen. Die Größe U_0 ist für eine Dielektrizitätskonstante von 1 berechnet und entspricht damit einem Wert von 243 kcal/Mol. Daraus abgeleitet würde die oben angeführte Größe $U_0 = 9{,}55$ kcal/Mol einer Dielektrizitätskonstante von 25,5 entsprechen. Es ist schwer zu sagen, woraus gerade dieser Wert der „effektiven" Dielektrizitätskonstante folgt.

Es gelingt deshalb auch nicht, aus dem Versuch zur Berechnung der hypothetischen Komponente der elektrostatischen Wechselwirkung, die Daten für die Dicarbonsäuren zu interpretieren. Jedoch ist die Zielstellung, die wir dabei verfolgt haben, so wesentlich, daß wir bemüht sein sollten, auf einem etwas anderen Weg zum Erfolg zu kommen.

Erinnern wir uns zunächst wieder, daß das zu betrachtende Problem unmittelbar mit der Bestimmung der universellen Konstante α^* für die Induktionswechsel-

Tabelle 22:
Werte für $\Delta F^{I}_{el}/U_0$ und $\Delta F^{II}_{el}/U_0$ nach den Gleichungen (7.29), (7.30) und (7.31)

n	$\frac{\Delta F^{I}_{el}}{U_0}$	$\frac{\Delta F^{II}_{el}}{U_0}$	ΔpK_a^{I}		ΔpK_a^{II}	
			experimenteller Wert[1])	errechneter Wert	experimenteller Wert[2])	errechneter Wert
0	−0,0208	0,310	−3,18	—	−0,78	—
1	−0,0056	0,264	−1,59	−1,36	0,65	—
2	−0,0023	0,186	−0,24	−0,55	0,55	0,83
3	−0,0005	0,160	−0,11	−0,21	0,22	0,93
4	−0,000	0,129	−0,03	−0,08	0,23	0,83
5	−0,000	0,114	—	—	0,26	0,79

[1]) korrigiert um den statistischen Faktor +lg 2.
[2]) korrigiert um den statistischen Faktor −lg 2.

wirkung verbunden ist, die nach Gleichung (7.21) berechnet werden kann, wenn man von der Größe $\varrho^*_{X\mathrm{COOH}}$ für die Dissoziation der Dicarbonsäuren und den Größen σ^*_{COOH} und $\sigma^*_{\mathrm{COO^-}}$ ausgeht:

$$\alpha_I{}^* = \frac{2{,}3\,R\,T\,\varrho^*_{X\mathrm{COOH}}}{\sigma^*_{\mathrm{COOH}} - \sigma^*_{\mathrm{COO^-}}} \qquad (7.36\,\mathrm{a})$$

Aus verständlichen Gründen ist die Bestimmung der Größe α^* nur auf der Grundlage der Ergebnisse einer Korrelation der Gleichgewichtskonstanten ohne Benutzung kinetischer Daten möglich. Die Größe σ^* für das Reaktionszentrum im aktivierten Zustand läßt sich im Prinzip nicht auf direktem experimentellen Wege bestimmen. Die genannten Voraussetzungen treffen nun tatsächlich auf einige Reaktionsserien zu, für die wir die notwendigen experimentellen Befunde besitzen.

Ebenso wie die Dissoziation der Carbonsäuren kann man noch die Säuredissoziation der substituierten Ammoniumionen des Typs $X\mathrm{NH_3}^+$ benutzen. In diesem Falle gilt:

$$\alpha_I{}^* = \frac{2{,}3\,R\,T\,\varrho^*_{X\mathrm{NH_3^+}}}{\sigma^*_{\mathrm{NH_3^+}} - \sigma^*_{\mathrm{NH_2}}} \qquad (7.36\,\mathrm{b})$$

Gegenwärtig sind uns nur die Größen $\varrho^*_{X\mathrm{COOH}} = 1{,}81$ und $\varrho^*_{X\mathrm{NH_3^+}} = 3{,}29$ bekannt, während zuverlässige Größen von σ^* für COOH, $\mathrm{COO^-}$, $\mathrm{NH_3^+}$ und $\mathrm{NH_2}$ fehlen. Bei der Berechnung von α^* muß man von den Größen ϱ^* in der $\lg K_a$-Skala und nicht von den pK_a-Werten ausgehen. Daher sind die Vorzeichen der hier genannten Größen von ϱ^* den früher angegebenen Werten entgegengesetzt.

Am leichtesten lösbar ist das Problem der Bestimmung von $\sigma^*_{\mathrm{NH_2}}$. Aus den pK_a-Werten des Hydrazins ($n = 0$) und des Äthylendiamins ($n = 2$) (erste Ionisationsstufe: 8,1 bzw. 10,06 entsprechend [103]) werden unter Berücksichtigung der statistischen Korrektur (− lg 2) nach der Formel

$$\sigma^* = \frac{10{,}16 - pK_a + \lg 2}{3{,}28 \cdot 0{,}388^n}$$

σ^*-Werte für NH_2 (0,72 für $n = 0$ und 0,81 für $n = 2$) erhalten. Obwohl beide Größen gut übereinstimmen, ist die zweite weniger genau. Daher wird im folgenden nur der Wert 0,72 benutzt.

Betrachten wir ferner Gleichgewichte, die zu beiden Reaktionsserien gehören und die zu einem Kreisprozeß kombiniert sind, wie er im Prinzip von HINE [81] vorgeschlagen worden ist.

$$\begin{array}{ccc} H_3\overset{+}{N}(CH_2)_nCOOH & \overset{1}{\rightleftharpoons} & H_3N^+(CH_2)_nCOO^- \\ \updownarrow 4 & & \updownarrow 2 \\ H_2N(CH_2)_nCOOH & \overset{3}{\rightleftharpoons} & H_2N(CH_2)_nCOO^- \end{array}$$

Die pK_a-Werte der einzelnen Gleichgewichte der Säuredissoziation, die in diesen Kreisprozeß eingehen, sind durch die folgende Beziehung verknüpft:

$$pK_{a_1} + pK_{a_2} = pK_{a_3} + pK_{a_4}$$

Die Werte für pK_{a_1} und pK_{a_2} für verschiedene n kann man der Literatur entnehmen (s. Tab. 23).

Tabelle 23:

pK_a-Werte für die Berechnung der Werte von $\sigma^*_{NH_3^+}$ aus den Gleichgewichten 1 und 5, und von σ^*_{COOH} aus dem Gleichgewicht 4[1])

n	pK_{a_1}	$\sigma^*_{NH_3^+}$	pK_{a_2} [268]	pK_{a_3}	pK_{a_4}	σ^*_{COOH}	$pK_{a_5} + \lg 2$ [280]	$\sigma^*_{NH_3^+}$	$pK_{a_6} - \lg 2$ [280]
1	2,32[2])	3,60	9,88	4,24	7,92	1,75	—	—	—
2	3,64[3])	4,35	10,24	4,55	9,33	1,67	7,30	5,80	9,79
3	4,35 [264]	4,75	10,56	4,67	10,24	—	8,94	6,37	10,32
4	—	—	—	—	—	—	9,65	6,90	10,50

[1]) Induktionskonstanten nach den Formeln:

$$\sigma^*_{NH_3^+} = \frac{4,85 - pK_{a_1}}{1,81 \cdot 0,388^n}; \quad \sigma^*_{COOH} = \frac{10,16 - pK_{a_4}}{3,29 \cdot 0,388^n}$$

$$\sigma^*_{N\ {}_3^+} = \frac{10,16 - (pK_{a_5} + \lg 2)}{3,29 \cdot 0,388^n}$$

[2]) Mittelwert aus den Größen 2,22 [280], 2,40 [264] und 2,35 [268].

[3]) Mittelwert aus den Größen 3,60 [280], 3,75 [264] und 3,55 [268].

Die Größen pK_{a_3} können berechnet werden, wenn man den soeben bestimmten Wert $\sigma^*_{NH_2}$ in die TAFT-Gleichung für substituierte Carbonsäuren einsetzt.

$$pK_{a_3} = 4,75 - 1,81 \cdot 0,388^n \cdot 0,72$$

Die Werte $pK_{a_4} = pK_{a_1} + pK_{a_2} - pK_{a_3}$ sind jetzt leicht berechenbar, und daraus kann man die σ^*_{COOH}-Werte ermitteln. Wie aus den in Tab. 23 vorgelegten Resultaten einer solchen Rechnung ersichtlich ist, stimmen die bei $n = 2$ und $n = 1$ erhaltenen Werte gut überein. Gleichzeitig ergibt sich auch eine Übereinstimmung mit dem Wert, der aus dem pK_a-Wert der Oxalsäure erhalten wurde (s. Tab. 18). Später wird noch ein unabhängiger Weg zur Bestimmung dieser Größe gezeigt, der zu einem Wert der gleichen Größenordnung führt (s. Tab. 29). Somit sind wir berechtigt, nicht den Substituenten COOH als anomal zu betrachten, sondern die oben dargelegten Nichtübereinstimmungen einer besonderen Spezifik der Dissoziation der Dicarbonsäuren bei $n \geqq 1$ zuzuschreiben.

Betrachten wir noch die Daten für folgende Gleichgewichte:

$$H_3N^+(CH_2)_nNH_3^+ \overset{5}{\rightleftarrows} H_3N^+(CH_2)_nNH_2 \overset{6}{\rightleftarrows} H_2N(CH_2)_nNH_2$$

$$HOOC(CH_2)_nCOOH \overset{7}{\rightleftarrows} HOOC(CH_2)_nCOO^- \overset{8}{\rightleftarrows} {}^-OOC(CH_2)_nCOO^-$$

Man kann versuchen, die Größen $\sigma^*_{NH_3^+}$ auf gewöhnlichem Weg zu errechnen, indem man vom pK_{a_1}- oder pK_{a_2}-Wert ausgeht. Die Ergebnisse einer solchen Rechnung sind in Tab. 23 angeführt. Wie ersichtlich ist, stimmen die erhaltenen Werte nicht miteinander überein und hängen offensichtlich von der Größe n ab. McGowan [264] gibt an, daß für den Substituenten NH_3^+ eine Konstante $z^*_{CH_2} = 0{,}5$ zutrifft, wenn man von den pK_{a_1}-Werten ausgeht. Aus den in Tab. 23 angegebenen Daten ist ersichtlich, daß das nur eine grobe Näherung darstellt. Der Versuch, die Größe $\sigma^*_{COO^-}$ aus den pK_{a_2}-Werten zu errechnen, führt bei verschiedenem n nicht zum gleichen Resultat. Das gleiche gilt auch für die von den pK_{a_1}-Werten ausgehende Rechnung. So ist, mit Ausnahme des Gleichgewichtes 7 (erste Dissoziationsstufe der Dicarbonsäuren), ein anomales Verhalten von geladenen Substituenten für die Fälle festzustellen, in denen im Ausgangs- oder Endzustand eine Wechselwirkung vom Typ Ladung-Ladung existiert.

Auf der anderen Seite müssen, wenn die theoretischen Vorstellungen richtig sind, auch für geladene Substituenten konstante „echte" Werte von σ^* bestehen. Sie können nur deshalb nicht auf die übliche Weise bestimmt werden, weil eine zusätzliche Wechselwirkung zwischen den Substituenten außer der Induktionswechselwirkung existiert. Mit anderen Worten, es findet anscheinend eine ungleichartige anstelle der allgemein vermuteten gleichartigen Wechselwirkung statt. Wenn dies nicht zutreffend wäre, könnten Gleichgewichte, die durch ein geladenes Reaktionszentrum im Ausgangs- oder Endzustand charakterisiert sind, nicht in die Taft-Gleichung mit der konstanten Größe ϱ^* eingeordnet werden.

Deshalb benutzen wir als Grundlage der weiteren Erwägungen folgende Hypothese. Die besprochene zusätzliche Wechselwirkung soll nur zwischen den zwei geladenen Substituenten stattfinden. Weiter schlagen wir vor, daß die freie Energie dieser Wechselwirkung in erster Näherung nur durch die Zahl n der Methylengruppen bestimmt wird, die diese Substituenten trennen.

Wenn wir von einer formalen Analogie zur elektrostatischen Wechselwirkung ausgehen, können wir annehmen, daß die freien Energien der Wechselwirkung zwischen Ladungen des gleichen Betrages unabhängig von deren Vorzeichen ihrer absoluten Größe nach identisch sind, wenn n und die Reaktionsbedingungen gleich sind. Bezeichnen wir den durch eine solche Wechselwirkung in Wasser bedingten Beitrag der freien Energie mit Q_n^0. Nehmen wir weiterhin an, daß die Taft-Gleichung, mit Ausnahme dieses Summanden, auch im Falle geladener Substituenten mit dem normalen Wert $z^*_{CH_2} = 0{,}388$ erfüllt wird. Für die Gleichgewichte 7 und 8 benutzen wir noch weitere zusätzliche Summanden A_n^0 und B_n^0, die von n abhängen und die spezifische Anomalie dieser Reaktionen widerspiegeln.

Die aufgezählten Annahmen führen zu folgenden Beziehungen:

$$\lg K_{a_1} = -\ \ 4{,}75 + 1{,}81 \cdot 0{,}388^n \cdot \sigma^*_{NH_3^+} + Q_{n(1,2)}$$

$$\lg K_{a_2} = -10{,}16 + 3{,}29 \cdot 0{,}388^n \cdot \sigma^*_{COO^-} - Q_{n(1,2)}$$

$$\lg K_{a_5} = -10{,}16 + 3{,}29 \cdot 0{,}388^n \cdot \sigma^*_{NH_3^+} + Q_{n(5)}$$

$$\lg K_{a_6} = -10{,}16 + 3{,}29 \cdot 0{,}388^n \cdot \sigma^*_{NH_2}$$

$$\lg K_{a_7} = -\ \ 4{,}75 + 1{,}81 \cdot 0{,}388^n \cdot \sigma^*_{COOH} + A_n$$

$$\lg K_{a_8} = -\ \ 4{,}75 + 1{,}81 \cdot 0{,}388^n \cdot \sigma^*_{COO^-} - Q_{n(8)} + B_n,$$

wobei $Q_n = \dfrac{Q_n^0}{2{,}3RT}$; $A_n = \dfrac{-A_a^0}{2{,}3RT}$; $B_n = \dfrac{-B_n^0}{2{,}3RT}$ ist.

In diesen Gleichungen hängt die Größe Q_n^0 von der Natur der in Wechselwirkung stehenden geladenen Gruppen ab. Für die Gleichgewichte 1 und 2 gehört die Größe Q_n^0 jedoch zur gleichen Verbindung $-H_3N^+(CH_2)_nCOO^-$. Deshalb gilt $Q^0_{n(1)} = Q^0_{n(2)} = Q^0_{n(1,2)}$ unabhängig von der physikalischen Bedeutung dieser Größe.

Es wird schließlich vorgeschlagen, daß in allen Fällen, in denen es notwendig ist, an den Größen $\lg K_a$ statistische Korrekturen angebracht werden.

Unter Benutzung der genannten Gleichungen gelten folgende Beziehungen:

$$\lg K_{a_1} + \lg K_{a_2} = -14{,}91 + 0{,}388^n \cdot 1{,}81\,(\sigma^*_{NH_3^+} + 3{,}29\sigma^*_{COO^-}) \qquad (7.37\,a)$$

$$\lg K_{a_1} - \lg K_{a_5} = \quad 5{,}21 - 0{,}388^n \cdot 1{,}48\sigma^*_{NH_3^+} + Q_{n(1,2)} - Q_{n(5)} \qquad (7.37\,b)$$

$$\lg K_{a_2} + \lg K_{a_5} = -20{,}32 + 0{,}388^n \cdot 3{,}29\,(\sigma^*_{NH_3^+} + \sigma^*_{COO^-}) + Q_{n(5)} - Q_{n(1,2)} \qquad (7.37\,c)$$

$$\lg K_{a_2} - \lg K_{a_8} = -\ \ 5{,}21 + 0{,}388^n \cdot 1{,}48\sigma^*_{COO^-} - B_n + Q_{n(8)} - Q_{n(1,2)} \qquad (7.37\,d)$$

$$\lg K_{a_5} - \lg K_{a_6} = 0{,}388^n \cdot 3{,}29\,(\sigma^*_{NH_3^+} - \sigma^*_{NH_2}) + Q_n \qquad (7.37e)$$

$$\lg K_{a_7} - \lg K_{a_8} = 0{,}388^n \cdot 1{,}81\,(\sigma^*_{COOH} - \sigma^*_{COO^-}) + A_n - B_n + Q_{n(8)} \qquad (7.37\,f)$$

Aus den Gleichungen (7.36a) und (7.36b) wird nach Einsetzen der Werte für ϱ^*_{XCOOH}, $\varrho^*_{XNH_3^+}$, σ^*_{COOH} und $\sigma^*_{NH_2}$ folgende Beziehung erhalten:

$$1{,}81\sigma^*_{NH_3^+} + 3{,}29\sigma^*_{COO^-} = 7{,}07 \qquad (7.38)$$

Aus den Gleichungen (7.37) kommt man bei verschiedenen n unter Benutzung der pK_a-Werte aus den Tab. 11 und 23 zu folgenden Ausdrücken:

$$x_{1,2} = 1{,}81\,\sigma^*_{NH_3^+} + 3{,}29\,\sigma^*_{COO^-}$$

$$x_{1,5} = \sigma^*_{NH_3^+} + \frac{Q_{n(1,2)} - Q_{n(5)}}{0{,}388^n \cdot 1{,}48}$$

$$x_{2,5} = \sigma^*_{NH_3^+} + \sigma^*_{COO^-} + \frac{Q_{n(5)} - Q_{n(1,2)}}{0{,}388^n \cdot 3{,}29}$$

$$x_{2,8} = \sigma^*_{COO^-} - \frac{B_n + Q_{n(8)} - Q_{n(1,2)}}{0{,}388^n \cdot 1{,}48}$$

$$x_{5,6} = \sigma^*_{NH_3^+} - \sigma^*_{NH_2} + \frac{Q_{n(5)}}{0{,}388^n \cdot 3{,}29}$$

$$x_{7,8} = \sigma^*_{COOH} - \sigma^*_{COO^-} + \frac{A_n - B_n + Q_{n(8)}}{0{,}388^n \cdot 1{,}81}$$

Die entsprechenden Berechnungen führen zu den nachstehenden Resultaten:

	$x_{1,2}$	$x_{1,5}$	$x_{2,5}$	$x_{2,8}$	$x_{5,6}$	$x_{7,8}$
$n = 0$	—	—	—	—	—	1,33
$n = 1$	7,00	—	—	1,62	—	3,18
$n = 2$	6,86	7,81	5,60	2,30	5,00	3,06
$n = 3$	(0,00)	9,50	(3,97)	(—0,81)	(7,20)	3,14
$n = 4$	—	—	—	—	(11,5)	—

Wenn für irgendeine der berechneten Größen x die Summe der Glieder, die von Q_n, A_n und B_n abhängen, gleich Null ist, dann darf der Wert dieser Größe nicht von n abhängen. Diese einfache These kann als Grundlage der weiteren Schlußfolgerungen angenommen werden.

Wie ersichtlich ist, wird eine Unabhängigkeit von n nur genau eingehalten für $x_{1,2}$ bei $n = 1$ und $n = 2$, und für $x_{7,8}$ bei $n = 1$, $n = 2$ und $n = 3$. Die Konstanz von $x_{1,2}$ kann als Bestätigung für die Befolgung der Taft-Gleichung für die Gleichgewichte 1 und 2 gelten. Das gilt auch im Falle der Substituenten NH_3^+ und COO^-, wenn der zusätzliche Summand $Q_{n(1,2)}$ berücksichtigt wird. Große Bedeutung besitzt dabei die Übereinstimmung des Wertes $x_{1,2}$ mit der unabhängig erhaltenen Größe aus (7.38). Als Grundlage der weiteren Rechnungen verwenden wir den Wert $x_{1,2} = 7{,}0$.

Die Unveränderlichkeit der Größe $x_{7,8}$ stellt eine gewisse Überraschung dar. Das bedeutet, daß bei $n \neq 0$

$$\frac{A_n - B_n + Q_{n(8)}}{0{,}388^n \cdot 1{,}81} = 0$$

ist. Dies kann auf folgende Weise gedeutet werden. Die Anomalie des Gleichgewichtes 8 (2. Dissoziationsstufe der Dicarbonsäuren) bei $n \neq 0$ ist im allgemeinen nicht mit Besonderheiten in der Wechselwirkung der zwei COO-Gruppen verbunden. Sie besitzt die gleiche Natur, wie auch die Anomalie des Gleichgewichtes 7 (1. Dissoziationsstufe der Dicarbonsäuren), einschließlich der Übereinstimmung der entsprechenden quantitativen Parameter A_n und B_n. Davon ausgehend kann man annehmen, daß bei $n \geqq 1$ $Q_{n(8)} = 0$ und $A_n = B_n$ ist. Für weitere Rechnungen kann man den Wert $x_{7,8} = 3{,}2$ verwenden, da mit der Verminderung der Größe n auch mögliche Fehler verringert werden. Folglich ist

$$1{,}81\sigma^*_{NH_3^+} + 3{,}29\sigma^*_{COO^-} = 7{,}0$$

$$\sigma^*_{COOH} - \sigma^*_{COO^-} = 3{,}2$$

woraus für die Substituenten COO^- und NH_3^+ folgende Werte der Induktionskonstanten erhalten werden:

$$\sigma^*_{COO^-} = -1{,}45$$

$$\sigma^*_{NH_3^+} = 6{,}5$$

Wenn man diese Größen kennt, kann man den Wert der universellen Konstante der induktiven Wechselwirkung errechnen, indem man die Gleichungen (7.36a) oder (7.36b) benutzt:

$$\alpha^*_{25°C(H_2O)} = 765 \text{ cal/Mol}$$

Die Veränderlichkeit der Größe $x_{1,5}$ bei der Änderung von n zeugt davon, daß $Q_{n(1,2)} \neq Q_{n(5)}$ ist. Das gleiche besagt die Nichtübereinstimmung der Werte von $x_{1,5}$ mit der gefundenen Größe $\sigma^*_{NH_3^+}$. Auf der anderen Seite liegen die Werte $\sigma^*_{NH_3^+}$ nahe bei den auf einfache Weise aus den pK_{a_5}-Werten bei $n = 3$ und $n = 4$ errechneten (siehe Tab. 23).

Daraus folgt, daß die Größen $Q_{3(5)}$ und $Q_{4(5)}$ nahe bei Null liegen. Die Größen $x_{1,2}$, $x_{2,5}$ und $x_{2,8}$ bei $n = 3$ unterscheiden sich so stark von den Werten bei $n = 1$ und $n = 2$, daß Zweifel an der Zuverlässigkeit des benutzten pK_{a_2}-Wertes bei $n = 3$ entstehen. Außerdem kann man bei großen Werten von n einen bedeutenden Einfluß des oben betrachteten Induktionseffektes der Polymethylenkette erwarten, der dem Einfluß des elektronegativen Substituenten gleich werden kann.

So werden die Größen $(pK_{a_6} - \lg 2)$ bei $n \geqq 3$ höher liegen als der Wert $pK^0_{a_6} = 10{,}16$, der für die elektronegativen Substituenten charakteristisch ist und der sich bedeutend von dem Wert $pK_a = 10{,}62$ für das Methylamin unterscheidet. Daher können die Werte $x_{5,6}$ bei $n \geqq 3$ kaum als Grundlage für irgendwelche Schlußfolgerungen dienen. Die Errechnung der Größen $Q^0_{n(1,2)}$, $Q^0_{n(5)}$, $A_n{}^0$ und $B_n{}^0$ aus den gefundenen Werten $\sigma^*_{NH_3^+}$ und $\sigma^*_{COO^-}$, welche aus den Größen pK_{a_1}, pK_{a_5}, pK_{a_7} und pK_{a_8} resultieren, führte zu den in Tab. 24 zusammengefaßten Ergebnissen. Wie man sieht, stimmen die Vorzeichen der Größen $Q^0_{n(1,2)}$ und auch die von $Q^0_{n(5)}$ nicht mit den elektrostatischen Verhältnissen überein. $Q^0_{n(1,2)}$ entspricht der Wechselwirkung zwischen ungleichen Ladungen im Endzustand und $Q^0_{n(5)}$ der zwischen gleichen Ladungen im Ausgangszustand. Wenn diese Wechselwirkung elektrostatischer Natur ist, müssen beide Größen negativ sein. Das positive Vorzeichen von $Q^0_{n(1,2)}$ und $Q^0_{n(5)}$ zeigt, daß die zusätzliche Wechselwirkung zwischen den geladenen Substituenten im Falle der Gleichgewichte 1, 2 und 5 den Einfluß des induktiven Effektes in um so größerem Ausmaße

Tabelle 24:

Die aus den pK_{a_1}-, pK_{a_5}-, pK_{a_7}- und pK_{a_8}-Werten ermittelten Größen von $Q^0_{n(1,2)}$, $Q^0_{n(5)}$, $A_n{}^0$ und $B_n{}^0$

n	$Q_{n(1,2)}$	$Q^0_{n(1,2)}$ [cal/Mol]	$Q_{n(5)}$	$Q^0_{n(5)}$ [cal/Mol]	A_n	$A_n{}^0$ [cal/Mol]	B_n	$B_n{}^0$ [cal/Mol]
0	—	—	—	—	0	0	3,67	−5150
1	−2,14	2900	—	—	0,36	−500	0,36	− 500
2	−0,66	900	−0,34	460	−0,22	300	−0,22	300
3	−0,29	400	−0,03	0	−0,08	100	−0,08	100
4	—	—	−0,03	0				

kompensiert, je geringer n wird. Die Größe $B_n{}^0$ kompensiert falls sie bei $n = 0$ und $n = 1$ ein negatives Vorzeichen besitzt, ebenfalls den Einfluß der Induktionswechselwirkung, und bei $n = 0$ überbietet sie letzteren sogar.

Infolgedessen übertrifft die Acidität des Monoanions der Oxalsäure in bedeutendem Maße die Säurestärke der Essigsäure. Wie wir gesehen haben, bedeutet diese Tatsache noch nicht, daß der negativ geladene Substituent COO^- durch einen positiven Wert σ^* charakterisiert wird.

In Anbetracht der prinzipiellen Wichtigkeit des erörterten Problems und der erhaltenen Resultate soll besonders die Frage der Zuverlässigkeit der letzteren detaillierter betrachtet werden.

Die Größe $\sigma^*_{COO^-}$ ist bei verschiedenen n auf der Grundlage dreier unabhängiger Werte $x_{7,8}$ erhalten worden, die sich in sehr guter Übereinstimmung miteinander befinden. Es ist nicht anzunehmen, daß das zufällig ist. Daher ist die Interpretation der Größe $x_{7,8}$ bei $n \geqq 1$ als Maß für die Differenz $\sigma^*_{COOH} - \sigma^*_{COO^-}$ hinreichend begründet, um zur Bestimmung des Wertes $\sigma^*_{COO^-}$ zu dienen.

Zur Bestimmung der Größe $1{,}81\,\sigma^*_{NH_3^+} + 3{,}29\sigma^*_{COO^-}$ bestehen gleichfalls drei unabhängige Möglichkeiten, die praktisch vollständig übereinstimmende Ergebnisse liefern. Das zeigen die Werte $x_{1,2}$ bei $n = 1$ und $n = 2$ und der Anwendung von Gleichung (7.38), wenn man von den Werten ϱ^*_{XCOOH} und $\varrho^*_{XNH_3^+}$ ausgeht.

Diese Aussage muß noch ergänzt werden durch den Hinweis auf die Übereinstimmung des aus $x_{1,2}$ erhaltenen Wertes mit dem unmittelbar aus den Größen pK_{a_5} bei $n = 3$ und $n = 4$ errechneten Wert von $\sigma^*_{NH_3^+}$. Weiterhin müssen unter Vernachlässigung der Beiträge der Summanden $Q_{2(1,2)}$ und $Q_{2(5)}$ bei $n = 2$ folgende Gleichheiten beachtet werden:

$$x_{2,5} \approx \sigma^*_{NH_3^+} + \sigma^*_{COO^-}$$

$$x_{5,6} \approx \sigma^*_{NH_3^+} - \sigma^*_{NH_2}$$

In Wirklichkeit haben wir:

$$\sigma^*_{NH_3^+} + \sigma^*_{COO^-} = 5{,}05 \qquad \sigma^*_{NH_3^+} - \sigma^*_{NH_2} = 5{,}8$$

$$x_{2,5(n=2)} = 5{,}6 \qquad x_{5,6(n=2)} = 5{,}0$$

Somit befinden sich die Daten für die Gleichgewichte 5 und 6, die nicht in die Berechnung von $\sigma^*_{NH_3^+}$ und $\sigma^*_{COO^-}$ einbezogen wurden, nicht im Widerspruch zu den Ergebnissen, wie sie aus den Gleichgewichten 1, 2, 7 und 8 resultieren.

Besondere Bedeutung besitzt der Umstand, daß für die Substituenten NH_3^+ und COO^- der Wert $z^*_{CH_2} = 0{,}388$ uneingeschränkt anwendbar ist, der somit als Grundlage aller hier angegebenen Berechnungen galt. Nach der Fähigkeit zur reinen Induktionswirkung beurteilt, handelt es sich hierbei um vollkommen normale Substituenten, die sich im Prinzip nicht von ungeladenen elektronegativen Substituenten unterscheiden.

Daraus kann die Schlußfolgerung abgeleitet werden, daß zwischen geladenen Substituenten irgendeine zusätzliche Wechselwirkung existiert, deren Natur weder induktiv noch elektrostatisch ist. Die Intensität dieser Wechselwirkung fällt schnell mit der Vergrößerung des Abstandes (oder der Zahl der Methylengruppen) zwischen den geladenen Substituenten ab. Streng genommen besteht kein Grund zur Annahme, daß eine Wechselwirkung solcher Art nur zwischen geladenen Substituenten möglich sei. Zwischen Größen der Art $Q_n{}^0$ und $A_n{}^0$ oder $B_n{}^0$ besteht vollständige Analogie, ungeachtet der anfangs eingeführten verschiedenen Bezeichnungen. Von den erhaltenen Resultaten besitzt die Festlegung der Konstanten α^* die weitaus größte Bedeutung. Nach Gleichung (6.11) kann der physikalische Sinn der letzteren durch folgende Beziehung ausgedrückt werden:

$$\alpha^* = F_{X\text{-}X} - 2F_{X\text{-}X_0} - F_{X_0\text{-}X_0}$$

in der F die freie Energie der Induktionswechselwirkung zwischen den entsprechenden Substituenten X, $\sigma_X{}^* = 1{,}00$ und $\sigma^*_{X_0} = 0{,}00$ ist.

Mit Hilfe des Wertes $\alpha^*_{25\,°C, H_2O}$ kann man die Größen ϱ^* für Gleichgewichte in Wasser errechnen, falls die Werte σ^* für das Reaktionszentrum im Ausgangs- und Endzustand bekannt sind. Auch eine Berechnung des Wertes σ^* für das Reaktionszentrum im aktivierten Zustand ist möglich, wenn dazu die Größe σ^* im Ausgangszustand und der entsprechende Wert für ϱ^* bekannt sind. Diese Möglichkeit ist besonders für die Berechnung der σ^*-Werte geladener Substituenten interessant.

Zum Beispiel erhält man die Größe $\sigma^*_{O^-} = -5{,}0$, ausgehend von dem Wert $\varrho^*_{25\,°C} = 3{,}54$ für die Säuredissoziation der Alkohole XOH in Wasser (s. Tab. 30) und dem Wert für $\sigma^*_{OH} = 1{,}31$. Dabei ist es interessant, folgende Einzelheit zu betrachten. Die Absolutbeträge der Größen $\sigma^*_{NH_3^+} - \sigma^*_{NH_2} = 5{,}8$ und $\sigma^*_{O^-} - \sigma^*_{OH} = -6{,}3$ sind einander ähnlich. Darauf aufbauend kann man die Arbeitshypothese aufstellen, daß das Auftreten einer einzelnen Ladung am ersten Atom eines Substituenten den Wert σ^* um ungefähr 6,0 Einheiten ändert, wobei das Vorzeichen der Differenz gleich dem Vorzeichen der Ladung ist.

Abschließend sei bemerkt, daß in diesem Paragraphen die Rolle des Lösungsmittels vollständig außer acht gelassen wurde. Um die beim Lösungsmittelwechsel auftretenden Komplikationen in erster Näherung auszuschließen, beziehen sich alle oben betrachteten Daten auf ein Lösungsmittel, nämlich Wasser, mit Ausnahme der Originalwerte von σ^*, die TAFT nach Gleichung (1.13) aus experimentellen Daten für Gemische von Wasser mit organischen Lösungsmitteln berechnet hatte. Das Problem des Lösungsmitteleinflusses auf die Induktionswechselwirkung wird gesondert behandelt.

7.3. Induktiver Einfluß alicyclischer Substituenten

Würde sich der Einfluß des Induktionseffektes für aliphatische Substituenten streng den Gesetzmäßigkeiten einer gleichartigen Wechselwirkung unterordnen und nicht mit irgendwelchen anomalen Erscheinungen verbunden sein, könnte man annehmen, daß auch im Falle alicyclischer Verbindungen keine Überraschungen zu erwarten wären. Die Induktionskonstanten der alicyclischen Substituenten könnten dann ausgehend von den Daten für aliphatische Systeme berechnet werden. Da sich jedoch die aliphatischen Substituenten in dieser Beziehung nicht ganz ideal verhalten, muß man im Falle alicyclischer Substituenten mit Komplikationen rechnen.

Trotzdem erscheint der Versuch nicht uninteressant, für alicyclische Substituenten zunächst ein ideales Modell unter Verwendung der Daten aliphatischer Substituenten aufzubauen, und dieses anschließend mit den experimentellen Fakten zu vergleichen. Ein solches Modell kann durch folgende Voraussetzungen gekennzeichnet werden:

1. Es wird der in Kap. 7.2. besprochene qualitative Unterschied zwischen dem Induktionseffekt der gesättigten Kohlenwasserstoff-Substituenten und dem der elektronegativen Substituenten berücksichtigt.
2. Die Weiterleitung des Induktionseffektes über ein Kohlenstoffatom hinweg wird durch die in Kap. 7.2. angeführten Größen z_C^* für Substituenten der ersten ($z_C^* = 0{,}204$) bzw. auch der zweiten ($z_C^* = 0{,}388$) Gruppe charakterisiert.
3. In beiden Substituentengruppen wird die Additivität des Induktionseinflusses eingehalten: z_C' und z_C'' aus Gleichung (7.27) sind gleich Null.

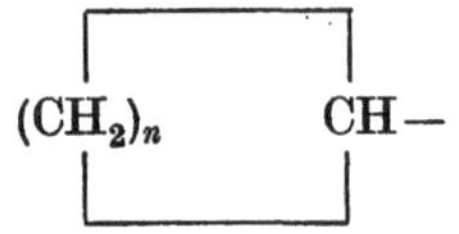

(7.39a)

Für gesättigte alicyclische Substituenten des Typs (7.39a) kann man dann als Modell den Substituenten $\genfrac{}{}{0pt}{}{R^{\infty}}{R^{\infty}}\!\!>$CH— annehmen, wobei R^{∞}— eine normale Kohlenwasserstoffkette unendlicher Länge darstellt. Bei Ringen des Typs (7.39b) kann der Substituent $(R^{\infty})_3$C als Modell dienen.

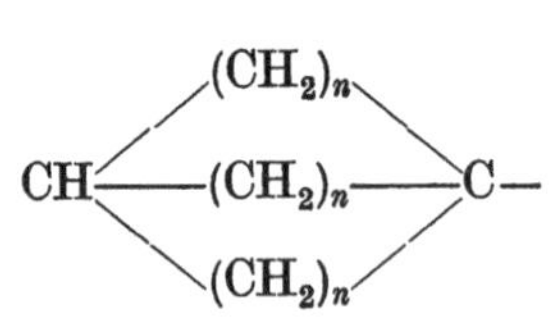

(7.39b)

Ausgehend von Gleichung (7.27) erhalten wir für alicyclische Substituenten des Typs (7.39a) $\sigma^* = -0{,}251$, und für Substituenten des Typs (7.39b) $\sigma^* = -0{,}377$. Leider gibt es nicht genügend zuverlässige experimentelle Daten für beliebige Reaktionsserien (in welchen der Einfluß aller übrigen Faktoren, mit Ausnahme des Induktionseffektes, ausgeschlossen ist) auf deren Grundlage man die Induktionskonstanten für alicyclische Kohlenwasserstoff-Substituenten berechnen könnte. Wie unten gezeigt werden wird, sind die pK_a-Werte der Carbonsäuren im Falle von Alkyl-Substituenten einem bemerkenswerten Einfluß der Hyperkonjugation unterworfen. Infolgedessen kann diese Reaktionsserie zur Bestimmung der Größen σ^* der alicyclischen Substituenten nur bei quantitativer Erfassung des Anteils der Hyperkonjugation dienen. Die so nach Formel (8.4) (siehe Kap. 8.1.) bestimmten Größen sind in Tab. 25 aufgeführt.

Tabelle 25:
Die Induktionskonstanten σ^* für alicyclische Substituenten

Substituent	σ^*	
	aus pK_a-Werten [272]	aus anderen Größen
Cyclopropyl-	−0,12	+0,11 ± 0,03 [243], +0,14¹)
Cyclobutyl-	−0,10	—
Cyclopentyl-	−0,23	—
Cyclohexyl-	−0,17	—
1-Methylcyclohexyl-	−0,36	−0,351²)

¹) berechnet nach [185].
²) Berechnete Größe.

Besonders interessant ist die Größe σ^* für die Cyclopropylgruppe. Falls sich die Kohlenstoffatome in der Cyclopropylgruppe in sp^2-hybridisierten Zuständen befänden [293], muß man eine größere Elektronegativität dieses Substituenten im Vergleich zur Isopropyl- und sogar zur Methylgruppe erwarten. Wie aus Tab. 25 ersichtlich ist, ist die Größe σ^*, die aus den pK_a-Werten bestimmt worden ist, zwar positiver als der berechnete Wert −0,25, aber dennoch kleiner als Null und unterscheidet sich nicht wesentlich von der Größe σ^* für die Cyclobutyl- und Cyclohexylgruppe. Nach den Daten des Wasserstoffaustausches der Alkylbenzole [185] oder ausgehend von den Intensitäten der IR-Spektren [243], ist jedoch die Größe σ^* für die Cyclopropylgruppe positiv. Dennoch ist sie wesentlich geringer als für die Vinylgruppe (0,54). Hieraus kann man schlußfolgern, daß der Grad der Hybridisierung der Kohlenstoffatome im Cyclopropanring zwischen sp^2 und sp^3 liegt.

Betrachten wir jetzt die pK_a-Werte der Essigsäure, der Cyclohexancarbonsäure und der Bicyclo-(2.2.2)-oktan-1-carbonsäure in 50 Vol.-% Äthanol, die in Tab. 26 angeführt sind. In der Arbeit [108] ist für diese Reaktionsserie der Wert $\varrho^* = 1{,}705$ angegeben. Wenn diese Größe aus den angegebenen Daten auch nur für elektronegative Substituenten erhalten worden ist (der Punkt für CH_3 befindet sich ebenfalls auf der Geraden der Abhängigkeit des pK_a-Wertes von σ^*), so kann man sie trotzdem näherungsweise auch für die gesättigten Kohlenwasserstoffsubstituenten annehmen. In wäßriger Lösung bei 25 °C ist $\varrho^* = -1{,}81$ (siehe 7.23) und $\varrho^* = -1{,}52$ (siehe Kap. 8.1.) für elektronegative und gesättigte Kohlenwasserstoffsubstituenten.

Wenn wir die oben errechneten Werte für Substituenten der Art (7.39a) und (7.39b) benutzen, erhalten wir für die nach der Taft-Gleichung berechneten pK_a-Werte die in der letzten Spalte der Tab. 26 angeführten Größen.

Tabelle 26:
Die pK_a-Werte für die Säuren RCOOH *in 50 Vol.-% Äthanol*

Substituent R	σ^*	pK_a	
		experimentell	berechnet mit $\varrho^* = -1{,}705$
CH_3	0,00	5,50 [108]	—
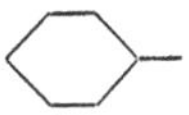	−0,251	6,60 [121]	5,93
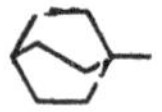	−0,377	6,74 [45]	6,14

Sie unterscheiden sich von den experimentellen Werten viel mehr, als man das aus der Vernachlässigung des Einflusses der Hyperkonjugation erwarten sollte. Der Einfluß der Methyl- und Äthylgruppe in der 4-Stellung der Bicyclo-(2.2.2)-oktan-1-carbonsäure ist geringfügig [125] und entspricht damit der Erwartung für Substituenten der ersten Gruppe.

Besonderes Interesse beanspruchen die Gesetzmäßigkeiten der Übertragung des Induktionseinflusses der elektronegativen Substituenten über alicyclische Systeme hinweg. Für die unten angeführten Systeme sind experimentelle Daten vorhanden:

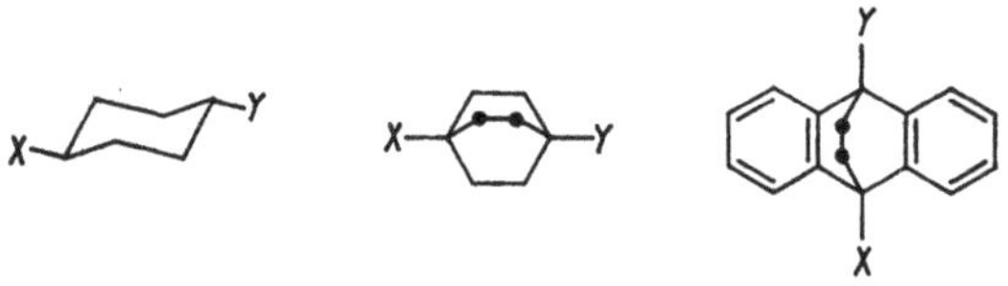

Diese Fakten erlauben es, einige prinzipiell wichtige Fragen zu beleuchten:

1. Inwieweit wird der Einfluß der elektronegativen Substituenten, der über das alicyclische System übertragen wird, durch die Induktionskonstanten σ^* beschrieben, die aus den Daten für aliphatische Systeme bestimmt worden sind?
2. Führt die Übertragung des I-Effektes bei diesen cyclischen Systemen zu der Größe $z_C^* = 0{,}388$, wie sie im vorhergehenden Paragraphen erhalten worden ist?
3. Bestehen starke Unterschiede zwischen den „Leitfähigkeiten“ der gesättigten Ringe und der Ringe mit π-Bindungen, die nicht in Resonanz mit dem Substituenten und dem Reaktionszentrum stehen?

In Abb. 10 sind pK_a-Werte der substituierten alicyclischen Systeme gegen die Größen σ^* aus Tab. 18 aufgetragen. Wie aus der Abbildung ersichtlich ist, ist eine Korrelation zu den Konstanten σ^* ohne Zweifel vorhanden. Besonders anschaulich ist das am Beispiel der Dissoziation der 4-X-Bicyclo-(2.2.2)-oktan-1-carbonsäuren in 50%iger Äthanol/Wasser-Mischung zu sehen.

Andererseits werden auch merkliche Abweichungen beobachtet, die die Grenzen der experimentellen Fehler, die von den Autoren [121, 294] angegeben werden, überschreiten. Die Auswertung dieser Daten nach der Methode der kleinsten Quadrate ist in Tab. 27 angegeben. Auf der Grundlage der so erhaltenen Werte

$\varrho^*_{X\text{-Ring-}Y}$ und ϱ^*_{XY} wurden die Konstanten z^*_{Ring} für identische Reaktionen unter identischen Bedingungen errechnet. Die Konstanten z^*_{Ring} charakterisieren die Leitfähigkeit der entsprechenden Ringe für den Induktionseinfluß (ϱ—ϱ-Verfahren):

$$z^*_{\text{Ring}} = \frac{\varrho^*_{X\text{-Ring-}Y}}{\varrho^*_{XY}} \tag{7.40}$$

Abb. 10: Die Abhängigkeit der pK_a-Werte substituierter alicyclischer Säuren mit elektronegativen Substituenten von deren Induktionskonstanten

O – Säuren der Form 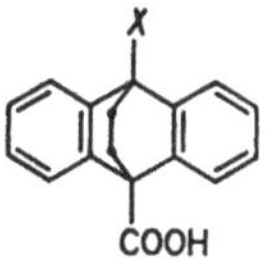

in 50 Gew.-% Äthanol

• – Säuren der Form 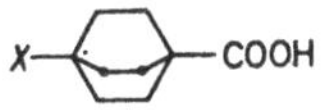

in 50 Gew.-% Äthanol

◑ – trans Säuren der Form 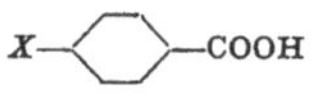

in 50 Vol.-% Äthanol

⊗ – Überlagerung der Punkte o und •

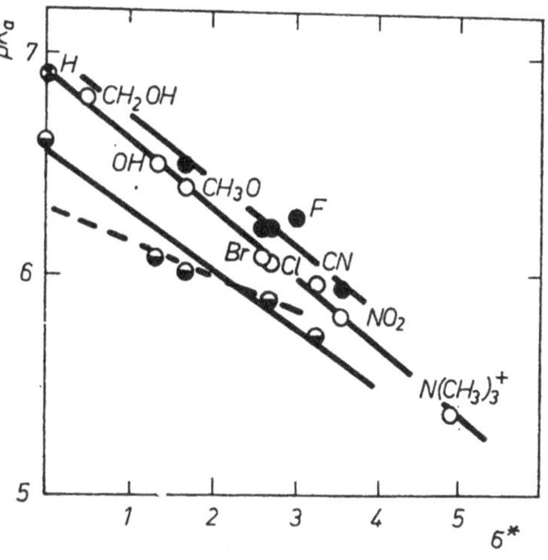

Wenn man die Übertragung des Induktionseinflusses nur über σ-Bindungen von Atom zu Atom annimmt und als Grundlage die Größe $z_C^* = 0{,}388 \pm 0{,}015$ (oder $0{,}375 \pm 0{,}035$) einsetzt, dann sollten die Größen z^*_{Ring} folgende Werte haben:

	$(z_C^* = 0{,}388 \pm 0{,}15)$	$(z_C^* = 0{,}375 \pm 0{,}035)$
 trans	$0{,}0450 \pm 0{,}074$	$0{,}0396 \pm 0{,}0168$
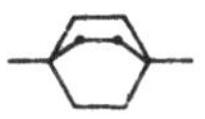	$0{,}0675 \pm 0{,}0110$	$0{,}0595 \pm 0{,}0252$

Vergleicht man die in Tab. 27 angegebenen Werte z^*_{Ring}, die aus experimentellen Daten erhalten wurden, mit den berechneten Werten, dann kann man folgendes feststellen:

1. Die Größen z^*_{Ring} hängen für den jeweiligen Ring offensichtlich sowohl von der Reaktion als auch vom Lösungsmittel ab.
2. In Alkohol/Wasser-Gemischen übertrifft die Größe z^*_{Ring} bei Dissoziationsreaktionen von Carbonsäuren und der Hydrolyse der ihnen entsprechenden Ester sowohl für Cyclohexan als auch für das Bicyclo-[2.2.2]-octansystem die berechnete Größe um mehr als das Doppelte.
3. Bei der Dissoziation der 4-X-Cyclohexancarbonsäuren in Wasser ist z^*_{Ring} fast 2mal kleiner als für die gleiche Reaktion in 50%igem wäßrigen Äthanol, und 1,5mal höher als die berechnete Größe.

Tabelle 27:

σ^*- und z^*_{Ring}-Werte für alicyclische Systeme

(Bei den neu berechneten ϱ^*-Werten wurden nur die Daten für normale elektronegative Substituenten benutzt)

Nr.	Reaktionsserie	$\varrho^*_{X\text{-Ring-}Y}$	ϱ^*_{X-Y}	z^*_{Ring}	s[1]	r[1]
	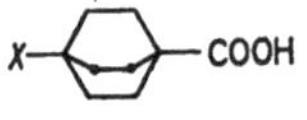					
1	pK_a in 50 Gew.-% Äthanol bei 25 °C [125]	−0,295 (±0,010)	1,87 (±0,08)[2]	0,158 (±0,012)	0,053	0,9967
1a	analog 1 ohne H	−0,305 (±0,011)		0,163 (±0,014)	0,050	0,9966
	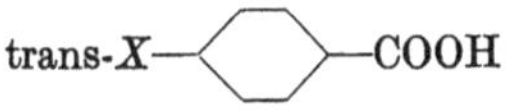					
2	pK_a in 50 Vol.-% Äthanol bei 25 °C [121]	−0,247 (±0,040)	1,70 (±0,07)[2]	0,145 (±0,031)	0,102	0,9620
2a	analog 2 ohne H	−0,161 (±0,023)		0,095 (±0,018)	0,035	0,9804
	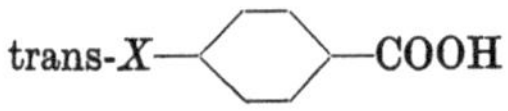					
3	pK_a in Wasser bei 25 °C [121]	−0,123 (±0,010)	−1,81 (±0,03)	0,068 (±0,007)	0,025	0,9907
3a	analog 3 ohne H	−0,105 (±0,010)		0,058 (±0,007)	0,0160	0,9905
	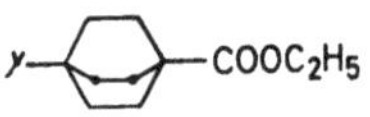					
4	alkalische Hydrol. in 88 Vol.-% Äthanol bei 30 °C [45]	0,39[3]	2,43[4]	0,160		
	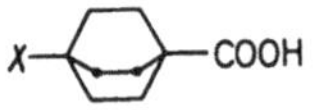					
5	Reaktion m. Diphenyldiazomethan in Äthanol bei 25 °C [45]	−0,110[5] (±0,007)	1,175[6] (±0,073)	0,094 (±0,012)	—	—
	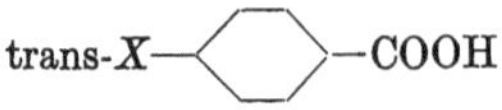					
6	Reaktion mit Diphenyldiazomethan in Äthanol bei 25 °C [121]	0,065[5] (±0,006)	1,175 (±0,073)	0,055 (±0,010)	—	—

Fortsetzung der Tabelle 27

Nr.	Reaktionsserie	$\varrho^*_{X\text{-Ring-}Y}$	ϱ^*_{X-Y}	z^*_{Ring}	s[1])	r_1)
7	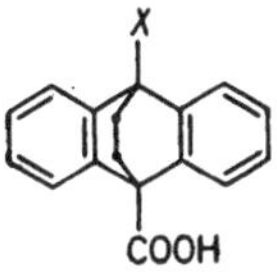 pK_a in 50 Gew.-% Äthanol bei 25°C [294]	−0,210 (±0,0032)	1,87 (±0,08)	0,112 (±0,023)	0,090	0,9576
7a	analog 7 ohne H und F	−0,301 (±0,007)		0,161 (±0,011)	0,009	0,9995

[1]) s und r beziehen sich auf die Korrelation der Daten für alicyclische Derivate mit den Größen σ^* aus Tab. 18.
[2]) Berechnet aus $\varrho^* = 1,7$ durch Multiplikation mit dem Korrekturkoeffizienten 1,1 [125].
[3]) Bestimmt nach den Punkten für H, Br und CN. Der Punkt für OH weicht um 0,08 logarithmische Einheiten von der Geraden lg k gegen σ^* ab.
[4]) Angeglichen an das HAMMETTsche ϱ aus [10] zur Eichung des Maßstabes der Größen σ^*.
[5]) Nach der Korrelation mit den σ^*-Werten von TAFT [113, 262].
[6]) Nach der Korrelation mit den σ^*-Werten von TAFT [36].

4. Bei der Reaktion von Carbonsäuren mit Diphenyldiazomethan in absolutem Äthanol übertreffen die Größen z^*_{Ring} für beide Ringsysteme die berechnete Größe in geringerem Maße.
5. Obwohl die Größe z^*_{Ring} für das 1,4-disubstituierte Dibenzobicyclo-[2.2.2]-octansystem (s. Nr. 7 in Tab. 27) genügend genau bestimmt werden kann, gilt sicherlich, daß sie in keinem Falle größer als für das Bicyclo-[2.2.2]-octansystem ist.
Daraus würde folgen, daß π-Bindugen keine wesentlich bessere „Weitergabe" des Induktionseinflusses vermitteln als σ-Bindungen. Das stellt die Existenz des sogenannten π-Induktionseffekts in Frage [122, 295].

Aus dem Gesagten drängt sich die Schlußfolgerung auf, daß bei cyclischen Systemen anscheinend noch ein zusätzlicher Mechanismus der Übertragung des Induktionseinflusses neben der Übertragung durch σ-Bindungen existiert, wobei der relative Wert dieses zweiten Mechanismus sowohl vom Lösungsmittel als auch vom Charakter der Reaktion abhängt. Wenn man sich auf die schon existierenden Vorstellungen beschränkt, dann kann dieser zusätzliche Mechanismus auf die gleiche elektrostatische Wechselwirkung, die innerhalb des Ringes durch den Raum [84, 113] übertragen wird, zurückgeführt werden, wie wir sie im vergangenen Abschnitt für die Übertragung des Induktionseinflusses über eine Polymethylenkette diskutiert haben. In unserer Arbeit [113] wurden bei der Erörterung der Übertragung des Induktionseinflusses in cyclischen Systemen einige abweichende Werte für z^*_{Ring} aus den σ^*-Werten erhalten, wenn man von der Größe $z_C{}^* = 0,36$ anstelle der in diesem Buch verwendeten Größe 0,388 ausgeht. Des weiteren wurden dort für ϱ_{XY} die Größen $\varrho^0_{ArY_0}$ verwendet, und alle Abweichungen von der Gleichheit $\varrho_{XY} = \varrho^0_{ArY}$ (s. Kap. 7.4.) als Anomalie betrachtet.

Die zu niedrig angesetzten Werte z^*_{Ring} für die Reaktion der Carbonsäuren mit Diphenyldiazomethan gingen ebenfalls nicht als anomal in die Berechnung ein, und die Größen z^*_{Ring} wurden als universelle Konstanten für den gegebenen Ring postuliert. Auf Grund dieser Annahmen können die in der erwähnten Arbeit erhaltenen quantitativen Gesetzmäßigkeiten für die Übertragung des Induktionseinflusses über den Raum innerhalb der Ringe nicht als vollständig bewiesen gelten, und die Bestimmung der Größe für den Anteil des übertragenen Induktions einflusses ist infolge der Anwendung von $z_C^* = 0{,}360$ nicht genau.

Auf die Vernachlässigung der Abweichungen von der Gleichheit $\varrho^*_{XY} = \varrho^0_{ArY}$ wurde von Farcasiu [296] hingewiesen, wir hatten jedoch damals diese kritische Bemerkung nicht im nötigen Maße berücksichtigt [297].

Der Arbeit [113] folgend, kann man den Anteil z^*_{Raum} des Induktionseinflusses, der innerhalb des Ringes durch den Raum übertragen wird, bestimmen, wenn man von dem experimentellen Wert für z^*_{Ring} die entsprechende berechnete Größe subtrahiert. Die Resultate einer solchen Berechnung sind in Tab. 28 aufgeführt. Bei der Dissoziation der Carbonsäuren in 50%igem wäßrigen Methanol (Gew.-% für das Bicyclo-[2.2.2]-octansystem und Vol.-% für das Cyclohexansystem) ist ein Vergleich der Größen z^*_{Raum} für beide Ringe möglich.

Wie aus den Angaben der Tab. 28 ersichtlich ist, stimmen die Größen $z^*_{\text{Raum}} \cdot l_{1,4}$ (wobei $l_{1,4}$ der Abstand zwischen den C-Atomen 1 und 4 ist) und $z^*_{\text{Raum}} l^2_{1,4}$ für beide Ringe entsprechend überein, und man kann nicht sagen, nach welchem der genannten Mechanismen die Übertragung des Induktionseinflusses über den Raum innerhalb eines Ringes vor sich geht.

Beim Dibenzobicyclo-[2.2.2]-octansystem wäre die Durchführung der analogen Berechnung noch verfrüht, da sowohl die Größe z^*_{Ring} als auch die Geometrie [294] dieses Rings zu ungewiß sind. Man kann nur sagen, daß der Abstand $l_{1,4}$ in diesem Fall nicht größer ist als für das Bicyclo-[2.2.2]-octansystem, und die weiter oben gemachte Aussage über das Fehlen des sogenannten π-Induktionseffekts bleibt in Kraft. Unter dem π-Induktionseffekt verstehen wir hier nur die Fähigkeit der π-Bindungen zur Übertragung des rein induktiven Einflusses in Analogie zu den σ-Bindungen. Die indirekte Verstärkung des Induktionseinflusses durch seine Einwirkung auf die polare Kopplung, darunter auch mit Beteiligung der π-Bindungen, ist dabei in keinem Fall ausgeschlossen. Die damit verbundenen Probleme werden in einem der nächsten Kapitel betrachtet.

Aus den Daten in Tab. 27 und 28 können noch einige Schlußfolgerungen abgeleitet werden. Erstens fällt auf, daß die Reaktionen der Carbonsäuredissoziation und der alkalischen Hydrolyse ihrer Ester durch verhältnismäßig große z^*_{Raum}-Werte charakterisiert werden. In beiden Fällen trägt das Reaktionszentrum im End- oder im aktivierten Zustand eine ganzzahlige negative Ladung (d. h. es hat ionischen Charakter).

Bei der Reaktion der Carbonsäuren mit Diphenyldiazomethan, werden mit der Verringerung der Ladung des Reaktionszentrums im aktivierten Zustand wesentlich kleinere z^*_{Raum}-Werte gefunden. Andererseits verringert sich bei der Dissoziation der Carbonsäuren die Größe z^*_{Raum} beim Übergang vom Äthanol-Wasser-Gemisch zu reinem Wasser, d. h. also bei zunehmender Polarität des Lösungsmittels. Aus diesen Fakten folgt eine elektrostatische Wechselwirkung mit dem geladenen Reaktionszentrum, wobei die Wechselwirkung um so größer ist, je ausgeprägter die Ladung und je kleiner die Dielektrizitätskonstante des Milieus

Tabelle 28:

z^*_{Raum}-Werte für den Induktionseinfluß, der innerhalb von Ringen durch den Raum übertragen wird

Ringtyp	Reaktions-serie (Nr. aus Tab. 27)	z^*_{Ring}	z^*_{Raum}	$\frac{z^*_{Raum}}{z^*_{Ring}}$	$l_{1,4}$ Å [113]	$l_{1,4} \cdot z^*_{Raum}$	$l^2_{1,4} \cdot z^*_{Raum}$
	1	0,158	0,090	0,57	2,55	0,23	0,59
		(±0,012)	(±0,16)			(±0,06)	(±0,15)
	1a	0,163	0,095	0,58	—	0,24	0,62
		(±0,014)	(±0,025)	(±0,17)		(±0,06)	(±0,16)
	4	0,160	0,092	0,58	—	0,23	0,60
	5	0,094	0,026	0,28	—	0,06	0,17
		(±0,012)	(±0,023)	(±0,28)		(±0,06)	(±0,15)
	2	0,145	0,100	0,69	2,94	0,29	0,86
		(±0,031)	(±0,38)	(±0,38)		(±0,12)	(±0,33)
	2a	0,095	0,050	0,53		0,15	0,43
		(±0,018)	(±0,025)	(±0,32)		(±0,07)	(±0,22)
trans	3	0,068	0,023	0,34	—	0,07	0,20
		(±0,007)	(±0,014)	(±0,23)	—	(±0,04)	(±0,12)
	3a	0,058	0,013	0,22	—	0,04	0,11
		(±0,007)	(±0,014)	(±0,27)		(±0,04)	(±0,12)
	6	0,055	0,010	0,18	—	0,03	0,09
		(±0,010)	(±0,017)	(±0,38)		(±0,05)	(±0,15)
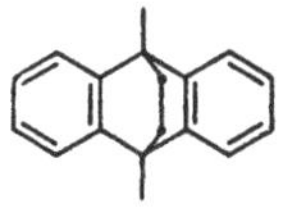	7	0,112	0,044	0,39	—	—	—
		(±0,023)	(±0,034)	(±0,43)			
	7a	0,161	0,093	0,58	—	—	—
		(±0,011)	(±0,022)	(±0,15)			

ist. In Wirklichkeit stimmt diese Schlußfolgerung, wie auch die Hypothese von der „elektrostatischen Leitfähigkeit des Rings" nicht mit der Aussage (siehe Abschn. 7.2.) überein, daß die elektrostatische Wechselwirkung eines ungeladenen polaren Substituenten mit einem geladenen vernachlässigbar klein ist gegenüber der Wechselwirkung zweier geladener Substituenten. Derartige Annahmen können nur als vorläufige Arbeitshypothesen gelten, die neben anderen Möglichkeiten zur Bearbeitung des vorliegenden Materials dienen.

Um genaueres über die quantitativen Gesetzmäßigkeiten und den Mechanismus zur Übertragung des Induktionseinflusses in cyclischen Systemen auszusagen, sind ergänzende experimentelle Daten für einen breiten Kreis von Ringverbindungen unerläßlich.

In diesem Zusammenhang sei noch auf ein zusätzliches Problem hingewiesen, das aus dem unterschiedlichen Einfluß der Substituenten, je nachdem ob diese eine cis- oder trans-Konfiguration am Ring einnehmen, resultiert.

Die eingangs aufgeworfene Frage nach der Existenz universeller Werte von σ^* für substituierte alicyclische Systeme muß eindeutig verneint werden. Diese Schlußfolgerung ergibt sich aus der mangelnden Konstanz der Größe z^*_{Ring} für jedes gegebene cyclische System. Die aus verschiedenen Reaktionsserien bestimmten σ^*-Werte für Ringe, welche normale elektronegative Substituenten tragen, sind jedoch einander proportional. Das äußert sich in der Befolgung der TAFT-Gleichung, wenn der Ring als Bestandteil des Reaktionszentrums zu betrachten ist. Dieser Fakt bestätigt gleichzeitig, daß die Größen σ^* für normale elektronegative Substituenten tatsächlich universelle Konstanten sind und damit die Bedeutung der im vorigen Paragraphen dargelegten Einschränkungen nicht verabsolutiert werden darf. Es ist außerordentlich interessant festzustellen, wie sich unter diesem Aspekt die Substituenten verhalten, welche von uns als „anomal“ bezeichnet wurden. Zu diesem Zweck kann man die in der Arbeit [125] angegebenen Daten für die Reaktionsserie Nr. 1 aus Tab. 27 benutzen.

Die Formel für die Berechnung der Größen σ_X^* aus den pK_a-Werten der 4-X-Bicyclo-[2.2.2]-octan-1-carbonsäure in 50%igem wäßrigen Äthanol hat dann folgendes Aussehen:

$$\sigma^* = 23{,}25 - 3{,}367\, pK_a\, (\pm 0{,}11) \tag{7.41}$$

Tabelle 29:

Gegenüberstellung der σ^*-Größen nach Gleichung (7.41) mit „aliphatischen“ Werten

Substituent	σ^* berechnet	σ^* aus Tabelle 18
$COOC_2H_5$	1,70	1,98[1])
COOH	1,65	1,75
COO^-	−0,55	0,43
		−1,45[2])
$N(CH_3)_3^+$	5,15	4,97[3])
		4,15[4])

[1]) Berechnet aus $\sigma^* = 0{,}77$ für CH_2COOCH_3 und $z^*_{CH_2} = 0{,}388$.
[2]) „Wahrer“ Wert, entsprechend Kap. 7.2.
[3]) Berechnet aus $\sigma^* = 1{,}90$ für $CH_2\overset{+}{N}(CH_3)_3$ und $z^*_{CH_2} = 0{,}388$.
[4]) Analog 3 berechnet aus $\sigma^* = 1{,}61$ für den gleichen Substituenten nach den pK_a-Werten der Carbonsäuren (siehe Tab. 18).

Die nach dieser Formel erhaltenen Resultate sind in Tab. 29 angegeben. Wie man sieht, besteht bei der Carbonsäuregruppe eine gute Übereinstimmung mit der Größe, wie sie aus den Daten für aliphatische Verbindungen berechnet worden ist.

Für $-\overset{\oplus}{N}(CH_3)_3$ besteht eine Übereinstimmung mit dem Wert, der auf der Grundlage des von TAFT angegebenen σ^*-Wertes für den Substituenten $CH_2\overset{\oplus}{N}\cdot(CH_3)_3$ errechnet wurde. Benutzt man dagegen den aus dem pK_a-Wert der Säure $\overset{\oplus}{N}(CH_3)_3CH_2COOH$ erhaltenen Wert, dann ist die Übereinstimmung weniger gut. In Anbetracht der oben gezeigten Komplikationen bei geladenen Substituenten ist diese Übereinstimmung ohnehin mit Vorsicht zu betrachten. Darauf wurde von HOLTZ und STOCK [125] bereits hingewiesen. Die in Tab. 29 angegebenen Resultate für die $COO^{\ominus}$-Gruppe wurden auf der Grundlage von pK_a-Werten der zweiten Dissoziationsstufen der Oxalsäure und der Bicyclo-[2.2.2]-octan-1,4-

dicarbonsäure erhalten. Weder diese beiden Werte, noch der in Kap. 7.2. berechnete „wahre“ Betrag von $\sigma^*_{COO^-}$ zeigen auch nur annähernde Übereinstimmung. Damit ist bewiesen, daß es nicht gelingt, unter Beibehaltung der üblichen Methode zu verallgemeinerungsfähigen σ^*-Werten für geladene Substituenten zu kommen.

7.4. Induktiver Einfluß meta- und parasubstituierter Phenylgruppen

Wenn der Induktionseinfluß allein durch die Gesetzmäßigkeiten gleichartiger Wechselwirkungen beschrieben werden könnte, dann sollten die Korrelationen, die den Induktionseinfluß substituierter Phenylringe und anderer elektronegativer Substituenten beschreiben, gleich sein. Daß eine solche Annahme nicht immer berechtigt ist, wurde bereits an anderer Stelle gezeigt. Nichtsdestoweniger ist es aus praktischen Gründen zweckmäßig, zunächst auch bei meta- und parasubstituierten Phenylringen das idealisierte Modell zu betrachten. Die notwendigen Korrekturen an diesem Modell können später bei seiner Gegenüberstellung mit dem Experiment vorgenommen werden.

Übereinstimmend mit diesem Modell müßten auch für substituierte Phenylringe universelle Induktionskonstanten σ^* existieren. Der Induktionseinfluß soll dabei einheitlich für alle elektronegativen Substituenten durch die TAFT-Gleichung (7.1.) beschrieben werden, d. h. die Größen $\lg k_0$ und $\varrho_0{}^*$ in dieser Gleichung hängen nicht vom Typ des Substituenten ab. Unter diesem Aspekt wird die quantitative Beschreibung des Induktionseinflusses der substituierten Phenylringe auf die Bestimmung der entsprechenden Werte der Induktionskonstanten σ^* zurückgeführt. Eine Forderung an die Größen σ^* für aromatische Substituenten besteht darin, daß sie eine einheitliche Skala mit den Größen σ^* für die übrigen elektronegativen Substituenten bilden sollen. Das kann durch die Auswahl einer bestimmten Standardreaktionsserie erreicht werden, aus der die Größen σ^* für beliebige Substituenten zu erhalten sind. Wie in Kap. 1 bereits erläutert, wurde in Wirklichkeit ein weit komplizierterer Weg gewählt. Zunächst herrschte lange Zeit keine Klarheit darüber, daß die HAMMETT-Gleichung nur für den Einfluß des Induktionseffektes bei substituierten Phenylringen erfüllt wird. Weiterhin wurde für die Skala der Konstanten σ^* eine andere Reaktionsserie als Standard gewählt, nämlich die Esterhydrolyse. Durch die Einführung einer entsprechenden Normierungsbedingung strebte TAFT von Anfang an danach, die Größen σ^* auf einen einheitlichen Maßstab mit den HAMMETTschen σ-Werten zu bringen. Dazu wurde die Größe ϱ^* für die alkalische Hydrolyse aliphatischer Carbonsäureester gleich dem ϱ-Wert für die alkalische Hydrolyse der substituierten Benzoate gesetzt. Später wurde zur Bestimmung der Induktionskonstanten σ^0 für substituierte Phenylringe von den Größen σ für metasubstituierte Phenylringe ausgegangen. Auf diese Weise erhalten die Größen σ^0 und σ^* ein und denselben Maßstab und unterscheiden sich nur durch die Wahl des Skalenanfangs voneinander (d. h. vom Standardsubstituenten). Auf diesen Sachverhalt wurde bei der Ableitung der Gleichung 1.29 bereits hingewiesen.

Aus diesen Darlegungen folgt ein wichtiger Schluß. Die Größen ϱ^* und ϱ^0 sind für die gleiche Reaktionsserie äquivalent und müssen sich zahlenmäßig gleichen. Diese These läßt sich im Prinzip sehr leicht experimentell überprüfen. Die Anzahl der Reaktionsserien, für die eine solche Gegenüberstellung durchgeführt werden kann, ist jedoch nicht allzu groß. Die entsprechenden Daten sind in Tab. 30 gesammelt.

Tabelle 30:
Gegenüberstellung der Größen ϱ^* und ϱ^0 für gleiche Reaktionsserien

Reaktionsserie	ϱ^*	ϱ^0	ϱ^*/ϱ^0
Dissoziation der Säuren X—COOH in Wasser bei 25 °C	1,81[1]) (±0,08)	1,00	1,81 (±0,08)
Gleiche Reaktion in 50 Vol.-% Äthanol	1,70[2]) (±0,07)	1,69[3])	1,00
Dissoziation von Alkoholen (Phenolen) XOH in Wasser bei 25 °C	3,54[4]) (±0,11)	1,95[5]) (±0,09)	1,81 (±0,03)
Dissoziation der monosubstituierten Ammoniumionen XNH_3^+ in Wasser bei 25 °C	3,29[6]) (±0,05)	2,53[7]) (±0,07)	1,30 (±0,02)
Reaktion der Säuren XCOOH mit Diphenyldiazomethan in Äthanol, 30 °C	1,175[8]) (±0,073)	0,940[9])	1,25
Methanolyse von 1-Menthylestern der Säuren XCOOH, die durch CH_3O^--Ionen in Methanol katalysiert wird; 30 °C	2,702[10])	2,628[9])	1,025
Acylierung von Hydraziden mit Benzoylchlorid in Benzol, 25 °C	−1,14[11])	−1,15[12])	0,99
Gleiche Reaktion mit Pikrylchlorid	−0,91[11])	−1,32[12])	0,69

[1]) Siehe Gleichung (7.23).

[2]) Siehe Fußnote 2 zu Tab. 27.

[3]) Das HAMMETTsche ϱ wird nach den Angaben für 40, 60, 70, 80, 90, 95 und 100%iges Äthanol [10] interpoliert, da der dort angegebene Wert $\varrho = 1,4$ unwahrscheinlich ist (kleiner als die Werte für 40- und 60%iges Äthanol).

[4]) Nach Daten der Arbeit [107] ($s = 0,117$, $r = 0,9974$, $pK_a^0 = 15,74 \pm 0,072$) unter Verwendung der σ^*-Werte aus Tab. 18 (normale elektronegative Substituenten).

[5]) ϱ_m^0 aus [133]. Die Korrelation für mono- und polysubstituierte Phenylringe außer den $-R$-p-Substituenten erfolgte unter Berücksichtigung entsprechender Glieder zur Berechnung des Einflusses der ortho-, meta- und para-Substituenten ($\varrho_p = 2,17 \pm 0,25$).

[6]) Nach Daten der Arbeit [103] ($s = 0,072$; $r = 0,9995$; $pK_a^0 = 10,16 \pm 0,041$) und der σ^*-Werte aus Tab. 18 (normale elektronegative Substituenten).

[7]) ϱ_m^0 aus [133]. Korrelation für mono-metasubstituierte Aniline.

[8]) Siehe Fußnote 7 zu Tab. 27.

[9]) HAMMETTsches ϱ aus [10].

[10]) Aus [312]; erhalten durch gleichzeitige Berechnung des Induktionseffektes und des sterischen Einflusses.

[11]) Aus [173].

[12]) Aus [190]. Diese ϱ^*-Werte wurden aus der gemeinsamen Korrelation der Daten für die erste und zweite Gruppe der Substituenten erhalten. In diesem Fall weichen die Punkte für $X = C_6H_5CO$ sowohl bei der Benzoylierung als auch bei der Pikrylierung bedeutend ab.

Wenn man ϱ^* nur nach den Punkten für die drei elektronegativen Substituenten ($C_6H_5CH_2$, CH_3OCH_2 und $C_6H_5COCH_2$) bestimmt, unterscheiden sich die Resultate wesentlich von den Angaben dieser Tabelle.

Benzoylierung (7); $\varrho^* = 2,80$; $\varrho^*/\varrho^0 = 2,45$

Pikrylierung (8); $\varrho^* = 2,45$; $\varrho^*/\varrho^0 = 2,70$

Es ist offensichtlich, daß die Beziehung $\varrho^0 = \varrho^*$ keineswegs immer erfüllt wird. Die Abweichungen von dieser Beziehung sind nicht durch die Ungenauigkeit bei der Festlegung des Maßstabs für die Größen σ^* zu erklären, da in diesem Falle nur ein systematischer Gang zu erwarten sein sollte, der durch das Verhältnis $\varrho^*/\varrho^0 \neq 1$ ausgedrückt werden könnte. Tatsächlich verändert sich die letzte Größe in ziemlich breiten Grenzen, wie das aus den in Tab. 30 angegebenen Daten ersichtlich ist. Dabei fällt eine gewisse Gesetzmäßigkeit auf. Das Verhältnis ϱ^*/ϱ^0 nähert sich dem Wert 1 an für die Reaktionsserien, bei welchen die Größen z^*_{Ring} wesentlich größer als die berechnete ist (siehe Tab. 27 und 28). Solche Serien sind die alkalische Hydrolyse von Carbonsäureestern in Alkohol-Wasser-Gemischen ($\varrho^* = \varrho^0$ gemäß der Normierungsbedingung), die Methanolyse von 1-Menthylestern von Carbonsäuren und die Carbonsäuredissoziation in 50%igem Äthanol. Dagegen ist das Verhältnis ϱ^*/ϱ^0 bei den Reaktionsserien der Carbonsäuredissoziation in Wasser und der Reaktion der Carbonsäuren mit Diphenyldiazomethan, für die die Größen z^*_{Ring} näher an den berechneten Werten liegen, merklich größer als Eins.

Wenn man ergänzend bemerkt, daß bei elektronegativen para-Substituenten und den meisten meta-Substituenten der Wert σ^0 für den substituierten Phenylring hauptsächlich durch die Größe der Induktionskonstanten σ^* des Substituenten bestimmt wird (siehe Kap. 9.2.), und wenn man annimmt, daß die Übertragung des Induktionseinflusses über den Benzolkern und alicyclische Systeme analog erfolgt, dann scheint diese Parallele nicht ohne einen bestimmten physikalischen Sinn zu sein.

Die Korrelation der Größen ϱ^0 und ϱ^* kann auf folgende Weise interpretiert werden. Bei der Standardreaktionsserie (alkalische Esterhydrolyse) ist der Wert für z^*_{Ring} um vieles größer, als dies aus der Hypothese der Übertragung des Induktionseinflusses ausschließlich über σ-Bindungen folgt. Deshalb ist auch für substituierte Phenylringe der Beitrag von z^*_{Raum} sehr wesentlich und die Größe ϱ^0 liegt relativ hoch. Wenn wir für diese Reaktionsserie die Beziehung $\varrho^* = \varrho^0$ annehmen, überhöhen wir den Wert der Größe ϱ^* im Vergleich zu ihrem Wert bei „normaler“ Übertragung des Induktionseinflusses nur durch σ-Bindungen. Gleichzeitig wird der Maßstab der Konstanten σ^* „heruntergedrückt“. Wenn wir jetzt zu Reaktionsserien übergehen, für die der relative Beitrag der Größe z^*_{Raum} kleiner ist (z^*_{Ring} liegt näher an der berechneten Größe), dann müssen wir auch die relative Verringerung der Größe ϱ^0 beachten, während die Größe ϱ^* sich völlig „normal“ verhalten wird. Deshalb wird das Verhältnis ϱ^*/ϱ^0 größer als Eins und das umso mehr, je geringer der zusätzliche Einfluß der Übertragung des induktiven Effektes über den Raum innerhalb des Ringes ist. Wenn diese Erklärung richtig ist, dann muß das Fehlen der Gleichheit $\varrho^* = \varrho^0$ als Normalfall angesehen werden, und die Befolgung dieser Gleichheit beruht auf einer zufälligen Übereinstimmung der Größen z^*_{Raum} für eine bestimmte Reaktionsserie und deren Standardreaktion. Dieser wesentliche Schluß ergibt sich aus der Annahme, daß die Größe z^*_{Raum} für einen gegebenen Ring vom Reaktionstyp und dem Lösungsmittel abhängt.

In der Arbeit von WELLS [314] wurde der Schluß gezogen, daß die Gleichheit $\varrho = \varrho^*$ nicht an den Maßstab der HAMMETT- bzw. TAFT-Gleichung geknüpft ist und daß $\varrho^* = 1{,}7$ für die Dissoziation aliphatischer Carbonsäuren eine normale Größe darstellt, während für die Dissoziation substituierter Benzoesäuren $\varrho = 1$ gilt. Diese Schlußfolgerung ist jedoch unzutreffend.

Für die Gleichgewichtskonstante der Reaktion

$$R_1C_6H_4CH_2X_1 + R_2C_6H_4CH_2X_2 \rightleftharpoons R_1C_6H_4CH_2X_2 + R_2C_6H_4CH_2X_1$$

wird der Ausdruck

$$\lg K_1 = (\sigma_{R_1} - \sigma_{R_2})\varrho_{CH_2X_1X_2} = (\sigma^*_{R_1C_6H_4} - \sigma^*_{R_2C_6H_4})\varrho^*_{X_1X_2}$$

abgeleitet, der als Grundlage für weitere Schlußfolgerungen dient.

Der rechte Teil dieses Ausdrucks ist jedoch falsch, da dort $\varrho^*_{CH_2X_1X_2}$ anstelle von $\varrho^*_{X_1X_2}$ stehen muß bzw. $(\sigma^*_{R_1C_6H_4CH_2} - \sigma^*_{R_2C_6H_4CH_2})$ anstelle von $(\sigma^*_{R_1C_6H_4} - \sigma^*_{R_2C_6H_4})$.

Weiterhin wird in diesem Artikel angenommen, daß die Bedingung für den Vergleich der Konstanten σ und σ^* in folgender Identität besteht: $(\sigma^*_{R_1C_6H_4} - \sigma^*_{R_2C_6H_4}$ $\equiv (\sigma_{R_1C_6H_4} - \sigma_{R_2C_6H_4})$.

Übereinstimmend mit der in dieser Arbeit verwendeten Symbolik ist σ_R die Hammett-Konstante für den Phenylring mit dem Substituenten R, was in dem Ausdruck für lg K_1 enthalten ist.

Folglich ist auch die angegebene Identität falsch, weil im rechten Teil $(\sigma_{R_1} - \sigma_{R_2})$ stehen müßte. Diese beiden Ungenauigkeiten führen dazu, daß der ganze weitere Gang der Überlegungen ohne einen objektiven physikalischen Inhalt bleibt.

Die obigen Ausführungen drängen dazu, einige bereits genannte Ansichten zu revidieren. Tatsächlich können wir, wenn das Verhältnis ϱ^*/ϱ^0 nicht konstant ist, keine universellen Werte der Induktionskonstanten für substituierte Phenylringe aufstellen, die immer eine einheitliche Skala mit den Größen σ^* bilden würden. Das entspricht völlig der Aussage bezüglich der Induktionskonstanten für substituierte alicyclische Systeme, für die die Größen $\sigma^*_{X\text{-Ring}}$ den Werten σ^* für die Substituenten X proportional sind, und damit die Taft-Gleichung erfüllt wird, wenn innerhalb der betrachteten Serie nur der Substituent X variiert wird und das Ringsystem selbst sowie der Ort des Substituenten konstant bleibt. Etwas ähnliches wird auch bei meta- und para-substituierten Phenylringen beobachtet, da wir mit sichtbarem Erfolg den stets gleichen Wert σ^0 für Reaktionen, die durch verschiedene Werte des Verhältnisses ϱ^*/ϱ^0 charakterisiert werden, anwenden können. Es bleibt natürlich fraglich, inwieweit dieses Bild die wirkliche Sachlage widerspiegelt und nicht einfach das Resultat jenes Grades der Annäherung ist, mit dem man sich bei derartigen Korrelationen begnügen muß. Die „Grobheit" der Annäherung muß man im vorliegenden Fall so verstehen, daß sogar bei Korrelationen, die vom Standpunkt allgemeingültiger statistischer Kriterien einwandfrei sind, der Ersatz eines komplizierteren realen Bildes durch eine formale Varietät einer gleichartigen Wechselwirkung durchaus möglich ist. Als Grundlage für solche Zweifel dient der Sachverhalt, daß die Induktionskonstante σ^0 nicht nur durch den Wert σ^* für den Substituenten im Phenylkern definiert wird, sondern auch durch die polare Kopplung dieses Substituenten mit dem aromatischen Kern. Wenn die „Leitfähigkeiten" des Rings hinsichtlich der Übertragung sowohl des Induktions- als auch des Resonanzeinflusses konstante Größen wären, die nicht vom Charakter und den Bedingungen der Reaktionen abhingen, dann wären die relativen Größen der genannten Substitenteneinflüsse für einen bestimmten Ort (meta- oder para-) unveränderlich, und jeder substituierte Phenylring könnte durch eine konstante Größe der effektiven Induktionskonstanten, die vom summarischen Einfluß beider Faktoren abhängt, charakterisiert werden. Wir wissen aber, daß für die „Leitfähigkeit" des Induktionseffekts eine solche Konstanz nicht gewahrt ist. Zur Wahrung einer strengen Proportionalität des Induktionseinflusses bei substituierten Phenylringen für verschiedene Reaktionsserien wäre es notwendig, daß bei einer Veränderung der „Leitfähigkeit" des Rings für den Induktionseinfluß sich in gleichem Maße, auch die „Leitfähigkeit" hinsichtlich des Resonanzeinflusses verändern müßte.

Es ist bekannt, daß der Mechanismus der Induktions- und der Resonanzwechselwirkung verschieden ist. Wenn man annimmt, daß eine Änderung der Leitfähigkeit des Induktionseinflusses bedingt ist durch eine Änderung ihrer Komponente z^*_{Raum}, dann wäre umso schwieriger zu verstehen, warum die Leitfähigkeiten des Induktions- und des Resonanzeinflusses sich proportional zueinander verhalten sollten. Wenn jedoch keine derartige Proportionalität besteht, dann muß der Induktionseinfluß der substituierten Phenylringe in verschiedenen Reaktionen im allgemeinen nicht proportional sein. Letzteres ist gleichbedeutend mit dem Fehlen konstanter Größen vom Typ σ^0, selbst wenn man sich auf die Reaktionen beschränkt, in denen nur ein Induktionseinfluß des substituierten Phenylringes auftritt. Natürlich können in der Praxis die Änderungen der relativen Gewichte des Induktions- und des Resonanzeinflusses innerhalb enger Grenzen liegen, so daß die mangelnde Konstanz der Größen σ^0 in der Mehrzahl der Fälle nicht auffällt, wenn als Zielstellung eine „gute" lineare Abhängigkeit zwischen den experimentellen Werten lg k und den Konstanten σ^0 erreicht werden soll.

Trotzdem bleibt die Feststellung, daß die Induktionskonstanten σ^0 meta- und para-substituierter Phenylringe nicht mit völliger Sicherheit als „reines" Maß für die Fähigkeit zur gleichartigen Wechselwirkung betrachtet werden können. Vielmehr sind sie gewisse effektive empirische Größen, die den Einfluß des Induktionseffektes eines Substituenten über den Phenylkern unter den Bedingungen widerspiegeln, daß ein zusätzlicher Resonanzeinfluß hinzukommt, dessen relative Größe sich beim Übergang von einer Reaktion zur anderen in zufälliger Weise verändert. In diesem Zusammenhang ist die Resonanzkomponente gleichsam mit unabwendbaren „Störeffekten" verbunden, die begründen, weshalb es nicht möglich ist, substituierte Phenylringe durch exakte und universelle Induktionskonstanten zu charakterisieren. Auf diese Weise kamen wir zu einer weiteren Ursache für den prinzipiellen Näherungscharakter der Hammett-Gleichung, der auch beim Ersatz der Größen σ durch σ^0 erhalten bleibt. Folglich muß man vorsichtiger an das Problem der Bestimmung „zuverlässiger" und „genauer" Werte von σ^0 herangehen, da es sich hierbei um eine Aufgabe handelt, für die es möglicherweise keine prinzipielle Lösung gibt. Wie schon in Kap. 1. dargelegt wurde, sollen bei meta- und para-$(+R)$-Substituenten die Größen σ^0 den Hammettschen σ-Werten gleich sein. Die Tabellenwerte σ^0 wurden jedoch für solche Reaktionsserien bestimmt, bei denen das Reaktionszentrum vom Benzolring durch eine Struktureinheit isoliert ist, die die polare Kopplung zwischen dem Substituenten und dem Reaktionszentrum ausschließt. Diese Serien werden durch relativ kleine ϱ^0-Werte charakterisiert, was sich unvermeidlich auf die Genauigkeit der Bestimmung des Wertes σ^0 auswirkt. Deshalb wäre die Verwendung einer Reaktionsserie mit größerem ϱ^0-Wert besser. Als solche wurde die alkalische Hydrolyse der substituierten Phenylester der p-Toluolsulfonsäure

(Aryltosylate) in Wasser [195] vorgeschlagen. Bei dieser Reaktion fehlt die polare Resonanz zwischen den para-(+R)-Substituenten und dem Reaktionszentrum [186] und $\varrho^0 = 1{,}7$. Für alle übrigen Substituenten außer p- und m-Nitrophenylgruppen fallen die auf diese Weise bestimmten Größen σ^0 innerhalb der Fehlergrenze mit den Taft-Werten [46] zusammen. Bei beiden nitrosubstituierten

Tabelle 31:

Die Induktionskonstanten σ^0 für meta- und para-substituierte Phenylringe

(In Klammern sind Daten aus den pK_a-Werten der substituierten Benzoesäuren in Wasser für para-Substituenten vom Typ +R, für welche die Gleichheit $\sigma^0 = \sigma$ nicht erfüllt sein muß, angegeben)

Substituent X	meta-substituierte Phenylringe			para-substituierte Phenylringe		
in XC_6H_5	σ^0 [46][1])	σ [30][2])	σ^0 [195][3])	σ^0 [46][1])	σ [30][2])	σ^0 [195][3])
$N(CH_3)_2$	−0,15	—	—	−0,44	(−0,83)	—
NH_2	−0,14	−0,16	−0,134	−0,38	(−0,66)	−0,371
OCH_3	0,13[4])	0,115	0,118	−0,12[4])	(−0,268)	−0,141
	0,06[5])			−0,16[5])		
OH[6])	—	0,121	—	—	(−0,37)	—
	0,04[5])			−0,13[5])		
F	0,35	0,337	—	0,17	(0,062)	—
Cl	0,37	0,373	0,385	0,27	(0,227)	0,267
Br	0,38	0,391	—	0,26	(0,232)	—
J	0,35	0,352	—	0,27	(0,18)	—
CH_3	−0,07	−0,069	−0,076	−0,15	(−0,170)	−0,138
H	0,00	0,000	0,000	0,00	0,000	0,000
CN	0,62	0,56	—	0,69[7])	0,66	—
				0,63[5])		
COOR	0,36	0,37	—	0,46[7])	0,45	—
$COCH_3$	0,34	0,376	—	0,46[7])	0,502	—
				0,40[5])		
NO_2	0,70	0,710	0,816	0,82[7])	0,778	0,895
				0,73[5])		

[1]) Aus den Daten für folgende Reaktionsserien (Genauigkeit ± 0,03):
Dissoziation substituierter Phenylessigsäuren in Wasser bei 25 °C, $\varrho = 0{,}46$;
alkalische Hydrolyse substituierter Äthylphenylacetate in 88%igem wäßrigen Äthanol bei 30 °C, $\varrho = 1{,}00$;
Dissoziation substituierter β-Phenylpropionsäuren in Wasser bei 25 °C; $\varrho = 0{,}24$;
alkalische Hydrolyse substituierter Benzylacetate in 60%igem wäßrigen Aceton bei 25 °C, $\varrho = 0{,}73$.

[2]) Nach Daten der alkalischen Hydrolyse substituierter Phenyltosylate in Wasser bei 60 °C (Genauigkeit zwischen ± 0,01 und ± 0,001).

[3]) Aus den pK_a-Werten für die Dissoziation der substituierten Benzoesäuren in Wasser bei 25 °C.

[4]) Nur für wäßrige Lösungen.

[5]) Für hydroxylgruppenfreie Lösungsmittel und eine Reihe von Gemischen organischer Lösungsmittel mit Wasser.

[6]) Nach Taft [46] hängt die Größe σ^0 für die OH-Gruppe stark von der Natur hydroxylhaltiger Lösungsmittel ab.

[7]) Für wäßrige Lösungen und eine Reihe organischer Lösungsmittel mit Wasser.

Phenylgruppen treten jedoch Unterschiede auf, die über die zulässige Fehlergrenze hinausgehen, und zwar nicht nur im Vergleich zu den σ^0-, sondern auch zu den σ-Werten (s. Tab. 31).

In der Arbeit [195] wurde vorgeschlagen, die Werte σ^0 für einige Substituenten zu präzisieren und neue Werte für meta- und para-nitrosubstituierte Phenylringe aufzunehmen, wobei die neuen Werte σ^0 zur besseren Korrelation der Daten für die alkalische Hydrolyse der Äthylbenzoate in 87,86%igem Äthanol und 50%igem Aceton führen.

Es sei darauf hingewiesen, daß diese Reaktionsserien durch das Verhältnis ϱ^*/ϱ^0 nahe bei 1 charakterisiert sind. Bei der Dissoziation der Carbonsäuren in Wasser ist das Verhältnis ϱ^*/ϱ^0 wesentlich größer als Eins. Das wird anscheinend nicht durch die größere Genauigkeit zur Bestimmung der Größen σ^0 erklärt,

Abb. 11: Die Abhängigkeit $\Delta pK_a = pK_a - pK_a^0$ meta- und parasubstituierter Benzoesäuren in 50%igem Äthanol von den analogen Größen dieser Säuren in Wasser

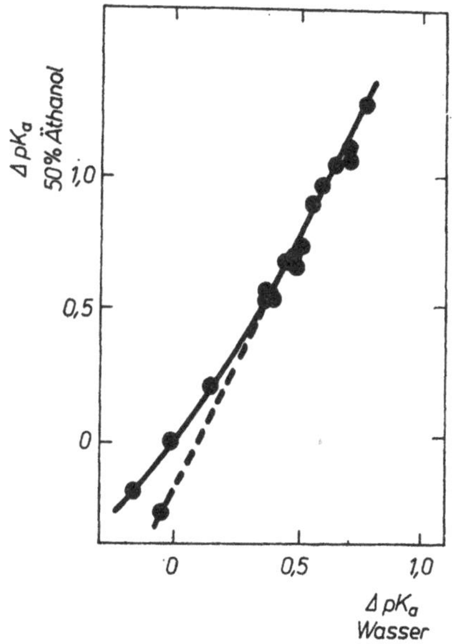

sondern durch ihre mangelnde Konstanz, wie bereits weiter oben näher ausgeführt wurde. Die Werte sind in Tab. 31 angegeben. Der Fakt, daß das Fehlen einer strengen Proportionalität zwischen dem Einfluß des Induktionseffekts der meta- und para-substituierten Phenylringe bei den verschiedenen Reaktionen mit der Variabilität der Größe σ^0 verbunden ist, kann noch durch folgende Beispiele veranschaulicht werden. In Abb. 11 sind die Größen $\Delta pK_a = pK_a - pK_a^0$ der Ionisierung substituierter Benzoesäuren in 50%igem Äthanol gegen die $\Delta pK_a \equiv \sigma$ für diese Reaktion in Wasser aufgetragen. Berücksichtigt wurden die Substituenten, bei denen die Gleichheit $\sigma^0 = \sigma$ (alle meta- und para-$(-R)$-Substituenten) erfüllt sein soll. Wie man sieht, ist die Abhängigkeit nicht streng linear.

Wir erinnern daran, daß für die Reaktion der Carbonsäuredissoziation in Wasser die Größe z^*_{Raum} relativ klein und $\varrho^*/\varrho^0 = 1{,}81$ ist. In 50%igem wäßrigen Äthanol hat z^*_{Raum} einen größeren Wert und $\varrho^*/\varrho^0 = 1$. In Abb. 12 sind die Werte lg k/k_0 für die alkalische Hydrolyse der substituierten Äthylbenzoate in 60%igem wäßrigen Aceton gegen die ΔpK_a-Werte der Benzoesäuren in Wasser und in 50%igem Äthanol aufgetragen. Es ist klar ersichtlich, daß die Abhängigkeit von den ΔpK_a-Werten in Wasser nicht linear ist.

Bei den ΔpK_a-Werten für 50%iges Äthanol ist die lineare Beziehung merklich besser gewahrt.

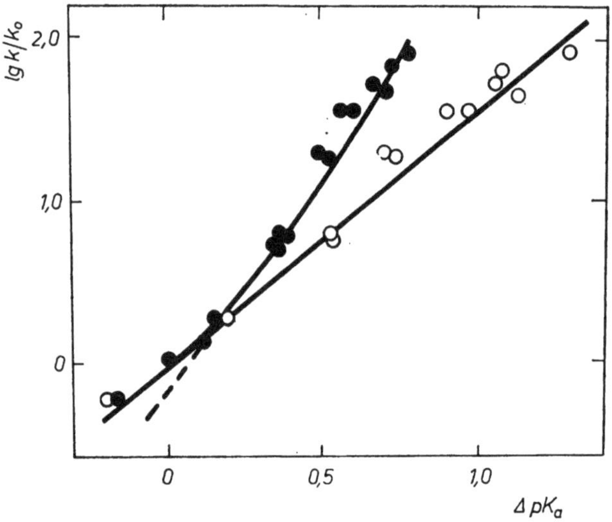

Abb. 12: Die Abhängigkeit des lg k/k_0 bei der alkalischen Hydrolyse substituierter Äthylbenzoate in 60%igem wäßrigen Aceton vom pK_a-Wert der entsprechenden Benzoesäuren in Wasser (•) und in 50%igem wäßrigen Äthanol (○).

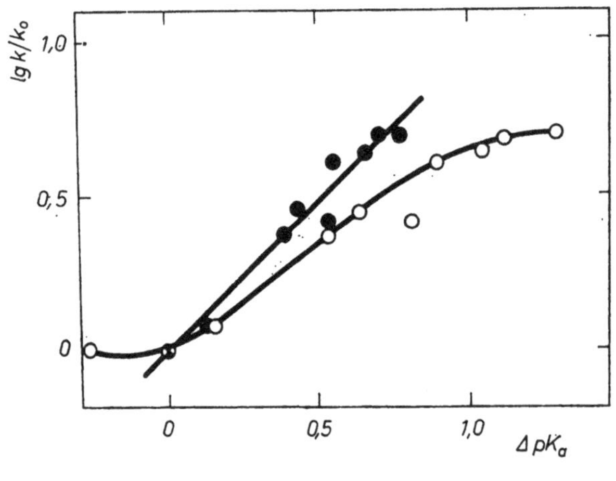

Abb. 13: Die Abhängigkeit des lg k/k_0 für die Reaktion substituierter Benzoesäuren mit Diphenyldiazomethan in absolutem Äthanol von den pK_a-Werten dieser Säuren in Wasser (•) und in 50%igem Äthanol (○)

In Abb. 13 sind die analogen Abhängigkeiten der Größen lg k/k_0 für die Reaktion der substituierten Benzoesäuren mit Diphenyldiazomethan in absolutem Alkohol dargestellt. Die Korrelation mit den ΔpK_a-Werten in Wasser ist fast linear, dagegen zeigen die ΔpK_a-Werte in 50%igem Äthanol eine S-förmig gekrümmte Funktion. Diese Reaktion wird durch einen kleinen z^*_{Raum}-Wert und ein Verhältnis $\varrho^*/\varrho^0 = 1{,}25$ charakterisiert. Wir sehen, daß bei der Gegenüberstellung dieser Reaktionsserien eine Wechselbeziehung zwischen den relativen Größen z^*_{Raum} und dem Grad der Linearität der freien Energien (*LFE*) festzustellen ist. Andererseits ist es klar, daß die Ursache für diese Feststellung nicht aus der Ähnlichkeit der Lösungsmittel für die verglichenen Reaktionsserien resultiert, da die Daten für die Reaktion mit Diphenyldiazomethan in Äthanol besser mit den Größen ΔpK_a für Wasser in Korrelation stehen als mit denen für 50%iges Äthanol.

Das Problem der Existenz universeller Induktionskonstanten vom Typ σ^0 ist von genereller Bedeutung in der quantitativen Theorie des Induktionseinflusses, da sich bis in die heutige Zeit die ganze Entwicklung dieses Gebietes direkt oder indirekt auf die HAMMETT-Gleichung stützt. Das Fehlen solcher Konstanten weist möglicherweise auf die Notwendigkeit hin, vieles auf diesem Gebiet neu zu erarbeiten. Beim Betrachten des Induktionseinflusses aliphatischer Substituenten wurde dessen Übertragung durch die Polymethylenkette besondere Aufmerksamkeit gewidmet, um zu klären, inwiefern die Konstanz der Größe z_C^* für ein C-Atom (Methylengruppe) gewahrt bleibt. Dieses Problem kann auch bei der Übertragung des Induktionseffektes bei Phenylringen auftreten. Dabei ist es klar, daß die Frage nach dem Leitvermögen des C-Atoms nur ein Teil der allgemeinen Problematik für die Leitfähigkeit verschiedener Struktureinheiten ist. Von gleicher Bedeutung ist das Verhalten der Atome anderer Gruppierungen. Diesem Problem wurde in den letzten Jahren ziemlich große Aufmerksamkeit gewidmet [50, 84, 123, 139, 146, 147, 218, 276, 298—310], wobei sich das erörterte experimentelle Material meist auf die Abhängigkeit des HAMMETTschen ϱ von der Struktureinheit G in den Verbindungen des Typs Ar—G—Y bezieht. Bei einer solchen etwas formalen Behandlung gibt es keine Garantie dafür, daß wir es in allen Fällen nur mit der Übertragung des Induktionseinflusses zu tun haben. Weiter unten wird gezeigt, daß man hier mit sehr unerwarteten und interessanten Situationen konfrontiert werden kann. In diesem Kapitel bemühen wir uns nach Möglichkeit, derartige Komplikationen zu vermeiden und nur solche zu erörtern, für die die Annahme eines rein induktiven Einflusses gerechtfertigt ist. Faktisch bedeutet das, daß man sich auf die Daten für die Methylen- und Äthylengruppierungen beschränken muß, die in Tab. 32 angegeben sind. Wie aus dieser Tabelle zu sehen ist, liegt die Größe $z^*_{CH_2}$ für die erste CH_2-Gruppe ($n = 1$) nahe an dem für nichtaromatische Substituenten „normalen" Wert 0,388. Das trifft auf die folgenden Reaktionsserien zu: Alkalische Hydrolyse der Äthylcarboxylate in 88%igem und 85%igem wäßrigen Alkohol; Reaktion der Carbonsäuren mit Diphenyldiazomethan in Äthanol; Dissoziation der substituierten Ammoniumionen in Wasser.

Bei der Ionisierung der Carbonsäuren in Wasser ist die Größe $z^*_{CH_2}$ sowohl bei $n = 1$ als auch bei $n = 2$ nahe $\sim 0,5$, und unterscheidet sich damit ohne Zweifel vom normalen Wert. Deshalb wird die starke Abweichung, die bei der Carbonsäuredissoziation zwischen den Werten ϱ^0 und ϱ^* bei $n = 0$ beobachtet wird, bei der Vergrößerung von n ausgeglichen, weil $\varrho^* = 0,388^n \cdot 1,81$ und $\varrho^0 = 0,50^n \cdot 1,00$ ist (vergleiche die Werte der Größen ϱ^0 und $0,388^n\varrho^*$ aus Tab. 32). Schließlich muß auch beachtet werden, daß die Einführung einer zweiten Methylengruppe zwischen dem substituierten Phenylring und dem Reaktionszentrum durch einen überhöhten Wert von z_C^* auch bei solchen Reaktionsserien charakterisiert wird, für die $z^*_{CH_2}$ bei $n = 1$ einen „normalen" Wert hat. Inwieweit eine solche These allgemein gültig ist, ist vorläufig schwer zu sagen, weil die Menge

Tabelle 32:

Leitfähigkeit des Induktionseffektes substituierter Phenylringe über CH_2- und CH_2CH_2-Gruppen

Reaktionsserie	$\varrho^0(\varrho)$			$z^*_{CH_2}$		$z^*_{CH_2CH_2}$	$0{,}388^n \varrho^*$	
	$n = 0$	$n = 1$	$n = 2$	$n = 1$	$n = 2$		$n = 1$	$n = 2$
Dissoziation von $Ar(CH_2)_nCOOH$ in Wasser bei 25 °C	1,00	0,51[1]) 0,512[1]) [300]	0,225[2]) 0,212[1]) [300]	0,51 0,512	0,442 0,407	0,225 0,212	0,701	0,272
Reaktion von $Ar(CH_2)_nCOOH$ mit Diphenyldiazomethan in Äthanol bei 30 °C	0,920[3]) 0,94 [300]	0,355[3]) 0,35 [300]	0,235[4]) 0,17 [300]	0,386 0,373	0,660 0,486	0,256 0,181	0,456	0,177
Alkalische Hydrolyse[5]) von $Ar(CH_2)_nCOOC_2H_5$ in 88%igem Äthanol bei 30 °C	2,431 [10]	0,824 [10]	0,489 [10]	0,340	0,590	0,201	0,965	0,372
Die gleiche Reaktion[5]) in 85%igem Äthanol bei 25 °C	1,558 [276]	1,029 [276]	—	0,402	—	—	—	—
Dissoziation von $[Ar(CH_2)_n\overset{+}{N}H_3]$ in Wasser bei 25 °C	2,53[6]) [133]	1,047[7]) [129]	—	0,413	—	—	1,24	—

[1]) Nach experimentellen Daten aus [311, 312] für meta- und para-($-R$)-Substituenten; die Größen $\sigma^0 = \sigma$ entstammen den Daten für die Dissoziation von Benzoesäuren.
[2]) Analog nach Angaben aus [312, 139].
[3]) Analog nach Angaben aus [304, 306].
[4]) Analog nach Angaben aus [305, 306].
[5]) HAMMETT-Korrelation mit den Größen σ.
[6]) ϱ^0 (Korrelation mit den Größen σ^0 für meta-Substituenten).
[7]) ϱ^0 (Korrelation mit σ^0 für meta- und para-Substituenten).

des vorhandenen experimentellen Materials noch zu gering ist. Es ist auch bemerkenswert, daß unabhängig von den Werten $z^*_{CH_2}$ bei $n = 1$ und $n = 2$ die Größen $z^*_{CH_2CH_2}$ bei den drei Reaktionsserien, für die Daten vorhanden sind, völlig zufriedenstellend übereinstimmen. Natürlich gibt es kompliziertere Beispiele als die in Tab. 32 angegebenen. Zur Illustration kann man auf den Isotopenaustausch des Jods in den Verbindungen vom Typ $Ar(CH_2)_nJ$ [301] verweisen, wo die folgende Abhängigkeit der Größe ϱ von n befolgt wird:

n	1	2	3	4	5
ϱ	0,87	0,70	0,34	0,27	0,17
ϱ_{n+1}/ϱ_n	—	0,80	0,49	0,80	0,63
k_n/k_2	484	1,00	2,46	1,90	2,06

Leider basieren die genannten ϱ-Werte auf Daten für nur zwei Substituenten am Benzolkern (H und p-NO_2), und die Geschwindigkeitskonstante für den gegebenen Substituenten hängt nicht monoton von n ab. Deshalb ist es vorläufig zu früh, mit Sicherheit zu behaupten, daß in diesem Fall die Größe ϱ nur die Intensität des Induktionseinflusses wiedergibt.

Erörtern wir noch kurz das Problem der Additivität des Induktionseinflusses meta- und para-substituierter Phenylgruppen. Wie von JAFFE [10] gezeigt wurde, hat diese Frage zwei Aspekte. Das ist einmal die Additivität des Einflusses verschiedener substituierter Phenylringe, die in einem Molekül enthalten sind, und zum anderen die Additivität der Einflüsse von Substituenten an einem Benzolkern. Beide Arten der Additivität können im Prinzip befolgt werden. Die Additivität des Einflusses der Substituenten an einem Benzolkern wird auch in den Arbeiten [143, 228, 315, 317—325] erörtert. Die Additivität der Einflüsse verschiedener substituierter Phenylringe wird in den Arbeiten [207, 326—330] betrachtet. Uns interessiert hier nur der Induktionseinfluß substituierter Phenylringe, deshalb schieben wir die Erörterung solcher Ursachen der Nichtadditivität wie die sterische Hinderung, die Kopplung usw. vorläufig auf. Als JAFFE die Gültigkeit der Additivität des Substituenteneinflusses in einem Benzolring überprüfte, stellte er fest, daß eine solche Additivität zwar annähernd gewahrt wird, aber Abweichungen von etwa 0,05 Einheiten auf der σ-Skala aufteten. Dieses Ergebnis wurde aus Daten für eine Reihe verschiedener Reaktionsserien erhalten, die durch unterschiedliche ϱ-Werte und Korrelationsparameter s und r charakterisiert werden. Es ist interessant, die Frage zu klären, ob die Wahrung der Additivität besser wird, wenn man die benutzten experimentellen Daten nur auf einige Reaktionsserien beschränkt, nach Möglichkeit auf solche, in denen hauptsächlich nur der Induktionseinfluß auftritt. Leider ist es unmöglich, dieser Forderung voll zu entsprechen, da wir gezwungen sind, hauptsächlich Daten für die Dissoziation der Benzoesäuren zu verwenden, d. h. σ-Werte anstelle von σ^0-Werten. Dabei ist es wünschenswert, nach Möglichkeit die σ-Werte für monosubstituierte Phenylringe zu benutzen, die in der Arbeit bestimmt wurden, aus der die σ-Werte für polysubstituierte Phenylringe entnommen worden sind. Das bedeutet somit eine Überprüfung der Additivität der entsprechenden Größen von ΔpK_a oder Δ lg k nach der Methode, wie sie von SHORTER und STUBBS [317] angegeben und später in den Arbeiten [143, 320, 321] angewandt wurde. Die Daten aus den genannten Arbeiten sind — ausgedrückt in der σ-Skala — in Tab. 33 angegeben.

Tabelle 33:
Gegenüberstellung experimenteller σ-Werte für di- und trisubstituierte Phenylringe mit den entsprechenden additiven Größen

Substituent und Stellung am Benzolring: 3	4	5	Reaktionstyp[1])	$\sigma_{exp.}$	$\sigma_{additiv}$: gegebene Reaktion	$\sigma_{additiv}$: Dissoziation der Benzoesäure in Wasser	$\Delta\sigma$[2])
CH_3	CH_3	–	1	–0,205	–0,239	–	+0,034
CH_3	–	CH_3	1	–0,098	–0,138	–	+0,040
	–		2	–0,111	–	–0,138	+0,028
C_2H_5	–	C_2H_5	2	–0,170	–	–0,14	–0,03
CH_3	CH_3	CH_3	2	–0,215	–	–0,308	+0,093
C_2H_5	C_2H_5	C_2H_5	2	–0,275	–	–0,29	+0,015
OH	OH	–	1	–0,288	–0,209	–	–0,079
OH	–	OH	1	+0,164	+0,241	–	–0,077
Cl	Cl	–	3	+0,636	+0,699	+0,597	–0,063
Cl	–	Cl	3	+0,765	+0,838	+0,746	–0,073
CH_3O	CH_3O	–	1	–0,278	–0,205	–	+0,073
NO_2	NO_2	–	1	+1,388	+1,487	–	–0,099
NO_2	–	NO_2	1	+1,379	+1,419	–	–0,040
NO_2	CH_3	NO_2	1	+1,232	+1,249	–	–0,017
Cl	–	NO_2	1	+1,040	+1,092	–	–0,052
NO_2	Cl	–	1	+0,828	+0,872	–	–0,044
Cl	OH	–	1	–0,081	–0,007	–	–0,074
NO_2	Br	–	1	+0,798	+0,936	–	–0,138
NO_2	OH	–	1	+0,453	+0,369	–	+0,081
CH_3O	OH	–	1	–0,360	–0,266	–	–0,094
CH_3	CH_3O	–	1	–0,300	–0,398	–	+0,098

[1]) 1-Dissoziation der Benzoesäuren in Wasser bei 25 °C nach den Arbeiten [317, 321].
2-Dissoziation der Benzoesäuren in 57,6%igem wäßrigen Äthanol bei 25 °C nach der Arbeit [143]. Es wurde der Wert $\varrho = 1{,}81$ aus den Punkten für C_6H_5 und $p\text{-}NO_2C_6H_4$ eingesetzt.
3-Reaktion der Benzoesäuren mit Diphenyldiazomethan in Äthanol bei 30 °C aus [320] unter Verwendung von $\varrho = 0{,}94$ [300].

[2]) $\Delta\sigma = \sigma_{exp.} - \sigma_{addit.}$

Wie man sieht, sind die Abweichungen von der Additivität mit einer Ausnahme nicht größer als 0,1 Einheiten auf der σ-Skala. Sie sind jedoch nicht vernachlässigbar klein und werden offenbar nicht durch experimentelle Ungenauigkeiten hervorgerufen. Dabei sind schwer irgendwelche exakten allgemeinen Gesetzmäßigkeiten festzustellen. Es scheint, daß in der Regel die Abweichungen von der Additivität zu einer Verkleinerung des absoluten σ-Wertes führen. Dabei ist festzustellen, daß sich die Ausnahmen auf die Fälle beziehen, wo beide Substituenten entweder OH oder CH_3O (die beide $+R$-Charakter besitzen) sind, und einer von ihnen sich in para-Stellung befindet. Wie weit es zulässig ist, entsprechende Verallgemeinerungen zu machen, ist schwer zu sagen (s. Tab. 33). Der Mittelwert der Abweichung von der Additivität beträgt 0,064 Einheiten auf der σ-Skala. Für 3,5-disubstituierte und 2,4-Dinitrophenylgruppen, bei welchen wir es ganz sicher nur mit einem Induktionseinfluß des substituierten

Phenylringes zu tun haben, ist der entsprechende Wert gleich 0,059. Auf diese Weise wird im Prinzip dasselbe Resultat erhalten wie in JAFFEs Arbeit [10]. Außerdem kann man mit genügender Sicherheit sagen, daß sich dieses Resultat bevorzugt auf den Induktionseinfluß der substituierten Phenylringe bezieht.

In praktischer Hinsicht ist es sinnvoll, die experimentellen σ-Werte für polysubstituierte Phenylgruppen in den Fällen zu benutzen, für die entsprechende Daten vorhanden sind. Bei der Anwendung additiver Werte kann man etwas größere Abweichungen von der Regressionsgeraden erwarten, als das für die HAMMETT-Gleichung charakteristisch ist. Die Additivität des Einflusses substituierter Phenylringe ist ein Teilproblem des gemeinsamen Induktionseinflusses elektronegativer Substituenten. Ein Aspekt dieses Problems ist die Abhängigkeit der Induktionskonstanten eines komplizierten Substituenten von seinen Bestandteilen. Darauf wurde schon in Kap. 7.2. eingegangen. Für meta- und parasubstituierte Phenylringe sind uns keine Beispiele für wesentliche Abweichungen von der Additivität bekannt.

Der zweite Aspekt der Additivität bezieht sich auf die Fälle, wo substituierte Phenylringe mit dem Reaktionszentrum verbunden sind. Diese Frage wird im Kap. 11.3. als spezieller Fall vielparametriger Korrelationen betrachtet. Ein interessanter dritter Aspekt der Additivität des Einflusses substituierter Phenylringe wird von JAFFE [10, 39] betrachtet. Es handelt sich um Systeme, in denen das Reaktionszentrum mit dem Benzolring an zwei Stellen verbunden ist und somit Bestandteil eines Ringes wird der mit dem Benzolkern kondensiert ist:

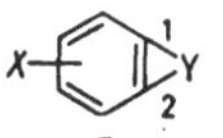

I

Bei solchen Strukturen kann man annehmen, daß sich der Substituent in bezug auf das Reaktionszentrum einerseits in para- aber andererseits in meta-Stellung befindet. Wenn man annimmt, daß der Einfluß des Substituenten auf beiden Wegen unabhängig und der summarische Effekt additiv ist, dann sollte folgende Gleichung erfüllt sein:

$$\lg k = \lg k_0 + \varrho_1\sigma_1 + \varrho_2\sigma_2 \qquad (7.42)$$

Hier charakterisiert ϱ_1 die Empfindlichkeit gegenüber dem Induktionseinfluß des substituierten Benzolringes, der durch die Bindung 1 übertragen wird, ϱ_2 bezeichnet den Einfluß für die Bindung 2, σ_1 und σ_2 sind Konstanten für das meta- oder para-substituierte Phenyl in Abhängigkeit von der Lage des Substituenten bezüglich der beiden Bindungen 1 und 2.

Die Gleichung (7.42) sollte auch für Reaktionen angewandt werden, die die Wechselwirkung zweier Reaktionszentren, welche über zwei Seitenketten mit dem Benzolring in ortho-Stellung verbunden sind, repräsentieren.

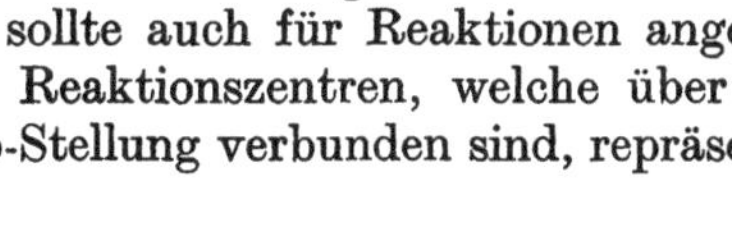

II

Schließlich fallen unter die Kategorie der Systeme des Typs I auch solche, bei denen sich in ortho-Stellung zum Reaktionszentrum ein konstanter Substituent befindet, der mit ihm durch eine Wasserstoffbrückenbindung verbunden ist. Dann kann der Induktionseinfluß des substituierten Benzolrings auch teilweise auf das Reaktionszentrum über den Orthosubstituenten übertragen werden. Die Intensität eines solchen zusätzlichen Einflusses wird durch die Größe ϱ_2 charakterisiert.

Die Überprüfung der Gültigkeit von Gleichung (7.42) ist von JAFFE [331] für alle genannten Varianten durchgeführt worden. In einigen Fällen unterscheiden sich sowohl ϱ_1 als auch ϱ_2 eindeutig von Null, in anderen kann man eine dieser Konstanten vernachlässigen.

7.5. Bestimmung der Induktionskonstanten aus der chemischen Verschiebung in NMR-Spektren

Wenn die Induktionswechselwirkung gleichartig ist, dann ist es im Prinzip gleichgültig, welche Erscheinung oder welchen Prozeß wir für die quantitative Bestimmung der Induktionskonstanten von Substituenten benutzen. Die einzige Forderung ist, daß diese Erscheinung oder dieser Prozeß nur von der Induktionswechselwirkung abhängt oder eine quantitative Bestimmung der Induktionskomponente möglich ist. Vom praktischen Standpunkt ist es außerdem wichtig, daß der gewählte Standardprozeß genügend empfindlich gegenüber dem Einfluß des Induktionseffekts ist.

Diesen Forderungen entsprechen neben den weiter oben betrachteten chemischen Reaktionen die chemischen Verschiebungen für das Signal des Fluoratoms im NMR-Spektrum meta-substituierter Fluorbenzole, die deshalb in letzter Zeit von TAFT und Mitarbeitern [46, 240, 241] für die Bestimmung der Induktionskonstanten der Substituenten vorgeschlagen wurden. Der relative Wert der chemischen Verschiebung (als Standard wurde Fluorbenzol genommen, d. h. der Substituent ist H) in Methanol variiert zwischen +1,14 für CH_3 und −3,60 für NO_2, bei einem experimentellen Fehler von $\pm 0{,}08$ [241]. Dabei wurde festgestellt, daß sich bei meta-Substituenten die chemische Verschiebung des Fluors in guter linearer Abhängigkeit von der Größe σ_I befindet, d. h. es wird nur der Induktionseinfluß dieser Substituenten bestimmt. Auf der Grundlage dieser Abhängigkeit ist auch eine Überprüfung der Induktionskonstanten σ_I möglich. Die auf diesem Weg erhaltene Skala der Größen σ_I wurde von TAFT als Grundlage für die quantitative Berechnung des Induktionseinflusses der Substituenten vorgeschlagen und fand neben den Konstanten σ^* breite Anwendung. Es ist interessant zu untersuchen, in welchem Grad diese Skala der Konstanten σ_I wirklich der σ^*-Skala äquivalent ist.

In der Arbeit [241] wird die folgende Beziehung zwischen den chemischen Verschiebungen der meta-substituierten Fluorbenzole und den Konstanten σ_I für die meta-Substituenten angegeben (7.43) (Für Substituenten, bei welchen diese Größe vom Lösungsmittel abhängt, bezieht sich die Gleichung auf die chemischen Verschiebungen in „schwachsauren Lösungsmitteln, s. Kap. 7.6.):

$$\delta_F^{m-X} = -7{,}10\,\sigma_I + 0{,}60 \tag{7.43}$$

In Abb. 14 sind die Größen δ_F^{m-X} in Methanol [241] gegen die σ^*-Werte aus Tab. 18 aufgetragen. Wie man sieht, bestehen merkliche Abweichungen von der Geraden, die nach der Methode der kleinsten Quadrate erhalten wurde.

Inwieweit diese Abweichungen aus den Ungenauigkeiten der σ^*-Werte erklärt werden können, ist schwer zu sagen. Zumindest kann man feststellen, daß für einige Substituenten die Abweichungen auf der Koordinate δ_F^{m-X} größer sind, als das aus der Größe des experimentellen Fehlers ($\pm$ 0,08) bei der Bestimmung der chemischen Verschiebungen folgt.

Abb. 14: Die Abhängigkeit der chemischen Verschiebungen für das Fluoratom meta-substituierter Fluorbenzole von den Induktionskonstanten σ^*

• – δ_F^{m-X} in Methanol
○ – δ_F^{m-X} in inerten Lösungsmitteln
⊗ – Überlagerung der Punkte ○ und •

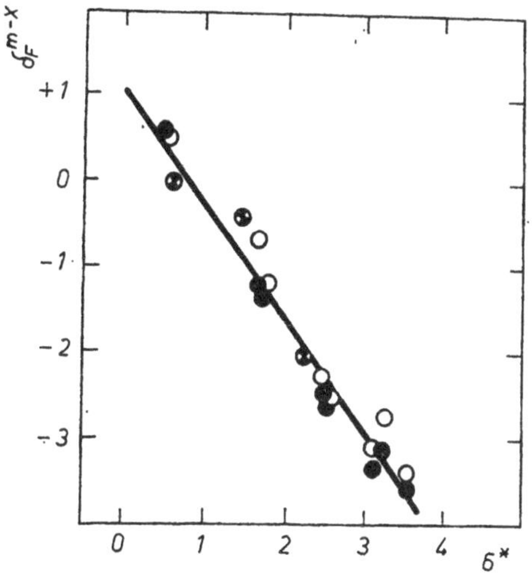

Was die Methylgruppe und andere gesättigte aliphatische Kohlenwasserstoffsubstituenten betrifft, so haben aus Gründen, die in Kap. 7.2. betrachtet wurden, die Größen σ_I, die für diese Substituenten aus der Gleichung (7.44) bestimmt wurden, kaum irgendeinen realen Inhalt.

Die Ergebnisse der Korrelation der Werte δ_F^{m-X} und auch der in der Arbeit [241] angegebenen Werte von σ_I für „schwach saure Lösungsmittel", die aus δ_F^{m-X} errechnet werden, mit den Größen σ^* aus Tab. 18 sind in Tab. 34 angegeben.

Tabelle 34:

Korrelation der chemischen Verschiebungen meta-substituierter Fluorbenzole in Methanol und der σ_I-Werte für „schwachsaure Lösungsmittel" mit den Konstanten σ^* aus Tab. 18

Korrelationsparameter¹)				
A	A_0	ϱ^*	r	s
σ_I	0,012 $\pm$ 0,038	0,151 $\pm$ 0,014	0,92296	0,095
δ_F^{m-X}	1,15 $\pm$ 0,186	1,39 $\pm$ 0,080	0,98531	0,257

¹) Die Korrelation wurde entsprechend der Gleichung $A = A_0 + \varrho^* \sigma^*$ durchgeführt.

Zusammenfassend kann man sagen, daß die Größen σ^* und σ_I, die aus den chemischen Verschiebungen bestimmt wurden, zu gleichwertigen Skalen der Induktionskonstanten führen, die sich nur durch den Maßstab unterscheiden, obwohl zwischen ihnen keine völlige Übereinstimmung besteht. Deshalb besitzen die Gegenüberstellungen der Resultate solcher Korrelationen sowohl mit den einen als auch mit den anderen Größen vorläufig durchaus praktisches Interesse. Leider sind in der Literatur solche Gegenüberstellungen nicht allgemein üblich, und es wird oft nur eine der genannten Skalen zur Grundlage genommen.

Von Interesse ist noch der Vergleich der Größen σ^*, die man für die geladenen Substituenten NH_3^+ und COO^- aus δ_F^{m-X} erhält, mit den „tatsächlichen Werten", die in Kap. 7.2. errechnet wurden:

	aus δ_F^{m-X}	„tatsächlicher" Wert
NH_3^+	3,90	6,5
COO^-	−0,23	−1,45

Wie man sieht, weichen diese Werte stark voneinander ab, ungeachtet dessen, daß sich in meta-substituierten Fluorbenzolen die Wechselwirkung zwischen zwei geladenen Substituenten ausschließt. Folglich ist — wider Erwarten — die Messung von chemischen Verschiebungen der kernmagnetischen Resonanz bei meta-substituierten Fluorbenzolen keine Methode für die direkte Bestimmung der wahren σ^*-Werte geladener Substituenten. Da bisher nichts über die Natur der zusätzlichen Wechselbeziehungen bekannt ist, die mit der Anwesenheit geladener Substituenten im Molekül verbunden sind, ist auch eine Interpretation der auftretenden Unstimmigkeiten nicht möglich. Es bleibt lediglich festzustellen, daß der Erhalt eines konstanten ϱ^*-Wertes für aliphatische Verbindungen mit geladenem Reaktionszentrum dafür spricht, daß die Wechselwirkung zwischen geladenen und ungeladenen Gruppen im Molekül eine rein induktive sein kann.

7.6. Abhängigkeit der Induktionskonstanten vom Lösungsmittel

Aus einer formalen theoretischen Analyse folgt, daß dem Problem der Abhängigkeit der Induktionswechselwirkung vom Lösungsmittel zwei Aspekte zukommen. Das ist einmal die Lösungsmittelabhängigkeit der Universalkonstante α^* für die Induktionswechselwirkung. Diese Abhängigkeit entspricht einer gleichartigen Wechselwirkung mit dem Lösungsmittel.

Der zweite Aspekt wäre die Abhängigkeit der Induktionskonstanten der Substituenten vom Lösungsmittel, resultierend aus der Fähigkeit dieser Substituenten zur spezifischen Solvatation (z. B. unter Ausbildung von Wasserstoffbrückenbindungen). Das muß seinen Niederschlag finden im Fehlen einer einheitlichen Reihe von Induktionskonstanten, die für alle Lösungsmittel anwendbar wär. Wenn ein Reaktionszentrum entweder im Ausgangs- oder im aktivierten Zustand, oder in beiden Zuständen zur spezifischen Wechselwirkung mit dem Lösungsmittel fähig ist, muß man eine Form der Abhängigkeit ϱ^* vom Lösungsmittel beobachten, die nicht durch die entsprechenden Änderungen der Größe α^* erklärbar ist. Damit ist die Bestimmung von α^* aus ϱ^*-Werten in verschiedenen Lösungsmitteln nicht in jedem Falle zulässig. Im Zusammenhang mit den bereits erörterten Besonderheiten der cyclischen Systeme kann die Verwendung der Größen ϱ^0 und ϱ für diese Zwecke gleichfalls nicht als voller Ersatz angesehen werden. Aus diesem Grunde wird der ohnehin geringe Wert der Daten, die zur Untersuchung der Abhängigkeit α^* vom Medium verwendet werden können, noch erheblich reduziert. Gegenwärtig existieren offensichtlich noch zu wenig Daten, um das Verhältnis $\varrho^*/\varrho^*_{H_2O}$ für verschiedene Reaktionsreihen in jeweils einem Lösungsmittel vergleichen zu können. Falls dieses Verhältnis nicht von der Reaktionsserie abhängt, kann es dem Verhältnis $\alpha^*/\alpha^*_{H_2O}$ gleichgesetzt werden.

Im folgenden sei noch auf einige Fakten hingewiesen. Beim Übergang von Wasser zu 50%igem Alkohol verändern sich die ϱ^*-Werte der Dissoziation von Carbonsäuren (siehe Tab. 30) und die der Säuredissoziation der N—H-Bindungen von Verbindungen des Typs XCONHPO$(OC_2H_5)_2$ praktisch nicht [262]. Das gleiche gilt für die Dissoziationen der Alkohole XCH_2OH in Wasser und in Propanol-2 [262].

Andererseits vergrößert sich beim Übergang von Äthanol zu Toluol die Größe ϱ^* für die Reaktion substituierter Benzoesäuren mit Diphenyldiazomethan von 0,940 auf 2,513 [262]. Das entspricht einem Wert von $\alpha^* = 2000$ cal/Mol für Toluol.

Ausgehend von den ϱ^*-Werten für die Enthalpien der Hydrierung substituierter Äthylene und Acetylene (siehe Tab. 40) kann man versuchen, die Größe α^* für die Gasphase abzuschätzen. Als Reaktionszentren im Ausgangszustand nehmen wir $-CH{=}CH_2$ und entsprechend $-C{\equiv}CH$ an. In beiden Fällen bildet sich im Endzustand die Äthylgruppe. Für $-CH{=}CH_2$ ist $\sigma^* = 0{,}59$ (Tab. 18). Bei $-C{\equiv}CH$ ist kein sicherer Wert vorhanden. Als grobe Näherung verwenden wir die Größe $\sigma^* = 1{,}30$ für $-C{\equiv}CCH_3$ [36]. Wenn man noch $\sigma^*_{C_2H_5} = -0{,}100$ berücksichtigt, erhält man für $\alpha^*_{82°(Gas)}$ die Werte 3500 bzw. 3600 cal/Mol. Nimmt man an, daß die Größen σ^* nur für elektronegative Substituenten als Reaktionszentrum gelten und $\sigma^*_{C_2H_5} = 0$ ist, erhält man die Werte 4100 und 3900 cal/Mol. Die angeführten Zahlen haben zweifellos nur Näherungscharakter.

Es kann lediglich als gesichert gelten, daß sich die angegebenen Größen mit Verringerung der Polarität des Milieus vergrößern (siehe Kap. 14.1).

Größeres praktisches Interesse kommt dagegen der Abhängigkeit der Induktionskonstanten vom Lösungsmittel zu. Die Größen σ_I, die aus der chemischen Verschiebung meta-substituierter Fluorbenzole resultieren, wurden von Taft und Mitarbeitern [241] in verschiedenen Lösungsmitteln gemessen. Es zeigte sich, daß alle Substituenten in zwei Klassen eingeteilt werden können. Die erste umfaßt die sogenannten „chemisch inerten" Substituenten, deren Größen $\delta_F{}^{m-X}$ nicht in irgendeiner gesetzmäßigen Art vom Lösungsmittel abhängig sind. Beim Lösungsmittelwechsel ändern sie sich nur geringfügig. Die Größen σ_I resultieren aus einem mittleren Wert von $\delta_F{}^{m-X}$ für eine Reihe von Lösungsmitteln. Die zweite Klasse der „chemisch aktiven" Substituenten ist z. B. zur Bildung von Wasserstoffbrückenbindungen mit protischen Lösungsmitteln oder zur Wechselwirkung mit solchen Lösungsmitteln, die den Charakter aprotischer Säuren besitzen (Elektronenakzeptorlösungsmittel, wie z. B. Aceton), befähigt. Die Größen σ_I bleiben dann nur in einer inerten Umgebung konstant. In Lösungsmitteln mit Protonendonator- oder Protonenakzeptorwirkung sind sie von diesen abhängig. Zur praktischen Handhabung werden verschiedene Lösungsmittel mit annähernd ähnlichen Eigenschaften zu Gruppen vereinigt. Innerhalb dieser Gruppen wird

Tabelle 35:
Induktionskonstanten σ_I in verschiedenen Lösungsmitteln

Substituenten	„Normale" Lösungsmittel	Dioxan	schwachsaure Lösungsmittel	Trifluor-essigsäure
C_6H_5	0,08	0,08	0,08 ± 0,01	0,10
F	0,52	0,52	0,52 ± 0,01	0,54
Br	0,44	0,43	0,44 ± 0,01	0,44
CH_2Cl	0,14	—	0,10 ± 0,02	—
CF_3	0,41	0,38	0,41 ± 0,01	0,41
OH	0,29	—	0,16 ± 0,04	—
OCH_3	0,25	0,26	0,29 ± 0,03	0,51
CH_2OH	0,06	—	0,01 ± 0,02	—
O^-	—	—	−0,16 ± 0,01	—
CHO	0,25	0,22	0,31 ± 0,02	0,53
$COCH_3$	0,18	0,15	0,23 ± 0,02	0,46
OC_6H_5	0,37	0,37	0,37 ± 0,01	0,50
$OCOCH_3$	0,27	—	0,33 ± 0,02	—
$COOC_2H_5$	0,11	0,13	0,21 ± 0,02	—
COO^-	—	—	−0,05 ± 0,02	—
COF	0,39	0,34	0,42 ± 0,01	0,56
OCF_3	0,55	0,55	0,55 ± 0,01	0,54
$COCF_3$	0,45	0,41	0,48 ± 0,02	0,61
NH_2	0,01	—	0,05 ± 0,08	—
CH_2NH_2	0,00	—	0,04 ± 0,01	—
$N(CH_3)_2$	0,10	—	0,10 ± 0,01	—
$NHNH_2$	0,14	0,15	0,14 ± 0,01	0,34
$\overset{+}{N}H_3$	—	—	0,58 ± 0,02	—
$CH_2\overset{+}{N}H_3$	—	—	0,25 ± 0,01	—
$\overset{+}{N}(CH_3)_3$	—	—	0,93 − 0,02	—
$N{=}NC_6H_5$	0,19	—	0,25	—
$CONH_2$	—	0,11	0,21 ± 0,02	0,65
$NHCOCH_3$	0,20	—	0,24 ± 0,01	—
CN	0,48	0,43	0,53 ± 0,02	0,74
CH_2CN	0,24	—	0,24 ± 0,02	—
COCN	0,55	0,42	0,55 ± 0,03	0,73
SH	0,19	—	0,18 ± 0,01	—
SCH_3	0,14	0,15	0,14 ± 0,01	0,34
NO	0,34	0,30	0,37 ± 0,01	—
NO_2	0,56	0,49	0,60 ± 0,02	0,80
SF_5	0,56	0,54	0,56 ± 0,01	0,57
$SOCH_3$	0,49	0,43	0,62 ± 0,04	1,00
SO_2CH_3	0,55	0,50	0,62 ± 0,03	—
SO_3^-	—	—	0,25 ± 0,02	—
SO_2F	0,75	—	0,81 ± 0,01	—
SO_2Cl	0,80	—	0,86 ± 0,01	—
SO_2NH_2	—	0,38	0,46 ± 0,03	—
$CH{=}CH_2$	0,01	0,01	0,01 ± 0,02	—
$CH{=}CHNO_2$	0,24	0,23	0,27 ± 0,01	—
$B(OH)_2$	—	—	−0,08 ± 0,01	—
$B(OH)_3^-$	—	—	−0,36 ± 0,03	—

ein mittlerer Wert von σ_I für jeden chemisch aktiven Substituenten bestimmt. In der zitierten Arbeit werden in einer Gruppe sogenannte „schwachsaure" Lösungsmittel zusammengestellt, die nicht stärker sauer sind als Ameisensäure. Die Größen σ_I für stärker saure Medien werden aus den δ_F^{m-X}-Werten in Trifluoressigsäure errechnet. Die Werte σ_I in verschiedenen Lösungsmitteln sind nach Angaben der Arbeit [241] in der Tab. 35 aufgeführt.

Mit den Größen σ_I, die für verschiedene Medien definiert sind, wurde in der Arbeit [241] auf der Grundlage der chemischen Verschiebung der kernmagnetischen Resonanz der Versuch gemacht, die Frage nach der Übertragung der Induktionswirkung durch verschiedene Atome zu überprüfen. Dabei wurde der Standpunkt von McGovan [264, 265] zugrunde gelegt, daß der Leitfähigkeitsfaktor z^* nicht von der Art der entsprechenden Atome abhängt, sondern der universellen Größe 0,5 gleichzusetzen ist. In Übereinstimmung damit wird folgende Formel für die Errechnung der Größe σ_I von Substituenten des Typs XG vorgeschlagen, wobei G gleich CH_2, O, NH, C=C usw. ist:

Abb. 15: Die Leitfähigkeit verschiedener Atome (Atomgruppierungen) für den Induktionseffekt auf der Grundlage der aus δ_F^{m-X} erhaltenen Größen σ_I

	„Schwachsaure" Lösungsmittel	„Normale" Lösungsmittel
$G = CH_2$	○	●
$G = SO_2$	◑	●
$G = CO$	△	▲
$G = NH$	□	■
$G = O$	◊	♦

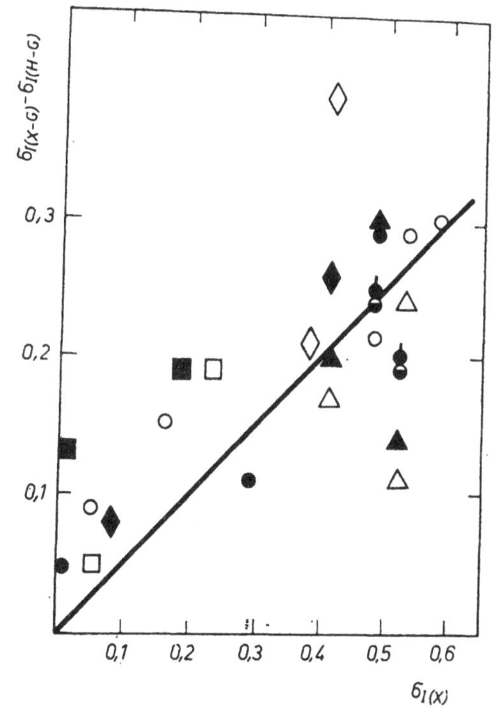

$$\sigma_{I(XG)} = \sigma_{I(HG)} + 0{,}5\sigma_{I(X)} \tag{7.44}$$

In Abb. 15 sind die Größen $\sigma_{I(XG)} - \sigma_{I(HG)}$ in Abhängigkeit von $\sigma_{I(X)}$ für verschiedene G in normalen sowie in schwach sauren Lösungsmitteln dargestellt. Wie man sieht, ergeben die experimentellen Werte keine Gerade, die mit einem Anstieg von 0,5 durch den Koordinatenursprung führt. Deshalb können die in der Arbeit [241] angeführten Daten kaum als stichhaltige Argumente für die Verwendbarkeit von Gleichung (7.44) gelten. Leider gibt es bisher nicht genug Daten, die einen Vergleich der Resultate zur Untersuchung der Abhängigkeit der Größen δ_H^{m-X}von der Natur des Substituenten mit analogen Daten aus chemischen Reaktionen gestatten würden. Tatsächlich existieren kaum Arbeiten, in denen die Gültigkeit der TAFT-Gleichung am Beispiel einer bestimmten Reaktion in einer hinreichend großen Anzahl unterschiedlicher Lösungsmittel überprüft wird. Eine Ausnahme bildet die Arbeit von RITCHIE und LEWIS [332], in der die Resultate einer Untersuchung der Gleichgewichtskonstanten für die Reaktionen zwischen 4-substituierten Bicyclo-(2.2.2)-octan-1-carbonsäuren und p-Nitrophenolaten in Äthanol, Methanol, Dimethylsulfoxid, Aceton und in verschiedenen Mischungen dieser Lösungsmittel mit Wasser angeführt sind. Bei der Bearbeitung der Daten wurden die Größen lg K den Konstanten σ' aus der Arbeit [45] gegenübergestellt, was im Prinzip einer Korrelation mit den Größen σ_I entspricht. Es fällt auf, daß beim Dimethylsulfoxid und 90%igem wäßrigen Dimethylsulfoxid die Korrelation nicht sehr gut ist ($r = 0{,}83$ und entsprechend 0,91).

Weiterhin stellt man eine bedeutende Schwankung der Größen σ', die aus den dargelegten Korrelationen errechnet wurden, für die Substituenten COO^- und $N(CH_3)_3^+$ beim Übergang von einem Lösungsmittel zum anderen fest.

Leider bleiben einige Zweifel in bezug auf die Genauigkeit der experimentellen Daten, die in der erwähnten Arbeit angeführt werden. So besitzen (für 50%iges Äthanol) die Größen lg K keine befriedigende lineare Abhängigkeit vom pK_a für die gleichen Säuren wie in der Arbeit [294], obgleich es im Grunde ein und dieselben Größen sind. Die gleichen Autoren zeigten, daß, da das untersuchte Gleichgewicht fast vollständig auf eine Seite verschoben ist, die experimentelle Genauigkeit für 50%ige wäßrige Lösungen gering war.

Als weiteres Beispiel mit einer formalen Beziehung zu dem erörterten Problem können die Säure-Base-Reaktionen zwischen dem Äthyläther der Nitroessigsäure und Aminen der Form $XN(CH_3)_2$ genannt werden. Sie wurden in verschiedenen Lösungsmittelgemischen untersucht [333—337]. Wenn auch in reinem Methanol dem linearen Verhältnis zwischen lg K und σ^* für die Substituenten X im Amin hinreichend entsprochen wird, so verliert sich diese Abhängigkeit in Gemischen von Aceton mit Acetonitril, Dimethylsulfoxid oder Dimethylformamid bei einer Vergrößerung der Konzentration der zweiten Komponenten. Beim Übergang zu reinem Acetonitril, Dimethylsulfoxid oder Dimethylformamid resultiert sogar eine Veränderung in der Abstufung der Basizität der Amine. Das bedeutet, daß sich die Reihenfolge der Substituenten verändern muß, die im Sinne einer Vergrößerung der „effektiven" σ^*-Werte angeordnet sind.

Vorläufig ist es noch verfrüht zu entscheiden, inwiefern eine solche Erscheinung als Folge der Unsicherheit in den Induktionskonstanten zu betrachten ist oder inwiefern sie durch andere Faktoren, die einen Einfluß auf die Resultate der Messungen haben, hervorgerufen wird. Schließlich wurde auch ein Versuch unternommen [337], die erwähnten Daten zu deuten, ohne eine Abhängigkeit der Größe σ^* vom Lösungsmittel vorauszusetzen. Es muß noch bemerkt werden, daß wir es im gegebenen Fall mit Substituenten zu tun haben, wie tert.-Butyl, Isoamyl, Benzyl, β-Chloräthyl, β-Phenyläthyl und β-Oxyäthyl, von denen nur letzterer, entsprechend der Klassifikation von TAFT und Mitarbeitern [241], zur Reihe der „chemisch aktiven" Substituenten gerechnet werden könnte.

7.7. Induktionskonstanten und Elektronegativität

Wie weiter oben bereits festgestellt wurde, können die Induktionskonstanten als quantitatives Maß der effektiven Elektronegativität des entsprechenden Substituenten angesehen werden. Daneben sind die Elektronegativitäten χ bekannt. Sie wurden von PAULING [338] eingeführt, ausgehend von den Abweichungen der Bindungsenergien der Moleküle $A-B$ vom arithmetischen Mittel der Bindungsenergien für die Moleküle $A-A$ und $B-B$. Einen Vergleich der Elektronegativitäten nach PAULING mit den Größen σ^* oder σ_I führte TAFT [339] durch. In dieser Arbeit wird der physikalische Charakter dieser sowie vergleichbarer Größen erörtert und auf die Ursachen der zwischen ihnen bestehenden Unterschiede hingewiesen.

Abb. 16: Abhängigkeit zwischen den Elektronegativitäten χ und den Induktionskonstanten σ^* für die Halogene

o — χ-Werte nach PAULING

• — neue χ-Werte

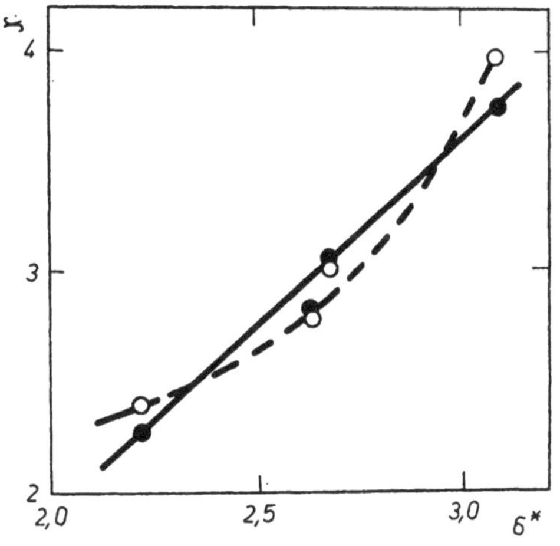

Zum direkten Vergleich der Induktionskonstanten mit den Elektronegativitäten sind nur einatomige Substituenten geeignet. Praktisch bedeutet das eine Beschränkung auf Wasserstoff und die Halogene. In Abb. 16 sind für letztere die Größen σ^* in Abhängigkeit von den Werten χ dargestellt. Man sieht, daß zwischen ihnen keine lineare Abhängigkeit existiert.

Wenn man die Elektronegativitäten verschiedener Gruppen nach DAILEY und SHOOLERY [340] (die in den meisten Fällen den χ-Werten entsprechen) den Größen σ^* für die entsprechenden Substituenten gegenübergestellt, ist oftmals sogar die Reihenfolge für die Anordnung der Gruppen unterschiedlich [339]. Andererseits wurden Versuche unternommen, die Größen σ^* mit den Elektronegativitäten χ für die den Substituenten zugehörigen Atome zu verbinden [85], oder eine neue Skala von Induktionskonstanten einzuführen, die lediglich auf den Elektronegativitäten nach PAULING und dem Gesetz der Abschwächung des Induktionseffektes beruht [341—344]. Aus diesem Grunde ist es interessant, die Bedeutung der Elektronegativitäten zu klären und zu überprüfen, ob prinzipiell eine Verbindung zwischen ihnen und den Induktionskonstanten der Substituenten besteht.

Wir sahen bereits, daß es nicht gelingt, eine einfache Abhängigkeit zwischen diesen Größen und den Induktionskonstanten zu finden, wenn man die tabellierten Werte der Elektronegativitäten nach PAULING benutzt. Versuchen wir nun, an Hand der Konzeption der Elektronegativitäten nach PAULING eine Verbindung zwischen χ und σ^* zu finden. Bei der Berechnung von χ verwenden wir nur die neuesten Werte der Bindungsenergien, der Ionisationspotentiale und der Elektronenaffinitäten, die in Tabellenwerken verzeichnet sind [345, 346]. In der Abhandlung von PAULING werden die Elektronegativitätsunterschiede als einzige Ursache der Abweichung der chemischen Bindungsenergie im zweiatomigen Molekül $A-B$ vom arithmetischen Mittel für symmetrische Moleküle $A-A$ und $B-B$ angesehen.

Es wird angenommen, daß die Quadratwurzel dieser Abweichung proportional der Differenz der Elektronegativitäten der Atome A und B ist. Unter Einführung von Standardbedingungen kann man aus solchen Differenzen Zahlenwerte der Elektronegativitäten für verschiedene Atome berechnen.

Nimmt man an, daß diese Abweichungen von der Additivität mit einer gleichartigen Wechselwirkung zwischen den Atomen A und B verbunden sind, deren Ursache die Elektronegativität ist, so kann man in Analogie zur Gleichung (4.11) schreiben:

$$\begin{aligned} U_{AB} &= U_A + U_B + U_{00} + \alpha(\chi_A^* + \chi_B^*) + \alpha\chi_A^*\chi_B^* \\ U_{AA} &= 2U_A + U_{00} + 2\alpha\chi_A^* + \alpha(\chi_A^*)^2 \\ U_{BB} &= 2U_B + U_{00} + 2\alpha\chi_B^* + \alpha(\chi_B^*)^2 \end{aligned}$$

wobei U_{AB}, U_{AA} und U_{BB} die Energien der Bindungen in den entsprechenden zweiatomigen Molekülen bedeuten. U_A und U_B sind die additiven Glieder für die Atome A und B, die nicht mit der erwähnten gleichartigen Wechselwirkung verknüpft sind. χ_A^* und χ_B^* sind Konstanten, welche die Elektronegativitäten der Atome A und B charakterisieren. Die Größen χ_A^* und χ_B^* sind den Konstanten σ^* analog. Aus diesen Gleichungen folgt:

$$\Delta_{AB} = U_{AB} - \frac{1}{2}(U_{AA} + U_{BB}) = \alpha\left[\chi_A^*\chi_B^* - \frac{1}{2}(\chi_A^{*2} + \chi_B^{*2})\right] \tag{7.45}$$

Die Zahlenwerte der Größen χ^* können jetzt für verschiedene Atome (Substituenten) durch die Einführung entsprechender Standardbedingungen gefunden werden. Bei der Annahme von Wasserstoff ($\chi_H^* = 0$) als Standardsubstituent erhalten wir folgende Gleichung:

$$\sqrt{\Delta_{AH}} = -\sqrt{-\frac{\alpha}{2}\chi_A^*} \tag{7.46}$$

Um konkrete Zahlenwerte zu erhalten, muß man unbedingt durch die Wahl des Wertes der Konstanten α einen Maßstab für die Größen χ_A^* festlegen. Wenn man für $\alpha = -2/23{,}06$ annimmt, befindet sich χ^* im gleichen Maßstab wie der χ-Wert von PAULING. Er unterscheidet sich von dem letzteren nur durch die Wahl des Skalenanfangs (bei PAULING $\chi_H = 2{,}1$).

Es ist leicht einzusehen, daß die von PAULING vorgeschlagene Abhängigkeit der Größe Δ_{AB} von der Differenz der Elektronegativitäten A und B

$$\Delta_{AB} = \frac{1}{23{,}06}(\chi_A - \chi_B)^2 \tag{7.47}$$

der Gleichung (7.45) äquivalent ist, denn

$$(\chi_A - \chi_B)^2 = (\chi_A^* - \chi_B^*)^2 = -2\left\{\chi_A^* \chi_B^* - \frac{1}{2}[(\chi_A^*)^2 + (\chi_B^*)^2]\right\} \quad (7.48)$$

Auf diese Art gelangen wir zu der Schlußfolgerung, daß die Elektronegativitäten nach PAULING den Größen σ^* äquivalent sind, und zwischen ihnen eine lineare Abhängigkeit bestehen muß. Wenn man die Umrechnung der Größen χ^* oder χ für die Halogene unter Benutzung der Bindungsenergiewerte aus der Arbeit [345] durchführt, erhält man das in Tab. 36 angeführte Resultat. Wie man sieht, unterscheiden sich die neuen Werte χ etwas von denen, die PAULING erhalten hatte, aber sie befinden sich offensichtlich in ausreichender linearer Abhängigkeit von den entsprechenden Werten (siehe Abb. 16).

Tabelle 36:

Die Elektronegativitäten für einige Atome und Gruppen nach Gleichung (7.46) und nach der Methode von PAULING

Atome oder Gruppen	$\sqrt{\Delta_{XH}}$	χ^*	χ nach Gleichung (7.46)	χ nach PAULING [338]	σ^*
H	0,00	(0,00)	(2,1)	2,1	(0,00)[1]
F	8,05	1,67	3,77	4,0	3,09
Cl	4,69	0,98	3,08	3,0	2,68
Br	3,51	0,73	2,83	2,8	2,63
J	0,90	0,19	2,29	2,4	2,22
OH	4,24	0,88	2,98	3,5[2]	1,31
NH_2	4,81	1,00	3,10	3,0[2]	0,73
CH_3	2,97	0,62	2,72	2,5[2]	0,00

[1]) Für Wasserstoff ist $\sigma^* = 0,00$.
[2]) Für die Atome O, N und C.

Unter Verwendung der Werte χ oder χ^* für die Halogene ist die Möglichkeit gegeben, die Größen Δ_{AB} (oder die Bindungsenergien) für Moleküle, die aus Atomen verschiedener Halogene aufgebaut sind, nach der Gleichung (7.45) oder (7.47) auszurechnen. Die in Tab. 37 angeführten Resultate lassen keinen Zweifel daran, daß selbst für die Halogene und Wasserstoff die Beziehung PAULINGS und die Gleichung (7.45) nicht befolgt werden (wenigstens innerhalb der Genauigkeit, die gewöhnlich bei Verwendung der Induktionskonstanten erreicht wird). Diese Differenz zwischen der Theorie und dem Experiment bleibt erhalten, wenn man kompliziertere Substituenten analysiert.

Auf diese Differenz hat HÜCKEL hingewiesen [316]. Jedoch wird in seiner Arbeit die Konzeption der Elektronegativitäten nicht ganz unvoreingenommen kritisiert. Er formuliert, daß die Elektronegativitäten nach PAULING nicht mit realen Eigenschaften der Atome oder Gruppen verbunden sind, da die Größen mit dem Ausdruck (Energie)$^{1/2}$ keinen physikalischen Gehalt besitzen. In Wirklichkeit sind solche Größen des Typs χ (oder σ^*) stets dimensionslos. Dimensionen treten

Tabelle 37:

Vergleich der aus den Größen χ berechneten Werte Δ_{AB} (kcal/Mol) für Moleküle des Typs AB mit den experimentellen Daten

Moleküle AB	Δ_{AB}		Moleküle AB	Δ_{AB}	
	errechnet nach (7.45)	experimentell		errechnet nach (7.45)	experimentell
FCl	11,1	12,0	ClBr	1,4	0,3
FBr	20,3	13,8	ClJ	14,3	3,4
FJ	50,6	19,8	BrJ	6,9	1,3

bei Konstanten des Typs α auf (in den Gleichungen (7.45 und 7.46)), sogar in dem Fall, wenn $\alpha = 1$ durch die Wahl des Maßstabes für die Größen χ gegeben ist. Deshalb ist der Einwand von HÜCKEL nicht stichhaltig.

Wenn man die Größen $\sqrt{\Delta_{HX}}$ für die Verbindungen HF, H—OH, H—NH_2 und H—CH_3 berechnet, so findet man für F, OH, NH_2 und CH_3 keine monotone Abhängigkeit von σ^*, da die Größe $\sqrt{\Delta_{HX}}$ für NH_2 etwas höher liegt als für OH (siehe Tab. 36).

Man muß noch auf eine weitere Unstimmigkeit hinweisen. Obgleich die Größen χ für die Halogene aus den Bindungsenergien errechnet werden, weicht der Punkt für Wasserstoff stark von der linearen Abhängigkeit zwischen χ und σ^* ab. Deshalb führt es nicht weiter, neueste experimentelle Daten heranzuziehen, um die Differenzen zwischen χ und σ^* zu beseitigen. Diese Differenzen sind ein Ausdruck dafür, daß die Voraussetzungen, welche der gesamten quantitativen Theorie der Induktionswechselwirkung zugrunde liegen, nicht streng befolgt werden. Das ist vielleicht das markanteste Beispiel für die Verletzung des Prinzips von der Universalität der Induktionskonstanten. Der tiefgreifende Charakter dieses Widerspruches ist daraus zu ersehen, daß die Größe $\sqrt{\Delta_{HX}}$ schon im Falle des Jod nahe Null wird. Folglich wird durch die Halogene fast der gesamte Bereich der Elektronegativitäten mit der χ-Skala erfaßt, der für die elektronegativen Substituenten möglich ist. In diesem Bereich befinden sich die Größen für alle übrigen Elemente, und auch für solche Substituenten, wie OH oder NH_2, die etwas weniger elektronegativ als die Halogene sind, wenn man nach den Größen σ^* urteilt.

PAULING stellte fest, daß zwischen den Elektronegativitäten der einbindigen Atome und den Summen aus den Ionisierungspotentialen J und den Elektronenaffinitäten ε eine ungefähre lineare Abhängigkeit existiert, von welcher der Wert für Wasserstoff bedeutend abweicht. Wenn man die beschriebenen Größen vergleicht, die aus den neuesten experimentellen Daten [345, 346] errechnet wurden, so erhält man das in Abb. 17 angegebene Resultat. Wie man sieht, wird die Proportionalität in ganz grober Näherung befolgt, besonders, wenn man berücksichtigt, daß 1 eV gleich 23 kcal ist. In dieser Hinsicht führt die Analyse der Elektronegativitäten zu einem ziemlich unerwarteten und widersprüchlichen Ergebnis.

Wir waren zu der Überzeugung gelangt, daß hier eine Form des Prinzips der Polylinearität für die Bindungsenergien vorliegt. Die Grundlage für das Verständnis der Induktionskonstanten ist die Vorstellung von der Abhängigkeit der Energie (präziser: der freien Energie) der Moleküle von einer Wechselbeziehung längs der σ-Bindungen. Diese wird durch die effektiven Elektronegativitäten der Atome oder komplizierterer Struktureinheiten hervorgerufen. So müßten von diesem Standpunkt aus die Bindungsenergien das idealste experimentelle Material zur Abschätzung der Induktionskonstanten sein. In Wirklichkeit zeigt es sich jedoch, daß gerade in diesem Fall eine Unstimmigkeit in diesen Voraussetzungen auftritt, auf deren Grundlage die Gleichungen von HAMMETT und TAFT angewendet werden.

Aus diesem Grunde kann man die Elektronegativitäten nach PAULING nicht als besser „fundamentierte" Konstanten im Vergleich zu σ^* ansehen. Die Größen des Typs σ^* oder σ_I können eine wesentlich genauere Widerspiegelung der

Abb. 17: Abhängigkeit der Summen der Ionisationspotentiale und der Elektronenaffinitäten von den Elektronegativitäten nach PAULING

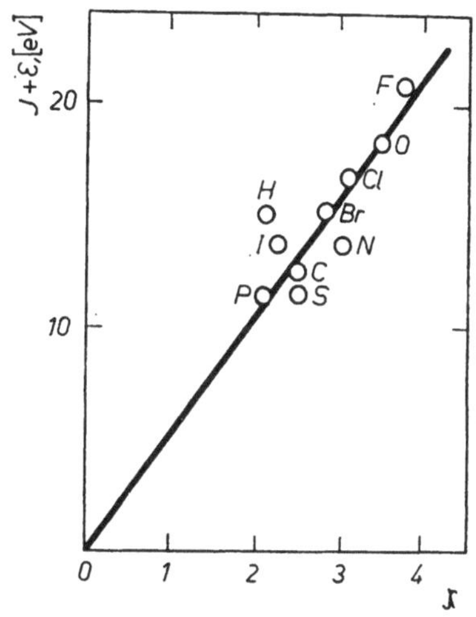

„inneren" Eigenschaften der Moleküle darstellen, als die Elektronegativitäten χ. Diese Feststellung läßt natürlich ein Problem offen: Nämlich die Ursache dafür zu finden, warum die Konzeption der Elektronegativitäten, welcher sogar das Prinzip der Polylinearität zugrunde liegt, trotzdem nicht den Vergleich mit dem Experiment standhält.

Es ist nicht leicht, eine vollständige und befriedigende Antwort zu geben. Wir berühren hier nur einige Teilaspekte.

Die geschilderte Situation kann entstehen, wenn eine ungleichartige Wechselwirkung der Atome entlang den Bindungen existiert, deren Energien zur Berechnung der Elektronegativitäten verwendet werden. Bei zweiatomigen, aus den Atomen Cl, Br und J bestehenden Molekülen, kann sie durch eine zusätzliche Wechselwirkung von d-Orbitalen und freien Elektronenpaaren hervorgerufen werden, entsprechend dem Typ Cl—Cl ↔ $^-$Cl=Cl$^+$ [316]. Darüber hinaus gibt es vom Standpunkt der MO-Theorie (siehe [121], S. 304—306) im Molekül F_2 keine einfache σ-Bindung, sondern es wird eine Dreifachbindung formuliert, die durch 4 Elektronen auf den lockernden Niveaus destabilisiert wird. Mit diesen Verhältnissen können die oben betrachteten Unstimmigkeiten für die Energien der zweiatomigen Moleküle der Halogene erklärt werden.

Kapitel 8: Quantitative Betrachtung der Hyperkonjugation und der Resonanzwechselwirkung zwischen π-Elektronensystemen

Das Problem der quantitativen Abschätzung der Resonanzenergie besitzt bereits eine recht lange Geschichte und ist so weitgehend bekannt, daß der Hinweis auf entsprechende Literaturquellen nicht notwendig erscheint. Versuche zur Abschätzung der Resonanzenergie aus den Abweichungen von den additiven Schemata für die Bindungsenergien stellen keine sichere Ausgangsbasis dar. Ein solcher Standpunkt würde von der Annahme ausgehen, daß die Resonanzwechselwirkung die einzige Ursache der genannten Abweichungen ist. Das wäre jedoch gleichbedeutend mit der Annahme, daß die Resonanz den einzigen einheitlichen Mechanismus der Wechselwirkung darstellt.

Ein solches Herangehen wäre dann gerechtfertigt, wenn experimentelle Beweise dafür vorlägen, daß die Einflüsse aller restlichen für die Substituenten charakteristischen Eigenschaften in dem speziell analysierten Fall nicht vorhanden sind. Soviel uns bekannt ist, wird in der Literatur kein entsprechendes Beispiel erwähnt. Deshalb gehen wir nachfolgend von dem von Taft und Mitarbeitern [35, 37, 38] eingeführten Prinzip aus, daß der Einfluß beliebiger Formen der Wechselwirkung quantitativ nur zwischen dem zu beobachtenden summarischen Effekt und der Komponente abgeschätzt werden kann, die durch die Induktions- (oder sterische) Wechselwirkung bedingt ist. Dabei sollte man annehmen, daß sich das Vorhandensein einer Resonanzwechselwirkung durch die Befolgung nachstehender Bedingungen ausweist:

1. Die Anwesenheit einer Resonanzwechselwirkung folgt theoretisch aus der klassischen Theorie des betrachteten Bindungstyps und wird von ihr vorausgesagt.
2. Der entsprechende Effekt kann quantitativ gemessen werden und ordnet sich den Gleichungen unter, die auf dem Prinzip der Polylinearität und der freien Energiebeziehung basieren.

8.1. Hyperkonjugation

Verschiedene Aspekte der als Hyperkonjugation oder Baker-Nathan-Effekt bekannten Erscheinung werden in der Monographie von Dewar [347] erläutert. Die in dieser Arbeit behandelten Seiten der Problematik und die Auswahl der Literaturquellen lassen selbst die Existenz des betrachteten Effektes zweifelhaft erscheinen. Es ist weder möglich noch notwendig, einen Großteil des von Dewar verwendeten Materials erneut zu behandeln, schon allein deshalb, weil dieses Material in den meisten Fällen die Bedingung 2 nicht erfüllt. Dagegen kommt den Daten, die beiden angeführten Bedingungen entsprechen und die der Aufmerksamkeit des Autors fast völlig entgangen sind, größeres Interesse zu. Hierzu gehören in erster Linie die Arbeiten von Taft und Mitarbeitern [36, 37, 38, 348], die der quantitativen Bestimmung des Einflusses der Hyperkonjugation in aliphatischen Verbindungen gewidmet sind, sowie weitere analoge Arbeiten [44, 167, 169, 271, 350–352].

Unter Hyperkonjugation im erweiterten Sinne kann man eine beliebige Art der elektronischen Wechselwirkung mit Struktureinheiten, die π-Orbitale besitzen, verstehen. Stellt man diesen Sachverhalt im Bild der Resonanzformeln dar, so folgt eine „Struktur" unter Spaltung der σ-Bindung. In diesem Sinne kann man eine Hyperkonjugation mit Donator- (*I*) und Akzeptorcharakter (*II*) unterscheiden:

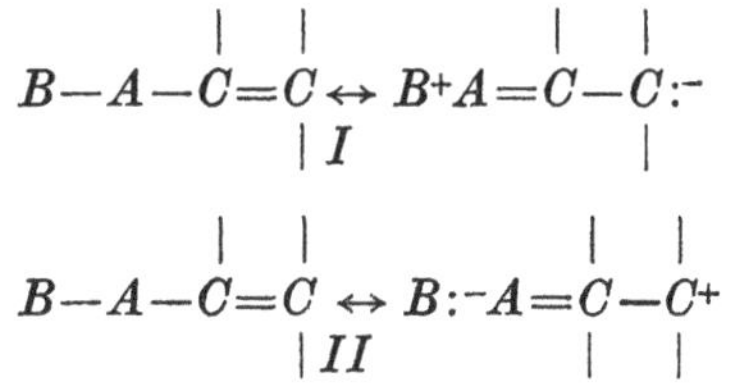

Man kann also vom Resultat her die Hyperkonjugation als Spezialfall der polaren Resonanz betrachten, und die an der Hyperkonjugation teilhabenden Substituenten können den Klassen $+R$ und $-R$ zugeordnet werden. Im engeren Sinne wird unter Hyperkonjugation der durch das Schema *I* verdeutlichte Fall verstanden, bei dem als A—B-Bindungen C—H bzw. C—C auftritt.

Zur leichteren Einordnung des Materials werden in diesem Paragraphen nur die dem Schema *I* entsprechenden Fälle der Hyperkonjugation behandelt.

Nach den von Kreevoy und Taft entwickelten Vorstellungen [35, 37] geht das der Hyperkonjugation entsprechende H additiv neben den Beiträgen des Induktions- und sterischen Effekts in die summarische Größe der freien Reaktions- oder Aktivierungsenergie ein. Die Größe H selbst ist näherungsweise additiv, indem sie sich aus den Beiträgen der einzelnen C—H- und C—C-Bindungen zusammensetzt [35, 37, 348]. Dabei nimmt man gewöhnlich an, daß die Höhe des Beitrages jeder einzelnen C—H- und C—C-Bindung nicht vom Bau des Substituenten, der diese Bindungen enthält, abhängt.

Aus allgemeinen theoretischen Vorstellungen folgt, daß die Hyperkonjugationskomponente nur dann verschieden von Null ist, wenn die Fähigkeit zur Verknüpfung des Reaktionszentrums mit den einzelnen C—H- und C—C-Bindungen im Ausgangs- und End- (oder aktivierten) Zustand unterschiedlich ist. Eine solche Situation beobachtet man zum Beispiel bei Reaktions- oder Aktivierungsprozessen, in deren Verlauf π-Bindungen, die mit dem Reaktionszentrum in Wechselwirkung stehen, gebildet werden oder verschwinden. Wenn eine Hyperkonjugation mit den d-Orbitalen solcher Elemente wie Phosphor oder Schwefel möglich ist, muß sich während der Reaktion oder der Aktivierung der Grad der koordinativen Absättigung dieser Elemente ändern (z. B. als Resultat eines nucleophilen Angriffs). Die quantitative Abhängigkeit der Größe H von der Zahl der C—H- oder C—C-Bindungen, die an der Hyperkonjugation teilnehmen, kann durch folgende Beziehung ausgedrückt werden:

$$H = (n_H + \alpha n_C)h \tag{8.1}$$

wobei h die Größe des Beitrages, der durch eine C—H-Bindung beigesteuert wird, α das Verhältnis der Beiträge der C—C- und C—H-Bindungen und n_H und n_C die Zahlen der an der Hyperkonjugation teilhabenden C—H- und C—C-Bindungen bedeuten. Für die Größe α wurden die Werte 0,40 und 0,77 [348] für aliphatische Systeme und entsprechende p-Alkylsubstituenten in aromatischen Systemen vorgeschlagen.

Wenn man die Methylgruppe als Standardsubstituent auswählt und den Beitrag der C—C-Bindung an der Hyperkonjugation vernachlässigt, gilt für die Größe H folgende Beziehung [35], die der Gleichung (8.1) gleichwertig ist:

$$H = \Delta n h \tag{8.2}$$

Hier ist $\Delta n = n_H - 3$, wobei 3 die Zahl der C—H-Bindungen der Methylgruppe ist.

Wenn ein gemeinsamer additiver Einfluß des Induktionseffektes und der Hyperkonjugation auftritt, muß man folgende Abhängigkeit beachten [35, 348]:

$$\lg k = \lg k_0 + \varrho^* \sigma^* + (n_H + \alpha n_C) h \tag{8.3}$$

Hier bezieht sich $\lg k_0$ auf einen hypothetischen Substituenten mit $\sigma^* = 0$, der keine C—C- oder C—H-Bindungen aufweist. Für die Substituenten der ersten Gruppe kann man Wasserstoff wählen, wenn eine entsprechende Verlagerung für den Anfang der σ^*-Skala vorgenommen wird: $\sigma^{*(H)} = \sigma^* - 0{,}49$, wobei $0{,}49 = \sigma_H^*$ ist.

Betrachten wir jetzt, in welcher Weise die Gleichung (8.3) auf konkrete experimentelle Daten angewendet werden kann und welche Probleme dabei auftreten. Als Reaktionsserie beziehen wir uns zunächst auf die Dissoziation der Carbonsäuren in Wasser, die bereits im vorhergehenden Kapitel unter dem Gesichtspunkt des Induktionseinflusses elektronegativer Substituenten behandelt wurde. Zweckmäßiger wäre es, zuerst die Größe ϱ^* zu bestimmen, da sie Angaben für Substituenten enthält, die durch gleiche n_H- und n_C-Werte charakterisiert sind. Da die Daten für beide Substituentengruppen einzeln analysiert werden müssen, läßt sich diese Möglichkeit leider nicht verwirklichen.

Zur Betrachtung der Dissoziation aliphatischer Carbonsäuren sind die Daten für die elektronegativen Substituenten aus Tab. 17 und 18 nicht verwendbar, da für alle dort angeführten „normalen" elektronegativen Substituenten, mit Ausnahme von CCl_3 und CF_3 $n_H = 2$ ist. Deshalb bleibt keine andere Wahl als die Hyperkonjugationskomponente zu vernachlässigen. Die für Carbonsäuren festgestellte Befolgung der linearen Abhängigkeit zwischen den pK_a-Werten und den Konstanten σ^* kann man als experimentelle Begründung für diesen Ausgangspunkt annehmen. Im Prinzip muß sich jedoch die Hyperkonjugation bei der betrachteten Reaktionsserie auswirken, da die Stabilität der Struktur (*I*)

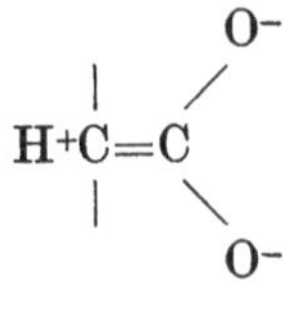

(*I*)

merklich geringer sein muß, als die der Struktur (*II*)

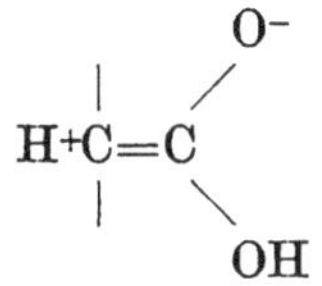

(*II*)

Infolgedessen muß die Hyperkonjugation den Ausgangszustand stabilisieren und in Richtung auf eine Erhöhung der Größe pK_a wirken. In Abb. 18 sind die pK_a-Werte [268] für Ameisensäure, Essigsäure und alkylsubstituierte Essigsäuren gegen die entsprechenden σ^*-Werte aufgetragen. Man erkennt, daß die Punkte aller Substituenten, mit Ausnahme von CH_3, tiefer liegen als die der elektronegativen Substituenten. Es gelingt auch nicht, die Gerade so durch alle Punkte zu führen, daß die Abweichung der pK_a-Einheiten den Wert 0,1 nicht

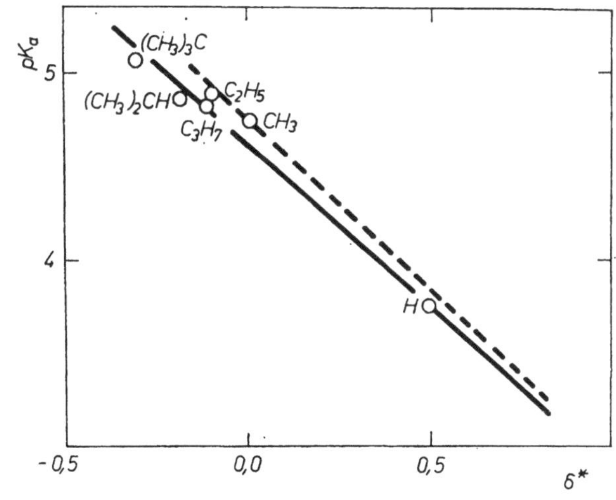

Abb. 18: Abhängigkeit der pK_a-Werte von Alkylcarbonsäuren mit Substituenten der ersten Gruppe von den Induktionskonstanten σ^*

—— Gerade für gesättigte Kohlenwasserstoffsubstituenten und Wasserstoff

- - - Gerade für elektronegative Substituenten

überschreitet. Somit bestätigen die experimentellen Daten die These, daß in bestimmten Fällen dem Induktionseinfluß der Substituenten noch zusätzliche Effekte beigemischt sind. Wir nehmen an, daß diese zusätzliche Wirkung auf die Hyperkonjugation zurückzuführen ist, und versuchen nun die gleichen Daten nach der Gleichung (8.3) zu überprüfen.

Zur besseren Veranschaulichung wählen wir den graphischen Weg und wenden die Gleichung (8.3) in folgender Form an:

$$\frac{pK_a - pK_{a(H)}}{n_H + \alpha n_C} = h + \varrho^* \frac{\sigma^* - 0{,}49}{n_H + \alpha n_C} \qquad (8.4)$$

Für α verwenden wir den oben erwähnten Wert. Die Ergebnisse nach Gleichung (8.4) sind in Abb. 19 aufgeführt. Zum Vergleich sind in dieser Abbildung auch die Punkte für $\alpha = 0$ eingetragen. Das ist gleichbedeutend mit der Annahme der Unwirksamkeit der C—C-Bindung bei der Hyperkonjugation.

Der Punkt für die $(CH_3)_3C$-Gruppe ($n_H = 0$) fällt aus der graphischen Darstellung heraus. Der entsprechende pK_a-Wert könnte jedoch aus dem für die verbleibenden Substituenten gefundenen Wert von ϱ^* errechnet und mit dem Experiment verglichen werden. Wie bei $\alpha = 0{,}4$, so erhalten wir auch bei $\alpha = 0$ folgendes Ergebnis:

$$h = 0{,}08 \qquad \varrho^* = -1{,}58 \tag{8.5}$$

Diese Größe stimmt mit dem Wert überein, der durch Kreevoy und Taft [37] für Substituenten beider Gruppen ohne Berücksichtigung der Hyperkonjugation der C—C-Bindungen berechnet worden ist. Die Größe ϱ^* unterscheidet sich etwas von der im vorhergehenden Kapitel für elektronegative Substituenten erhaltenen.

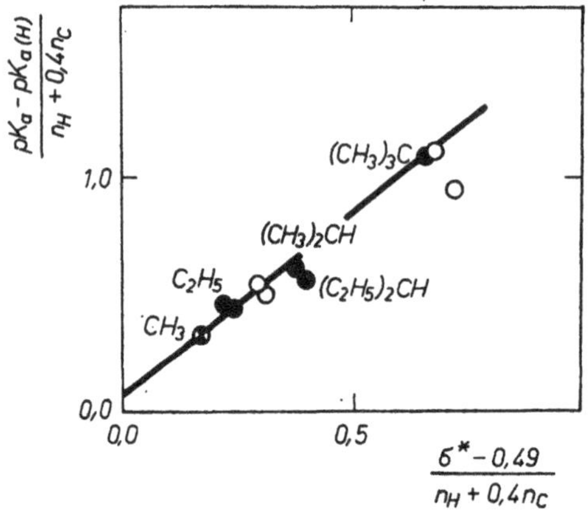

Abb. 19: Graphische Bestimmung der Größe ϱ^* und der Hyperkonjugationskonstante h für Carbonsäuren mit Alkylsubstituenten

• $\alpha = 0{,}4$
o $\alpha = 0$
⊗ Überlagerung der Punkte o und •

Wenn man nach diesen Daten den pK_a-Wert für Trimethylessigsäure ausrechnet, so erhält man unter der Voraussetzung, daß $\alpha = 0$ bzw. $\alpha = 0{,}4$ ist, die Werte 4,95 und entsprechend 5,05, wobei der letztere dem experimentellen Wert am nächsten kommt. Daraus kann man die Schlußfolgerung ziehen, daß die Beteiligung der C—C-Bindungen an der Hyperkonjugation tatsächlich vorhanden ist. Obwohl der Beitrag sehr klein ist, kann er entsprechend dem Wert $\alpha = 0{,}4$ nicht völlig vernachlässigt werden.

Somit konnte am Beispiel der Dissoziation von Carbonsäuren die Wirkung der Hyperkonjugation, wie sie in den Arbeiten von Taft, Kreevoy und Lewis [35, 37, 348] entwickelt wurde, in einfacher Weise gezeigt werden. In Abb. 19 sind diese Verhältnisse für Alkylsubstituenten dargestellt. Eine merkliche Abweichung von der Linearität besteht für die $(C_2H_5)_2CH$-Gruppe (s. Abb. 19).

Das angegebene Beispiel zur Berechnung der Hyperkonjugationskomponente kann jedoch auch in anderer, wenn auch äußerst formaler Weise gedeutet werden. Wir beobachten, daß die Wechselbeziehung mit dem Parameter σ^* nicht ganz linear ist. Für die Verbesserung der Gleichung wurde noch ein Parameter $(n_H + \alpha n_C)$ hinzugefügt. Damit ist die Einführung einer zusätzlichen Konstante h verbunden, deren Größe den experimentellen Daten angepaßt wurde.

So stehen wir vor der Schwierigkeit, daß die beobachtete Verbesserung entweder das Ergebnis einer vollständigen Berechnung der existierenden Elektronenwechselwirkungen innerhalb der Moleküle oder der „Effekt eines Ergänzungsparameters“ ist. Analog ist die Problematik bei einer beliebigen vielparametrigen Wechselwirkung. Deshalb erscheint es nicht richtig, sich über diese Problematik hinwegzusetzen und sich einfach auf die gegenwärtig gültigen theoretischen Vorstellungen über die Natur der elektronischen Wechselwirkungen zu berufen. Das gilt um so mehr, als die Hyperkonjugationskomponente nur eine kleine Korrektur an dem wesentlicheren Induktionseinfluß darstellt. Den genannten Aspekt vielparametriger Wechselwirkungen könnte man durch ein ziemlich elementares Verfahren überwinden. Man müßte nachweisen, daß der festgestellte

Abb. 20: Graphische Darstellung der Gleichung (8.6) für alkylsubstituierte Carbonsäuren

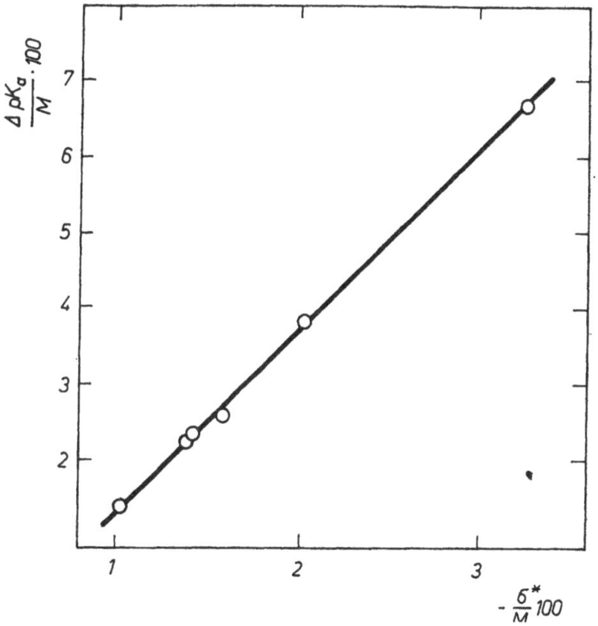

Effekt einer Verbesserung der Wechselbeziehung im Falle der Einführung eines theoretisch begründeten Ergänzungsparameters viel größer und universeller ist, als im Falle der Einführung eines beliebigen, formal denkbaren, jedoch theoretisch unbegründeten Parameters.

Wenn man in Gleichung (8.3) anstelle des Parameters $(n_H + \alpha n_C)$ das Molekulargewicht (M) des Substituenten und einen Empfindlichkeitsparameter β für die Größe h einführt, so erhalten wir an Stelle von Gleichung (8.4):

$$\frac{pK_a - pK_{a(H)}}{M} = \beta + \varrho^* \frac{\sigma^*}{M} \tag{8.6}$$

In Abb. 20 erfolgt die graphische Darstellung der experimentellen pK_a-Werte für die oben betrachteten Carbonsäuren, nach Gleichung (8.6). Wenn man die Abb. 20 und 18 vergleicht, so kann man ohne weiteres erkennen, daß bei der Verwendung des Molekulargewichts als Ergänzungsparameter die Beziehung besser zum Ausdruck kommt als bei der Berechnung der Hyperkonjugation. Wie fast immer in derartigen Situationen, so wurde auch in diesem Falle eine theoretische Begründung gegeben (der sogenannte „ponderal-effect" [353]), die es gestattet, die beobachtete Abhängigkeit der freien Reaktionsenergie vom Molekulargewicht des Substituenten zu erklären.

Anstatt die Untauglichkeit der Anwendung des Molekulargewichts als Ergänzungsparameter zu demonstrieren, stellten wir fest, daß der Einsatz dieser Größe zumindest keine schlechteren Resultate liefert. Daraus ergibt sich notwendigerweise eine sorgfältigere Analyse des Problems, um eindeutig zu klären, ob die Vorstellungen über die Hyperkonjugationswechselwirkung haltbar sind oder nicht.

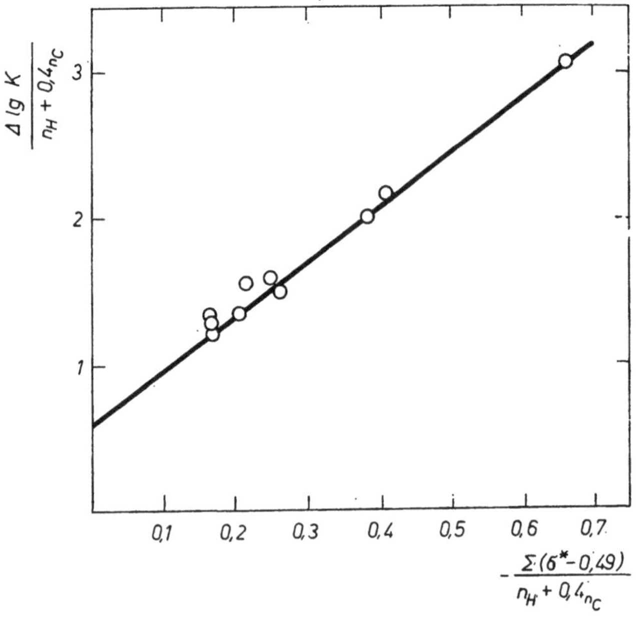

Abb. 21: Graphische Darstellung der Gleichung (8.4) für die saure Hydrolyse alkylsubstituierter Acetale und Ketale

Für diese Betrachtung sind die Daten elektronegativer Substituenten heranzuziehen, da hier die Gleichung (8.6) offenbar nicht befolgt wird. Dadurch hätten wir jedoch gegen die Betrachtungsweise des Induktionseinflusses speziell für Substituenten der ersten und zweiten Gruppe verstoßen. Bei der Analyse der Daten für elektronegative Substituenten sind die Ergebnisse nach Gleichung (8.4) oder nach Gleichung (8.6) analog. Es ist entweder $h = 0$ oder entsprechend $\beta = 0$.

Daraus folgt in einfacher Weise die Bedeutungslosigkeit des hyperkonjugativen oder „ponderalen" Anteils.

Deshalb sind die Daten für die Reaktionsserie der Dissoziation der Carbonsäuren nicht ausreichend zur vollständigen Lösung der Frage, ob nun die beobachteten Abweichungen von der Linearität der Größen σ^* durch den Einfluß der Hyperkonjugation bedingt sind oder nicht.

Dieses Ergebnis zwingt von neuem, die Reaktionsserie der sauren Hydrolyse der Acetale und Ketale mit der allgemeinen Struktur $X(X')C(OC_2H_5)_2$ zu betrachten, da an diesem Beispiel erstmalig die Möglichkeit zur quantitativen Abschätzung der Hyperkonjugationskomponente [35] demonstriert wurde. Diese Reaktion ist überdies durch einen ziemlich großen Betrag dieser Komponente charakterisiert, und sollte deshalb die Klärung der Problematik erleichtern.

Die Analyse der Daten für die Substituenten der ersten Gruppe nach Gleichung (8.4) ist in Abb. 21 angegeben. Die Abhängigkeit nach Gleichung (8.6) enthält Abb. 22. Der Tab. 38 ist zu entnehmen, daß die Ergebnisse nach Gleichung (8.6) weniger befriedigend sind. Der Punkt für das Methyl-neo-pentylketal wurde nach

Abb. 22: Graphische Darstellung der Gleichung (8.6) für die saure Hydrolyse alkylsubstituierter Acetale und Ketale

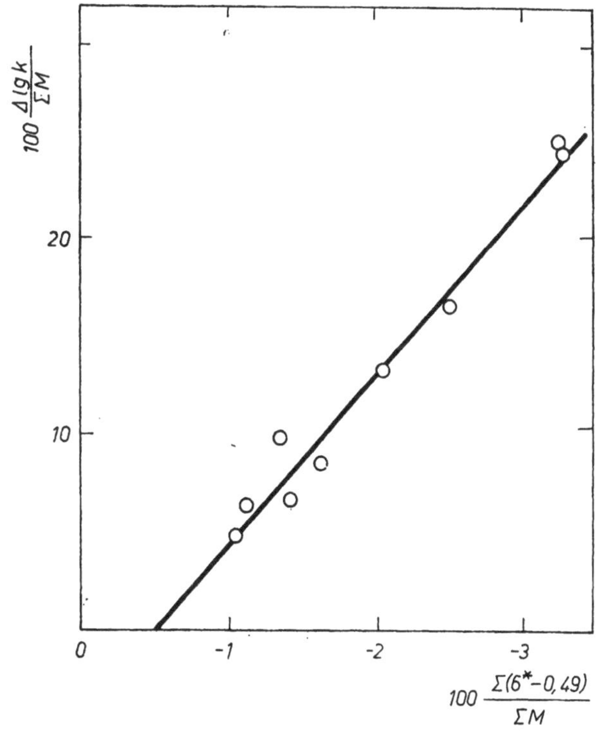

Tabelle 38:

Berechnung der Daten für Acetale und Ketale mit Substituenten der ersten Gruppe nach der Gleichung

$$\lg k = \lg k_{H,H} + \varrho^* \sum (\sigma^* - 0{,}49) + \varkappa m$$

	ϱ^*	m	$\lg k_{(H,H)}$ berechnet	s	r
$= \left(n_H + \frac{n_c}{2{,}5}\right); m = h$	−3,607 ±0,101	0,614 ±0,035	−7,20 ±0,10	0,121	0,9988
$\varkappa = M;\ m = \beta$	−8,02 ±0,69	−0,035 ±0,010	−7,10 ±0,42	0,49	0,9806

beiden Varianten zu niedrig erhalten, da in diesem Fall eine sterische Hinderung [35, 348] anzunehmen ist.

Im Falle der elektronegativen Substituenten stehen nur die Daten für die Acetale des Typs $XCH_2CH(OC_2H_5)_2$ und die Ketale des Typs $XCH_2(CH_3)C(OC_2H_5)_2$ zur Verfügung. Innerhalb dieser Serien bleibt die Hyperkonjugationskomponente konstant. Infolgedessen ist eine gute lineare Abhängigkeit zwischen lg k und σ^* zu beobachten. Die entsprechenden Geraden sind in der Abb. 23 angeführt. Für Acetale ist $\varrho^* = -3{,}60$ und für Ketale ist $\varrho^* = -3{,}80$. Das stimmt gut mit dem Wert ϱ^* für Acetale und Ketale bei Substituenten der ersten Gruppe (siehe Tab. 38) überein.

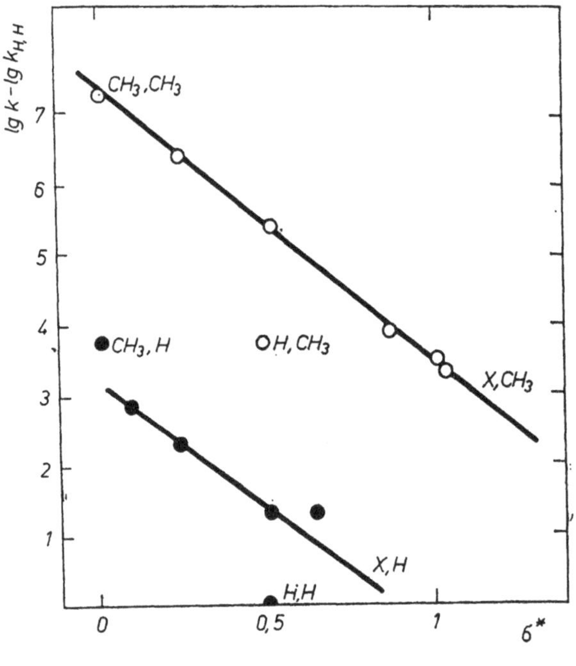

Abb. 23: Abhängigkeit von lg k — lg $k_{H,H}$ für Acetale $XHC(OC_2H_5)_2$ und Ketale $X(CH_3)C(OC_2H_5)_2$ mit elektronegativen Substituenten X von deren Induktionskonstanten σ^*

• — Acetale
o — Ketale

Der Ordinatenabstand zwischen diesen Geraden muß gleich der Summe des Hyperkonjugationseinflusses dieser C—H-Bindungen und der Änderung des Induktionseinflusses bei Ersatz des Wasserstoffs durch Methyl sein. Der mittlere Wert dieses Abstandes ist gleich 4,05 logarithmische Einheiten. Durch den geringen Unterschied in den Werten ϱ^* ändert sich dieser Abstand von 4,15 bei $\sigma^* = 0{,}00$ auf 3,95 bei $\sigma^* = 1{,}00$.

Auf Grund der Übereinstimmung der Werte ϱ^* für beide Substituentengruppen könnte der Induktionsanteil sicher mit $3{,}80 \cdot 0{,}49 = 1{,}86$ abgeschätzt werden. Wird der Wert $h = 0{,}614$ aus Tab. 38 verwendet, dann erhalten wir als berechnete Größe des Ordinatenabstandes 3,51, d. h. einen um 0,54 logarithmische Einheiten kleineren Wert als den beobachteten.

Wir stellen fest, daß die „ponderal"-Hypothese zu einem berechneten Wert von 3,60 führt, was sogar der Wirklichkeit etwas näher kommt. Hierbei geht jedoch die Änderung des Molekulargewichtes der Substituenten XCH_2 nicht in die Rechnung ein. Das Auftreten linearer Abhängigkeiten, wie sie auf Abb. 23 angeführt sind, kann zur Widerlegung der „ponderal"-Hypothese führen, wenn nachgewiesen wird, daß die C—H-Bindungen der Substituenten XCH_2 auch an der Hyperkonjugation teilnehmen.

Diese Beweisführung gründet sich auf die Abweichungen der Punkte für $H_2C(OC_2H_5)_2$, $CH_3CH(OC_2H_5)_2$ und $(CH_3)_2C(OC_2H_5)_2$ von den Geraden in Abb. 23. Bei Abwesenheit der Hyperkonjugationswechselwirkung muß der Punkt für $CH_3CH(OC_2H_5)_2$ auf der unteren und der Punkt für $(CH_3)_2C(OC_2H_5)_2$ auf der oberen Geraden liegen, da auch nach der Skala der Induktionskonstanten elektronegativer Substituenten für CH_3 $\sigma^* = 0$ ist. Auf Grund der Übereinstimmung der Größen ϱ^* für beide Substituentengruppen muß jedoch auch auf der unteren Geraden der Punkt für $H_2C(OC_2H_5)_2$ (bei $\sigma^* = 0{,}49$) und auf der oberen der Punkt für $CH_3CH(OC_2H_5)_2$ (ebenfalls bei $\sigma^* = 0{,}49$) liegen. Die entsprechenden Daten sind in Abb. 23 eingetragen. Wir sehen, daß in drei von vier Fällen Abweichungen von den entsprechenden Geraden auftreten. Die Abweichungen für $CH_3CH(OC_2H_5)_2$ und $H_2C(OC_2H_5)_2$ von der unteren Geraden sind gleich h und entsprechend $-2h$ zu setzen, was zu den Werten $h = 0{,}62$ bzw. 0,69 führt. Die Abweichungen für $(CH_3)_2C(OC_2H_5)_2$ und $CH_3CH(OC_2H_5)_2$ von der oberen Geraden müssen ebenfalls gleich h und $-2h$ gesetzt werden. Die entsprechenden Werte für h sind 0 und 0,82.

Das läßt keinen Zweifel daran, daß die betrachteten C—H-Bindungen zur Teilnahme an der Hyperkonjugation befähigt sind. Die dadurch verursachten Abweichungen von der linearen Beziehung mit den Größen σ^* könnten auf keinen Fall auch nur angenähert erfaßt werden, wenn man von der „ponderal"-Hypothese ausgeht. Abgesehen davon liefert diese Hypothese auch keine Übereinstimmung mit der Geraden in Abb. 23.

Es bedürfte einer umständlichen Beweisführung, um die „ponderal"-Hypothese als Beispiel eines „Effektes des Ergänzungsparameters" eindeutig auszuschließen und damit die Hyperkonjugation als alleinige Ursache für die beobachteten Erscheinungen zu sichern.

Wenn man zum Einfluß der Hyperkonjugation bei der Hydrolyse der Acetale und Ketale zurückkehrt, so ist zu bemerken, daß die durchgeführte Analyse nicht zugunsten einer exakten Additivität des Einflusses aller beteiligten C—H-Bindungen ausfällt. Am eindeutigsten folgt dies aus dem oben erhaltenen Wert $h \simeq 0$ bei der Vergrößerung der Zahl der α-C—H-Bindungen von 5 auf 6. Das geht aus der Anordnung der Punkte für Acetale auf der oberen Geraden in Abb. 23 hervor. Wir erhalten eine konkretere Vorstellung über das Ausmaß eines Sättigungseffektes, wenn die Größen, die für die erste und zweite Methyl-Gruppe berechnet worden sind, verglichen werden. Diese entsprechen dem Übergang 0···3 und 3···6 (die Zahlen spiegeln die Zahl der C—H-Bindungen, die an der Hyperkonjugation teilnehmen, wider).

Außerdem scheint es, daß sich die Anwesenheit eines elektronegativen Substituenten auch in der Größe h zeigt. So kann man aus dem obengenannten Wert des Abstandes zwischen den Geraden in Abb. 23, h für die C—H-Bindungen der Alkylgruppe ausrechnen, die anstelle des Wasserstoffs in das Acetalmolekül mit elektronegativen Substituenten des Typs XCH_2 eingeführt wird. Der auf diese Weise erhaltene Wert ist größer, als im Falle der Methylgruppe, die ins Formaldehydmolekül eingeführt wird. Die entsprechenden Zahlenwerte sind in Tab. 39

Tabelle 39:

Abhängigkeit der Größen H und h von der Struktur der Acetale und Ketale

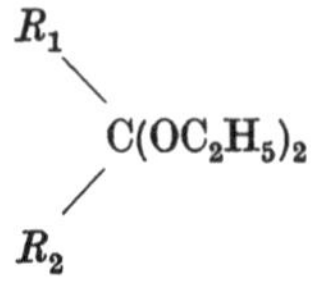

R_1	R_2	H	h gemittelt	R_0	ΔH_{R_2} [1]	h_{R_2} [2]
H	CH_3	1,92	0,640	H	1,92	0,64
CH_3	CH_3	3,72	0,590	H	1,62	0,54
H	XCH_2	1,38	0,69	H	1,38	0,68
CH_3	XCH_2	—	—	H	1,64	0,82
XCH_2	CH_3	—	—	H	2,19	0,73
H	CH_3	1,92	0,64	XCH_2	0,62	0,62
CH_3	CH_3	3,72	0,59	XCH_2	0	0

[1] $\Delta H_{R_2} = H_{R_1,R_2} - H_{R_1,R_0}$, zusätzlicher Hyperkonjugationseffekt, der durch den Substituenten R_2 in Gegenwart von R_1 bewirkt wird.

[2] $h_{R_2} = \frac{\Delta H_{R_2}}{n_{H(R_2)}}$, wobei $n_{H(R_2)}$ die Zahl der C–H-Bindungen in R_2 ist.

angeführt. Das vorhandene Faktenmaterial ist natürlich nicht ausreichend, um irgendwelche quantitativen Verhältnisse anzugeben, die die Abweichungen von der Additivität oder die Abhängigkeit von der Anwesenheit des elektronegativen Substituenten beschreiben. Die in Tab. 39 angeführten Daten ermöglichen es, daß die Additivität der Hyperkonjugation als eine erste Näherung betrachtet werden kann. Wenn die Hyperkonjugation als Teil der polaren Kopplung erscheint, so können die daran beteiligten Substituenten zum Typ $+R$ gehörend betrachtet werden. In der Mehrzahl der Fälle wirken die Donatoreigenschaften der Substituenten bei den Induktions- und Resonanz-Mechanismen auf die freie Aktivierungsenergie in der gleichen Richtung. Dasselbe gilt für die Akzeptoreigenschaften. Daraus folgt, daß die Vorzeichen von ϱ^* und h in der Gleichung (8.3) miteinander verknüpft sind: bei positiven ϱ^* ist die Größe h negativ und umgekehrt.

Dies bewirkt, daß im Falle der Alkylsubstituenten in der Regel eine Kompensation des Einflusses der induktiven und hyperkonjugativen Effekte möglich ist und sich die Reaktionsfähigkeit der entsprechenden Verbindungen in relativ engen Grenzen ändert. Nach der Arbeit [35] gilt das auch für die Hydrolyse der Acetale und Ketale, ungeachtet der großen absoluten Werte von ϱ^* und h. Die quantenmechanische Theorie der Hyperkonjugation als eine Art α-Wasserstoff-Bindung des Typs

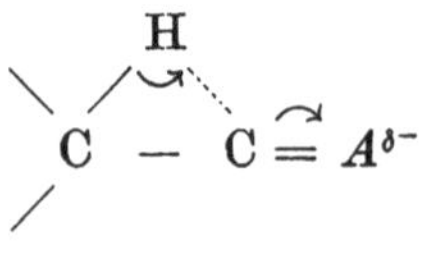

wurde in den Arbeiten von Kreevoy und Eyring [354] sowie Kreevoy [349] entwickelt. Dabei stimmen die Größen h, die nach der MO-Methode berechnet wurden, ausreichend mit den experimentellen Werten überein. Diese Vorstellung über die elektronische Natur der Hyperkonjugation läßt sich nicht nur durch die obige Resonanzformel beschreiben. Es ist notwendig noch folgende Struktur zu ergänzen:

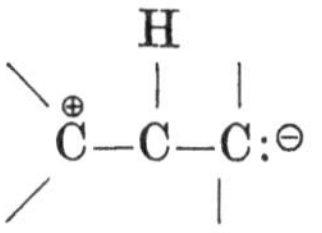

Es sei noch erwähnt, daß die oben betrachtete „Sättigung“ (Abweichung von der Additivität) des hyperkonjugativen Effektes auch aus der quantenmechanischen Theorie folgt.

Andere Aspekte der Hyperkonjugationswechselwirkungen werden zweckmäßigerweise in den folgenden Paragraphen und Kapiteln besprochen.

8.2. Resonanz zwischen π-Elektronensystemen

Man kann zwei Typen der Resonanzwechselwirkung zwischen π-Elektronensystemen unterscheiden; die unpolare und die polare Kopplung. In der Praxis ist es jedoch nicht immer möglich, beide quantitativ voneinander abzugrenzen. Man geht daher besser einen anderen Weg, und unterscheidet Systeme, bei denen ein π-Elektronen-System, das zur unpolaren Kopplung befähigt ist, im Laufe der Reaktion (der Aktivierung) entsteht oder verschwindet, und Systeme, bei denen sich nur der $+R$- oder $-R$-Charakter des Reaktionszentrums ändert, welches zur polaren Kopplung befähigt ist. In diesem Paragraphen werden nur Reaktionsserien betrachtet, die durch die gemeinsame Wirkung der unpolaren und polaren Kopplung charakterisiert sind. Eine solche Einteilung folgt aus der Art der Darstellung dieser Probleme in der Originalliteratur sowie auch aus Überlegungen prinzipieller Natur. Die Zahl der Originalarbeiten beschränkt sich auf die Reaktionsserien der sauren Hydrolyse der Acetale und Ketale [38, 348], die Hydrierung der trans-disubstituierten Äthylene in der Gasphase (man korreliert die Hydrierungsenthalpien [38, 348]), die Hydrierung der Aldehyde und Ketone (man korreliert die freien Reaktionsenergien [38, 348]) und die Hydrierung der substituierten Acetylene (man korreliert die Reaktionswärme) [44]. Zu dieser Aufzählung kann man noch die basische Ringöffnung der Hydrochloride substituierter Sydnonimine hinzufügen

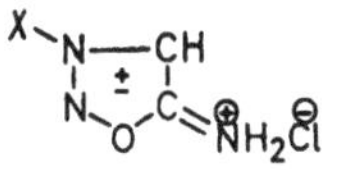

(man korreliert die Gleichgewichtskonstanten) [128].

Wenn man von Anfang an alle gekreuzten Glieder vernachlässigt und die Wechselwirkung durch jeden gleichartigen Mechanismus unabhängig vom Vorhandensein der anderen betrachtet, so muß man die entsprechende additive Gleichung in der Form (siehe 4.1.)

$$\lg k = \lg k_0 + \varrho^* \sum \sigma^* + (n_H + \alpha n_c) h + \varrho_\psi \sigma_\psi + \varrho_R \sigma_R \qquad (8.7)$$

schreiben, wobei $\varrho^* \sum \sigma^*$ und $(n_H + \alpha n_C)h$ die uns schon bekannten Induktions- und Hyperkonjugationskomponenten sind. σ_ψ und σ_R sind die Substituentenkonstanten, die die Fähigkeit zur unpolaren und polaren Kopplung charakterisieren; ϱ_ψ und ϱ_R sind die entsprechenden Konstanten der Reaktionsserie.

In den zitierten Arbeiten wird das Problem in vereinfachter Form betrachtet. Ausgehend von den Werten lg k_0, ϱ^* und h, die für die zu erörternde Reaktionsserie aus den Daten für ungekoppelte Substituenten erhalten wurden und den Größen σ^* und $n_H + \alpha n_C$ (oder nur Δn_H) für Substituenten, die zur Kopplung befähigt sind, berechnet sich die Differenz

$$\psi = \lg k - \lg k_0 - \varrho^* \sum \sigma^* - (n_H + \alpha n_C)h \tag{8.8}$$

Die auf diese Weise erhaltenen Größen

$$\psi = \varrho_\psi \cdot \sigma_\psi + \varrho_R \cdot \sigma_R \tag{8.9}$$

stellen die summarischen Resonanzanteile ohne den Summanden für die Hyperkonjugation dar.

Das Hauptergebnis einer solchen Datenanalyse besteht darin, daß die Größe ψ in erster Näherung in den Grenzen jeder betrachteten Reaktionsserie konstant bleibt (siehe Tab. 40).

Unter Berücksichtigung der Gesetzmäßigkeit der polaren Kopplung (siehe 9.1.) folgt daraus, daß die Größe ψ hauptsächlich von der Komponente $\varrho_\psi \sigma_\psi$ bestimmt wird, die den Einfluß der unpolaren Kopplung widerspiegelt. Die Größe $-2{,}3\,RT \cdot \psi$ liegt im allgemeinen um 4—7 kcal/Mol, was bei 300 °K zu einem Faktor vor der

Tabelle 40:
Die Größen ψ, h und ϱ^* (in kcal/Mol) für einige Reaktionsserien

Reaktionsserie	ϱ^*	h	ψ	Literatur
Saure Hydrolyse der Acetale $XCH(OC_2H_5)_2$	+4,93	−0,94¹)	−7,7²)	—
in 49%igem wäßrigen Dioxan	+4,93	−0,73	−7,0	[349]
Hydrierung von trans-$X_1CH{=}CHX_2$; ΔH in der Gasphase bei 82 °C	−2,41	+0,44	+5,5	[349]
Hydrierung von X_1X_2CO; ΔF in Toluol bei 60 °C	−6,39	+0,54	+6,6	[349]
Hydrierung von $X_1C{\equiv}CX_2$; ΔH in der Gasphase bei 82 °C	−5,06	+0,61	+4,7	[349]
Basische Öffnung des Sydnoniminringes lg k in Wasser bei 25°C	−3,32	—	+1,6	[128]

¹) Ausgehend von der Abweichung des Punktes für $H_2C(OC_2H_5)_2$ von der unteren Gerade in Abb. 23.

²) Ausgehend vom Abstand auf der Ordinate zwischen den Geraden in Abb. 24 bei $\sigma^* = 0{,}50$.

Geschwindigkeits- oder Gleichgewichtskonstante von etwa 10^3—10^5 oder 10^{-3} bis 10^{-5} je nach dem Vorzeichen von ψ führt. Folglich besitzt dieser Effekt einen wesentlichen Einfluß auf die Geschwindigkeiten und die Gleichgewichte der Reaktionen. Der Kopplungseffekt bei dem Sydnonimin-Ring führt jedoch nur zu einem ψ-Wert um 1,6 kcal/Mol [128].

Die Größen ψ (in kcal/Mol) sind in Tab. 40 aufgeführt. Dort werden auch die entsprechenden Werte von ϱ^* und h (ebenfalls in kcal/Mol) angegeben. Diese Daten illustrieren zwei charakteristische Momente. Zum ersten stimmen die Vorzeichen der Größen h und ψ überein. Das heißt, der Effekt, der durch die α-C—H-Bindungen bedingt wird, tritt auch bei Reaktionsserien auf, die den Resonanzeinfluß zwischen π-Elektronen-Systemen enthalten. Falls der Resonanzeinfluß den End- und Aktivierungszustand stabilisiert, führt die Anwesenheit der α-C—H-Bindungen ebenfalls zum gleichen Effekt. Wie in der Arbeit [348] gezeigt wird, erscheint dies als stärkstes Argument zugunsten der hyperkonjugativen Deutung

Abb. 24: Graphische Ermittlung der Resonanzkonstante ψ für die saure Hydrolyse von Acetalen

(Die untere Gerade verläuft mit der Neigung $\varrho^* = -3{,}80$ durch den Punkt für Formaldehyd)

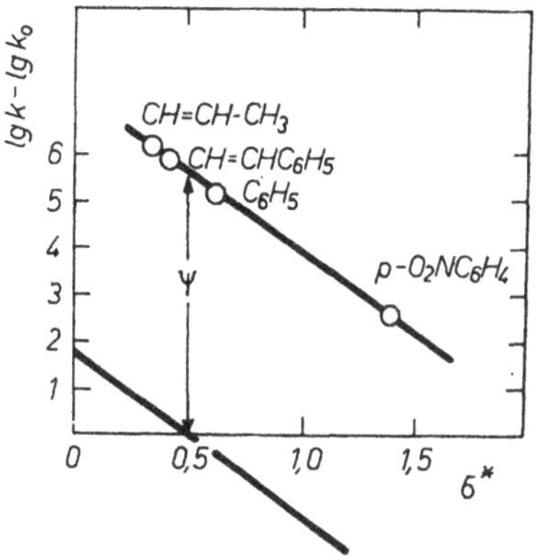

des BAKER-NATHAN-Effektes. Der zweite Gesichtspunkt folgt aus dem Vergleich der Absolutbeträge von h und ψ. In grober Näherung kann man sagen, daß $h \simeq 0{,}1\,\psi$ [38,348] ist. Zwischen den absoluten Werten von h oder ψ und ϱ^* gibt es offenbar keinen Zusammenhang. Es existiert jedoch eine Übereinstimmung in ihren Vorzeichen. Wenn die Hyperkonjugation den End- oder Aktivierungszustand stabilisiert, dann fördern weniger elektronegative Substituenten ($\varrho^* < 0$) die Reaktion. Da aber die Vorzeichen der Größen h und ψ auch miteinander verbunden sind, so erscheint im Falle der Resonanzstabilisierung des End- oder Aktivierungszustandes nach dem Mechanismus der unpolaren Kopplung die Größe ϱ^* ebenfalls negativ. Falls eine entsprechende Resonanzstabilisierung auch im Ausgangzustand vorliegt, ist die Größe ϱ^* positiv. ψ ist positiv, wenn die Resonanzstabilisierung sich vergrößert oder im Laufe der Reaktion oder der Aktivierung entsteht bzw. umgekehrt. Dies ist mit der größeren Elektronegativität von sp^2- oder sp-hybridisierten Kohlenstoffatomen im Vergleich zum sp^3-hybridisierten Kohlenstoff verbunden, und das ist auch der Grund für die positiven Werte von σ^* bei ungesättigten Substituenten.

Wir betrachten jetzt die Resonanzwechselwirkung am Beispiel der sauren Hydrolyse der Acetale $XCH(OC_2H_5)_2$. Die entsprechenden Daten sind den Arbeiten [38, 348] entnommen. In Abb. 24 sind die σ^*-Werte gegen die Größen

($\lg k - \lg k_H - n_H h$) für Acetale mit den Substituenten XCH_2 (X ist eine elektronegative Gruppe) und mit Substituenten, die kopplungsfähige π-Elektronen-Systeme enthalten, aufgetragen. Wie man sieht, besteht im Falle der letzteren Substituenten eine lineare Abhängigkeit. Die Gerade liegt jedoch wesentlich höher, als bei Substituenten vom Typ XCH_2. Die Größen ϱ^* für ungekoppelte und gekoppelte Substituenten sind gleich −0,36 bzw. −0,33. Diesem kleinen Unterschied kommt kaum eine reale Bedeutung zu, zumal für die Substituenten XCH_2 die Größe ϱ^* durch Vernachlässigung des Punktes für CH_3OCH_2 (siehe Abb. 23) erhalten worden ist.

Somit kann man die Geraden in Abb. 24 als parallel verlaufend und den Ordinatenabstand zwischen ihnen als ψ-Wert betrachten. Da die Werte σ_R für C_6H_5 und p-$O_2N-C_6H_4$ nicht gleich sind, liegt der Schluß nahe, daß es nicht gelingt, den Einfluß der Anteile $\varrho_R\sigma_R$ im Rahmen der experimentellen Genauigkeit aus dem Ausdruck (8.9) zu erhalten. Darüber hinaus wird durch dieses Beispiel zumindest

Tabelle 41:
Vergleich der Größen ψ mit den „experimentellen Resonanzenergien" nach WHELAND [355]

Verbindung	ψ (kcal/Mol)	Resonanzenergie[1]) (kcal/Mol)
$CH_2{=}CHCH{=}CH_2$	5,1	3,5
$C_6H_5CH{=}CH_2$	4,3	0,9 7,0[2])
$CH_3CH{=}CHCHO$	7,3	2,4
trans-$C_6H_5CH{=}CHCOOCH_3$	11,8	2,9
trans-$C_2H_5OOCCH{=}CHCOOC_2H_5$	10,1	−2,2

[1]) Im Falle des Styrols wird die Resonanzenergie des Phenylringes nicht in Betracht gezogen.
[2]) Nach PAULING [338].

Tabelle 42:
Die Größe ψ (in kcal/Mol) bei gekoppelten Systemen

Reaktionsserie	Systeme			
	einfach gekoppelt	zweifach gekoppelt	dreifach gekoppelt	vierfach gekoppelt
Hydrierung der Olefine trans-$X_1CH{=}CHX_2$	5,1−7,3	11,8; 12,5	—	—
Hydrierung von Aldehyden und Ketonen	5,1−9,6	10,8−12,8	—	—
Hydrierung von disubstituierten Acetylenen[1])	4−5	8−12	19	23

[1]) Im Falle der Acetylene ist eine Kopplung in zwei Ebenen möglich.
So erscheint $HC{\equiv}C{-}C{\equiv}CH$ als zweifach-,
$H_2C{=}CH{-}C{\equiv}C{-}C{\equiv}CH$ als dreifach- und
$HC{\equiv}C{-}C{\equiv}C{-}C{\equiv}CH$ als vierfach-gekoppeltes System usw.

näherungsweise die Unabhängigkeit der Größe σ_ψ von der Struktur des Substituenten illustriert. In diesem Zusammenhang kann man annehmen, daß $\sigma_\psi = 1$ für alle Substituenten ist, für die $\varrho_\psi = \psi$ gilt.

Die oben dargelegte Methode zur Abschätzung von Resonanzenergien aus experimentellen Daten unterscheidet sich prinzipiell von der Berechnung dieser Größen nach der PAULING-WHELAND-Methode [338, 355]. Bei dieser wird der Unterschied zwischen den additiven und den experimentellen Werten der Energie der Moleküle zur Resonanzwechselwirkung hinzugefügt. Der Vergleich der Größen, die für die gleichen Systeme mit Hilfe beider Methoden nach den Daten von KREEVOY und TAFT [38] erhalten wurde, ist in Tab. 42 wiedergegeben.

Von Interesse ist auch das Problem der Additivität der Größe ψ wenn mit dem Reaktionszentrum zwei oder mehrere π-Elektronen-Systeme gekoppelt sind. Wie in der Arbeit [38] gezeigt wurde, besteht eine angenäherte Additivität. Zur Illustration dienen die Daten in Tab. 42.

Es sei noch darauf hingewiesen, daß die Größen der Resonanzenergien, die nach der MO-Methode errechnet wurden, relativ gut mit den „experimentellen“ ψ-Werten übereinstimmen. Sie fallen in der Mehrzahl der Fälle etwas (um 1 kcal) höher aus als die letzteren [38].

Kapitel 9: Quantitative Behandlung der polaren Kopplung

Vom Standpunkt des Mechanismus aus kann man die Einflüsse der polaren Kopplung in zwei grundlegende Typen unterteilen: Die unmittelbare Resonanzwechselwirkung des Substituenten mit dem Reaktionszentrum und die Abhängigkeit der Induktionskonstanten von der Resonanzwechselwirkung innerhalb des Substituenten. Den zweiten Fall kann man auch als mittelbare Übertragung des Einflusses der polaren Kopplung auf dem Wege der Induktionswechselwirkung betrachten.

Formal gesehen werden wir im Falle der polaren Kopplung mit den gleichen Grundproblemen konfrontiert, wie sie weiter oben in bezug auf die Induktionswechselwirkung erörtert wurden. Wenn wir auf die polare Kopplung das *PPL* vollständig anwenden, so müssen universelle Substituentenkonstanten für die Resonanz gefunden werden, die einmal den „Leitfähigkeiten" der Struktureinheiten entsprechen und zum anderen universellen Resonanzkonstanten, die eine Analogie zur Größe α^* bei der Induktionswechselwirkung darstellen. Es besteht allerdings auch ein wesentlicher formaler Unterschied zur Induktionswechselwirkung, da die polare Kopplung einer unsymmetrischen Wechselwirkung entspricht. Auf dieser Grundlage ist es einfach, ein absolutes Null-Niveau für die Fähigkeit zur polaren Kopplung sowie auch die absoluten Vorzeichen für die Substituentenkonstanten festzulegen.

Als Substituent, der zur polaren Kopplung weder als Donator noch als Akzeptor befähigt ist, kann Wasserstoff gelten. Substituentenkonstanten zur Kennzeichnung von Donator-Eigenschaften des Typs $+R$ besitzen negative und von Akzeptor-Eigenschaften des Typs $-R$ positive Vorzeichen. In diesem Zusammenhang sei erwähnt, daß eine Reihe von Autoren [98, 365 u. a.] die Donator-Substituenten mit dem Symbol $-R$ und die Akzeptor-Substituenten mit $+R$ kennzeichnen.

Es ist klar, daß die Substituenten, die sowohl zur Donator- als auch zur Akzeptor-Kopplung befähigt sind, durch zwei Resonanzkonstanten charakterisiert werden, von denen eine positiv und die andere negativ ist. Als Beispiel kann die $-\ddot{N}{=}O$-Gruppe dienen. In praktischer Hinsicht hängt die quantitative Behandlung der polaren Kopplung hauptsächlich von den Erfolgen ab, die in der quantitativen Theorie der Induktionswechselwirkung erreicht werden. Das wird dadurch bedingt, daß die polare Kopplung kaum allein auftritt, sondern sich als eine zweite Komponente der Induktionswechselwirkung überlagert. So haben wir es in diesem Falle immer mit einer nichthomogenen Wechselwirkung und damit einer vielparametrigen Korrelation und den daraus folgenden Komplikationen zu tun. Deshalb erscheint als eine der wichtigsten Bedingungen zur quantitativen Ermittlung der polaren Kopplung, die vorherige Bestimmung des Induktionsanteils.

9.1. Polare Kopplung mit einem Reaktionszentrum

Vom praktischen Standpunkt aus ist die Abschätzung der Größe der polaren Kopplung mit dem Reaktionszentrum vom Typ $+R$ oder $-R$ am einfachsten. Das folgt aus der Möglichkeit, eine Reihe von Substituenten auszuwählen, die nicht zur polaren Kopplung mit dem jeweiligen Reaktionszentrum befähigt sind. Bei Verwendung solcher Substituenten, kann man die Größe $\varrho^*(\varrho)$ abschätzen. Bezieht man sich auf die Größen $\sigma^*(\sigma^0)$ für die gekoppelten Substituenten, so erhält man $\varrho^*\sigma^*(\varrho\sigma^0)$ als Gesamteffekt des Substituenten. Die Resonanzkomponente könnte jetzt als die Differenz zwischen dem summarischen Effekt und dem Induktionsanteil abgeschätzt werden. Die überwiegende Zahl experimenteller Daten und folglich auch der Versuche zur quantitativen Bestimmung des Resonanzanteils, liegt für substituierte Benzolderivate vor. Wie schon im Kap. 1 ausgeführt wurde, erscheint als einfachster Ausweg der Verzicht auf die gesonderte Berechnung des Resonanzanteils durch die Einführung neuer Konstanten σ^- und σ^+ für aromatische Substituenten. Dieser Weg wird von der Mehrheit der Autoren gewählt, und die Anwendung der Gleichung von Hammett mit den Konstanten σ^- [255, 357—390] oder σ^+ [11, 18, 21—25, 255, 365, 368, 378, 383, 389, 391—449] anstelle von σ^0 oder σ erscheint in der Praxis als die am weitesten verbreitete Methode zur Berechnung der polaren Kopplung mit dem Reaktionszentrum.

Dieser Weg besitzt lediglich den Vorteil einer Einparameterkorrelation und vermeidet somit alle Komplikationen die mit der Einführung von Ergänzungsparametern verbunden sind. Es besteht jedoch kein Zweifel, daß dieser Weg theoretisch nicht stichhaltig ist. Er kann, trotz teilweiser Erfolge, nicht zur Lösung des Problems in seiner allgemeinen Form führen. Das ist bereits im Jahre 1959 in einer gründlichen Analyse von Van Bekkum, Verkade und Wepster [52] gut demonstriert worden. Sie lieferten überzeugende Beweise dafür, daß wir es bei einem solchen Vorgehen in Wirklichkeit nicht mit zwei Werten von σ für jeden kopplungsfähigen Substituenten zu tun haben (σ^- und σ^+), sondern mit einer kontinuierlichen Größenskala von σ. Im Kap. 1 wurde gezeigt, daß auch die Arbeiten von Taft und Mitarbeitern [47—49] zu einer solchen Schlußfolgerung führen. Diese Folgerung bildete gleichfalls den Ausgangspunkt für Yukawa und Tsuno [480] bei der Ableitung der von Ihnen vorgeschlagenen Modifikation der Hammett-Gleichung. Vom rein logischen Standpunkt bei der Bearbeitung experimenteller Daten kamen einige Autoren [439, 451 u. a.] zu dem Schluß, daß die σ- und σ^+-Werte nicht auf diesen Fall angewendet werden können. Die Bestimmung der Resonanzkomponente jedes Substituenten bei einer konkreten Reaktion [52] sollte der nächste Schritt sein unter Benutzung der „effektiven Größen“ von σ, die auf Grund von Korrelationen der Daten für meta-Substituenten mit den Größen σ^0 (entsprechend ϱ) unter Angleichung der Größe $\varrho(\sigma - \sigma^0)$ an die Resonanzkomponente erhalten wurden [452—456].

Andererseits werden von einer Reihe Autoren verschiedene Verfahren zur Teilung von Induktions- und Resonanzkomponente auf der Grundlage der im Kap. 1 betrachteten Konstanten σ_R [47—49, 457—469, 475], σ_R^0 [50, 468, 470 bis 474], σ_R^- und σ_R^+ [476—479], $\Delta\sigma_R^+$ oder $\sigma^+ - \sigma^0$ [133, 481—487, 489—491] vorgeschlagen. Man sollte meinen, daß diese Fülle von Resonanzkonstanten und die noch größere Vielfalt ihrer Bezeichnungsarten eine zusätzliche Ursache ist, die von einer gesonderten quantitativen Berechnung des Einflusses der polaren Kopplung auf das Reaktionszentrum abschreckt und für ein „zuverlässigeres" Korrelationsverfahren mit den Größen σ^- oder σ^+ spricht. Hinzu kommt, daß dabei oft gute lineare Abhängigkeiten erhalten werden.

Bei dieser Gelegenheit muß darauf hingewiesen werden, daß die Größen ϱ, die ausgehend von der Korrelation der Daten für para-Substituenten mit den Konstanten σ^- oder σ^+ berechnet wurden, sich oft stark von den Größen ϱ für dieselben Reaktionsreihen unterscheiden, die auf der Korrelation mit den σ-Größen für meta-Substituenten [52, 369] beruhen. Das zeugt davon, daß im allgemeinen die Korrelation mit den Größen σ^- oder σ^+ für para-Substituenten kein richtiges Bild über die Größen der Induktionskonstanten σ gibt, wie es z. B. aus der Korrelation für meta-substituierte Verbindungen bestimmt wurde. Wenn sich auch die Resonanz- und die Induktionswechselwirkung nicht additiv verhalten, so kann im Falle der Reaktionen substituierter Benzolderivate die Komponente R für die polare Kopplung nach der folgenden Gleichung erhalten werden [46, 47]:

$$R = \lg k - \lg k_0 - \varrho\sigma^0 \qquad (9.1)$$

Die Größe ϱ wird nach den Angaben für meta-substituierte Phenylgruppen oder unter Heranziehung von solchen para-Substituenten, für die das Fehlen einer polaren Kopplung mit dem Reaktionszentrum gesichert ist, berechnet. Im weiteren sollen die Größen σ^0 vorerst als Universalkonstanten betrachtet werden.

Zur Bestimmung konkreter Zahlenwerte für die Substituentenkonstanten σ_R ist es nötig, Standardbedingungen festzulegen. Um die verwirrende Zahl der Bezeichnungen zu beseitigen, werden wir für die Resonanzkonstanten der Substituenten das allgemeine Symbol σ_R (oder $\sigma_R{}^+$ und $\sigma_R{}^-$) verwenden, wobei wir annehmen, daß die mangelnde Konstanz der Zahlenwerte in Abhängigkeit von der Bestimmungsmethode entweder die jeweils zu erreichende Genauigkeit oder die prinzipielle Unmöglichkeit, eine genaue universelle Skala der Resonanzkonstanten aufzustellen, widerspiegelt. Es wird dabei vorausgesetzt, daß diese Abweichungen nicht auf einen verschiedenartigen physikalischen Charakter der unterschiedlichen Skalen zurückzuführen ist. Man kann z. B. annehmen, daß $\sigma_R{}^+ = R/\varrho$ ist, wobei R und ϱ zur Reaktionsserie der Solvolyse von $ArC(CH_3)_2Cl$ gehören, die für die Bestimmung der Zahlenwerte der Konstanten σ^+ verwendet wurde. Dabei sollte jedoch bedacht werden, daß nicht für alle Substituenten die Größen σ^+ aus dieser Reaktionsserie bestimmt worden sind.

Im obigen Falle erhalten wir:

$$\sigma_R{}^+ = \sigma^+ - \sigma^0 \qquad (9.2)$$

Dieser Weg zur Bestimmung der Größen $\sigma_R{}^+$ ist im Prinzip mit der Methode von Yukawa und Tsuno (Kap. 9.4.) identisch, wenn die Reaktionsserie der Dissoziation von Carbonsäuren durch die Gleichung

$$\lg K = \lg K_0 + \varrho\sigma^0 + \varrho_R\sigma_R \qquad (9.3)$$

beschrieben wird. Dann folgt

$$\sigma - \sigma^0 = \varrho_R(\sigma^+ - \sigma^0) \qquad (9.4)$$

und

$$\Delta\sigma_R{}^+ = (1 - \varrho_R)(\sigma^+ - \sigma^0) \qquad (9.5)$$

Wie aus Abb. 25 ersichtlich ist, sind die Größen $\Delta\sigma_R^+$ und $\sigma_R^+ = (\sigma^+ - \sigma^0)$ wirklich einander proportional: $(1 - \varrho_R) = 0{,}71$. Damit ist die Erfüllung der Gleichung von YUKAWA und TSUNO (1.31) zugleich eine experimentelle Bestätigung für die Anwendbarkeit und die Universalität der Resonanzkonstanten entsprechend dem Ausdruck (9.2).

Die Größen σ_R^+ für verschiedene Substituenten des Typs $+R$ sind in Tab. 43 angegeben.

Abb. 25: Abhängigkeit zwischen den Resonanzkonstanten $\Delta\sigma_R^+ = \sigma^+ - \sigma$ und den Größen $\sigma^+ - \sigma^0$

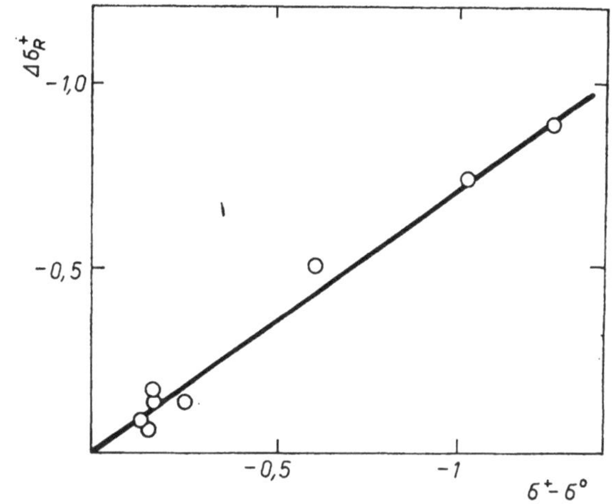

Bei para-(—R)-substituierten Phenylgruppen, die fähig sind, mit dem Reaktionszentrum vom Typ $+R$ zu koppeln, existiert der gleiche Sachverhalt und man kann die Differenz $\sigma^- - \sigma^0$ als Resonanzkonstante der Substituenten annehmen. Da man in diesem Falle die Gleichheit $\sigma = \sigma^0$ beachten muß, sind diese Differenzen praktisch den Größen $\Delta\sigma_R^- = \sigma^- - \sigma$ äquivalent, die als Resonanzkonstanten der Substituenten von YOSHIOKA, HAMAMOTO und KUBOTA [492] eingeführt wurden.

Die genannten Autoren benutzten für einige Reaktionsserien dieses Typs die Gleichung:

$$\lg k = \lg k_0 + \varrho(\sigma + r\Delta\sigma_R^-) \qquad (9.6)$$

Tabelle 43:

Die Resonanzkonstanten $\sigma_R^+ = \sigma_p - \sigma_p^0$ und $\sigma_R^- = \sigma_p^- - \sigma$ für Substituenten vom Typ $+R$ und $-R$ (σ^+ aus [25]; σ^0 aus Tab. 31)

Substituent	σ_R^+	Substituent	σ_R^+	Substituent	σ_R^-
$N(CH_3)_2$	−1,36¹)	F	−0,24	NO_2	0,442
NH_2	−1,0¹)	Cl	−0,153	CH	0,340
OH	−0,80¹)	Br	−0,11	SO_2NH_2	0,32
OCH_3	−0,637	J	−0,13	$COCH_3$	0,372
CH_3	−0,173	C_6H_5	−0,179		

¹) Die Größe σ^+ ist nach Angaben für andere Reaktionsserien außer der Solvolyse von Cumylchloriden abgeschätzt worden.

Man erkennt leicht, daß die Gleichungen (9.6) und (9.3) äquivalent sind.

In Tab. 43 sind auch $\Delta\sigma_R^-$-Werte für vier Substituenten angegeben. Leider enthält die Arbeit [492] keine weiteren Angaben, da offensichtlich die entsprechenden experimentellen Daten noch nicht ausreichend sind. In der Arbeit [484] ist man analog vorgegangen.

9.2. Polare Kopplung mit dem aromatischen Ring. Quantitative Abschätzung von Induktions- und Resonanzkomponenten in den σ^0-Konstanten

In diesem Abschnitt soll der zweite Aspekt der oben genannten Problematik, der Einfluß der polaren Kopplung innerhalb der Substituenten auf ihre Induktionskonstanten, betrachtet werden. Hierher gehört die Abhängigkeit der Größen σ^0 für substituierte Phenylringe von den Größen σ^* und σ_R sowie die analogen Abhängigkeiten für alle anderen substituierten aromatischen Ringe. Allgemeiner ausgedrückt behandeln wir den polaren Einfluß von Substituenten auf beliebige π-Elektronensysteme unter der Bedingung, daß deren polare Kopplung mit dem Reaktionszentrum fehlt, oder daß die Intensität einer solchen Kopplung im Reaktions- oder Aktivierungsprozeß unverändert bleibt.

In der Praxis sind wir gezwungen, uns im wesentlichen auf die Betrachtung der substituierten Phenylringe zu beschränken. Wie schon im Kap. 1 gezeigt wurde, können weder die Gleichsetzung der Induktionskomponente in den Größen σ mit der Konstante σ_I, noch die Annahmen über den gleichen Einfluß des Induktionseffekts und die Konstanz des Resonanzeinflusses bei meta- und para-substituierten Phenylringen (s. Gleichung (1.28)) als sichere Grundlage für die quantitative Bestimmung von Induktions- und Resonanzkomponenten dienen. Unter Berücksichtigung der Ausführungen im vorigen Paragraphen ist es sinnvoll, nur von einer Bestimmung dieser Komponenten in den Größen σ^0 zu sprechen, da der Einfluß der polaren Kopplung mit dem Reaktionszentrum hierbei bestimmt werden kann. Er stellt im Prinzip eine spezifische Größe für jede Reaktionsserie dar. Dieses Problem kann dann gelöst werden, wenn die Konstanz der Größen σ^0 unabhängig vom betrachteten Prozeß erfüllt ist. Im Kap. 7.3. sahen wir, daß daran begründete Zweifel bestehen, da die induktive Leitfähigkeit bei Ringen offenbar in spezifischer Weise von der Reaktionsserie abhängt. Gegenwärtig verfügen wir jedoch nicht über genügend Angaben, die es erlauben, derartige Effekte quantitativ zu berechnen. Deshalb legen wir dem folgenden zugrunde, daß die Beziehungen zwischen Induktions- und Resonanzeinflüssen über ein meta- oder para-Phenylen-System nicht von der Reaktionsserie abhängen, wenn eine polare Kopplung mit dem Reaktionszentrum ausgeschlossen ist. Wenn diese Bedingung erfüllt wird, dann sind die Größen σ^0 ein universelles Maß des Induktionseinflusses substituierter Phenylringe. In einem solchen Falle kann man von folgenden Beziehungen ausgehen:

$$\sigma_m^0 = z_m^*\sigma^* + z_m^R\sigma_R \tag{9.7}$$

$$\sigma_p^0 = z_p^*\sigma^* + z_p^R\sigma_R \tag{9.8}$$

wobei, z_m^*, z_m^R und z_p^*, z_p^R die entsprechenden Leitfähigkeiten für die Induktions- und Resonanzeinflüsse durch meta- und para-Phenylen-Systeme sind. Da im vorliegenden Falle die Größen z_m^R und z_p^R Konstanten sind, muß auch ihr Verhältnis $\alpha = z_m^R/z_p^R$ konstant sein.

Die Analyse der experimentellen Größen σ^0 nach dieser Gleichung ist vor allem von den verwendeten Werten der Induktions- und Resonanzkonstanten abhängig. Im Falle der Induktionsparameter haben wir eine gewisse Sicherheit, da die Größen σ^* für die Beschreibung des Induktionseinflusses von Substituenten an alicyclischen Systemen verwendbar sind. Bei den Resonanzkonstanten verfügen wir nur über die Größen σ_R^+ und σ_R^-, die für eine gewisse Zahl von $(+R)$- und nur für vier $(-R)$-Substituenten ausgehend von der Beurteilung des Beitrags der polaren Kopplung mit dem Reaktionszentrum bestimmt wurden. Die Verwendung dieser Größen ist verschiedentlich mit der Annahme verbunden, daß die polare Kopplung zwischen den Substituenten des Typs $(+R)$ und $(-R)$ (das Reaktionszentrum ist dem Wesen nach gleichfalls ein Substituent) durch dieselben Resonanzkonstanten beschrieben wird, wie auch die polare Kopplung zwischen einem π-Elektronensystem und den Substituenten vom Typ $(+R)$ oder $(-R)$. Obgleich eine solche Vermutung angesichts der Vorstellung von der Universalität der Substitutionskonstanten für gleichartige Wechselwirkungen völlig natürlich ist, bedarf sie einer besonderen experimentellen Überprüfung. Dazu kann die Befolgung der Abhängigkeiten (9.7) und (9.8) dienen. Ihre Nichtbefolgung bei der Verwendung der angegebenen σ_R-Werte bedeutet jedoch im Prinzip noch nicht, daß diese Beziehungen bei der Verwendung anderer Werte von σ_R nicht besser erfüllt werden könnten. Deshalb ist es sinnvoll, die Befolgung von (9.7) und (9.8) zuerst einer Prüfung ohne vorherige Präzisierung der Größen σ_R zu unterwerfen. Das kann man auf folgende Art verwirklichen. Wir wollen die Gleichung (9.8) mit $\alpha = z_m^R/z_p^R$ multiplizieren, davon Gleichung (9.7) subtrahieren und durch σ^* teilen:

$$\frac{\sigma_m^0}{\sigma^*} = (z_m^* - \alpha z_p^*) + \alpha \frac{\sigma_p^0}{\sigma^*} \tag{9.9}$$

Die Prüfung dieser Gleichung erfordert, daß neben den Größen σ_m^0 und σ_p^0 noch die Induktionskonstanten σ^* bekannt sind. Dabei ist eine lineare Abhängigkeit σ_m^0/σ^* von σ_p^0/σ^* mit der Neigung α und mit einem Ordinatenabschnitt, der gleich $z_m^* - \alpha z_p^*$ ist, zu erwarten. Wir sehen, daß eine solche lineare Abhängigkeit (Abb. 26) wirklich mit folgenden Werten der Parameter erfüllt wird:

$$\alpha \simeq 0{,}50 \tag{9.10}$$

$$z_m^* - \alpha z_p^* = 0{,}094 \tag{9.11}$$

Zur Prüfung der Verwendbarkeit der Größen σ_R gibt es zwei Wege. Einerseits kann man eine Zweiparameterkorrelation für $(+R)$-Substituenten entsprechend den Gleichungen (9.7) und (9.8) [486] formulieren. Da die Maßstäbe der Größen $\sigma_R^+ = \sigma^+ - \sigma^0$ und $\sigma_R^- = \sigma^- - \sigma$ nicht miteinander übereinstimmen ist eine gemeinsame Korrelation für die Substituenten $+R$ und $-R$ sinnlos. Die Ergebnisse der vorgenannten Korrelation für $+R$-Substituenten sind in Tab. 44 angegeben.

Andererseits kann man versuchen, die Größen z_m^* und z_p^* zu bestimmen und dann die Werte der Resonanzkonstanten nach den folgenden Formeln auszurechnen:

$$\sigma_R = \sigma_p^0 - z_p^* \sigma^* \qquad (9.12)$$

$$\sigma_R = (\sigma_m^0 - z_m^* \sigma^*)/\alpha \qquad (9.13)$$

Die Größen z_m^* und z_p^* können auf zwei Wegen bestimmt werden, ohne die Angaben aus Tab. 44 zu benutzen. Beide Wege laufen auf die vorherige Bestimmung der Größe z_m^* und die nachfolgende Berechnung von z_p^* hinaus, wobei die Beziehungen (9.10) und (9.11) benutzt werden. Die Größe z_m^* wird erhalten, wenn σ^0 sowohl für $(+R)$- als auch für $(-R)$-Substituenten gegen σ^* aufgetragen wird.

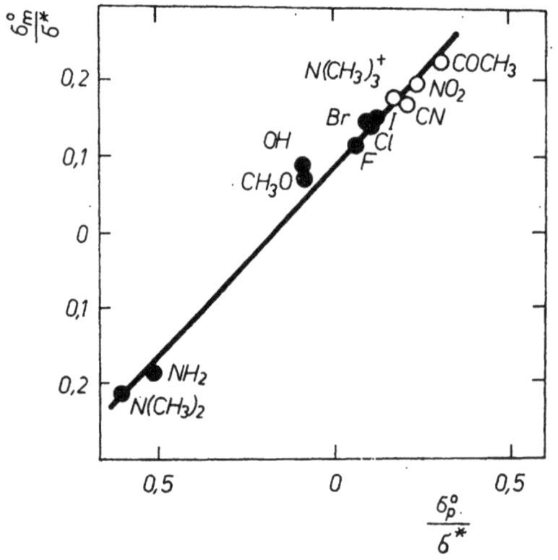

Abb. 26: Bestimmung der Größe $\alpha = \frac{z_m^R}{z_p^R}$ nach Gleichung (9.9)

• $(+R)$-Substituenten
○ $(-R)$-Substituenten

Dabei wird die im Koordinatenursprung beginnende Gerade nach Möglichkeit so gelegt, daß $-R$-Substituenten oberhalb und $+R$-Substituenten unterhalb von ihr zu liegen kommen (s. Abb. 27).

Tabelle 44:

Korrelation der Größen σ_m^0 und σ_p^0 für $(+R)$-Substituenten mit den Induktions- und Resonanzkonstanten nach den Gleichungen (9.7) und (9.8)

Korrelationsgröße	z^*	z^R	r	s
σ_m^0	0,150 ± 0,010	0,199 ± 0,032	0,9851	0,053
	0,143 ± 0,008	0,187 ± 0,026	—	0,037
σ_p^0	0,112 ± 0,013	0,426 ± 0,038	0,9788	0,064
	0,110 ± 0,011	0,430 ± 0,034	—	0,048

Bemerkung: Die Werte in der zweiten Zeile wurden aus der Arbeit [486] entnommen. Die dort verwendeten σ^*-Werte wurden unter Zugrundelegung der Größe $z_C^* = 0,360$ berechnet.

Wie man sieht, verändert sich das Ergebnis nicht wesentlich bei Anwendung von σ^*, ausgehend von $z_C^* = 0{,}388$; die Korrelation ist in diesem Falle sogar weniger befriedigend.

Eine solche Lage der Geraden beruht darauf, daß die Resonanzkomponente im Falle von $(-R)$-Substituenten ein positives Vorzeichen haben muß und im Falle von $(+R)$-Substituenten ein negatives. Die Neigung der Geraden, die 0,15 beträgt, ist die zu bestimmende Größe z_m^*. Wie man sieht, stimmt dieser Wert überraschend gut mit der entsprechenden Größe aus Tab. 44 überein. Der zweite Weg zur Bestimmung des Wertes z_m^* basiert auf Berechnungen unter Verwendung der Größen $z_C^* = 0{,}388$ und $q = l_{1,4}$, $z^*_{\text{Raum}} = 0{,}25$. Dabei ist q eine Konstante für die Leitfähigkeit des Induktionseinflusses durch den Raum innerhalb des Ringes (s. Tab. 28).

Abb. 27: Abschätzung der Größe z_m^*
• $(-R)$-Substituenten
o $(+R)$-Substituenten

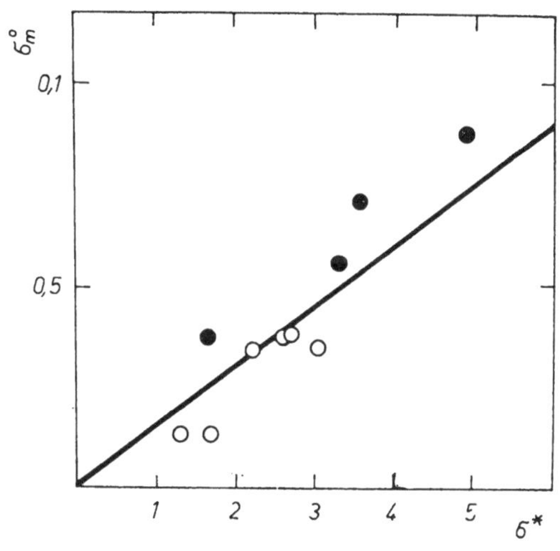

z_m^* resultiert dann aus folgender Gleichung:

$$z_m^* = 0{,}388^3 + 0{,}388^5 + \frac{0{,}25}{2{,}32} \tag{9.14}$$

In (9.14) wird der Abstand zwischen den meta-Stellungen mit 2,32 Å angenommen.

Diese Berechnung führt zur Größe $z_m^* = 0{,}15$. Aus diesem z_m^*-Wert erhält man für $z_p^* = 0{,}11$. Auch in diesem Falle stellen wir Übereinstimmung mit dem Wert aus Tab. 44 fest.

Die Größen σ_R, die entsprechend den Gleichungen (9.12) und (9.13) berechnet wurden, sind in Tab. 45 zusammengestellt. In Abb. 28 sind die Größen $\sigma_p^0 - 0{,}11\,\sigma^*$ gegen $\sigma_R^{\pm} = \sigma^{\pm} - \sigma^0$ aufgetragen worden. Für $(-R)$-Substituenten wird eine befriedigende lineare Abhängigkeit zwischen diesen Größen beobachtet. Das kann allerdings auch die Folge der ungenügenden Anzahl an Punkten sein. Im Falle der $(+R)$-Substituenten ist die Übereinstimmung jedoch recht mäßig (s. punktierte Linie in Abb. 28), wenn man die Daten für alle Substituenten berücksichtigt.

Tabelle 45:

Die Größen σ_R; berechnet nach den Formeln (9.12) und (9.13) mit $\alpha = 0{,}5$; $z_p{}^* = 0{,}110$ *und* $z_m{}^* = 0{,}150$

Substituent	σ_R (nach (9.12))	σ_R (nach (9.13))	Substituent	σ_R nach (9.12)	σ_R nach (9.13)
F	−0,17	−0,22	$COCH_3$	0,32	0,26
Cl	−0,030	−0,034	COOR	0,27	0,16
Br	−0,08	−0,02	CF_3	0,27	0,12
J	0,03	0,04	CCl_3	0,16	0,04
OH	−0,26	−0,14	CN	0,30	0,14
OCH_3	−0,325	−0,264	NO_2[1])	0,39	0,34
NH_2	−0,45	−0,488	SO_2CH_3	0,35	0,18
$N(CH_3)_2$	−0,52	−0,52	$\overset{+}{N}(CH_3)_3$[2])	0,28	0,30

[1]) Ausgehend von den Werten $\sigma_m{}^0 = 0{,}70$ und $\sigma_p{}^0 = 0{,}82$.

[2]) Statt σ^0 wurde der Hamettsche σ-Wert verwendet.

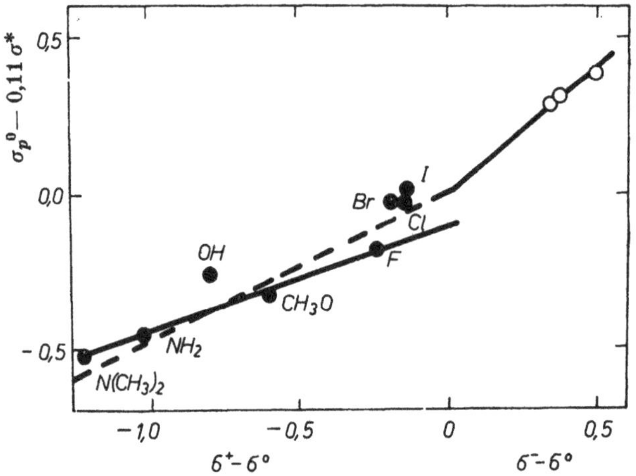

Abb. 28: Abhängigkeit zwischen den Resonanzkonstanten, die aus der polaren Kopplung mit dem Benzolkern ($\sigma_p{}^0 - 0{,}11\,\sigma^*$) und der polaren Kopplung mit dem Reaktionszentrum $\sigma^+ - \sigma^0$ bzw. $\sigma^- - \sigma^0$ bestimmt wurden

- • (+R)-Substituenten
- o (−R)-Substituenten

Es ist klar erkennbar, daß die Abweichung besonders durch die Punkte für Cl, Br und J hervorgerufen wird, deren ($\sigma_p{}^0 - 0{,}11\sigma^*$)-Werte zu hoch liegen. Dagegen liegen die Punkte für die restlichen Substituenten mit Ausnahme der OH-Gruppe auf der Geraden. Die Abweichungen für die drei Halogene können durch die Anwesenheit der *d*-Orbitale erklärt werden. Dadurch sind sie in der Lage, gleichzeitig sowohl (+*R*)- als auch (−*R*)-Charakter zu zeigen. Bei der Kopplung mit einem Reaktionszentrum vom Typ (−*R*) wird die Beteiligung der *d*-Orbitale ausgeschlossen. Folglich tritt ein prinzipieller Unterschied zwischen den beiden Skalen der Resonanzkonstanten vom Typ $\sigma_R{}^+$ auf. Bei Anwesenheit von *d*-Orbitalen im direkt an den Ring gebundenen Atom muß man die Größe $\sigma^+ - \sigma^0$ als ein besseres Maß für die (+*R*)-Eigenschaften des Substituenten ansehen.

Nach TAFT [48] wird aus den Gleichungen (9.7) und (9.8) leicht die folgende Gleichung erhalten (s. (1.28)):

$$\sigma_m{}^0 - 0{,}50\sigma_p{}^0 = (z_m{}^* - 0{,}50 z_p{}^*)\sigma^* \qquad (9.15)$$

Da für die σ^0-Werte die Konstanz der Größe $\frac{z_m{}^*}{z_p{}^*} = \alpha = 0{,}50$ gut erfüllt ist, kennzeichnen die Größen $\sigma_m{}^0 - 0{,}50\sigma_p{}^0$ die „aromatische" Skala der Induktionskonstanten in gleicher Weise, wie die von TAFT [48] bestimmten „aromatischen" Werte σ_I. Die Übereinstimmung zwischen diesen und den Größen σ^* aus Tab. 18 wird durch die Erfüllung der Linearität zwischen $\sigma_m{}^0 - 0{,}50\sigma_p{}^0$ und σ^* charakterisiert. Wie aus Abb. 29 ersichtlich ist, wird eine solche Linearität, obwohl sie in gewisser Annäherung zweifellos existiert, dennoch nicht ganz ideal erfüllt. Die größten Abweichungen bestehen für die Substituenten OH, CN und OCH_3. Es ist deshalb nicht möglich, die konkreten Zahlenwerte der aromatischen und aliphatischen Induktionskonstanten als einander gleichwertig zu betrachten.

Die durchgeführte Analyse bestätigt die Schlußfolgerung von TAFT [47], daß beim Fehlen einer polaren Kopplung mit dem Reaktionszentrum, die polare

Abb. 29: Gegenüberstellung der „aromatischen" und der aliphatischen Skala der Induktionskonstanten

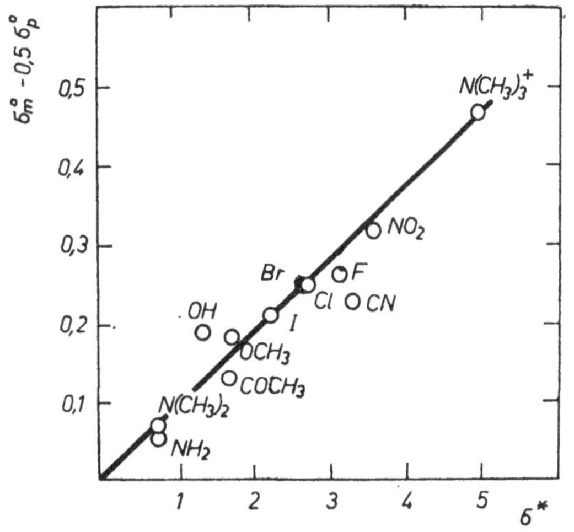

Kopplung mit dem Phenylring auf die para-Stellung einen etwa zweimal größeren Einfluß ausübt als auf die meta-Stellung ($\alpha = 0{,}50$). Andererseits bestätigt sich die Annahme von der Gleichheit des Induktionseinflusses in der meta- und para-Stellung nicht, da $\frac{z_p{}^*}{z_m{}^*} = \frac{0{,}11}{0{,}15} = 0{,}73$ ist (s. auch die Daten aus Tab. 44).

Der Induktionseinfluß aus der meta-Stellung übertrifft den aus der para-Stellung etwas. Diese Schlußfolgerung befindet sich im direkten Widerspruch zu dem Standpunkt von EXNER [122, 123, 303, 543, 544], der annimmt, daß $\frac{z_p{}^*}{z_m{}^*} > 1$ ist. Zu einer solchen Schlußfolgerung führt die Überprüfung der Abhängigkeit zwischen den Größen lg k für meta- und para-substituierte Benzolderivate (Dissoziation der Benzoesäuren oder ihre Wechselwirkung mit Diphenyldiazomethan) bei Substituenten vom Typ XCH_2. Wenn wir die Größen lg k_p gegen lg k_m auftragen, so erhalten wir eine Gerade mit dem Anstieg 1,13. Nimmt man an, daß wir es bei Substituenten dieses Typs nur mit dem Induktionseinfluß zu tun haben, so kann auf einen etwas intensiveren Einfluß des Induktionseffektes aus der para-Stellung im Vergleich zur meta-Stellung geschlossen werden. Auf dieser Geraden liegen auch die Punkte für solche typischen ($-R$)-Substituenten wie NO_2, CN und COOH. Daraus folgt, daß die genannten Substituenten ebenfalls nur einen Induktionseinfluß ausüben, wenn die polare Kopplung mit dem Reaktionszentrum fehlt.

So gelangen wir zu dem Schluß, daß diese Akzeptorsubstituenten (und überhaupt Substituenten vom Typ ($-R$) nicht zur polaren Kopplung mit dem Benzolkern fähig sind, obgleich auch für sie die Fähigkeit zur polaren Kopplung mit dem Reaktionszentrum erhalten bleibt.

In der letzten Behauptung ist ein gewisser logischer Widerspruch enthalten, wenn man weiter an dem Standpunkt festhält, daß universelle Resonanzkonstanten der Substituenten existieren müssen und daß π-Elektronensysteme, darunter auch der Benzolring, die Fähigkeit haben, als Donator oder auch als Akzeptor bei der polaren Kopplung zu wirken.

Auch die oben erhaltenen σ_R-Werte, die in Tab. 45 angegeben sind, widersprechen der Behauptung von der Unfähigkeit der ($-R$)-Substituenten zur polaren Kopplung mit dem Benzolkern. Wenn dieser Standpunkt berechtigt wäre, müßten die Werte σ_R für alle Substituenten, die aus den Größen σ_p^0 und σ_m^0 berechnet worden sind, gleich 0 sein. Das ist jedoch nicht der Fall. Solche Substituenten, wie CF_3, CCl_3 und auch $N(CH_3)_3^+$, werden durch verhältnismäßig große positive σ_R^--Werte charakterisiert.

Somit stehen wir vor der Alternative zweier sich einander ausschließender Standpunkte, von denen jeder folgerichtig aus der Analyse entsprechender experimenteller Daten hervorgeht. Um den wirklichen Wert der einzelnen Argumente besser beurteilen zu können, sei noch hervorgehoben, daß nicht alle Angaben aus Tab. 45 mit jenen Schlußfolgerungen übereinstimmen, die aus der quantitativen Bestimmung der polaren Kopplung mit dem Reaktionszentrum erhalten werden. Die $-N(CH_3)_3^+$-Gruppe ist ein Beispiel für eine solche Nichtübereinstimmung. Sie wird durch den nach der Nitrogruppe zweitgrößten Wert von σ_R in Tab. 45 charakterisiert. Der Punkt für $-N(CH_3)_3^+$ stimmt aber auch gut mit den linearen Abhängigkeiten überein, die in den Abb. 26 und 29 dargestellt worden sind. Das gleiche gilt für die Größen σ_R^-, die aus den Werten σ_p^0 und σ_m^0 berechnet worden sind.

Wenn die Gruppe $-N(CH_3)_3^+$ (oder in Analogie $-NH_3^+$) zur polaren Kopplung fähig ist, dann muß sich das z. B. bei den Reaktionsserien der Dissoziation der Phenole und der Aniliniumionen äußern.

Die pK_a-Werte für p-$N(CH_3)_3^+$ (oder $-NH_3^+$)-Derivate werden aus den pK_a- und ϱ-Werten für die entsprechenden Reaktionsserien und den Werten $\sigma_p^0 = \sigma_p = 0{,}82$ [30] für die p-$N(CH_3)_3^+$-Gruppe nach der Gleichung $pK_a = pK_a^0 + \varrho\sigma^0$ erhalten. Beim Vergleich der auf diese Weise berechneten pK_a-Werte mit den experimentell bestimmten kann aus der Differenz beider Größen auf den Beitrag der polaren Kopplung mit dem Reaktionszentrum geschlossen werden. Die Ergebnisse dieser Berechnung zeigen (Tab. 46), daß kein Grund zur Annahme für einen Beitrag der polaren Kopplung besteht.

Tabelle 46:

Die Bestimmung des Beitrags der polaren Kopplung für die Gruppen $N(CH_3)^+_3$ und NH_3^+ im Falle der Dissoziation der Phenole und der Aniliniumionen

(Es wurden die pK_a^0- und ϱ-Werte der Korrelationsgleichung $pK_a = pK_a^0 + \varrho\sigma^0$ nach [133] verwendet.

Substituent	Reaktionsserie	pK_a berechnet	pK_a experimentell	ΔpK_a
$N(CH_3)_3^+$	Dissoziation der Phenole	8,24 ± 0,12	8,52	+0,28 ± 0,12
NH_3^+	Dissoziation der Aniline	2,42 ± 0,11	2,54	+0,12 ± 0,11

Hinzu kommt noch, daß die Abweichungen der experimentellen pK_a-Werte von den berechneten sogar ein positives Vorzeichen haben, das heißt, sie besitzen die umgekehrte Richtung als die beim Vorhandensein einer polaren Kopplung mit dem Reaktionszentrum festgestellte. So wird der Eindruck erweckt, als ob die $N(CH_3)_3^+$-Gruppe in Verbindung mit einem π-Elektronensystem nicht zur polaren Kopplung mit dem Reaktionszentrum vom Typ $+R$ fähig sei. Aber in der Arbeit [133] wurde gezeigt, daß im Falle der Dissoziation von substituierten Anilinen eine Berechnung des Beitrags der polaren Kopplung sowohl für $(-R)$- als auch für $(+R)$-Substituenten erforderlich ist. Man erhält $\varrho_R^+ = -0,83 \pm 0,14$. Der bedeutende Unterschied von 0 zeugt von der Fähigkeit des Reaktionszentrums im Ausgangszustand zur polaren Kopplung mit para-$(+R)$-Substituenten. Natürlich kann man Erwägungen anstellen (Ladung u. ä.), die eine Betrachtung des Substituenten $N(CH_3)_3^+$ als Ausnahme rechtfertigen würden, für den keine Schlußfolgerungen allgemeiner Art abgeleitet werden sollten. In Anbetracht der Wichtigkeit des Problems wäre es trotzdem wünschenswert, irgendeinen zusätzlichen und unabhängigen Beweis für die Existenz (oder das Fehlen) eines Beitrags der polaren Kopplung mit dem Benzolring auch im Falle von $(-R)$-Substituenten zu haben. Zum Glück gibt es in der Literatur Angaben, die erlauben, eine eindeutige Antwort auf diese Frage zu geben. Diese Angaben werden wir im Abschnitt über die sterische Hinderung behandeln.

Eine mögliche Ursache für die Befolgung der Abhängigkeit, die von Exner entdeckt worden ist, wird bei der Betrachtung der Ergebnisse über den Einfluß des Induktionseffekts auf die polare Kopplung erörtert.

Für andere aromatische Systeme werden gewöhnlich analoge Methoden zur gemeinsamen oder getrennten Berechnung des Induktions- und Resonanzeinflusses verwendet. Am häufigsten verwendet man dabei entweder die Größen $\sigma(\sigma^0)$ für die entsprechenden substituierten Phenylringe oder man führt unter Zugrundelegung von ϱ für substituierte Phenylringe neue Werte von Substituentenkonstanten für die entsprechenden substituierten Aromaten ein. Ein Teil der Autoren versuchte auch, die Induktions- und Resonanzkomponente quantitativ zu bestimmen, indem sie die gleichen Methoden, die im Falle des Benzols beschrieben wurden, und eine der Skalen der Resonanzkonstanten verwenden. In diesem Zusammenhang sei auf die Arbeiten verwiesen, die der Betrachtung des Biphenyl- [493–496], Naphthalin- [497–500], Pyridin- [460, 501–511],

Chinolin- und Isochinolin- [460, 504, 513—516], Cinnolin- [517], Fluoren- [518 bis 520], Indoxyl- [521—523], Furan- [504, 524—526], Thiophen- [387, 447, 504, 526], Thiazin- [504], Imidazol- und Benzimidazol- [527] und des Ferrocensystems [528—531] gewidmet sind.

Ein analoges Vorgehen bei nichtaromatischen π-Elektronensystemen ist am Beispiel des cis- und trans-Vinylens, der Äthenylidengruppe und der Heteroäthenylidengruppe [278, 532—536], des Acetylens [537], des Amidins [538] und des Cyclopropansystems [539] beschrieben worden.

Von Dewar und Grisdall [97, 540] wurde eine Methode entwickelt, die für den Fall der Übertragung des polaren Einflusses über aromatische Systeme (z. B. Naphthalin und Biphenyl) eine Teilung der Induktions- und Resonanzkomponente vorzunehmen gestattet. Voraussetzungen für diese Methode sind die Negierung der Übertragung des Induktionseinflusses durch σ-Bindungen (d. h. die Identifizierung des Induktionseffektes mit dem Feldeffekt) und die Negierung des indirekten Einflusses der polaren Kopplung auf die meta- (oder andere analoge) Positionen. Trotz eines gewissen Erfolges der auf dieser Basis durchgeführten Korrelationen (z. B. [99, 279] u. a.) scheint es uns, daß infolge der ungenügenden Stichhaltigkeit der genannten Postulate im vorliegenden Falle wohl kaum die Aufstellung neuer Größen und Beziehungen zu der ohnehin verwirrenden Vielfalt der Induktions- und Resonanzkonstanten gerechtfertigt ist. Über spezielle Schwierigkeiten, die bei der Anwendung dieser Methode entstehen, haben Ritter und Miller [541] sowie Charton [516] berichtet. Der letztgenannte Autor schreibt, daß die Größen σ, die nach der Methode von Dewar und Grisdall berechnet worden sind, vom praktischen Standpunkt aus keinen Vorzug gegenüber den Hammettschen Größen σ_m oder σ_p haben.

9.3. Skala der Resonanz-Substituentenkonstanten aus NMR-Daten

Taft und Mitarbeiter [472] untersuchten an p-substituierten Fluorbenzolen die Abhängigkeit der chemischen Verschiebung δ_F^{p-X} vom Substituenten und vom Lösungsmittel. Für parasubstituierte Fluorbenzole wurden somit analoge Daten erhalten wie für die im Kap. 7.5. erwähnte chemische Verschiebung bei metasubstituierten Fluorbenzolen, zu deren Charakterisierung die Induktionskonstanten σ_I benutzt wurden. Es stellte sich heraus, daß für einige para-$(+R)$-Substituenten die chemische Verschiebung praktisch unabhängig vom Lösungsmittel ist, während sich in anderen Fällen eine Abhängigkeit zeigt. Für viele $(-R)$-Substituenten ist die Abhängigkeit der Größe δ_F^{p-X} vom Lösungsmittel recht beträchtlich. So vergrößert sich für —CHO der Wert von δ_F^{p-X} beim Übergang von 3-Methylpentan zu Trifluoressigsäure fast um das Doppelte.

Bei gleichem Einfluß der induktiven Effekte aus der meta- und para-Stellung nehmen die Autoren an, daß die Differenz $\delta_F^{p-X} - \delta_F^{m-X}$ die gesamte Resonanzwechselwirkung zwischen dem Substituenten X und dem Fluoratom darstellt. Benutzt man die „normale" Größe δ_F^{p-X}, bezogen auf ein inertes Lösungsmittel, so ergibt sich folgende Abhängigkeit zwischen den Größen δ_F^{p-X} und den Resonanzkonstanten $\sigma_R^0 = \sigma^0 - \sigma_I$

$$\delta_F^{p-X} = -29{,}5\,\sigma_R^0 + \delta_F^{m-X} = -29{,}5\,\sigma_R^0 - 7{,}1\,\sigma_I + 0{,}60 \qquad (9.16)$$

Abb. 30 und 31 zeigen, daß die Größe σ_R^0 aus Gleichung (9.16) weder dem Ausdruck $\sigma_R^+ = \sigma_p^0 - 0{,}11\,\sigma^*$ noch der Größe $\sigma_R^+ = \sigma_p^0 - \sigma_p^+$ (Abb. 30 u. 31) proportional ist.

Abb. 30: Abhängigkeit des σ_R^0-Wertes von $(\sigma_p^0 - 0{,}11\sigma^*)$ für substituierte Fluorbenzole

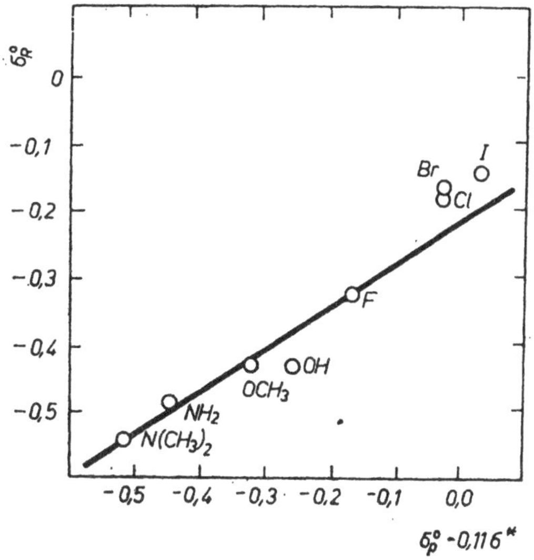

Abb. 31: Abhängigkeit des σ_R^0-Wertes von $(\sigma^+ - \sigma^0)$ für substituierte Fluorbenzole

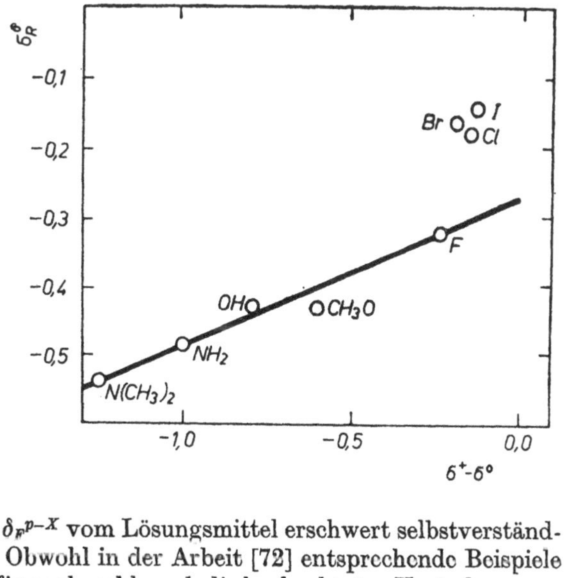

Die Abhängigkeit der Größe δ_F^{p-X} vom Lösungsmittel erschwert selbstverständlich die Analyse dieser Daten. Obwohl in der Arbeit [72] entsprechende Beispiele angeführt werden, ist es vorläufig noch unklar, ob die beobachteten Veränderungen der Größen δ_F^{m-X} und δ_F^{p-X} die Lösungsmittelabhängigkeit der Induktions- und Resonanzkonstanten in der gleichen Weise widerspiegeln, wie dies aus den Daten der Reaktionsfähigkeit der Fall ist.

Von Interesse sind ferner noch einige ergänzende Hinweise. Es ist festzustellen, daß beim Vergleich mit den Konstanten, die aus chemischen Reaktionen erhalten wurden, diesen die Größe δ_F^{p-X} für Methanol am ehesten entspricht. Daraus ließe sich die Schlußfolgerung ableiten (Kap. 7.6), daß sich die δ_F^{p-X}-Werte, ebenso wie die Resonanzkonstanten der Substituenten, die aus der Reaktionsfähigkeit erhalten wurden, auf „schwach saure Lösungsmittel" beziehen.

Weiterhin wird angenommen, daß die Differenz $\delta_F^{p-X} - \delta_F^{m-X}$ als Maß für die polare Kopplung zwischen dem Substituenten X und der p-Stellung des Benzolrings gelten kann. In der Arbeit [472] bezieht sich diese Annahme allerdings

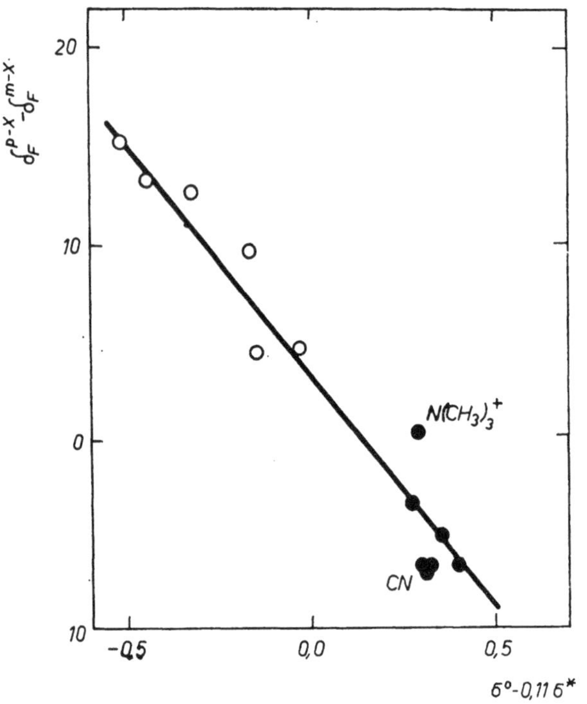

Abb. 32: Abhängigkeit des Wertes ($\delta_F^{p-X} - \delta_F^{m-X}$) von ($\sigma^0 - 0{,}11\,\sigma^*$) für substituierte Fluorbenzole

nur auf $+R$-Substituenten. Für $-R$-Substituenten ist der zusätzliche Einfluß der polaren Kopplung mit dem Fluoratom zu berücksichtigen. In Abb. 32 sind diese Unterschiede sowohl für $+R$- als auch für $-R$-Substituenten, in Abhängigkeit von den Größen $\sigma_R^+ = \sigma_p^0 - 0{,}11\,\sigma^*$, aufgetragen. Wie man sieht, führt die Gerade nicht durch den Koordinatenursprung und die Punkte zeigen zum Teil beträchtliche Abweichungen von der Geraden. In Abb. 33 ist $\sigma_R^+ = \sigma_p^0 - 0{,}11\,\sigma^*$ in Abhängigkeit von δ_F^{p-X} selbst aufgetragen.

Man erkennt, daß in diesem Fall die lineare Abhängigkeit besser erfüllt wird und die Gerade durch den Koordinatensprung führt.

Gegenwärtig erscheint es noch verfrüht, aus diesen Resultaten abschließende Schlußfolgerungen zu ziehen. Es ergibt sich die Frage, ob die Größe δ_F^{p-X} außer der Kopplung des Substituenten mit dem p-substituierten Benzolring nicht noch andere Wechselwirkungen enthält. Dabei sollte kein Unterschied zwischen $+R$- und $-R$-Substituenten bestehen.

Aus den genannten Gründen scheint es auch vorläufig noch nicht gerechtfertigt, die Größen der Resonanzsubstituentenkonstanten auf der Grundlage von δ_F^{p-X} zu einer Skala zu vereinigen, die innerhalb der experimentellen Genauigkeit mit den aus der Untersuchung der Reaktionsfähigkeit erhaltenen Werten übereinstimmt.

Abb. 33: Abhängigkeit des δ_F^{p-X}-Wertes von $(\sigma^0 - 0{,}11\sigma^*)$ für substituierte Fluorbenzole

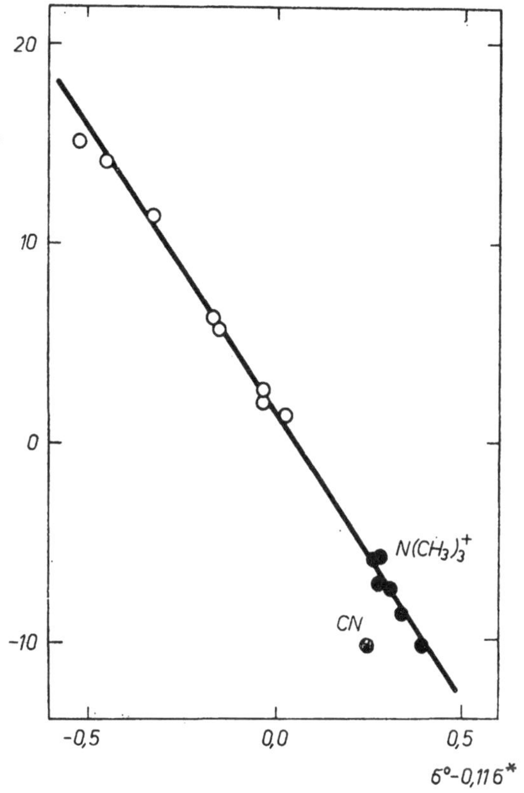

Es bleibt noch hinzuzufügen, daß man in DMSO, nach TAFT und McKEEVER [544], eine sehr gute lineare Abhängigkeit zwischen den chemischen Verschiebungen im NMR-Spektrum für das Fluoratom bei p,p'-disubstituierten Carbonium-Ionen

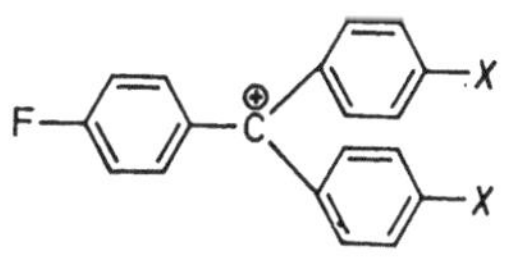

und den freien Energien stabilisierter Kationen

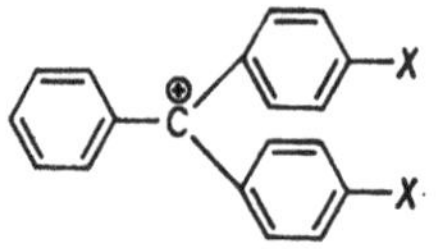

für die Reaktion

$$R^+ + {}^1/_2 R_0 - R \rightleftharpoons {}^1/_2 R - R + R_0^+$$

beobachtet hat. Dabei entspricht R_0 dem unsubstituierten Triphenylmethyl.

Kapitel 10: Quantitative Behandlung sterischer Effekte der Substituenten

10.1. Über die Natur des sterischen Substituenteneinflusses

Die Vorstellungen über den Einfluß des räumlichen Aufbaues der Moleküle auf ihre Reaktionsfähigkeit umfassen einen großen Kreis von Erscheinungen, die ihrem Wesen nach verschieden sind. Hierzu gehört die sterisch bedingte Verzögerung bzw. Beschleunigung von Reaktionen, als Ergebnis von Veränderungen der Valenzwinkel oder der Koordinationszahl im Verlauf der Reaktion oder der Aktivierung. Sterische Effekte beschränken sich jedoch nicht nur auf die Stereodynamik der Reaktion, sondern sie erstrecken sich auf komplizierte Wechselwirkungen innerhalb der Moleküle, wie z. B. in cyclischen Systemen, oder bei der cis-trans-Isomerie und der Diastereoisomerie usw. Diese Aufzählung könnte noch ergänzt werden, durch das mögliche Auftreten sterischer Hinderungen bei der Solvatation oder auch bei der Bildung von Wasserstoffbrückenbindungen. Viele Probleme auf diesem Gebiet sind ausreichend in der Übersichtsliteratur beschrieben [545 u. a.].

In diesem Buch und speziell in diesem Kapitel ist es nicht möglich, das gesamte Material auch nur in den allgemeinsten Zügen zu behandeln. Wir beschränken uns daher auf die Fälle, aus denen allgemeine, qualitative Gesetzmäßigkeiten abgeleitet werden können.

Nach BECKER [546—548] kann man aus der Zustandssumme des Ausgangszustandes bzw. des End- oder Aktivierungszustandes die sterische Komponente Q_{st} ableiten, die die Zustandssumme aller möglichen Konformationen enthält:

$$Q_{st} = e^{-\varepsilon_0/RT} \sum n_i e^{-\frac{\varepsilon_i - \varepsilon_0}{RT}} \tag{10.1}$$

Dabei sind ε_i bzw. ε_0 die Behinderungspotentiale der i-ten bzw. der stabilsten Konformation; n_i ist der Grad der Entartung der i-ten Konformation. Für die sterische Komponente in der freien Aktivierungsenergie erhält man danach folgenden Ausdruck:

$$\Delta F^{\ddagger}_{ST} = -RT \ln \frac{e^{-\varepsilon_0^{\ddagger}/RT} \sum\limits_j n_j^{\ddagger} e^{-\frac{\varepsilon_j^{\ddagger} - \varepsilon_0^{\ddagger}}{RT}}}{e^{-\varepsilon_0/RT} \sum\limits_i n_i e^{-\frac{\varepsilon_i - \varepsilon_0}{RT}}} \tag{10.2}$$

Wir stellen fest, daß in Gleichung (10.2) die Enthalpie- und die Entropiekomponente exakt voneinander getrennt sind. Der Quotient der Summen entspricht dem Entropieglied.

Auf diese Weise kann die Größe $\Delta F_{ST}^{\ddagger}$ berechnet werden, wenn alle Werte der Behinderungspotentiale ε_i und $\varepsilon_j^{\ddagger}$ im Ausgangs- und Aktivierungszustand bekannt sind. Zur Zeit gibt es nur die Möglichkeit, die empirischen Werte ε_i für die Behinderungspotentiale nach Gleichung (10.2) aus den experimentell ermittelten Werten von $\Delta F_{ST}^{\ddagger}$ [84] zu erhalten. Deshalb können diese Vorstellungen, die ohne Zweifel für das vorliegende Problem von prinzipieller Bedeutung sind, den einfachen Weg zur quantitativen Berechnung des sterischen Einflusses der Substituenten, beruhend auf der Anwendung entsprechender Substituentenkonstanten und des *LFE*, nicht ersetzen.

10.2. Sterische Substituentenkonstanten

Die E_s-Werte, welche von Taft aus kinetischen Daten der sauren Esterhydrolyse erhalten wurden [s. (1.15)], spiegeln nicht allein die sterischen Eigenschaften dieser Substituenten wider, sondern schließen auch bestimmte Beiträge der Hyperkonjugation ein. Deshalb ist es im Prinzip wünschenswert, die Ermittlung der sterischen Konstanten ausgehend von irgendeiner anderen Reaktionsserie vorzunehmen, für die der Einfluß der Hyperkonjugation ausgeschlossen ist. Diese Voraussetzung ist z. B. für die Reaktion der Alkylmagnesiumhalogenide mit Pinakolin erfüllt.

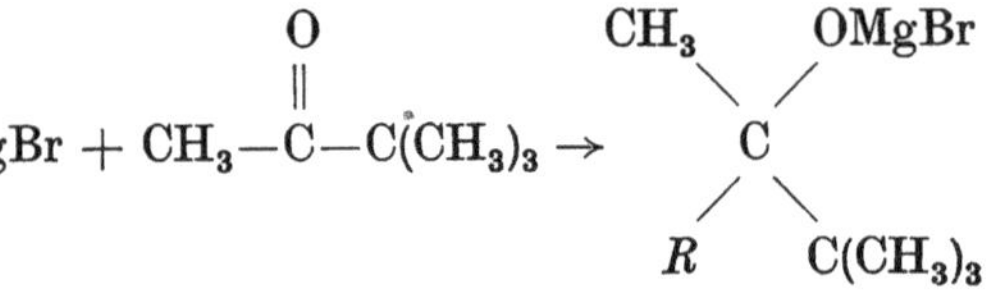

Da sich bei dieser Reaktionsserie der veränderliche Substituent nicht an der Carbonylgruppe befindet, entfällt die Hyperkonjugation und als einziger Einflußfaktor bleibt der sterische Effekt [550]. Leider ist der Umfang an experimentellen Daten zur Zeit noch unzureichend, um diese Reaktionsserie zur Bestimmung echter sterischer Substituentenkonstanten auswerten zu können.

Ein anderer Weg zur Ermittlung dieser Konstanten, besteht in der Berechnung des Hyperkonjugationsanteils in den Größen E_S. Hancock und Mitarbeiter [549] benutzten die nach der MO-Methode berechnete Größe $h = 0{,}306$ für die Reaktionsserie der Esterhydrolyse und erfaßten damit den Anteil der Hyperkonjugation der C—H-Bindungen. Die auf diese Weise verbesserten Werte E_S^{Hk} sind mit den Größen E_S von Taft durch die folgende Beziehung verbunden:

$$E_S^{Hk} = E_S + 0{,}306\,(n - 3) \tag{10.3}$$

n ist die Anzahl der H-Atome am ersten Kohlenstoffatom des betrachteten Substituenten; 3 ist die entsprechende Zahl für den Standardsubstituenten CH_3.

Die Größen E_S^{Hk} führen im Vergleich zu den E_S-Werten zu einer bedeutenden Verbesserung der Korrelationen [551—553].

Diese Methode zur Verbesserung der E_S-Werte ist allerdings nicht ohne Mängel. Erstens ist die Mitwirkung der C—C-Bindung an der Hyperkonjugation nicht berücksichtigt worden. Deshalb ist bei Ersatz der α-C—H-Bindungen in der Methylgruppe durch α-C—C-Bindungen, d. h. im Falle aller gesättigten KW-Substituenten, die durch Formel (10.3) bewirkte Veränderung recht erheblich.

Zweitens beziehen sich die experimentellen Werte E_S auf ein bestimmtes Lösungsmittel. Es wurde gezeigt [351], daß sich bei Veränderung des Lösungsmittels (z. B. beim Übergang von einem Gemisch organischer Lösungsmittel mit H_2O zu reinem H_2O) sowohl die Größe h verändert, als auch die sterische Konstante δ, welche die Reaktionsserie der sauren Esterhydrolyse charakterisiert. Infolgedessen besteht keine gute lineare Abhängigkeit zwischen den Größen $\lg k/k_0$ in H_2O und den Konstanten E_S, die von TAFT für Mischungen von H_2O mit organischen Lösungsmitteln bestimmt wurden. Da die Größe h jedoch nach der MO-Methode ermittelt wurde, ist sie nicht an irgendein Lösungsmittel gebunden. Deshalb führt die Einbeziehung des Wertes h in die Berichtigung der E_S-Konstanten nicht zu exakten Werten. Zusammenfassend sei darauf hingewiesen, daß die erwähnte Lösungsmittelabhängigkeit der Größen h und δ an und für sich in die Korrektur der Größen E_S mit einbezogen werden müßte.

Abb. 34: Konformationen des Ausgangs- und aktivierten Zustandes der Hydrolyse von Methylformiat und Methylacetat

(*a* und *b* kennzeichnen den Ausgangs- bzw. den aktivierten Zustand des Methylformiates
c und *d* kennzeichnen den Ausgangs- bzw. den aktivierten Zustand des Methylacetates
(2) bedeutet zweifach entartete Konformationen)

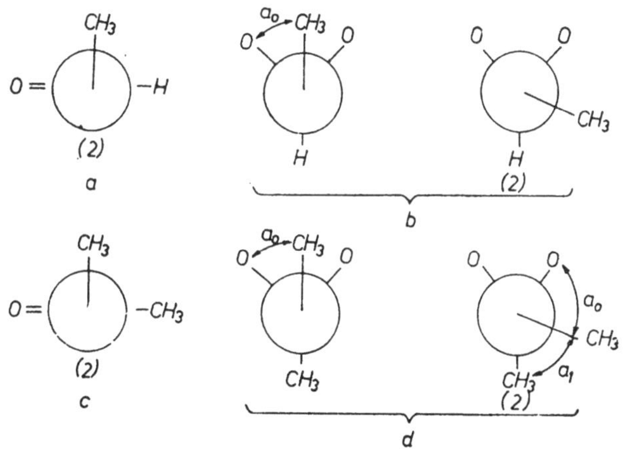

Die Trennung der sterischen und der hyperkonjugativen Komponente in den Größen E_S kann auch so erfolgen, daß zuerst die sterische Komponente aus der Differenz der Größen E_S für Wasserstoff und der Methylgruppe ermittelt wird [84]. Mit anderen Worten, es wird festgestellt, welcher Anteil der Größe $E_S = 1{,}25$ für Wasserstoff durch sterische Gründe bedingt ist und welcher durch die Hyperkonjugation.

Die sterische Komponente kann nach der Formel (10.2) ermittelt werden, die für den gegebenen Fall (es werden Methylester betrachtet) zu einer ziemlich einfachen Beziehung führt:

$$E_{S(H\to CH_3)} = \lg \frac{e^{-a_0/RT} + 2e^{-a_1/RT}}{e^{-a_0/RT} + 2} \qquad (10.4)$$

Diese Gleichung wurde ausgehend von den NEWMAN-Projektionen in Abb. 34 erhalten.

Wie man sieht, gibt es für Methylformiat und Methylacetat im Ausgangszustand eine zweifach entartete Konformation mit $\varepsilon = 0$; infolgedessen sind die entsprechenden statistischen Summen gleich 2 und heben sich im Ausdruck (10.4) gegenseitig auf. Im aktivierten Zustand betrachten wir für Methylformiat zwei Konformationen. Eine wird charakterisiert durch die doppelte Energie a_0 für die Abstoßung zwischen dem Methylkohlenstoff der Methoxygruppe und den beiden Sauerstoffatomen. Die zweite (zweifach entartete) ist nur mit einer derartigen Abstoßung verbunden.

Im Falle des Methylacetates wird die 1. Konformation energetisch in gleicher Weise charakterisiert wie beim Methylformiat, die zweite verfügt über ein zusätzliches Behinderungspotential zwischen den Kohlenstoffatomen der Acyl- und der Methoxygruppe. Infolgedessen läßt sich die sterische Zustandssumme für den aktivierten Komplex des Methylformiats wie folgt ausdrücken:

$$Q_H^{\neq} = e^{-2a_0/RT} + 2e^{-a_0/RT} = e^{-a_0/RT}(e^{-a_0/RT} + 2)$$

Für Methylacetat gilt dann:

$$Q_{\mathrm{CH_3}}^{\neq} = e^{-2a_0/RT} + 2e^{-\frac{a_0+a_1}{RT}} = e^{-a_0/RT}(e^{-a_0/RT} + 2e^{-a_1/RT})$$

Im Quotienten dieser Größen kann man $e^{-a_0/RT}$ kürzen und gelangt so zu dem Ausdruck (10.4). Die Größe a_1 kann in Analogie zu den Kohlenwasserstoffen gleich 0,5 kcal/Mol gesetzt werden [555, 546]. Der Wert für a_0 ist unbekannt. Man kann jedoch den Umstand ausnutzen, daß sich die Größe (10.4) in Abhängigkeit von a_0 nur wenig verändert. So führt die Variation von a_0 zwischen Null und Unendlich zu einer Veränderung zwischen $-0{,}21$ und $-0{,}38$. Man kann annehmen, daß der wahrscheinliche Wert von a_0 zwischen 0—0,5 kcal/Mol liegt, und sich somit Werte für $E_{S(\mathrm{H}\rightarrow\mathrm{CH_3})}$ zwischen $-0{,}21$ bis $-0{,}27$ ergeben. Deshalb ist der Fehler geringfügig, wenn wir diese Größe zu $-0{,}25$ annehmen. Diese Zahl charakterisiert den Unterschied zwischen echten sterischen Konstanten für Wasserstoff und der Methylgruppe. Daraus ergibt sich eine Hyperkonjugationskomponente in E_S für Wasserstoff gleich 0,99. Für eine C—H-Bindung erhält man dann $h = 0{,}33$. Wie man sieht, unterscheidet sich dieser Wert nicht wesentlich von der Berechnung nach der MO-Methode. Für die Berechnung der Hyperkonjugation von C—C-Bindungen kann man die Werte $\alpha = h_{\mathrm{C}}/h_{\mathrm{H}} = 0{,}40$ benutzen (siehe Kap. 7.1.).

Danach ergibt sich für die Ermittlung der echten sterischen Substituentenkonstanten $E_S{}^0$ die Formel

$$E_S{}^0 = E_S - 0{,}33(3 - n_H) + 0{,}13 n_C \tag{10.5}$$

oder für Alkylsubstituenten

$$E_S{}^0 = E_S - 0{,}20(3 - n_H) \tag{10.6}$$

Für die Alkylsubstituenten liegen die Werte $E_S{}^0$ demzufolge zwischen E_S und $E_S{}^{Hk}$.

10.3. Versuch zur Berechnung der Größe der sterischen Konstanten

Die Größen E_S^0 unterliegen nicht den Gesetzmäßigkeiten einer gleichartigen Wechselwirkung, die von Atom zu Atom durch die σ-Bindung weitergeleitet wird, wie das bei den Induktionskonstanten σ^* der Fall ist. Hier ist weder das Prinzip der Additivität noch der konstante Faktor für die Leitfähigkeit anwendbar. Das folgt ohne weiteres aus dem Wesen der sterischen Wechselwirkung, die sich aus der konformativen Abstoßung nichtgebundener Atome ergibt. Deshalb kann die Berechnung der sterischen Konstanten für komplizierte Substituenten, nicht durch die Anwendung so einfacher Beziehungen verwirklicht werden, wie etwa im Falle des Induktionseffektes. Wie bereits oben gezeigt wurde, ist für die Berechnung der sterischen Konstanten im Prinzip die Gleichung (10.2) geeignet, die sich auf die konformativen Vorstellungen gründet. Zur praktischen Durchführung dieser Berechnungen müssen wir von den TAFTschen Parametern ausgehen, die eine Anwendung des *LFE*-Prinzips für die sterische Komponente in der freien Aktivierungsenergie zulassen.

$$\Delta\Delta F_S^{\neq} = \delta E_S^0 \qquad (10.7)$$

In diesem Falle kann man die erhaltenen Größen E_S^0 auch für andere Reaktionen verwenden, nachdem die Größen $\Delta\Delta F_S^{\neq} \equiv E_S^0$ für irgendeine Standard-Reaktionsserie berechnet wurden. Der Versuch einer solchen Berechnung wurde am Beispiel der sauren Hydrolyse von Estern des Typs $R{-}COOCH_3$ unternommen [84]. Die erhaltenen Resultate führen zu folgenden Schlußfolgerungen. Gleichung (10.2) ist prinzipiell als Grundlage für diese Berechnungen geeignet. Bei komplizierten Substituenten R muß man jedoch ständig neue Werte der spezifischen konformativen Abstoßung einsetzen, um eine Übereinstimmung zwischen Rechnung und Experiment zu erhalten. Für die Berechnung von 15 Gruppen war es erforderlich, 7 neue empirische Konstanten einzuführen, ohne die bereits erwähnte Größe $a_1 = 0{,}5$. Obwohl in diesem Falle eine befriedigende Übereinstimmung mit den experimentellen Daten erhalten wird, gibt es jedoch keine Gewähr dafür, daß die gefundenen ε-Werte zur Berechnung von unbekannten E_S^0-Konstanten bei beliebig komplizierten Substituenten ausreichen. Weiterhin umfaßt die Berechnung nur die Kohlenwasserstoff-Substituenten. Für diese Substituenten kann man feststellen, daß die Größen E_S und E_S^0 den relativen Änderungen der Intensität der Schwingungen gleich sind [556].

Es ist vorläufig noch schwierig, ein genaues Bild über die Perspektive der Nutzung dieser Abhängigkeit für die Berechnung sterischer Konstanten zu vermitteln. Trotzdem besteht eine Übereinstimmung zwischen Berechnung und Experiment im Falle von 9 Substituenten.

TAFT [36] beschrieb die Trennung der Größen E_S in zwei Komponenten, von denen eine durch die Energie der sterischen Spannung im Molekül bedingt ist und die andere durch die räumliche Behinderung der Bewegung.

Die erste dieser Größen wurde als Komponente betrachtet, die nur die Aktivierungsenergie beeinflußt, die zweite ist dagegen mit der Aktivierungsentropie verbunden. Die Ermittlung der Zahlenwerte erfolgte ausgehend von den Größen der Aktivierungsenergie und -entropie für die alkalische Hydrolyse substituierter Ester.

In diesem Falle ist neben dem Einfluß des sterischen Effektes auch der Induktionseinfluß der Substituenten wesentlich. Letzterer wurde berücksichtigt durch die Glieder $\varrho^*\sigma^*$.

Man kann Argumente anführen, die an der Stichhaltigkeit dieses Herangehens Zweifel erheben.

Erstens wird der Einfluß der Hyperkonjugation ignoriert, der im Falle des Übergangs vom Wasserstoff zur Methylgruppe besonders wesentlich ist.

Zweitens wird gezeigt [84], daß die Berechnung der Größen $E_S{}^0$ ausgehend von der Gleichung (10.2) nicht zu einer solchen Beziehung zwischen Enthalpie- und Entropiegliedern führt.

10.4. Korrelation der sterischen Substituentenkonstanten mit der Reaktionsfähigkeit

Selbst bei Vernachlässigung der Hyperkonjugation gibt es nur eine ziemlich begrenzte Zahl von Beispielen, wo der Einfluß eines veränderlichen Substituenten auf die Reaktionsfähigkeit ausschließlich durch den sterischen Effekt bestimmt wird. Wenn die Größen $E_s(E_s^{Hk}, E_s{}^0)$ ausschließlich die sterischen Eigenschaften repräsentieren, kann der von TAFT vorgeschlagene spezielle Fall des *LFE*-Prinzips angewendet werden:

$$\lg k = \lg k_0 + \delta E_s[E_s^{Hk}, E_s{}^0] \tag{10.8}$$

Eine relativ geringe Zahl (insgesamt 11 Reaktionsserien) entsprechender Beispiele wurden von TAFT [36] angeführt. In einigen Fällen wird das Fehlen (oder die minimale Beteiligung) des Induktionseinflusses durch eine entsprechende Auswahl der Substituenten erreicht.

Zahlreicher sind die Beispiele, bei denen auch andere Substituenteneinflüsse quantitativ mit erfaßt werden [42, 150, 171, 350—352, 549, 551—553, 557—571]. Auch in diesen Fällen wird die sterische Komponente $\Delta \lg k_{st}$ als summarischer Effekt des Substituenten durch folgende Gleichung beschrieben [s. (1.18)]:

$$\Delta \lg k_{st} = \delta E_s(E_s^{Hk}, E_s{}^0) \tag{10.9}$$

Dabei führt die Benutzung der Konstanten E_s^{Hk} oder $E_s{}^0$. anstelle von E_s bei gleichzeitiger Berechnung der hyperkonjugativen Komponenten zu wesentlich besseren Resultaten. Es wurde schließlich gezeigt [561—564], daß in einigen Fällen bei Verknüpfung der Substituenten mit dem Reaktionszentrum (z. B. Bromaddition an substituierte Äthylene) der sterische Einfluß additiv ist, obwohl im allgemeinen die Additivitätsregel für die Größen $E_s(E_s{}^0)$ nicht gültig ist:

$$\lg k_{st} = \delta \sum_i E_{s_i} \tag{10.10}$$

Die breite praktische Anwendbarkeit der sterischen Substituentenkonstanten ist mehr als erstaunlich. Während mit dem Induktions- oder Resonanzeffekt intuitiv die Vorstellung über einen gleichartigen Wirkungsmechanismus verbunden ist, kommt man hinsichtlich der Natur des sterischen Einflusses eher zur entgegengesetzten Schlußfolgerung. Aus den im theoretischen Teil dieser Abhandlung angeführten Überlegungen wurde nahegelegt, daß die Größen vom Typ $E_s{}^0$

keine wirklichen Substituentenkonstanten sein können, da der Bereich ihrer Anwendbarkeit äußerst begrenzt sein sollte. Gegenwärtig sprechen praktische Erfahrungen immer mehr für das Gegenteil, und die sterischen Konstanten sind anscheinend ebenso universell (und in gleicher Weise anwendbar) wie die Induktionskonstanten der Substituenten. Es ist natürlich nicht ausgeschlossen, daß man nach Überprüfung eines umfangreicheren experimentellen Materials von dieser Aussage Abstand nehmen muß.

Über die Grenzen der Anwendung sterischer Substituentenkonstanten gibt es gegenwärtig nur wenige verläßliche Angaben. Auf Grund dieser Angaben kann man sagen, daß die Größen E_s^0 scheinbar in den Fällen benutzt werden können, wo das betrachtete Atom als Bestandteil des Reaktionszentrums mit dem Substituenten verbunden ist und im Laufe der Aktivierung oder der Reaktion seinen Valenzzustand von sp^2 nach sp^3 oder umgekehrt ändert. Die sterischen Konstanten E_{s_0} für ortho-Substituenten am Phenylkern, die von TAFT in Analogie zu den sterischen Konstanten für aliphatische Substituenten bestimmt wurden, bilden eine gesonderte Skala. Es besteht keine quantitative Übereinstimmung zwischen den Größen E_{s_0} und E_s^0 für die jeweils gleichen Substituenten. Diese mangelnde Übereinstimmung kann jedoch schwerlich als Gegenbeweis für die Universalität der Größen E_s^0 betrachtet werden, da sich E_{s_0} ähnlich den Konstanten σ^0 auf das substituierte Phenyl, nicht aber auf die Substituenten im Phenylkern bezieht.

Man darf schließlich nicht verschweigen, daß in der Literatur einige andere spezifische Skalen sterischer Konstanten vorliegen, die mit den Größen E_s^0(E_s, E_s^{Hk}) nicht übereinstimmen. In einigen Fällen haben wir es mit der Charakterisierung von Strukturelementen zu tun, für die Größen von E_s im Prinzip nicht bestimmt werden können. Dazu gehören zum Beispiel die E_s-Werte für die Struktureinheiten des Typs $R(R')C\lessdot$, $-C(CH_3)H-CONH-C(CH_3)H-$ usw., die von FRIEDMAN und WALL [559, 560] neben den entsprechenden neuen induktiven Konstanten σ^A zur Beschreibung der nucleophilen Reaktionsfähigkeit von Aminosäuren und Modellpeptiden eingeführt wurden.

Eine weitere Skala sterischer Konstanten wurde von FRASER [571] auf Grund von Daten für die Reaktionsgeschwindigkeit der Übertragung eines Elektrons von einem Metallatom auf ein anderes, das mit dem erstgenannten in folgender Art verbunden ist, eingeführt:

$$\begin{array}{c} M-O-\underset{\displaystyle R}{\underset{|}{C}}-O-M' \end{array}$$

Diese Konstanten beziehen sich auf die Substituenten R und unterscheiden sich wesentlich von den Größen E_s (E_s^0).

Die Größen E_s (aber auch σ^*) für die Substituenten

$(C_6H_5)_nH_{3-n}C$, 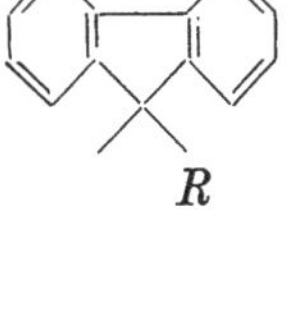 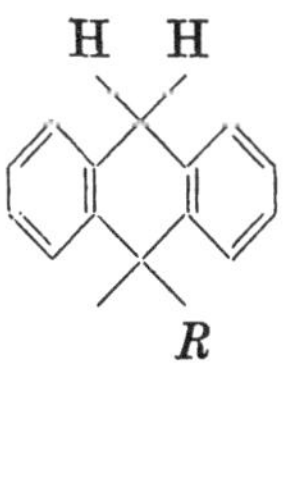

wurden von Bowden, Chapman und Shorter [172, 350] eingeführt. In diesem Fall handelt es sich einfach um die Bestimmung sterischer Konstanten für neue Substituententypen.

Aus dem Gesagten kann man schlußfolgern, daß die Größen $E_s^0(E_s^{Hk})$ echte Substituentenkonstanten sind, deren breitere Anwendbarkeit völlig gerechtfertigt erscheint.

Als Beispiel für die Anwendung der Größen E_s^0 kann man auf die quantitative Berechnung der Solvatationsfähigkeit des Alkohols bei der Reaktion des Nitroessigesters mit Ammoniak [567] hinweisen. Über die Berechnung sterischer Aspekte bei der sauren Dissoziation der Nitroalkane durch die Anwendung der Größen E_s^0 existiert ebenfalls eine Mitteilung [565].

Nach Litwinenko und Oleinik [566] ist für die Reaktion

$$(CH_3CO)_2O + m\text{-}O_2NC_6H_5NHR \rightarrow m\text{-}O_2N-C_6H_4-NR-COCH_3$$

und nach Porai-Koschiz und Krukob [569] für die Reaktion

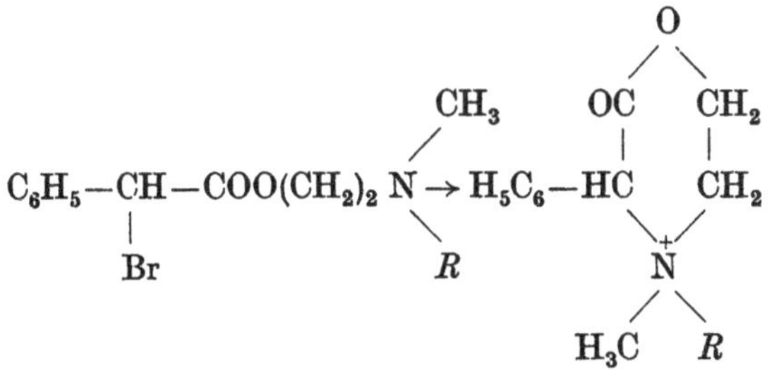

die Korrelation mit den Taftschen E_s-Werten besser als mit den Konstanten E_s^0. In beiden Fällen ist der variable Substituent, dessen sterischer Effekt ermittelt wird, mit dem Aminostickstoff verbunden, der im Verlauf der Aktivierung eine Hybridisierungsänderung von sp^2 nach sp^3 erfährt. Wenn dies als Hinweis für die Anwendung verschiedener Skalen sterischer Konstanten für verschiedene Arten der sterischen Wechselwirkung am Reaktionszentrum gilt, so müssen zusätzliche Untersuchungen dieser und analoger Fälle eine weitere Klärung bewirken. Vom theoretischen Standpunkt aus könnte man hier eine Analogie zum sp^2-sp^3 Hybridisierungswechsel am Kohlenstoff vermuten.

Betrachten wir jetzt einige konkrete Angaben für zwei Reaktionsserien, in denen praktisch nur der sterische Einfluß der Substituenten auftritt.

Weiter oben wurde bereits die von Tuulmets [550] untersuchte Reaktion zwischen Alkylmagnesiumbromid und Pinakolin erwähnt. Die Daten für diese Reaktionsserie erlauben eine Überprüfung, inwieweit die Korrekturen, die an den Größen E_s im Vergleich zu den Konstanten E_s^{Hk} und E_s^0 vorgenommen werden, richtig sind. In Abb. 35 sind die experimentellen lg k-Werte für vier Substituenten, gegen die entsprechenden sterischen Konstanten aufgetragen. Dabei liegen 3 Punkte, die durch den gleichen Wert von n_H und n_C charakterisiert werden, genau auf einer Geraden ($\delta = 1{,}70$), womit auf die Übereinstimmung zwischen den sterischen Effekten der Substituenten in der vorliegenden Reaktion und bei der Esterhydrolyse hingewiesen wird. Der Punkt für Methylester weicht jedoch ab.

Diese Abweichung von der Abszisse muß gleich der Größe $h_H - h_C$ sein, die $-0{,}13$ beträgt. Unter Berücksichtigung des oben angeführten Wertes $h_H = -0{,}33$ kommen wir zu der Größe $h_C = -0{,}20$ und damit zu einem Verhältnis $\alpha = h_C/h_H = 0{,}60$. Dieser Wert übersteigt die früher verwendete Größe 0,40 merklich. In diesem Falle sind für eine endgültige Schlußfolgerung zusätzliche experimentelle Daten erforderlich. Literaturangaben [730] weisen darauf hin, daß in der betrachteten Reaktion ebenfalls ein geringer induktiver Einfluß der Substituenten R auftritt. Damit wäre auch diese Reaktion zur Bestimmung der „wahren" sterischen Konstanten ungeeignet.

Abb. 35: Abhängigkeit des lg k von den sterischen Substituentenkonstanten E_s, E_s^0, E_s^{Hk} für die Reaktion von Alkylmagnesiumbromid mit Pinakol

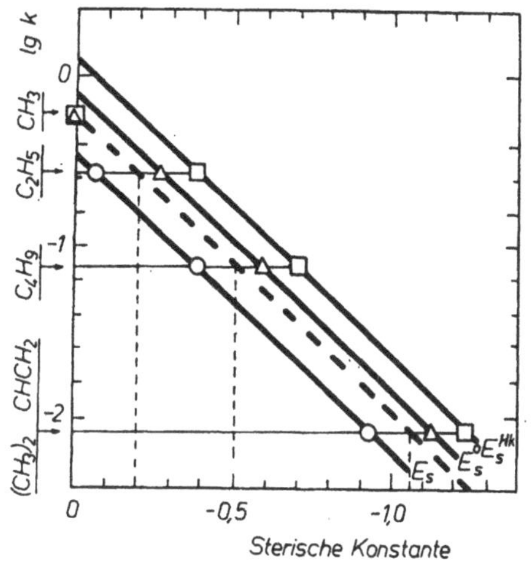

Als weiterer interessanter Fall sei der gemeinsame Einfluß „geminaler" Substituenten R_1 und R_2 im cyclischen Glutarsäureanhydrid betrachtet:

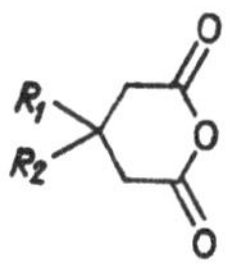

Von Bruice und Bradbury [572] wurden die Geschwindigkeitskonstanten der basischen Hydrolyse des geminal substituierten Glutarsäureanhydrids gemessen; R_1 und R_2 sind Wasserstoff, Alkyl- und Phenylgruppen. Die genannten Autoren benutzten jedoch die Größen E_s zur Charakterisierung der Substituenten R_1 und R_2. Die Zulässigkeit dieses Vorgehens ist allerdings fraglich, da die größte Änderung der Geschwindigkeitskonstante beim Übergang von $R_1 = R_2 = H$ zu $R_1 = R_2 = CH_3$ auftritt. Wie früher gezeigt wurde, wird die Verschiedenheit der Größen E_s für H und CH_3 im wesentlichen durch Hyperkonjugationsanteile bestimmt. Im vorliegenden Fall kann man jedoch nicht von einer Hyperkonjugation unter Beteiligung der Substituenten R_1 und R_2 sprechen. Schließlich ist es keineswegs klar, ob die üblichen sterischen Substituentenkonstanten benutzt werden können, wenn der Substituent weiter vom Reaktionszentrum entfernt ist, da die

Möglichkeit einer Korrelation in diesem Fall gleichbedeutend mit der Existenz eines konstanten Leitfähigkeitsfaktors (in Analogie zur „$\varrho - \varrho$“ Methode) sein müßte, der für den sterischen Effekt bekanntlich fehlt.

Unter Vernachlässigung der genannten Einschränkungen kann man trotzdem zeigen, daß einige Schlußfolgerungen, die BRUICE und BRADBURY erhielten, gültig bleiben.

Wenn für Glutarsäureanhydrid eine „sesselförmige“ Konformation und für den Carbonylkohlenstoff im aktivierten Zustand eine sp^3-Hybridisierung angenommen wird, kommt man leicht zu der Schlußfolgerung, daß die sterische Hinderung nur durch den Substituenten R in axialer Position bedingt wird. Damit ergeben sich für das nachfolgende Konformationsgleichgewicht nur dann übersichtliche Verhältnisse, wenn $R_1 = R_2$ ist

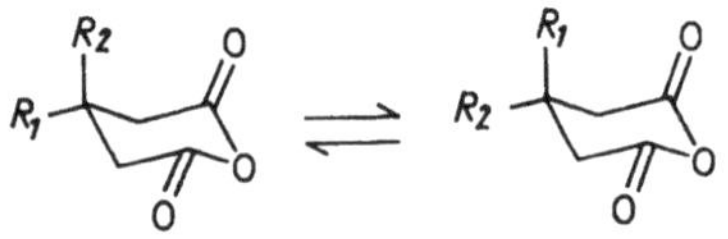

(10.11)

In den übrigen Fällen können sich auf Grund des Gleichgewichts beide Substituenten mit einer gewissen Wahrscheinlichkeit in axialer Lage befinden.

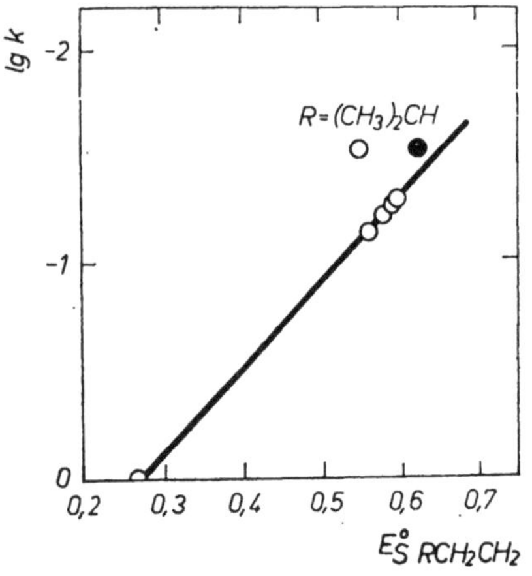

Abb. 36: Der Einfluß des sterischen Effektes geminaler Substituenten R auf die Geschwindigkeit der basischen Hydrolyse substituierter Glutarsäureanhydride

(Der Punkt • entspricht der Größe E_s^0 für Isoamylgruppen [84]. Es bestehen geringe Abweichungen zu den Größen nach Gleichung (10.6)

Im Falle symmetrisch disubstituierter Verbindungen ($R_1 = R_2 = R$) befinden sich die Größen $\lg k$ in guter linearer Abhängigkeit von $E_s{}^0$ (oder E_s, was in diesem Fall auf Grund der Konstanz der Hyperkonjugationskomponenten gleich ist) für Substituenten des Typs RCH_2CH_2. Somit sehen wir, daß die Möglichkeit existiert, für einige substituierte cyclische Systeme sterische Konstanten zu erhalten, die in der gleichen Art wie in aliphatischen Systemen angewendet werden können. Bei den unsymmetrisch substituierten Glutarsäureanhydriden muß die zu messende Geschwindigkeitskonstante ($k_{1/2}$) die folgende Größe haben

$$k_{1/2} = N_1 k_{1,1} + (1 - N_1) k_{2,2} \tag{10.12}$$

Dabei sind $k_{1,1}$ und $k_{2,2}$ die Geschwindigkeitskonstanten für R_1,R_1 und R_2,R_2 bei disubstituierten Verbindungen; N_1 ist der Anteil der Konformation mit dem Substituenten R_1 in axialer Lage. Wenn die Gleichgewichtskonstante in (10.12) gleich Eins ($N_1 = 0{,}5$) ist, so muß die Größe $k_{1/2}$ einfach das arithmetische Mittel von $k_{1,1}$ und $k_{2,2}$ sein. In Wirklichkeit sind die Größen $k_{1/2}$ etwas größer als die arithmetischen Mittelwerte, was von einer Verschiebung des Gleichgewichtes (10.11) auf die Seite mit dem kleineren Substituenten in axialer Lage zeugt. Die entsprechenden molaren Anteile N_1 schwanken von 0,52 bis 0,60 [572].

Es ist interessant, daß nach den Angaben von Bruice und Bradbury [573] der sterische Einfluß der Substituenten R_1 und R_2 im Falle der Hydrolyse 3,3-disubstituierter mono-(p-Bromphenyl)-glutarsäureester additiv ist.

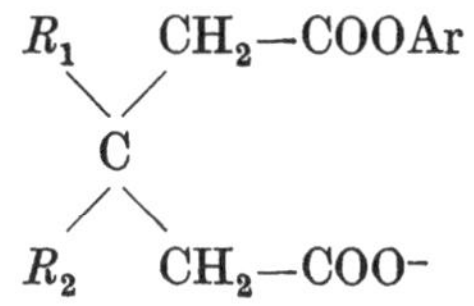

$$\Delta \lg k_{R_1R_2} = \Delta \lg k_{R_1,H} + \Delta \lg k_{R_2,H} \qquad (10.13)$$

In der genannten Arbeit wurde diese Additivität als additiver Einfluß der Größen $E_{s(R_1)} + E_{s(R_2)}$ betrachtet. In diesem Zusammenhang sollte nochmals auf die Ausführungen bezüglich des Glutarsäureanhydrids hingewiesen werden.

10.5. Abschätzung der relativen Raumerfüllung nach Newman

Da für die sterischen Substituentenkonstanten kein konstanter Faktor der Leitfähigkeit über bestimmte Struktureinheiten existiert (im Gegensatz zum Induktionseffekt), ist eine Korrelation mit den Größen $E_s^{Hk}(E_s^0)$ für Substituenten, die nicht unmittelbar an das Reaktionszentrum gebunden sind, nicht unbedingt erfolgversprechend. Das gilt auch für die Ester RCOOR' mit dem veränderlichen Substituenten R'. Ungeachtet dessen wird die basische Hydrolyse dieser Ester in einer 40%igen wäßrigen Dioxanlösung gewöhnlich durch folgende Gleichung [552] gut beschrieben:

$$\lg k = 1{,}40 + 1{,}34\sigma^* + 0{,}730E_s^{Hk} \qquad (10.14)$$

$$r = 0{,}980 \qquad s = 0{,}161$$

Wie Hancock und Mitarbeiter [552] zeigten, kann diese Korrelation bedeutend verbessert werden, wenn man die Differenz $\Delta(6)$ zwischen den sogenannten „Sechs-Zahlen“ für die Substituenten R und OR berücksichtigt.

Die Bedeutung der „Sechs-Zahlen“ bei der Berechnung der sterischen Wechselwirkung wurde von Newman [574] dargelegt. Unter diesem Terminus wird die Anzahl der Atome in der Stellung „6“ des Substituenten verstanden, der mit der Carbonylgruppe verbunden ist. Die Zählweise beginnt vom Carbonylsauerstoff aus.

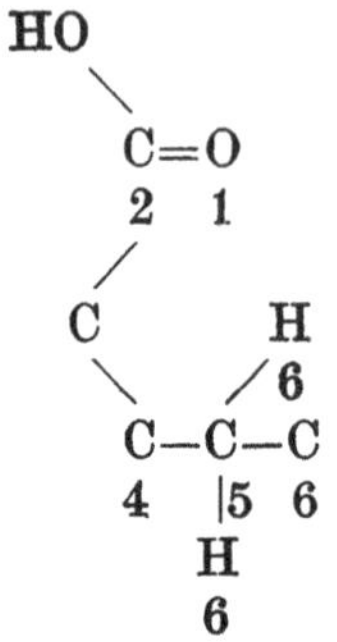

Unter $\Delta(6)$ wird die Differenz zwischen den Zahlen der Atome in der „6"-Stellung für die Substituenten R und OR verstanden

$$\Delta(6) = n_{6(R)} - n_{6(OR)} \tag{10.15}$$

Die Größen $\Delta(6)$ werden bei der Korrelation als Ergänzungsparameter zu den Substituentenkonstanten benutzt. Die Korrelationsgleichung für die basische Hydrolyse von Estern nimmt dann die folgende Form an:

$$\lg k = \lg k_0 + \varrho^* \sigma^* + \delta E_s^c + \gamma \Delta(6) \tag{10.16}$$

wobei γ ein Parameter zur Charakterisierung der Reaktionsserie ist.

Die Ergebnisse, die in der Arbeit [552] bei der Korrelation der Geschwindigkeitskonstanten der Methylester R—COO—CH_3 und der Acetate CH_3COOR erhalten werden, sind in Tab. 47 aufgeführt. Wie man sieht, führt die Berücksichtigung der Größe $\Delta(6)$ bei den Acetaten zu einer merklichen Verbesserung der Korrelationsparameter im Vergleich zur Gleichung (10.14).

Die Daten in Tab. 47 sind auch noch in anderer Hinsicht interessant. Die Beziehung der Werte ϱ^* für die erste und zweite Reaktionsserie muß gleich der Größe z_0^* für die Leitfähigkeit des Induktionseinflusses über das Sauerstoffatom sein. Für diese Größe wurde der Wert $z_0^* = 0{,}393$ erhalten, der der Größe $z_C^* = 0{,}388$ für das Kohlenstoffatom entspricht. Das ist ein zusätzliches Argument für die Annahme, daß z^* nicht von der Natur der Atome abhängt.

Tabelle 47:

Die Korrelationsparameter für die Reaktionsserien der basischen Hydrolyse von Methylestern $RCOOCH_3$ und Acetaten CH_3COOR in 40%igem wäßrigem Dioxan bei 35 °C

Reaktionsserie	$\lg k_0$	ϱ^*	δ^c	h[1])	γ	r	s
R—$COOCH_3$	1,25	1,75	0,848	−0,383	—	0,998	0,043
CH_3COOR	1,35	0,688	0,664	—	0,0477	0,997	0,070

[1]) Hyperkonjugationsparameter.

In der Arbeit [552] sind noch einige Beispiele für die erfolgreiche Anwendung des Parameters $\Delta(6)$ auf Reaktionsserien angeführt, in denen der veränderliche Substituent mit dem Reaktionszentrum durch ein Sauerstoffatom verbunden ist:

1. Die säurekatalysierte Alkoholyse von β-Naphthylestern in Methanol, Äthanol und Propanol bei 25 °C

   $R{-}COO{-}\beta\text{-}C_{10}H_7 + R'OH \rightarrow RCOOR' + \beta\text{-}C_{10}H_7OH$

   Die Korrelationsgleichung hat die Form:

   $$\lg k = -1{,}91 + 1{,}07\, E^{Hk}_{s(R)} + 1{,}22\, E^{Hk}_{s(R')} + 0{,}130\, \Delta(6) \qquad (10.17)$$
   $$r = 0{,}994 \qquad s = 0{,}141$$

   Wenn $\Delta(6)$ nicht berücksichtigt wird, so ist $r = 0{,}974$ und $s = 0{,}281$.
   Früher ist diese Reaktionsserie nur in den genannten Lösungsmitteln einzeln korreliert worden [36].
2. Für die basische Hydrolyse der Alkylacetate in Wasser bei 10 °C hat die Korrelationsgleichung die Form

   $$\lg k = 1{,}71 + 2{,}31\sigma^* + 0{,}374 E^{Hk}_s + 0{,}0675\, \Delta(6) \qquad (10.18)$$
   $$r = 0{,}996 \qquad s = 0{,}084$$

3. Die basische Hydrolyse der Alkylbenzoate $C_6H_5{-}COOR$ in 60% wäßrigem Dioxan bei 35 °C wird durch die folgende Korrelationsgleichung beschrieben:

   $$\lg k = 0{,}138 + 1{,}15\sigma^* + 0{,}652 E^{Hk}_s + 0{,}0389\, \Delta(6) \qquad (10.19)$$
   $$r = 0{,}992 \qquad s = 0{,}089$$

Kapitel 11: Gegenseitige Beeinflussung der Substituenten

Aus dem Prinzip der Polylinearität folgt [s. Gl. (2.3)], daß die Einflüsse unterschiedlicher Substituenteneigenschaften nicht unbedingt additiv sein müssen. Die Berücksichtigung oder der Wegfall gekreuzter Glieder kann nicht ohne Kenntnis der physikalischen Wechselwirkungsmechanismen vorausgesagt werden. Von diesem Standpunkt aus ist die Erforschung der Gesetzmäßigkeiten der gegenseitigen Substituentenbeeinflussung von großem praktischen Interesse dafür, ob eine Möglichkeit zur Voraussage besteht, wann die Additivität eingehalten wird und ob es gelingt, die entsprechenden gekreuzten Glieder quantitativ abzuschätzen. Die ideale Lösung dieser Aufgabe würde eine Abschätzung der universellen Wechselwirkungskonstanten aller strukturellen Effekte sein. Dabei würden sich die gekreuzten Glieder in allen Fällen berechnen lassen, wenn man die entsprechenden additiven Glieder erfassen kann. Wir sind jedoch in der gegenwärtigen Zeit von einer solchen Lösung des Problems noch weit entfernt. Es ist auch vorläufig noch unbekannt, inwieweit eine derartige Lösung überhaupt in der Praxis durchführbar ist. Deshalb werden im folgenden Kapitel hauptsächlich die reale Existenz der erwähnten Wechselwirkung belegt und einige spezielle Gesetzmäßigkeiten erörtert.

11.1. Sterische Hinderung der Kopplung

Qualitative Vorstellungen über die sterische Hinderung der Kopplung sind jedem Organiker bekannt, so daß auf eine detaillierte Darlegung verzichtet werden kann. Für die Realisierung sowohl der unpolaren als auch der polaren Kopplung muß die Bedingung der Koplanarität erfüllt sein, d. h. alle Atome des Bindungssystems müssen in einer Ebene liegen. Wenn diese Voraussetzung nicht erfüllt ist, dann fehlt z. B. die entsprechende Resonanzwechselwirkung. Das bezieht sich nicht auf Systeme, die einen dreigliedrigen Ring enthalten (Cyclopropan, α-Säuren u. a.). Die häufigste Ursache für die Störung der genannten Voraussetzung sind die geometrischen Besonderheiten der Moleküle, z. B. die Anwesenheit voluminöser Substituenten, die den in Wechselwirkung befindlichen Gruppen nicht gestatten, die ebene Anordnung einzunehmen. Dabei können folgende Situationen angetroffen werden:

1. Störung der Kopplung des Substituenten mit einem π-Elektronensystem (substituierte Arylgruppierung) bei fehlender Kopplung mit dem Reaktionszentrum;
2. Störung der Kopplung des Substituenten mit den π-Elektronensystem, das die Resonanzwechselwirkung zwischen Substituent und Reaktionszentrum hervorruft;

3. Störung der Kopplung des Reaktionszentrums mit einem π-Elektronensystem, das selbst keine Substituenten enthält, die zur polaren Kopplung mit dem Reaktionszentrum fähig sind;
4. Störung der Kopplung des Reaktionszentrums mit dem π-Elektronensystem, das die Resonanzwechselwirkung zwischen Substituent und Reaktionszentrum hervorruft.

Außerdem können natürlich sterische Hinderungen in Erscheinung treten, die gleichzeitig sowohl auf das Reaktionszentrum als auch auf den Substituenten einwirken.

Fall 1. muß in einer Veränderung der Induktionskonstanten des substituierten π-Elektronensystems zum Ausdruck kommen, wobei als Grenzfall für die Induktionskonstante der Wert $z^*\sigma^*$ erhalten wird [s. (9.8).]

Fall 2. führt zu einer gleichzeitigen und proportionalen Verkleinerung des Summanden $\varrho_R\sigma_R$ [s. (9.3)] (der den Beitrag der polaren Kopplung zwischen Substituent und Reaktionszentrum wiedergibt), und auch zur Veränderung der Induktionskonstanten σ^0 (analog Fall 1.).

Fall 3. muß ohne einen Effekt auf die Induktionskonstante σ^0 zur Verkleinerung des Summanden $\varrho_R\sigma_R$ [s. (9.3)] führen.

Fall 4. braucht nicht direkt auf den Charakter der Wechselwirkung mit der Substituentenkonstante bezogen zu werden. Es muß jedoch eine Linearität der Induktionskonstante σ^0 befolgt werden, wie bei Abwesenheit einer sterisch gehinderten Kopplung. Durch eine Änderung der Stellung des Reaktionszentrums kann jedoch die Induktionskonstante ϱ für die jeweilige Reaktionsserie unterschiedlich von der Größe sein, die bei fehlender sterischer Hinderung erhalten wird.

Der letztgenannte Aspekt kann somit auch zu Fall 3. gerechnet werden. Da die sterischen Effekte innerhalb einer Verbindung eine Folge der sterischen Wechselwirkungen zwischen Substituenten oder zwischen Substituent und Reaktionszentrum sind, ist ihre Existenz an ausreichend große Werte der sterischen Substituentenkonstante geknüpft. Wenn diese Konstante nahe Null ist, oder der an der Kopplung beteiligte Substituent bzw. das Reaktionszentrum rotationssymmetrisch sind (wie im Fall der Halogene, O^- oder CN), dann wirken sich sterische Hinderungen nicht in dem Maße aus, selbst wenn in der Verbindung sehr große Substituenten enthalten sind.

Alle diese Gesetzmäßigkeiten werden durch die vorliegenden experimentellen Werte bestätigt.

Als Beispiel für sterische Hinderungen entsprechend dem Fall 1. wurde von Schaefer und Miraglia [148] die Untersuchung der Dissoziation 4-substituierter 3,5-Dimethylbenzoesäuren beschrieben. Von diesen Autoren wurde gezeigt, daß man beim Auftragen der pK_a-Werte gegen die entsprechenden σ-Werte eine Gerade durch die Punkte der Substituenten H, OH, NH_2, Cl, Br, CN ziehen kann, für die eine Störung der Koplanarität mit dem Phenylkern durch den Einfluß zweier ortho-Methylgruppen auszuschließen ist.

Die Punkte für die raumfüllenden $-R$-Substituenten NO_2 und $COOCH_3$ weichen von der Geraden in Richtung der positiveren pK_a-Werte und die für die voluminösen $+R$-Substituenten $N(CH_3)_2$, OC_2H_5, $NHCOCH_3$ in Richtung der negativeren pK_a-Werte ab. Das ist auch zu erwarten, wenn man die Vorzeichen der entsprechenden σ_R-Konstanten in Betracht zieht.

Auf Grund der prinzipiellen Bedeutung dieser Ergebnisse erscheint es sinnvoll, die in [148] erhaltenen pK_a-Werte, welche sich auf eine 50%ige wäßrige Äthanollösung beziehen, mit den Werten der ΔpK_a für die entsprechenden para-substituierten Benzoesäuren zu vergleichen, die im gleichen Lösungsmittel gemessen wurden. Wie aus der graphischen Darstellung in Abb. 37 ersichtlich ist, ändert sich das Bild nicht. Folglich haben wir einen überzeugenden experimentellen Beweis für die Fähigkeit der $-R$-Substituenten zur polaren Kopplung mit dem Benzolkern, der offensichtlich dem oben angeführten Postulat von Exner widerspricht (s. Kap. 9.2).

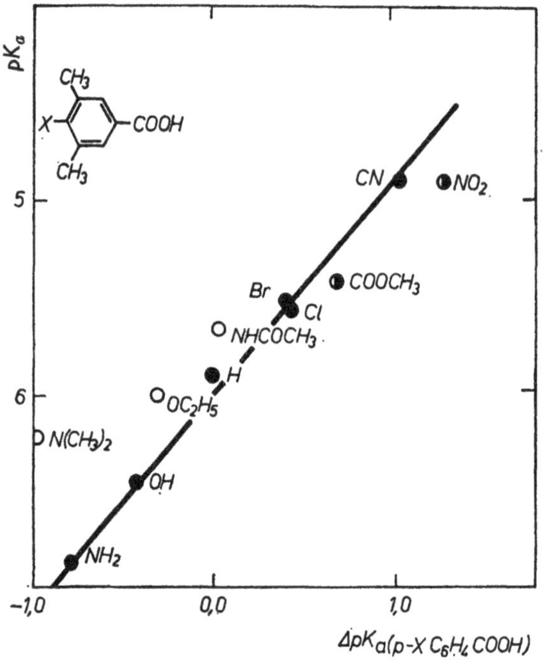

Abb. 37: Sterische Hinderung der Kopplung am Beispiel der Dissoziation 4-substituierter 3,5-Dimethylbenzoesäuren

● Substituenten, die durch sterische Hinderung nicht beeinflußt werden
◑ raumfüllende $(-R)$-Substituenten
○ raumfüllende $(+R)$-Substituenten

Für die Existenz sterisch gehinderter Kopplungen sprechen auch die Abweichungen der pK_a-Werte von der Additivität bei höhersubstituierten Benzoesäuren [318, 321], die gleichbedeutend mit den Abweichungen von der Additivität der σ-Werte sind. Dabei besteht ein ziemlich deutlicher Unterschied zwischen den entsprechenden 2,3- und 2,5-substituierten Säuren. Im ersten Falle ist die Abweichung größer als im zweiten, und zwar mit dem Vorzeichen „Minus" für die Dimethylderivate und „Plus" für die Dinitroderivate. Das stimmt mit der Vorstellung überein, daß die Methylgruppe auf Grund der Hyperkonjugation zu den $+R$-Substituenten gehört.

Die Fälle vom Typ 2. und 4., sowie auch ihre Kombinationen wurden von Taft und Evans [458] und von Wepster [576, 577] am Beispiel der mono- und poly-methylsubstituierten p-Nitroaniline, Äthyl-p-dimethylaminobenzoate und Äthyl-p-methoxybenzoate (auch von dijod-substituierten) untersucht. Wepster zeigte, daß die λ_{max}-Werte der UV-Absorptionsspektren eindeutig mit der polaren Kopplung der para-substituierten Stoffe korrelieren. Er schlug daher folgendes quantitatives Maß für die sterische Hinderung der Kopplung vor:

$$\frac{\varepsilon^0 - \varepsilon}{\varepsilon^0} \tag{11.1}$$

Dabei ist ε_0 der molare Extinktionskoeffizient von λ_{max} für die Verbindung ohne Methylgruppen, d. h. bei fehlender sterischer Hinderung der Kopplung, und ε ist der entsprechende Wert für die Verbindung mit Methylgruppen.

TAFT und EVANS nahmen in analoger Form

$$\frac{\sigma_R{}^0 - \sigma_R}{\sigma_R{}^0} \tag{11.2}$$

als Maß an, wobei $\sigma_R{}^0$ und σ_R die effektiven Größen der Resonanzwerte für die Verbindungen ohne und mit sterischen Hinderungen der Kopplung sind ($\sigma_R = \sigma - \sigma_I$). Es zeigt sich, daß die Größen nach (11.1) und nach (11.2) sehr gut übereinstimmen [458]. Der effektive Drehwinkel Θ des Systems kann in Relation zur koplanaren Anordnung nach der folgenden Gleichung [458] errechnet werden:

$$\cos^2\Theta = \frac{\varepsilon}{\varepsilon^0} \simeq \frac{\sigma_R}{\sigma_R{}^0} \tag{11.3}$$

Die Größen (11.1), (11.2) und Θ für die genannten Systeme sind in Tab. 48 aufgeführt.

Tabelle 48:

Quantitative Bestimmung der Abweichung von der Koplanarität nach (11.3)

Verbindung	Substituent	$\frac{\sigma_R{}^0 - \sigma_R}{\sigma_R{}^0}$	$\frac{\varepsilon^0 - \varepsilon}{\varepsilon^0}$	Θ [Grad]
4-$H_2NC_6H_4NO_2$	2-CH_3	0,19	0,15	24
	2,3-$(CH_3)_2$	0,42	0,37	39
	2,6-$(CH_3)_2$	0,67	0,69	55
	2,3,5,6-$(CH_3)_4$	0,89	0,90	72
4-$C_2H_5O_2CC_6H_4N(CH_3)_2$	2-CH_3	0,55	0,56	47
	2,6-$(CH_3)_2$	0,75	0,80	62
4-$C_2H_5O_2CC_6H_4OCH_3$	2,6-J_2	0,30	0,38	35
	2,6-$(CH_3)_2$	0,59	0,62	61

Fall 4. kann durch die Reaktionsserie der alkalischen Hydrolyse von 4-substituierten 2,6-Dimethyl-benzoesäuremethylestern in 60%igem wäßrigen Dioxan illustriert werden, die aus der Arbeit [136] entnommen und mit den entsprechenden Werten für substituierte Benzoesäuremethylester aus den Arbeiten [578—583] verglichen werden. In Abb. 38 sind die Größen $\Delta \lg k = \lg k - \lg k_0$ gegen die σ^0-Konstanten aufgetragen. Im Falle der Methylbenzoate weichen die Punkte für die Amino- und die Methoxygruppen offensichtlich in Richtung der negativeren $\Delta \lg k$-Werte ab, was ein Beweis für die polare Kopplung mit der

Carboxylgruppe des Reaktionszentrums in der Ausgangsverbindung ist. Für die anderen $+R$-Substituenten sind die entsprechenden Abweichungen der Punkte weniger deutlich.

Im Falle des 2,6-Dimethylbenzoates ordnen sich die Werte für alle para-Substituenten nahezu auf einer Geraden an. Wenn man bei den $+R$-Substituenten auch von kleinen Abweichungen sprechen kann, so doch nur in Richtung der positiveren Δ lg k-Werte. Gleichzeitig findet eine Verkleinerung von ϱ bis auf 1,5 statt im Vergleich zu $\varrho = 2,4$ für die Methylbenzoate. In der Arbeit [136] wird dieser Größenunterschied von ϱ durch die Änderung des Mechanismus bei Ein-

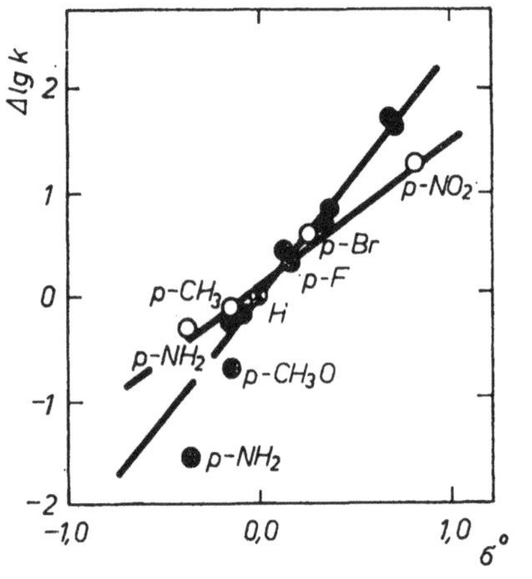

Abb. 38: Abhängigkeit der Δ lg k-Werte von den σ^0-Werten für die basische Hydrolyse von Methylbenzoaten

- • meta- und para-substituierte Methylbenzoate (die Bezeichnung der Stellung des Substituenten ist nur für die para-($+R$)-Substituenten ausgeschrieben)
- o 4-substituierte 2,6-Dimethyl-benzoesäuremethylester
- ⊗ Überlagerung der Punkte • und o

führung zweier ortho-Substituenten erklärt. Die oben angeführten Überlegungen über die Ursache für die Veränderung von ϱ bei Abweichung des Reaktionszentrums von der Koplanarität scheinen durchaus stichhaltig und sollten durch zusätzliche Untersuchungen, z. B. über Isotopenmarkierung mit ^{18}O in der Carbonylgruppe des Esters, bekräftigt werden.

Die Werte für die 4-substituierten 2,6-Dimethylbenzoesäuren, die in den Arbeiten [136] und [155] besprochen wurden, sind weniger brauchbar für die Erforschung des Einflusses der sterischen Hinderung der Kopplung, sowohl wegen der kleineren Empfindlichkeit dieser Reaktionsserie gegenüber der Einwirkung polarer Effekte, als auch auf Grund fehlender Werte für solche $+R$-Substituenten wie NH_2 und $N(CH_3)_2$.

Wie in der Arbeit [498] gezeigt wurde, wird die sterische Hinderung der Kopplung nicht nur durch den Einfluß großräumiger ortho-Substituenten, sondern auch durch den Einfluß von Wasserstoff in peri-Stellung zum Substituenten bei α-substituierten Naphthalinderivaten verursacht.

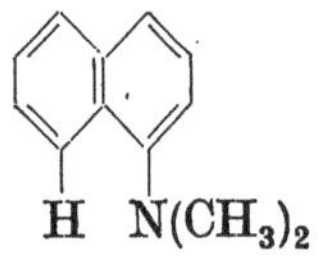

Bei der basischen Hydrolyse von 4-substituierten Äthyl-1-Naphthoaten weichen die effektiven σ-Werte für die 4-$N(CH_3)_2$- und 4-NO_2-Gruppe aus diesem Grunde um +0,59 bzw. −0,057 ab.

Eine interessante Konzeption zur Berechnung des sterischen Einflusses von ortho-Substituenten auf die Hinderung der Kopplung ist in der Arbeit [558] entwickelt worden. Für die Reaktion von ortho-alkylsubstituierten Benzoesäuren mit Diphenyldiazomethan wird eine Korrelation mit den entsprechenden aliphatischen Werten E_s für die Substituenten RCH_2 (R ist der ortho-Substituent) gezeigt. Dabei hat die sterische Konstante δ für die Reaktionsserie ein negatives Vorzeichen, weil die Störung der Kopplung des Reaktionszentrums mit dem Benzolring den Ausgangszustand mehr destabilisiert als den aktivierten, der der Struktur nach dem Carboxylatanion nähersteht.

11.2. Abhängigkeit der Resonanz-Substituentenkonstanten vom Induktionseinfluß. Positiver Brückeneffekt

In einer Reihe von Arbeiten haben Litwinenko und Mitarbeiter (s. [584, 194] und die dort zitierten Arbeiten) gezeigt, daß in einigen Fällen die Einführung eines zusätzlichen Gliedes zwischen Substituenten und Reaktionszentrum den Einfluß des Substituenten nicht abschwächt, sondern im Gegenteil, verstärkt. Dieser Sachverhalt wird beobachtet, wenn zwischen die Phenylringe des 4-NO_2— 4'-NH_2-Diphenylsytems Brückengruppierungen eingeführt werden, die freie Elektronenpaare besitzen:

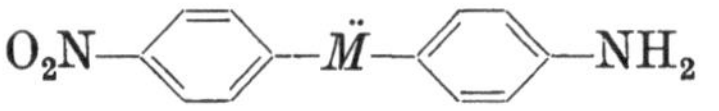

M = NH, O, S, Se

Es wurde gezeigt, daß das Verhältnis der Geschwindigkeitskonstanten für die Acylierung des nitrosubstituierten und unsubstituierten Amins mit p-Nitrobenzoylchlorid und Pikrylchlorid (PCl) in Benzol bei Anwesenheit von Brückengruppierungen bedeutend größer ist als für Diphenylsysteme. Diese Erscheinung wurde als „positiver Brückeneffekt" (PBE) bezeichnet. Es hat den Anschein, daß dieser Effekt die polare Kopplung zwischen Substituent und Reaktionszentrum bei Einführung von Brückengruppierungen mit freien Elektronenpaaren begünstigt. Der Effekt kann nach dem folgenden Schema [584] veranschaulicht werden:

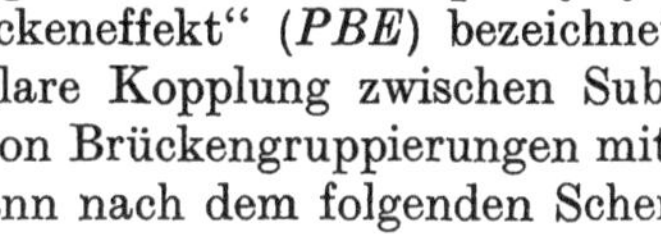

Eine nähere Untersuchung ergab, daß bei der Acylierung mit PCl sowohl im Falle der Diphenylsysteme als auch bei Einführung von Brücken und sogar beim substituierten Anilin selbst eine gute lineare Abhängigkeit der lg k-Werte von den σ^0-Konstanten der Substituenten besteht, die auch den Punkt für p-Nitrophenyl [194] einschließt. Die ϱ-Werte für die untersuchten Systeme, die solche Kopplungen enthalten, sind in Tab. 49 aufgeführt.

Auf diese Weise kommen Leitfähigkeitswerte z^* für den Induktionseffekt zustande, die größer als 1 sind. Es sei darauf hingewiesen, daß im vorigen Kapitel für Sauerstoff ein völlig „normaler" Wert für z_0^* erhalten wurde. Dieser Sach-

Tabelle 49:

Induktionskonstanten ϱ für Reaktionen substituierter Amine mit Pikrylchlorid in Benzol bei 25 °C

Reaktionsfolge	ϱ
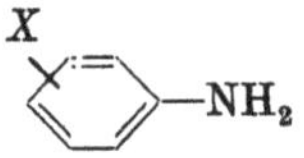	−5,0[1])
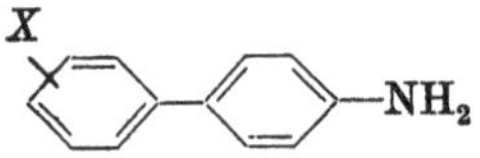	−1,5
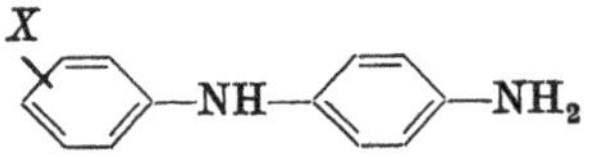	−2,4
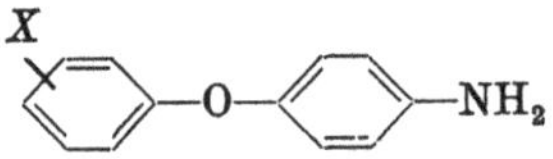	−1,6
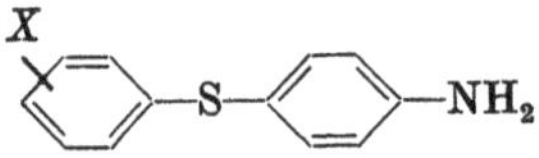	−2,1
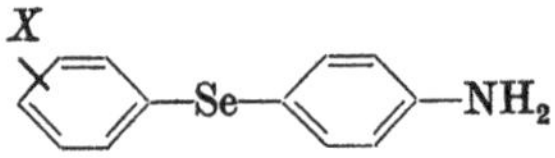	−1,8
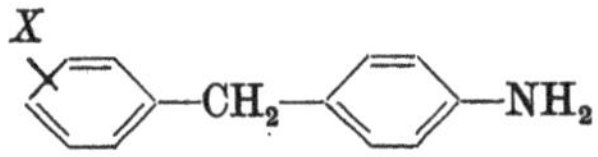	−0,9
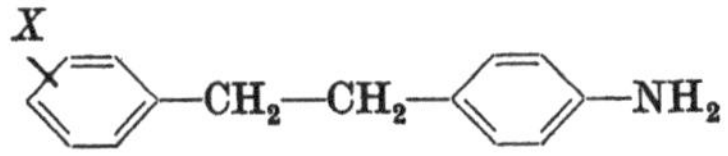	−0,53[2])
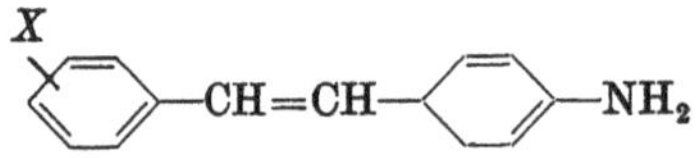	−0,89[2])
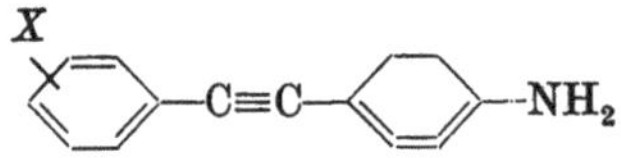	−0,82[2])
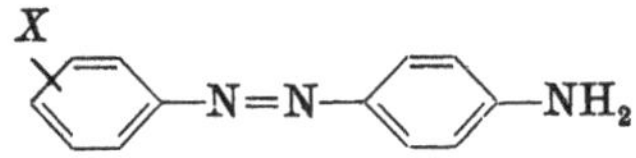	−1,06[2])
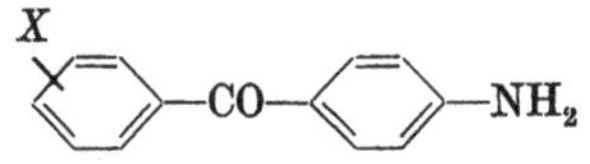	−1,25[2])
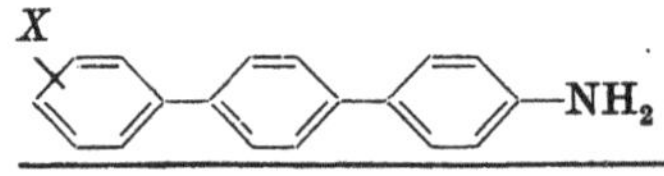	−0,44[2])

[1]) Der Wert wurde aus der Korrelation der Größen lg k mit σ^0 nach den Angaben der Arbeit [212] erhalten. Der Wert $\varrho = -5{,}7$ [194] ist offensichtlich ein Schreibfehler.

[2]) Diese Werte wurden aus der Größe

$$\frac{k_{p\text{-}NO_2}}{k_H} \quad \text{nach der Formel } \varrho = \frac{\lg \dfrac{k_{p\text{-}NO_2}}{k_H}}{0{,}82}$$

bestimmt, worin 0,82 der σ^0-Wert für die p-NO_2-Gruppe ist.

verhalt steht zu den vorher besprochenen Gesetzmäßigkeiten der Induktionswechselwirkung im Widerspruch.

Aus diesem Grunde wurde die folgende Auslegung des *PBE* vorgeschlagen [194]. Alle Brückengruppierungen, die den *PBE* zeigen, haben ein freies Elektronenpaar und sind $+R$-Substituenten. Wenn ein solcher Substituent mit einer elektronegativen Ar-Gruppierung verknüpft ist, kann die Größe der σ_R^+-Konstanten für ArM vom Induktionseinfluß des Ar-Substituenten abhängen. Auf diese Weise erfolgt eine Transformation des Induktions- in einen Resonanzeinfluß und die Brückengruppierung zusammen mit dem Benzolkern, der zwischen dieser und dem Reaktionszentrum liegt, veranlassen die festgestellte Resonanzverstärkung des Induktionseffektes.

Für die Erklärung des *PBE* folgt dann, daß folgende Abhängigkeit zwischen der Größe σ_R für *ArM* und der Induktionskonstante σ^0 für Ar existiert:

$$\sigma_{R(ArM)} = \sigma_{R(C_6H_5M)} + \alpha\sigma^0_{Ar} \qquad (11.4)$$

Dabei ist Ar ein substituierter Phenylring.

Eine solche lineare Abhängigkeit ist nicht überraschend. Die Existenz dieser Abhängigkeit zwischen Resonanz- und Induktionskonstanten der Substituenten erfuhr in den letzten Jahren eine sehr interessante Entwicklung [84, 472, 585 bis 588]. Insbesondere muß man dabei die Arbeiten von Taft und Mitarbeitern [472, 586, 588] hervorheben, die dieses Problem auf dem Wege des Vergleiches der δ_F^{p-X} und δ_F^{m-X}-Werte untersuchten (s. Kap. 7.5. und Kap. 9.3.). Ein kurzer Überblick der dabei erhaltenen Resultate ist in Tab. 50 angeführt.

Jede Substituentengruppe, für die eine annähernde lineare Abhängigkeit zwischen den Größen δ_F^{p-X} und δ_F^{m-X} besteht, hat gemeinsame Strukturmerkmale, nach denen sie in Tab. 50 eingeordnet ist. Es ist bemerkenswert, daß Substituenten der dritten Periode (P, S und Cl) nicht durch eine lineare Abhängigkeit zwischen δ_F^{p-X} und δ_F^{m-X} charakterisiert sind.

Die lineare Abhängigkeit zwischen den Größen δ_F^{p-X} und δ_F^{m-X} bzw. zwischen Resonanz- und Induktionskonstanten wird nur dann eingehalten, wenn alle Veränderungen im Bau des Substituenten mit der Änderung nur eines Typs der Wechselwirkung verbunden sind. Im gegebenen Falle bezieht sich das auf den Induktionseinfluß durch seine Wirkung auf den zweiten Mechanismus der gleichartigen Wechselwirkung, die über die polare Kopplung des Substituenten mit dem aromatischen Kern erreicht wird.

Zur analogen Schlußfolgerung kommt man auch durch Berechnungen nach der MO-Methode [586].

Die lineare Abhängigkeit wird bei Substituenten wie z. B. OC_6H_5, $OCOCH_3$, $NHCOCH_3$, OCF_3 [472] nicht eingehalten, da bei diesen eine Resonanzwechselwirkung zwischen dem freien Elektronenpaar des ersten Atoms und dem mit ihm verbundenen π-Elektronensystem oder der $-R$-Gruppe vorhanden ist. Für die genannten Elemente der dritten Periode und für alle Halogene außer Fluor, besteht ein zusätzlicher Grund für die Nichtbefolgung der linearen Abhängigkeit. Alle diese Atome verfügen über freie d-Orbitale, und gehören somit gleichzeitig zum $-R$-Typ. Folglich ist ihre Resonanzwechselwirkung mit dem aromatischen Kern nicht gleichartig.

Taft und Rakshys [588] beschrieben eine Substituentengruppe (s. Nr. 6 in

Tabelle 50:

Substituentengruppen, für die eine lineare Abhängigkeit zwischen den Größen δ_F^{p-X} und δ_F^{m-X} gefunden wurde [472]

Nr.	Substituententyp	Substituenten	Steigung
1	CH_2X	$CH_2NH_3^+$, CH_2Cl, CH_2OH, CH_2COOH, $CH(CH_3)OH$, CH_2NH_2, $CH_2Si(CH_3)_3$ $CH_2CO_2^-$, C_2H_5, CH_3 Der Punkt für CH_2CN weicht ab.	3,33
2	COX	$COCF_3$, COF, $COCl$, CHO, $COOC_6H_5$, CH_3CO, C_6H_5CO, $CONH_2COO^-$ Auf diese Gerade fällt auch der Punkt für NO.	3,08
3	SO_2X	SO_2F, SO_2Cl, SO_2CH_3, SO_2NH_2, $SO_2C_2H_5$, SO_2O^-	2,70
4	Donatoren der zweiten Periode	F, OCH_3, OH, $NHNH_2$, $N(CH_3)_2$, O^- ¹)	3,0
5	mit Dreifachbindung	$-\overset{+}{N}\equiv N$, $-C\equiv N-BCl_3$, $-C\equiv N$, $-C\equiv CH$ ¹)	3,00
6	$\delta_F^{p-X} \simeq \delta_F^{m-X}$ ²)	$-Sn(CH_3)_3$, $Ge(CH_3)_3$, $C(OCH_3)_3$, H, CH_2Cl, $P(C_6H_5)_2$, $CH_2NH_3^+$, CCl_3, $N(CF_3)_2$, $SOCH_3$, $N(COF)CF_3$, $N(COF)_2$, $C(CN)_3$, JCl_2	~ 0

¹) Die Gerade erfaßt auch Punkte für die Abhängigkeit von δ_F^{m-X} und δ_F^{p-X} vom Lösungsmittel.

²) Diese Gleichheit wird in den Grenzen $\pm 0{,}4$ bei der Änderung des δ_F^{m-X}-Wertes von $-7{,}2$ auf $+0{,}7$ eingehalten [588].

Tab. 50), für die die Steigung für die Abhängigkeit zwischen δ_F^{p-X} und δ_F^{m-X} etwa gleich Null ist und $\delta_F^{p-X} \simeq \delta_F^{m-X}$ gilt. Da die Differenz $\delta_F^{p-X} - \delta_F^{m-X}$ die Resonanzwechselwirkung enthält, schlußfolgern die genannten Autoren, daß diese Substituenten im Grundzustand in Resonanzwechselwirkung mit dem Phenylkern stehen. Es scheint uns jedoch, daß diese Schlußfolgerung ihrem Sinn nach den oben dargelegten Gesetzmäßigkeiten widerspricht. Im einzelnen ergeben sich folgende Einwände. Erstens fügen sich die Substituenten CH_2Cl und $CH_2NH_3^+$ sowohl in diese Gruppe als auch in die Gruppe Nr. 1 aus Tab. 50 ein, für die die Steigung der Abhängigkeit δ_F^{p-X} von δ_F^{m-X} maximal ist. Diese Feststellung führt zu einem Widerspruch zwischen den theoretischen Erwägungen und den experimentellen Fakten.

Rückkehrend zu den in Abb. 32 und 33 dargestellten linearen Abhängigkeiten könnte erwogen werden, daß die Größe δ_F^{p-X} als „Gesamtbetrag" und nicht die Differenz $\delta_F^{p-X} - \delta_F^{m-X}$ ein Maß für die Resonanz darstellt. Wenn das so ist, dann ordnen sich solche Substituenten in die Gruppe Nr. 6 der Tab. 50 ein, für die die δ_F^{p-X}- und δ_F^{m-X}-Werte zufällig nahe beieinander liegen. Auf eine solche

Möglichkeit weist auch die unterschiedliche Zusammensetzung dieser Substituentengruppe hin, die im Gegensatz zu den übrigen fünf Gruppen keine gemeinsamen strukturellen Merkmale hat.

Bei der „Übersetzung" der betrachteten Abhängigkeiten in die Sprache der σ_R- und σ^*-Konstanten ergeben sich einige Komplikationen. Zunächst muß geklärt werden, welche der möglichen Skalen der Resonanzkonstanten benutzt wird. Dabei ist die Nichtäquivalenz der Resonanzkonstanten der Skalen ($\sigma^+ - \sigma^0$) bzw. ($\sigma^0 - 0{,}11\,\sigma^*$) zu berücksichtigen. Da Cl, Br und J d-Orbitale besitzen, wird sich ihre Wechselwirkung mit dem Benzolkern nicht nur auf ihren $+R$-Charakter beschränken, sondern wird auch $-R$-Akzeptoreigenschaften zeigen, die die nahe bei Null liegenden Werte ($\sigma^0 = 0{,}11\,\sigma^*$) für diese Substituenten erklären und die für J sogar schwach positive Werte bewirken. Durch die Punkte der restlichen Substitutuenten F, OCH_3, NH_2 und $N(CH_3)_2$ kann eine Gerade in den Koordinaten ($\sigma^0 - 0{,}11\,\sigma^*$) und ($\sigma^+ - \sigma^0$) gezogen werden (s. Abb. 28). (Die Abhängigkeit für die Hydroxylgruppe wird einmal durch die Unsicherheit der σ^0-Werte dieses Substituenten und zum anderen durch deren Abhängigkeit vom Lösungsmittel beeinträchtigt).

Die Gerade in Abb. 28 verläuft jedoch nicht durch den Koordinatenursprung, sondern schneidet im Punkt $\sigma^0 - 0{,}11\sigma^* = 0{,}10$ die Ordinate. Es ist einleuchtend, daß diese Gerade durch den Koordinatenursprung gehen müßte, wenn beide Größen ein quantitatives Maß für die gleiche Substituenteneigenschaft darstellen sollen.

Man kann jedoch diese Komplikation für die Größe δ_F^{p-X} vernachlässigen, da sie sich in einer besseren linearen Abhängigkeit von $\sigma^0 - 0{,}11\sigma^*$, als von $\sigma^+ - \sigma^0$ befindet (s. Abb. 32 und 33). Folglich ergibt sich:

$$\delta_F^{p-X} = 1{,}5 - 29{,}5(\sigma_p^0 - 0{,}11\sigma^*) \qquad (11.5)$$

$$\delta_F^{m-X} = 1{,}2 - 1{,}40\sigma^* \qquad (11.6)$$

Wenn wir von diesen Verhältnissen ausgehen und einen mittleren Anstieg der Abhängigkeit δ_F^{p-X} von δ_F^{m-X} für die in Tab. 50 aufgeführten Substituentengruppen von 3,0 annehmen, so erhalten wir:

$$\sigma_p^0 - 0{,}11\sigma^* = a + 0{,}145\sigma^* \qquad (11.7)$$

Dabei hängt a vom Typ der Substituentengruppe ab.

Für Substituentenkonstanten, die aus Messungen chemischer Reaktionen abgeleitet wurden, kann man eine genaue lineare Abhängigkeit zwischen den Größen σ^0 und σ^* für die Substituenten F, OCH_3 und NH_2 beobachten. Diese gehören zur Gruppe 4 in Tab. 50, was gleichbedeutend ist mit der Existenz einer linearen Abhängigkeit zwischen $\sigma_p^0 - 0{,}11\sigma^*$ und $\sigma^*_{XC_6H_4}$:

$$\sigma_p^0 - 0{,}11\sigma^* = -0{,}53 + 0{,}12\sigma^*_{XC_6H_4} \qquad (11.8)$$

Wenn man alle Fehler und Ungenauigkeiten, die bei derartigen Berechnungen möglich sind, berücksichtigt, kann man die Übereinstimmung zwischen den Werten der Faktoren vor σ^* in den Gleichungen (11.7) und (11.8) als völlig befriedigend betrachten. Folglich wird sowohl aus NMR-Daten als auch aus den

Angaben der Reaktionsfähigkeit die gleiche quantitative Abhängigkeit festgestellt, die die Resonanz- und Induktionskonstanten im Bereich der genannten Substituentengruppen miteinander verbinden.

Was den Zahlenwert für den Anstieg dieser Abhängigkeit betrifft, so ist es vernünftiger, den Wert 0,145 zu benutzen, da er aus einer größeren Zahl von Angaben resultiert.

Kehren wir jetzt zum PBE zurück. Wenn für die hier beobachtete Erscheinung eine Erklärung der Gültigkeit von Gl. (11.4) gesucht wird, dann erhalten wir bei Berücksichtigung von Gl. (11.8) und von $\sigma^* = 0{,}60 + \sigma^0$:

$$\varrho_{\text{eff}} = \varrho\,(z_p{}^* z_M{}^* + z_p{}^R \cdot \alpha) \tag{11.9}$$

$z_M{}^*$ ist die Leitfähigkeitskonstante der Brückengruppierung. Wenn wir $z_p{}^* = 0{,}11$ und $z_p{}^R = 0{,}43$ (s. Tab. 44), $\varrho = -5{,}0$ (Wert für das substituierte Anilin aus Tab. 49), $z_M{}^* = 0{,}4$ für die Leitfähigkeit durch einatomige, $z_M{}^* = 0{,}16$ durch zweiatomige Brückengruppierungen und $z_M{}^* = 0{,}11$ für p-Phenyl-Brücken annehmen, dann erhält man für α aus (11.9) den folgenden Ausdruck:

$$\alpha = \frac{\varrho_{\text{eff}} - \varrho z_p{}^* z_M{}^*}{\varrho \cdot z_p{}^R} = \frac{\varrho_{\text{eff}} + 0{,}55 z_M{}^*}{-2{,}15} \tag{11.10}$$

Für Brückengruppierungen, die nur $+R$-Charakter besitzen, ist der Induktionseinfluß der elektronegativen Gruppen (im gegebenen Falle der substituierten Phenyle), die eine Verkleinerung der absoluten $\sigma_R{}^+$-Werte bewirken, nicht unbegrenzt, da die Größe $\sigma_R{}^+$ nicht positiv werden kann. Folglich muß in diesen Fällen der *PBE* seine Sättigungsgrenze erreichen, wenn sich der Wert $\sigma_R{}^+$ unter dem Einfluß der zunehmenden effektiven Elektronegativität der Ar-Gruppe dem Wert Null nähert. Wenn man eine lineare Abhängigkeit lg k von σ^0 bis nahe an diese Grenze voraussetzt, kann man die kritische Größe σ^0_{kr} ausrechnen, nach deren Überschreitung der PBE nicht mehr berücksichtigt werden muß. In der Praxis wird die Kurve, die die Abhängigkeit des lg k von σ^0 wiedergibt, eine Krümmung zeigen, so daß ϱ_{eff} nicht gleich der Größe $\varrho z_p{}^* z_M{}^*$ wird, die den Induktionseinfluß genau widerspiegelt. Aus der Zahl der Beispiele in Tab. 49 muß somit für —NH— und —O— wegen der Abwesenheit der d-Orbitale mit einer solchen Situation gerechnet werden.

Die Größe σ^0_{kr} kann nach der Formel

$$\sigma^0_{kr} = \frac{(1 + 0{,}60\alpha)}{\alpha}\,\sigma_R{}^0 \tag{11.11}$$

errechnet werden, wobei $\sigma_R{}^0$ der Wert σ_R für CH_3M ist.

Die Werte α und σ^0_{kr}, die nach den genannten Formeln unter Verwendung von ϱ_{eff} aus Tab. 49 errechnet wurden, sind in Tab. 51 aufgeführt. Diese Angaben sind von verschiedenen Gesichtspunkten her interessant.

Betrachten wir die σ^0_{kr}-Werte für —NH— und —O—. Es ist ersichtlich, daß sie den Wert σ^0 für das p-Nitrophenyl (die stärkste elektronegative Gruppe, für die experimentelle Werte vorhanden sind) etwas übersteigen. Trotzdem lassen sich selbst diese Werte noch überbieten, wenn z. B. in den Phenylkern zwei Nitrogruppen in 3- und 5-Stellung eingeführt werden. Ein solches Experiment muß

Tabelle 51:

Die Größen $\varrho z_p{}^* z_M{}^*$, α und σ^0_{kr} für verschiedene Brückensysteme nach den Formeln (11.10) und (11.11) unter Verwendung der ϱ_{eff}-Werte aus Tab. 49

Brückengruppierung	ϱ_{eff}	$\varrho z_p{}^* z_M{}^*$	α	$\sigma_R{}^+$	σ^0_{kr}
ohne Brücke	−1,5	−0,55	0,44	—	—
—NH—	−2,4	−0,22	1,05	−1,05	1,5
—O—	−1,6	−0,22	0,64	−0,75	0,98
—S—	−2,1	−0,22	0,88	—	—
—Se—	−1,8	−0,22	0,74	—	—
$—CH_2—$	−0,9	−0,22	0,32	—	—
$—CH_2—CH_2—$	−0,63	−0,09	0,25	—	—
trans- —CH=CH—	−0,87	−0,09	0,37	—	—
—C≡C—	−0,82	−0,09	0,34	—	—
—N=N—	−1,06	−0,09	0,45	—	—
—CO—	−1,25	−0,22	0,48	—	—
	−0,44	−0,06	0,18	—	—

Anmerkung: $\sigma_R{}^+ = \dfrac{\sigma^0 - 0{,}11\sigma^*}{0{,}43}$

mit $0{,}43 = z_p{}^R$ aus Gleichung (11.8).

jedoch nicht unbedingt zu dem erwarteten Resultat führen, da unsere Überlegungen zunächst auf der Annahme beruhten, daß keine direkte Kopplung der para-Substituenten mit dem Reaktionszentrum besteht. Diese These ist jedoch für die Korrelation der pK_a-Werte substituierter Aniline durchaus brauchbar. Trotzdem hat der Summand für diese Reaktionsserie eine wesentliche Bedeutung bei para-(—R)-Substituenten [133]. Das wurde schon früher bei der Überprüfung des möglichen —R-Charakters für die Substituenten $NH_3{}^+$ und $N(CH_3)_3{}^+$ erörtert. Bei dieser Reaktion befindet sich das Reaktionszentrum im aktivierten Komplex in einem der vorigen Reaktionsserie [194] analogen Zustand. Das bedeutet, daß der Beitrag der —R-Substituenten an der polaren Kopplung mit dem Reaktionszentrum nicht unberücksichtigt bleiben darf. Eine aufmerksame Betrachtung der Abhängigkeit lg k von σ^0 für substituierte Aniline (Abb. 39) führt sogar zu dem Schluß, daß die Punkte für Cl, CH_3 und CH_3O in para-Stellung von der Geraden, die durch die Punkte H und m-Cl verläuft, abweichen. Dafür spricht die sehr gute Linearität bei der Verwendung der HAMMETTschen σ-Werte, wenn eine große Streuung der Punkte bei der Korrelation mit den Größen σ^0 vorliegt [212]. In der Arbeit [212] ist der Wert $\varrho = -4{,}79$ angegeben, welcher der Neigung der Geraden entspricht, die innerhalb der Koordinaten lg k gegen σ^0 durch die Punkte für H und m-Cl führt. Eigentlich müßte bei der Berechnung von α dieser und nicht der Wert −5,0 aus Tab. 49 verwendet werden. Aber die Genauigkeit dieser Rechnung ist nicht so groß, daß eine geringfügige Änderung des ϱ-Wertes von praktischer Bedeutung wäre.

Kommen wir zur Betrachtung der α-Werte aus Tab. 51. Für den direkten Vergleich mit dem entsprechenden Parameter 0,145 aus Gl. (11.7) sind sie nicht geeignet, da α die Empfindlichkeit gegenüber dem Induktionseinfluß des Substituenten Ar widerspiegelt, der mit der Brückengruppierung verbunden ist, während sich der Wert 0,145 auf den Induktionseffekt des Substituenten (im gegebenen Fall ArM) bezieht. Verwendet man jedoch die weiter oben eingeführten Werte z_M^*, so kennzeichnen die Größen α/z_M^* die Änderung des Induktionseffektes des Substituenten ArM.

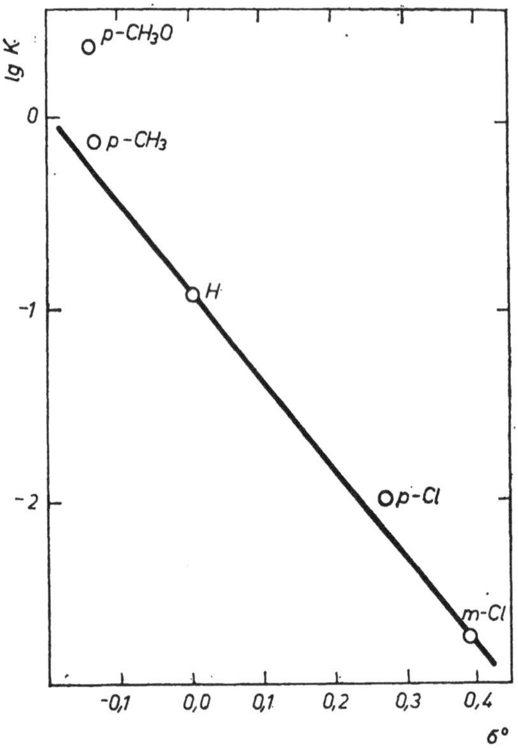

Abb. 39: Abhängigkeit zwischen lg k und σ^0 für die Reaktion substituierter Aniline mit Pikrylchlorid

Weiterhin ist die Gl. (11.7) mit den Resonanzkonstanten verbunden, die durch ($\sigma^0 - 0{,}11\sigma^*$) definiert sind. Die α-Werte wurden jedoch unter Benutzung von Gleichung (9.8) berechnet, in welche die Resonanzkonstanten als ($\sigma^+ - \sigma^0$) eingehen. Hieraus ergibt sich noch ein zusätzlicher Faktor $z_p^* = 0{,}43$ für die Korrektur des Maßstabes von α. Zum Vergleich der Gl. (11.7) mit den Angaben aus Tab. 51 ist es günstig, diese Korrekturen in den Wert 0,145 einzubeziehen. Dann muß α mit den Konstanten $0{,}145 z_M^*/0{,}43$ verglichen werden.

Auf diese Weise erhalten wir eine Gegenüberstellung mit den Konstanten α aus Tab. 51, die in Tab. 52 angegeben ist.

Die α-Werte aus Tab. 51 sind bedeutend größer als die nach Gl. (11.7) berechneten. Das gilt ausnahmslos für alle Brückengruppierungen und sogar bei Abwesenheit einer Brücke, obwohl hier der experimentelle Wert den berechneten nur wenig übersteigt (0,44 und entsprechend 0,34).

Schließlich sei auch auf die mangelnde Konstanz der Größe α hingewiesen. Dabei besteht offensichtlich die Tendenz zur Vergrößerung von α mit ansteigen-

Tabelle 52:

Die aus Gleichung (11.7) berechneten α-Werte für das Brückensystem M

Brücke	z_M*	$\alpha_{\text{berechnet}}$
ohne	1,0	0,34
einatomig	0,4	0,135
zweiatomig	0,16	0,054
p-Phenylen	0,11	0,037

dem $+R$-Charakter (Elektronendonatoreigenschaft) der Brückengruppierung (Reihenfolge: $-CH_2- < -O- < -NH-$). Vergleicht man die oben betrachtete Abhängigkeit zwischen σ_R und σ^* die nach den Angaben der kernmagnetischen Resonanz erhalten wurde, so wird dies qualitativ bestätigt. Das ist nicht verwunderlich, da alle betrachteten Substituenten ArM zu dem Typ gehören, für den die lineare Abhängigkeit zwischen σ_R und σ^* nicht eingehalten wird, weil die substituierten Phenylgruppen zur Resonanzwechselwirkung mit den Brückengruppierungen M fähig sind, und deshalb den σ_R-Wert des Substituenten ArM nicht nur durch die Induktionswechselwirkung beeinflussen. Wenn man annimmt, daß σ_R^- für Ar dem Wert σ^0_{Ar} proportional ist, so erhalten wir anstelle (11.4) folgende Beziehung:

$$\sigma_{R(\text{Ar}M)} = \sigma_{R(C_6H_5M)} + \alpha_0 \sigma^0_{\text{Ar}} + \beta \sigma^+_{R(M)} \sigma^0_{\text{Ar}} \qquad (11.12)$$

α_0 entspricht dem errechneten Wert α aus der Tab. 52, β ist eine Konstante. Die Konstante α aus Tab. 51 wird somit auf folgende Art ausgedrückt:

$$\alpha = \alpha_0 + \beta \sigma^+_{R(M)} \qquad (11.13)$$

Wenn wir annehmen, daß sich σ_R^+ für Ar auch in linearer Abhängigkeit von σ^0_{Ar} befindet, erhalten wir für die Brückengruppierungen des Types $-R$:

$$\alpha = \alpha_0 + \beta' \sigma^-_{R(M)} \qquad (11.13a)$$

$\sigma^+_{R(M)}$ kann anstelle der Größe $(\sigma^+ - \sigma^0)$ für CH_3M stehen.

Setzt man diese Größe in Gl. (11.12) ein, so resultiert folgende Form:

$$\alpha - \alpha_0 = \beta(\sigma^+ - \sigma^0)_{CH_3M} \qquad (11.14)$$

Leider konnten nur für drei M aus Tab. 51 die Werte $(\sigma^+ - \sigma^0)$ gefunden werden. Für CH_3CH_2 und CH_3O existieren entsprechende Tabellenwerte, für CH_3NH kann ein mittlerer Wert zwischen den Beträgen von NH_2 und $N(CH_3)_2$ zu $-1{,}09$ angenommen werden.

Die Größen $\alpha - \alpha_0$ sind gegen $\sigma^+ - \sigma^0$ in Abb. 40 aufgetragen. Es besteht zwischen ihnen wirklich eine lineare Abhängigkeit. In Übereinstimmung mit Gl. (11.14) geht die entsprechende Gerade durch den Koordinatenursprung. Bei Nichtberücksichtigung der Korrektur α_0 wäre dieser Sachverhalt nicht zu beobachten.

Wir ergänzen noch, daß zur Berechnung des Einflusses der Kopplung von M mit Ar der Summand hinzugefügt werden muß, der den Einfluß von Ar auf die

Fähigkeit von M zur Kopplung mit dem Reaktionszentrum im aktivierten Zustand berücksichtigt. Das wurde weiter oben schon erläutert. Wenn dieser Summand real existiert, dann ist er offenbar auch $(\sigma^+ - \sigma^0)_{CH_2M}$ proportional und somit in den Werten $\beta(\sigma^+ - \sigma^0)_{CH_2M}$ enthalten.

Im Falle der $-R$-Brückengruppierungen könnte der α-Wert für die —CO-Gruppe zum qualitativen Nachweis der Existenz eines zusätzlichen Einflusses der polaren Kopplung mit dem Substituenten Ar dienen.

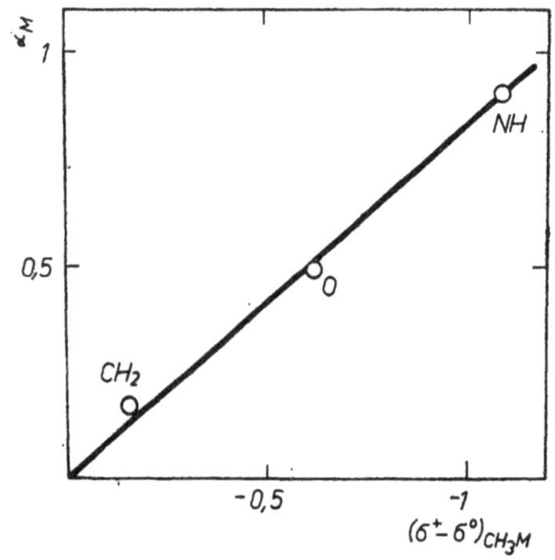

Abb. 40: Abhängigkeit der Größen α_M für $(+R)$-Brückengruppierungen M von den Resonanzkonstanten der Gruppen CH_3M

Auf dieser Basis kann die in Kap. 9.2. erwähnte lineare Abhängigkeit zwischen $\lg k_p/k_0$ und $\lg k_m/k_0$ für die Substituenten des Types XCH_2 interpretiert werden. Da diese Abhängigkeit für $-R$-Substituenten (NO_2, $COOC_2H_5$) befolgt wird, besteht kein Zweifel daran, daß das Vorliegen solcher Kopplungen offenbar nicht den linearen Abhängigkeiten, wie sie von McDaniel [585] zwischen den Größen σ_p und σ_m gezeigt wurden, widerspricht. Wenn man berücksichtigt, daß der Resonanzbeitrag von R_m in meta-Stellung ungefähr halb so groß ist wie der R_p-Beitrag für die para-Stellung (s. Kap. 9.2.), und für die Größen $z_m^* = 0{,}15$ und $z_p^* = 0{,}11$ annimmt und weiterhin voraussetzt, daß für $R_p = \sigma^0 - 0{,}11\sigma^*$ die Abhängigkeit (11.7) erfüllt wird, dann erhalten wir:

$$\lg \frac{k_p}{k_0} = \varrho(0{,}11 + 0{,}145)\sigma^* = 0{,}255\varrho\sigma^*$$

$$\lg \frac{k_m}{k_0} = \varrho(0{,}15 + 0{,}073)\sigma^* = 0{,}223\varrho\sigma^* \qquad (11.15)$$

$$\frac{\lg k_p/k_0}{\lg k_m/k_0} = 1{,}14$$

Dieser Wert befindet sich in ausgezeichneter Übereinstimmung mit dem von Exner erhaltenen (1,13).

Auch die Punkte für CN und NO_2 liegen auf einer gemeinsamen Geraden, da die Beträge für diese Substituenten aus $(\sigma_p{}^0 - 0{,}11\sigma^*)/\sigma^*$ gleich 0,091 und 0,111 sind, und somit dem weiter oben benutzten Wert aus Gl. (11.7), der 0,145 beträgt, sehr nahe kommen. Die Punkte für $COCH_3$ (das Verhältnis ist 0,193) und insbesondere für $N(CH_3)_3^+$ (Verhältnis ist 0,057) weichen von dieser linearen Abhängigkeit ab. Abb. 41 charakterisiert den geschilderten Sachverhalt durch die graphische Darstellung der experimentellen Punkte in den Koordinaten σ_p^0 und σ_m^0.

Die erhaltene Gerade hat eine Neigung von 1,14.

Abb. 41: Abhängigkeit zwischen den Größen σ_p^0 und σ_m^0

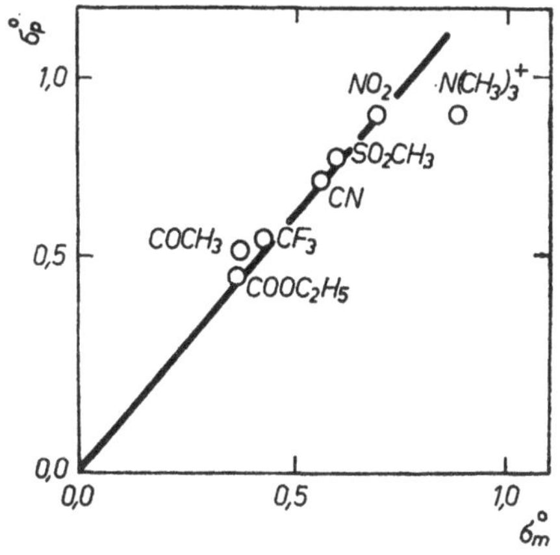

Auf diese Weise führte uns die Betrachtung des *PBE* zu der vorläufigen Schlußfolgerung der Existenz verschiedener Typen von Brückeneffekten, die bevorzugt die Wirkung des Induktionseinflusses auf die Intensität der polaren Kopplung zeigen. Die verschiedenen Typen von Brückeneffekten (*BE*) sind in Tab. 53 aufgeführt. Die Unterschiede äußern sich nur in der Größenänderung des induktiven ϱ (oder ϱ^*).

Betrachten wir noch ein Beispiel des PBE bei der basischen Hydrolyse substituierter Phenyl-benzolsulfonate:

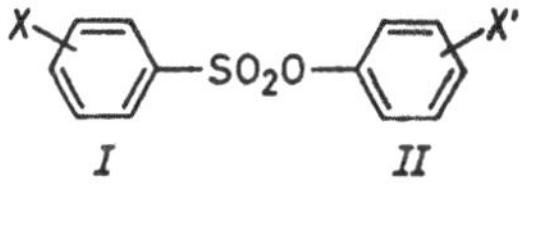

I *II*

Beim substituierten Kern *I* und $X' = H$ ist $\varrho = 2,25$; beim substituierten Kern *II* und $X = H$ ist $\varrho = 2,75$. Die Brückengruppierung ist in diesem Fall —O—. Da die p-NO_2-Gruppe im Kern *II* nicht an der polaren Kopplung mit dem Reaktionszentrum beteiligt ist, und sich in die lineare Abhängigkeit lg k gegen σ^0 einordnet, wird die Variante 3 offensichtlich ausgeschlossen. Die Möglichkeit der Variante 4 folgt aus dem Fakt, daß die Punkte für die para-$+R$-Substituenten im Kern *I* unterhalb der Geraden lg k gegen σ^0 angeordnet sind, was auf eine starke polare Kopplung mit dem Reaktionszentrum im Ausgangszustand ($\varrho_R^+ = 0,54$) hinweist.

Diese Überlegungen und Berechnungen können keinen Anspruch auf eine exakte und endgültige Beschreibung der Erscheinung des *BE* erheben. Immerhin ist es

Tabelle 53:

Klassifizierung des Brückeneffektes (BE)

Variante	Typ	Kennzeichnung
1	Fehlen des *BE* Normale Induktionsleitfähigkeit der Brückengruppierung ohne zusätzlichen Einfluß	$\varrho_{\text{eff}} = \varrho z_M^* z_\pi^*$ Die Einführung der Brücke verringert wesentlich den Induktionseinfluß
2	„Normaler“ *BE* Der Substituent „hinter der Brücke“ zeigt einen Induktionseinfluß auf die Bindung der Brücke mit dem π-Elektronensystem, das zwischen der Brücke und dem Reaktionszentrum angeordnet ist	$\varrho_{\text{eff}} = \varrho(z_M^* z_\pi^* + 0{,}145 z_M^* \cdot z_\pi^R)$ Die Einführung der Brücke verringert den Induktionseinfluß, jedoch in geringerem Maße als nach Variante 1
3	Der *BE* wird verstärkt durch Kopplung mit einem Substituenten Der Substituent „hinter der „Brücke“ bewirkt eine polare Kopplung mit der Brückengruppierung	Im allgemeinen existiert der Induktionseinfluß nicht allein. Die Einführung der Brücke kann den Einfluß des Substituenten entweder etwas ababschwächen oder auch vergrößern. Wenn im spez. Fall σ_R des Substituenten (Ar) „hinter der Brücke“ linear von seiner Induktionskonstante (σ^0) abhängt, dann wird ein reiner Induktionseinfluß vorgetäuscht. Daraus folgt: $\varrho_{\text{eff}} = \varrho(z_M^* z_\pi^* + 0{,}145 z_M^* z_\pi^R + \beta\sigma_{R(\text{CH}_3M)})$. Die Bedingung des *PBE* $z_M^* z_\pi^* + 0{,}145 z_M^* z_\pi^R + \beta\sigma_{R(\text{CH}_3M)} > z_\pi^* + 0{,}145 z_\pi^R + \beta\sigma_{R(\text{C}_6\text{H}_5)}$
4	Der *BE* wird verstärkt durch die polare Kopplung der Brückengruppe mit dem Reaktionszentrum	$\varrho_{\text{eff}} = \varrho(z_M^* z_\pi^* + 0{,}145 z_M^* z_\pi^R) + \varrho_R\beta_M'$ oder $[\varrho_R\beta'\sigma_{R(\text{CH}_3M)}]$ Die Einführung der Brücke schwächt entweder den Einfluß des Substituenten „hinter der Brücke“ ab oder sie vergrößert ihn. Bedingung des *PBE*: $z_M^* z_\pi^* + 0{,}145 z_M^* z_\pi^R + \frac{\varrho_R}{\varrho}\beta'_M > z_\pi^* + 0{,}145 z_\pi^R + \frac{\varrho_R}{\varrho}\beta'_{\text{C}_6\text{H}_5}$

Fortsetzung der Tabelle 53

Variante	Typ	Kennzeichnung
5	Kombination der Varianten 3 und 4	Sehr starker *PBE* möglich: $\varrho_{\text{eff}} = \varrho(z_M{}^* z_\pi{}^* + 0{,}145 z_M{}^* z_\pi{}^R + \beta\sigma_{R(\text{CH}_3M)}) + \varrho_R\beta_M$ oder $[\varrho_R\beta'\sigma_{R(\text{CH}_3M)}]$ Bedingung des *PBE*: $z_M{}^* z_\pi{}^* + 0{,}145 z_M{}^* z_\pi{}^R + \beta\sigma_{R(\text{CH}_3M)} + \frac{\varrho_R}{\varrho}\beta'_M > z_\pi{}^* + 0{,}145 z_\pi{}^R + \beta\sigma_{R(\text{C}_6\text{H}_5)} + \frac{\varrho_R}{\varrho}\beta'_{\text{C}_6\text{H}_5}$

Anmerkung: $z_\pi{}^*$ und $z_\pi{}^R$ sind Induktions- und Resonanzleitfähigkeiten des π-Elektronensystems, das zwischen der Brückengruppierung *M* und dem Reaktionszentrum liegt (z. B. p-Phenylen).

erstaunlich, daß es uns gelang, trotz gewisser Ungenauigkeiten und der geringen Zahl experimenteller Werte, wenigstens die Gleichheit der Maßstäbe für die Größen σ^0 und σ^* nachzuweisen. Bei der Acylierung von Aminen ist die Ursache für das Fehlen der polaren Kopplung der para-($-R$)-Substituenten mit dem Reaktionszentrum unklar. Jedoch im Falle der Umsetzung substituierter Aniline mit Benzoylchlorid besteht eine solche Kopplung tatsächlich, und die Größe σ^- für die p-Nitrogruppe kann in die Korrelation einbezogen werden [370].

11.3. Das Problem der gemischten Glieder im Falle der mehrparametrigen Korrelation

In allgemeiner Form verlangt die Berechnung des gemeinsamen Einflusses verschiedener Strukturfaktoren unter Berücksichtigung ihrer gegenseitigen Störung die Verwendung des *PPL* in Form einer Gleichung, die alle gekreuzten Glieder enthält. Zu einer derartigen Gleichung kann man jedoch anders kommen, als es in Kap. 3.2 dargelegt wurde. Wenn man annimmt, daß unter Konstantbleiben aller restlichen Strukturfaktoren der Einfluß bei der Änderung einer beliebigen Zahl von ihnen durch die einparametrige lineare Abhängigkeit nach Hammett-Taft beschrieben wird, so erhalten wir für den Fall der gleichzeitigen Änderung aller Faktoren eine Gleichung, die in ihrer Form identisch ist mit der Gleichung (2.3) [589, 258]. Es ist auch klar, daß die gewöhnliche Additivitätsbetrachtung auf die Vernachlässigung aller gekreuzten Glieder in dieser Gleichung hinausläuft. In den vorigen Paragraphen dieses Kapitels sahen wir, daß in einigen spezifischen Fällen ein solches additives Vorgehen auf Grund des Vorhandenseins der wechselseitigen Störung zwischen den verschiedenen Typen der Wechselwirkung des

Substituenten mit dem Reaktionszentrum nicht gerechtfertigt ist. Prinzipiell müssen gerade solche Störungen durch gekreuzte Glieder erfaßt werden können.

In diesem Zusammenhang erhebt sich die Frage, inwieweit überhaupt das Additivitätsprinzip gerechtfertigt ist, da es keinerlei allgemeine theoretische Grundlage hat und einfach in Form eines Ergänzungspostulats verwendet wird, welches gestattet, die Form der verwendeten Gleichungen wesentlich zu vereinfachen und die Zahl der dem „Experiment angepaßten" Parameter zu vermindern. Dazu muß bekannt sein, ob Abweichungen zwischen induktiven und Resonanzeinflüssen oder sterischen und induktiven Einflüssen gleicher bzw. verschiedener Substituenten, die mit dem Reaktionszentrum verbunden sind, oder zwischen induktiven oder Resonanzeinflüssen verschiedener Substituenten existieren (z. B. der sogenannte Sättigungseffekt).

In allgemeiner Form wurde dieses Problem von Miller [589] untersucht. Diese Arbeit enthält einige Beispiele, die zu der Annahme führen, daß die gekreuzten Glieder nicht vernachlässigbar klein sind. Dieser Schluß wurde jedoch nicht durch eine statistische Analyse gestützt.

Eine detaillierte Analyse wurde von Krishnamurthy und Miller auf der Grundlage kinetischer Daten für die folgende Reaktion durchgeführt [220]:

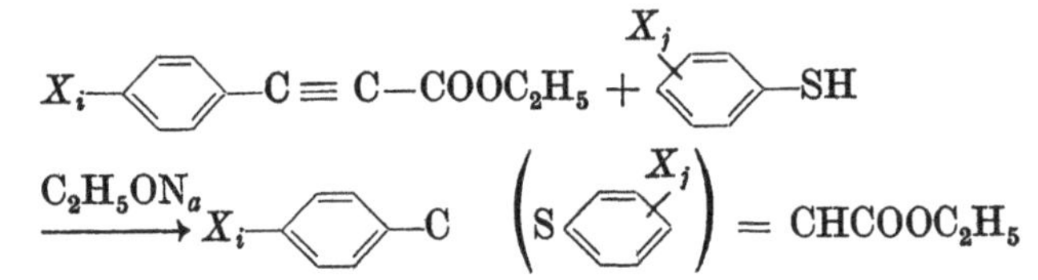

Die statistische Analyse der erhaltenen Resultate ergab keinen sicheren Nachweis für das Auftreten gekreuzter Glieder vom Typ $q\sigma_i\sigma_j$, für welche die Wahrscheinlichkeit des Unterschieds von Null etwa 55% beträgt (nach dem *t*-Test von Student).

Die Nichtunterscheidbarkeit der gekreuzten Glieder des Typs $q\sigma_i\sigma_j^*$ und $q'\sigma_i E_{sj}^{Hk}$ von Null bei der Reaktion der alkalischen Hydrolyse von Estern des Typs

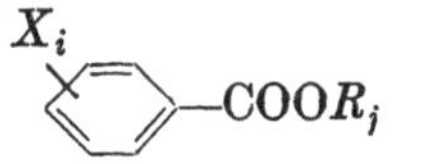

wurde von Hancock und Falls gezeigt [551]. In diesem Fall (bei 35°C in 60 Volumenprozent wäßrigem Dioxan) ist die additive Gleichung anwendbar:

$$\lg k = 0{,}174 + 2{,}22\sigma_i + 1{,}53\,\sigma_j^* + 0{,}668\,E_s^{Hk}$$

In diesem Zusammenhang sei auch an die Darlegungen im Kap. 7. über die Additivität des induktiven Einflusses erinnert.

Andererseits gibt es Beispiele, in denen die Berücksichtigung der gekreuzten Glieder notwendig erscheint. Exner [245] weist darauf hin, daß die Frequenzen des IR-Spektrums der Carbonylgruppe in den Verbindungen.

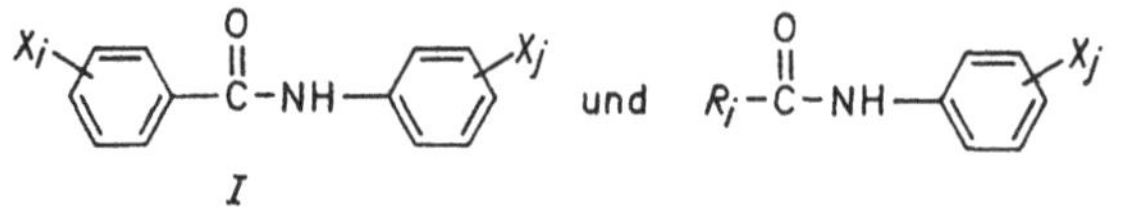

I

mit folgenden Gleichungen korrelieren:

$$\text{I. } \nu_{ij} = 1678{,}2 + 7{,}5\sigma_i^+ + 15\sigma_j + 0{,}7\sigma_i^+\sigma_j$$

$$\text{II. } \nu_{ij} = 1697 + 39{,}1\sigma_i^* + 16{,}7\sigma_j + 3{,}5\sigma_i^*\sigma_j$$

Leider fehlt auch in diesem Fall die statistische Analyse, die den Wahrscheinlichkeitsgrad für das Vorhandensein gekreuzter Glieder angibt.

Das Vorhandensein gekreuzter Glieder ist in der Arbeit von RITCHIE, SAGER und LEWIS [408] für die Reaktionsserie

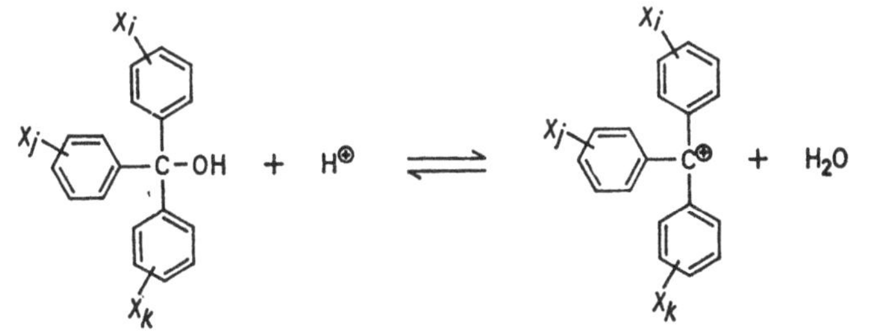

gezeigt worden.

Während die Abhängigkeit lg K von $(\sigma_i^+ + \sigma_j^+ + \sigma_k^+)$ nicht linear ist, erlaubt die folgende Gleichung eine Korrelation:

$$\lg K = \lg K_0 + \varrho(\sigma_i^+ + \sigma_j^+ + \sigma_k^+) + q(\sigma_i^+\sigma_j^+ + \sigma_i^+\sigma_k^+ + \sigma_j^+\sigma_k^+)$$

Dabei erfaßt $q = -0{,}55$ die Daten von mehr als 20 Serien für die Veränderung der Basizitätskonstante K. Es fehlt jedoch wiederum die statistische Analyse.

Korrelationsgleichungen unter Berücksichtigung der gekreuzten Glieder sind auch für die Dissoziationsgeschwindigkeit und die Säurekonstanten der Pseudosäuren des Typs

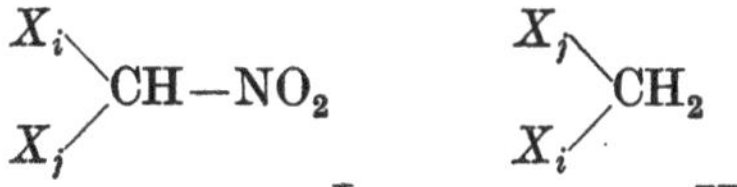

I II

von BELIKOW, TALWIK und KORTSCHEMNAJA [479] sowie TALWIK [478] angegeben worden. Diese Gleichungen lauten:

$$\text{I} \quad \lg \frac{K}{n} = \lg K_0 + \varrho^* \sum_{i,j} \sigma^* + \varrho_R^{-,+}\sigma_{R_i}^-\sigma_{R_j}^+ + h(n-1)$$

$$\text{II} \quad \lg \frac{K}{n} = \lg K_0 + \varrho^* \sum_{i,j} \sigma^* + \varrho_R^- \sum_{i,j} \sigma_R^- + \varrho_R^{-,-}\varrho_{R_i}^-\sigma_{R_j}^- + \sigma^{*,-}(\sigma_i^*\sigma_{R_i}^- + \sigma_j^*\sigma_{R_j}^-)$$

Dabei ist n die Anzahl der zur Dissoziation befähigten Wasserstoffatome; $(n-1)$ ist die Differenz zwischen der Anzahl der im Ausgangszustand zur Hyperkonjugation mit einer Nitrogruppe befähigten Wasserstoffatome, für die zu untersuchende und die Standardverbindung (2-Nitropropan).

Die genaue physikalische Bedeutung aller Glieder dieser Gleichungen ist jedoch nicht völlig klar. Man muß auch auf die sehr geringe Zahl der statistischen Freiheitsgrade hinweisen, so daß eine Einschätzung der Wahrscheinlichkeit für das Vorhandensein von gekreuzten Gliedern im vorliegenden Fall noch verfrüht ist.

Führen wir noch ein interessantes Beispiel zur Berechnung der gekreuzten Glieder an. Zur Gewinnung der Korrelationsparameter für die Geschwindigkeit der neutralen Hydrolyse dialkylsubstituierter Chloranhydride von Phosphinsäuren

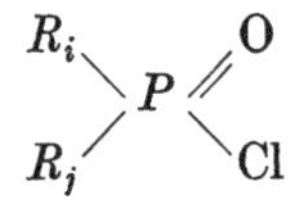

ist folgende Gleichung vorgeschlagen worden [590, 591]:

$$\lg k = \lg k_0 + \delta(E^0_{s_i} + E^0_{s_j} + \alpha E^0_{s_i} E^0_{s_j} + h(n_{H_i} + n_{H_j}) + \frac{x}{2}\,[n_{H_i}(n_{H_i} - 1) + n_{H_j}(n_{H_j} - 1)] + \xi n_{H_i} n_{H_j} \qquad (11.16)$$

n_{H_i} und n_{H_j} bezeichnen die Anzahl der α-Wasserstoffatome in den Substituenten R_i und R_j.

Hier ist sowohl das gekreuzte Glied $\alpha E^0_{s_i} E^0_{s_j}$, daß die Abweichung zwischen den sterischen Einflüssen der beiden Alkylgruppen enthält, als auch die Glieder

$$\frac{x}{2}\,[n_{H_i}(n_{H_i} - 1) + n_{H_j}(n_{H_j} - 1)] \quad \text{und}$$

$\xi n_{H_i} n_{H_j}$, die die Abweichung zwischen den Hyperkonjugationseinflüssen der C—H-Bindung innerhalb eines Substituenten und zwischen den beiden Substituenten enthalten, vorhanden. Die Parameter der Korrelation in Gleichung (11.16) sind in Tab. 54 angeführt.

Die Wahrscheinlichkeit für das Auftreten des Summanden mit dem Multiplikator α übersteigt 98% und mit dem Multiplikator x 99,9%. Für das Glied $\xi n_{H_i} n_{H_j}$ ist bei $-40\,°C$ die Wahrscheinlichkeit des Unterschiedes von Null größer als 99% und nur bei 0 °C kann die Anwesenheit dieses Summanden in Frage gestellt werden.

Somit ist vom Standpunkt der statistischen Kennziffern die Anwesenheit gekreuzter Glieder im vorliegenden Fall keinem Zweifel unterworfen. Trotzdem kann die Frage nach dem wahren physikalischen Gehalt der Gleichung (11.16) noch nicht als gelöst betrachtet werden.

In Tab. 54 fällt besonders das positive Vorzeichen der Hyperkonjugationskonstanten h auf. Da im vorliegenden Fall nur die Hyperkonjugation unter Beteiligung der d-Orbitale des Phosphors in Frage kommt, so muß bei bimolekularer Reaktion (SN 2) ein Wassermolekül in den aktivierten Komplex eingehen und somit die Hyperkonjugation in großem Maße den Ausgangszustand, nicht aber den aktivierten Zustand stabilisieren. Daraus folgt notwendigerweise ein negatives Vorzeichen für h. Die Größe h kann nur im Falle eines monomolekularen Mechanismus (SN 1) positiv sein. Deshalb ist es sehr wichtig, irgendeinen unabhängigen Beweis für den Mechanismus der Reaktion zu haben.

Tabelle 54:

Parameter der Gleichung (11.16) für die neutrale Hydrolyse der Chloranhydride der Dialkylphosphinsäuren

Parameter der Gleichung	Temperatur, °C 0	Temperatur, °C −40
$-\lg k_0$	7,77 ± 0,26	9,92 ± 0,27
δ	0,68 ± 0,087	0,47 ± 0,087
α	0,47 ± 0,13	0,38 ± 0,13
h	1,87 ± 0,13	2,29 ± 0,13
$x/2$	−0,22 ± 0,023	−0,31 ± 0,020
ξ	−0,066 ± 0,052	−0,20 ± 0,050
r	0,999	0,999
s	0,057	0,060
n[1]	11	11

[1]) Die Zahl der experimentellen Größen von $\lg k$, die bei der Korrelation verwendet wurden. Die Zahl der statistischen Freiheitsgrade beträgt $n - 6 = 5$.

Schließlich muß man den Betrag für h selbst betrachten, da er ungewöhnlich hoch ist. Dabei ist noch zu beachten, daß im vorliegenden Fall, wenn die Gesamtzahl der C—H- und C—C-Bindungen, die an der Hyperkonjugation teilnehmen, unverändert bleibt, h nur den Unterschied zwischen den Hyperkonjugationsanteilen der C—H- und C—C-Bindung charakterisiert. Wenn angenommen wird, daß $\frac{h_C}{h_H} = 0{,}40$ ist, so erhalten wir für den Hyperkonjugationsanteil einer C—H-Bindung bei 0 °C den sehr hohen Wert von −3,78 kcal/Mol (−4,03 kcal/Mol bei −40 °C). Wenn dieser Wert wirklich die physikalische Bedeutung besitzt, die wir ihm zuschreiben, so kann man bereits darin die Ursache dafür sehen, daß die Sättigung des Hyperkonjugationseinflusses im vorliegenden Fall einen wesentlich stärker ausgeprägten Charakter hat, als bei der sauren Hydrolyse der Acetale und Ketale (siehe Kap. 8.1.).

Aus den angeführten Beispielen soll klar werden, daß das Problem der gekreuzten Glieder in den Korrelationsgleichungen aktuell bleibt, und wir uns noch im Anfangsstadium seiner Untersuchung befinden.

11.4. „Falsche“ Abhängigkeiten zwischen den Substituentenkonstanten

Da die Ergebnisse der Korrelation experimenteller Daten mit verschiedenen Substituentenkonstanten oft als Grundlage für Folgerungen über die An- oder Abwesenheit des Einflusses bestimmter Strukturfaktoren (oder auch über den Mechanismus) dienen, so erlangt die gegenseitige Unabhängigkeit dieser Konstanten eine erstrangige praktische Bedeutung. Gewöhnlich wird eine solche Unabhängigkeit einfach angenommen, wenn man vom unterschiedlichen physikalischen Wesen der Substituentenkonstanten als Maß der induktiven, sterischen und der Resonanzeinflüsse ausgeht.

Weiter oben haben wir schon gesehen, daß trotzdem zwischen den Resonanz- und Induktionseinflüssen gleicher Substituenten lineare Abhängigkeiten existieren können, die innerhalb bestimmter Grenzen gültig sind. Diese Abhängigkeiten haben ihre Ursache in der realen physikalischen Natur der Bindung, da sowohl der induktive als auch der Resonanzeinfluß mit der effektiven Elektronegativität des ersten Atoms des Substituenten, die zahlenmäßig durch den Wert σ^* für den betreffenden Substituenten charakterisiert werden kann, verbunden sein muß.

Gesetzmäßigkeiten dieses Typs führen dazu, daß eine Reihe mehr oder weniger genauer linearer Abhängigkeiten der verschiedenen Konstanten des Typs σ von den induktiven Konstanten existieren. Der Bereich, in welchem jede dieser Abhängigkeiten befolgt wird, ist auf eine bestimmte Substituentengruppe beschränkt. Das ist auch auf Grund des im vorigen Paragraphen Gesagten zu erwarten. Entsprechende Beispiele sind in der Arbeit von Ritchie und Sager [86] angeführt.

Neben den Abhängigkeiten, die einen gewissen physikalischen Inhalt erkennen lassen, können Beziehungen auftreten, die mehr oder weniger zufälligen Charakter haben. Im Prinzip ist es leicht zu erklären, auf welche Weise solche „Abhängigkeiten" entstehen können. Nehmen wir eine graphische Darstellung an, auf deren Koordinaten zwei voneinander unabhängige Größen aufgetragen sind. Eine solche Darstellung muß eine ungeordnete Anhäufung von Punkten ergeben. Wenn man jedoch eine bestimmte Anzahl solcher Punkte hat, so kann man daraus einen Teil auswählen, der zufälligerweise auf einer Geraden liegt. Wenn man sich jetzt nur auf diese Punkte beschränkt, so sind vom formalen Standpunkt aus gesehen die betrachteten Werte schon nicht mehr unabhängig.

Eine derartige Situation kann auftreten, wenn sich die Auswahl der experimentellen Daten auf Substituenten beschränkt, für welche eine „Schein"-Abhängigkeit des genannten Typs zwischen den Substituentenkonstanten unterschiedlicher Natur besteht. In einem solchen Fall ist die Existenz einer linearen Korrelation mit den Substituentenkonstanten eines Typs kein Beweis für die Abhängigkeit der Geschwindigkeit oder des Gleichgewichtes der Reaktion von den Strukturfaktoren des gerade betrachteten Typs. Zur Illustration führen wir folgendes Beispiel an.

In der Arbeit [592] wurde die Kinetik der Hydrolyse der Ester XCOOC$_2$H$_5$ für die elektronegativen Substituenten $CHCl_2$, CH_2Cl, CH_2NO_2 und CCl_3 gemessen. Für die Variation der Induktionskonstanten σ^* ist diese Auswahl bei der vorliegenden Reaktion ideal, da bei noch geringerer Elektronegativität des Substituenten X, im Vergleich zu CH_2Cl, die Geschwindigkeit der Hydrolyse schwer meßbar wird.

Im Prinzip kann diese Reaktion entweder über den Acylsauerstoff ($B_{Ac}2$) oder über den Alkylsauerstoff (S_N-Typ) verlaufen.

Im ersten Falle müßte die Korrelationsgleichung der Gleichung für die alkalische Hydrolyse komplizierter Ester analog sein:

$$\lg k = \lg k_0 + \varrho^* \sigma^* + \delta E_s^0 + \Delta n h \qquad (11.17)$$

Im Falle eines S_N-Mechanismus kann man eine einfache lineare Abhängigkeit des $\lg k$ von der Konstanten σ^* für den Substituenten X erwarten. Die experimentellen Daten ergeben eine ziemlich gute lineare Abhängigkeit von σ^*, die man als Beweis für einen S_N-Mechanismus ansehen kann. Diese Schlußfolgerung ist jedoch nicht eindeutig, da zwischen den Größen ($E_s^0 + \Delta n$) und den Konstanten σ^* für die Substituenten $-CH_2Cl$, $-CHCl_2$ und CCl_3 eine „scheinbare“ lineare Abhängigkeit existiert. Für CH_2NO_2 war der Wert nicht bekannt. Wenn man annimmt, daß diese „scheinbare“ Abhängigkeit auch diesen Substituenten mit umfaßt, dann müßten wir im Falle eines $B_{Ac}2$-Mechanismus eine einfache lineare Abhängigkeit von den Konstanten beobachten. Die Berücksichtigung des Punktes für CF_3, der der genannten „scheinbaren“ Abhängigkeit nicht unterliegt, weist darauf hin, daß es sich tatsächlich so verhält und der Einfluß des Substituenten X auf die Geschwindigkeit der Hydrolyse durch die Gleichung (11.17) beschrieben wird, und die Reaktion demnach einem $B_{Ac}2$-Mechanismus folgt [570].

Eine interessante Abhängigkeit zwischen den Größen E_S oder E_S^0 und den Induktionskonstanten σ^* sowie der Zahl der α-Wasserstoffatome für die gesättigten Alkylsubstituenten, wurde von Koppel [593] festgestellt. Diese Abhängigkeit kann folgendermaßen dargestellt werden:

$$E_S = (0{,}88 \pm 0{,}20) + (27{,}78 \pm 3{,}18)\sigma^* - (1{,}90 \pm 0{,}37)\Delta n$$

$$r = 0{,}956 \qquad s = 0{,}292$$

oder

$$E_S^0 = (0{,}88 \pm 0{,}19) + (27{,}84 \pm 3{,}18)\sigma^* - (1{,}71 \pm 0{,}37)\Delta n$$

$$r = 0{,}964 \qquad s = 0{,}265$$

Dabei ist $\Delta n = n - 3$; n und 3 sind die Zahlen für die α-Wasserstoffatome des betrachteten und des Standardsubstituenten (CH_3). Die elektronegativen Substituenten, die eine „scheinbare“ Beziehung ergeben, werden in diese Korrelation nicht einbezogen. Der Autor [593] selbst sieht keine Möglichkeit, dieser Abhängigkeit irgendeinen physikalischen Sinn beizumessen. Aber sein Vorschlag, diese Abhängigkeit zur Bestimmung der Größen der sterischen Konstanten von Alkylsubstituenten zu verwenden, verdient zweifellos Aufmerksamkeit. Dadurch besteht noch ein möglicher und dabei sehr einfacher Weg für die Lösung des praktisch sehr bedeutenden Problems zur Berechnung der sterischen Konstanten.

Die Erfassung der Abhängigkeiten, darunter auch der „scheinbaren“, zwischen den verschiedenen Typen der Konstanten ist eine unumgängliche Forderung bei der Planung von Experimenten, weil andernfalls die Möglichkeit entfällt, aus den erhaltenen Daten Schlußfolgerungen zu ziehen. So darf man sich z. B. beim Nachweis des Einflusses eines sterischen Effektes nicht nur auf Alkylreste beschränken, die die gleiche Anzahl α-Wasserstoffatome besitzen.

Noch komplizierter ist die Lage bei der Untersuchung des gemeinsamen Einflusses von induktivem und sterischem Effekt der Substituenten. Ein exaktes Herangehen macht es erforderlich, die Daten für elektronegative und Alkylsubstituenten getrennt zu betrachten. Die Gründe dafür wurden bereits im Kap. 7.2. genannt. Jetzt ist es notwendig, den dortigen Ausführungen eine Forderung hinzuzufügen, nämlich die Zahl der α-Wasserstoffatome für die Substituenten der ersten Gruppe zu variieren.

Kapitel 12: Einfluß der Temperatur auf die Korrelationsparameter

Aus den Darlegungen in Kap. 1.7. und Kap. 3.2. folgt, daß der Temperaturabhängigkeit der Parameter in den Korrelationsgleichungen eine große Bedeutung zukommt.

Im Kap. 3.2. wurde gezeigt, daß vom Gesichtspunkt des *PPL* aus, alle Probleme darauf zurückgeführt werden können, ob es möglich ist, die absolute Temperatur als universellen Parameter anzusehen. Wenn die Antwort positiv ausfällt, dann müssen die Enthalpie- und Entropiekomponente jedes Summanden in der Gesamtgröße der freien Aktivierungs- oder Reaktionsenergie, die einem bestimmten Mechanismus der gleichartigen Wechselwirkung entspricht, voneinander abhängig sein (Kap. 4.3.).

Die dem Anstieg dieser Abhängigkeit entsprechende isokinetische Temperatur muß eine universelle Konstante für jeden möglichen Mechanismus einer gleichartigen Wechselwirkung sein. Wenn diese Bedingung nicht gilt, dann benötigt die Anwendung des *PPL* auf die freie Energie eine zusätzliche Begründung, und die Existenz des *LFE* als eine allgemeine Gesetzmäßigkeit, die unabhängig von der Temperatur des Versuches gültig ist, bleibt ein nicht ohne weiteres verständliches Phänomen. Die breite Anwendbarkeit des *LFE* kann man als Beweis für die Befolgung der genannten Linearität betrachten. Ein derartig allgemeines Vorgehen ist natürlich noch unzureichend, da die verschiedenen Modifikationen des *LFE* durchaus nicht immer ideal erfüllt werden. Was auch die Ursache dafür sein mag, ob experimentelle Ungenauigkeiten oder die Vernachlässigung der Einflüsse irgendwelcher zweitrangiger Wechselwirkungsmechanismen, in jedem Fall ist es von Interesse, eine zusätzliche Methode zur Überprüfung der Gleichartigkeit der Wechselwirkung oder der Einstufung der beobachteten Abweichungen auf der Grundlage der Energie- oder Entropiekomponente anwenden zu können.

Im Prinzip kann die Untersuchung des Zusammenhanges zwischen dem Enthalpie- und Entropiesummanden durch die Überprüfung der isokinetischen Beziehung (*IB*) und der Bestimmung des Wertes der entsprechenden isokinetischen Temperatur β erfolgen und damit Anspruch auf die Rolle einer ergänzenden Methode erheben. In praktischer Hinsicht ist die Sache jedoch komplizierter.

Nicht allzu häufig kann man in einem speziellen Bereich der Wissenschaften beobachten, wie eine einfache und in der Praxis wiederholt bestätigte Methode zur Bearbeitung von experimentellen Ergebnissen, die auf einer dem Anschein nach ziemlich allgemeinen Gesetzmäßigkeit beruht, im Verlauf von 10 Jahren eine Entwicklung durchmacht, die so weit führt, daß schließlich die Ergebnisse der gesamten Arbeit, die in dem entsprechenden Wissenschaftsbereich geleistet wurde, in Frage gestellt werden.

Derartige Verhältnisse liegen im Falle der *IB* vor, obwohl es anscheinend keinen Autor gibt, der die prinzipielle Möglichkeit der Existenz einer solchen Gesetzmäßigkeit bezweifeln würde. Infolgedessen findet man in der gegenwärtigen Literatur extreme Standpunkte in bezug auf das Wesen, die praktischen Wege zur Überprüfung und die Verwendung der *IB*.

Das zentrale Problem bei der Aufklärung des Zusammenhanges zwischen Enthalpie- und Entropiekomponente ist die Art der Bearbeitung der experimentellen Daten. In der überwiegenden Mehrzahl der Literaturbeispiele wird diese Frage meistens durch eine Gerade gelöst. Man konstruiert eine graphische Darstellung in den Koordinaten ΔH (ΔH^{+}, E) und ΔS(ΔS^{+}, lg A) mit der Absicht, eine Gerade zu erhalten, oder man berechnet die Parameter der entsprechenden linearen Regression unter Benutzung der Methode der kleinsten Quadrate. Die Steigung der Geraden wird als Charakteristikum für die isokinetische Temperatur β angesehen (bei der Benutzung von lg A anstelle von ΔS^{+} ist die Steigung $\beta/2{,}3R$). Die Ausarbeitung dieser Methode und eine Übersicht über das gesamte Material, das nach diesem Prinzip untersucht wurde (wobei der Korrelationskoeffizient über 0,95 liegt), sind das Werk von LEFFLER und GRUNWALD [87] (siehe auch die Arbeiten [69, 70, 350, 594—602]. Das Kernproblem dabei ist die These, daß der Erhalt einer Geraden in den Koordinaten ΔH und ΔS vom Vorhandensein nur eines einheitlichen Mechanismus der Wechselwirkung abhängt. Das Auftreten mehrerer Geraden (oft parallel verlaufend) kann unter diesem Gesichtspunkt auf eine Änderung des Mechanismus oder auf die Anwesenheit eines zusätzlichen Wechselwirkungsmechanismus zurückgeführt werden [87, 603, 604].

Strittig ist die an sich einfache Frage, ob alle in der Literatur beschriebenen linearen Abhängigkeiten zwischen den „experimentellen" Werten von ΔH und ΔS (oder diesen entsprechende Werte) überhaupt in Beziehung zur „wahren" Abhängigkeit zwischen Enthalpie- und Entropiekomponente in den freien Aktivierungs- oder Reaktionsenergien stehen.

Diese Fragestellung mag übertrieben erscheinen, aber sie entspricht völlig dem Sinn der Diskussion, die zu diesem Sachverhalt geführt wurde. Die Überlegungen zur Unterstützung eines solchen Standpunktes teilen sich in zwei Aspekte. Der erste Typ von Einwänden, die gewöhnlich die Methode der experimentellen Überprüfung der *IB* betreffen, wurde zuerst von PETERSEN, MARGRAF und RASS erhoben [76]. Er bezieht sich auf die Analyse des Einflusses der experimentellen Fehler im Betrag der Geschwindigkeits- oder Gleichgewichtskonstanten, auf die Art der Abhängigkeit zwischen der „experimentellen" Entropie und Enthalpie. (Es muß betont werden, daß auf diese Probleme bereits in der ersten verallgemeinernden Arbeit von LEFFLER [69] hingewiesen wurde).

Die genannten Autoren wiesen nach, daß experimentelle Fehler die Ursache für eine scheinbare Befolgung der *IB* sein können, wobei die Steigung β (isokinetische Temperatur) gleich der mittleren Temperatur des Experimentes ist, selbst wenn die Geschwindigkeits- oder Gleichgewichtskonstanten in den Grenzen der betrachteten Reaktionsserie konstant bleiben.

In diesen Fällen erhielt die Neigung der Geraden die Bezeichnung „falsche" Steigung.

Wenn die Geschwindigkeits- bzw. Gleichgewichtskonstante im Bereich der jeweiligen Reaktionsserie nicht konstant ist, bestimmt die „falsche" Steigung die Richtung der maximalen Störung, die durch experimentelle Fehler hervorgerufen wurde.

Der Einfluß dieser Störung führt dazu, daß die beobachtete Größe β von der wahren isokinetischen Temperatur in Richtung der mittleren experimentellen Temperatur abweicht. Es entsteht somit eine Ellipse, die die Grenzen des mittleren quadratischen Fehlers um den Punkt in den Koordinaten $\Delta H \cdots \Delta S$ widerspiegelt und die eine ausgeprägte Asymmetrie besitzt. Die große Achse dieser Ellipse entspricht der Neigung zur Achse ΔS und ist gleich der mittleren experimentellen Temperatur. In der zitierten Arbeit [76] wird hervorgehoben, daß nach Ansicht der Autoren in der Literatur kein Beispiel zu finden war, aus dem die Befolgung der *IB* als völlig bewiesen betrachtet werden kann, wenn man von den genannten Kriterien über den Einfluß der experimentellen Fehler ausgeht.

Obwohl Grunwald und Leffler [87] und Leffler [604] die Richtigkeit der genannten Einwände hinsichtlich der Besonderheiten „der Fehlerellipse" ohne Einschränkung anerkennen, verzichteten sie nicht völlig auf die Untersuchung der *IB* in den Koordinaten ΔH gegen ΔS. Sie vertreten dabei folgenden Standpunkt. Wenn diese Ellipse in einer Achsenrichtung stark gestreckt ist, dann sind nur jene Abweichungen (sowohl auf der Achse ΔH als auch auf der Achse ΔS) zweifelhaft, die innerhalb der Ellipse liegen. Deshalb verteidigen sie den realen Gehalt der *IB* und der isokinetischen Temperatur, auch wenn der beobachtete Wert β ziemlich von der mittleren Temperatur des Experimentes abweicht.

Nebenbei bemerkt, wurden in der Zusammenstellung der Beispiele für die Einhaltung der *IB*, die in [87] angeführt ist, alle Beispiele mit zu großen oder zu kleinen β-Werten weggelassen, mit der Begründung, daß in solchen Fällen der Grad der Veränderung von ΔH oder ΔS im Vergleich zu den experimentellen Fehlern der genannten Größen zu klein ist. Dadurch waren von der Betrachtung alle isoentropischen (Konstanz der Entropie-Komponenten) und isoenthalpischen (Konstanz der Enthalpie-Komponente) Reaktionen ausgeschlossen worden, die jedoch mindestens von gleichem Interesse sind wie die dazwischen liegenden Fälle.

Ein zweiter Einwand, der logisch aus den bisherigen Darlegungen folgt, geht bedeutend weiter. Es wird sogar in jenen Fällen die lineare Abhängigkeit zwischen den „experimentellen" Werten von ΔH und ΔS bezweifelt, wenn die Fehler in den Größen der Geschwindigkeits- oder Gleichgewichtskonstanten minimal sind. Petersen [605] beschrieb einen zuverlässigeren Weg zur Überprüfung, ob für eine gegebene Reaktionsserie die isokinetische Temperatur existiert oder nicht. Wenn zwischen dem Präexponenten und der Aktivierungsenergie die Abhängigkeit

$$E_i - E_0 = \beta \cdot 2{,}3R(\lg A_i - \lg A_0) \tag{12.1}$$

befolgt wird, so gilt

$$\lg k_i = \lg A_0 + \left(1 - \frac{\beta}{T}\right)(\lg A_i - \lg A_0) \tag{12.2}$$

In der zitierten Arbeit [605] ist eine genauere Darlegung unter Einbeziehung der Aktivierungsenthalpie und -entropie angegeben worden. Da die Schlußfolgerungen nicht darunter leiden, sondern die Anschaulichkeit verbessert wird, sei hier eine entsprechend vereinfachte Variante auf der Grundlage der Arrheniusschen Aktivierungsparameter angeführt.

E_i, $\lg A_i$ und E_0, $\lg A_0$ (in den Gleichungen 12.1 und 12.2) sind die Aktivierungsenergie und der Logarithmus des Präexponenten für die i-te Reaktion und die Standardreaktion. Folglich müssen sich die Geraden in den Koordinaten $\lg k$ gegen $1/T$, die gewöhnlich zur Bestimmung der Aktivierungsparameter verwendet werden, alle in einem Punkt schneiden. Dann ist $T = \beta$ und $\lg k_i = \lg A_0$, dessen Abszisse der reziproken isokinetischen Temperatur der Größe aus (4.16) — entspricht. Diesem Kriterium muß eine beliebige Reaktionsserie entsprechen, für die die *IB* erfüllt ist.

Unter Verwendung speziell ausgewählter Daten für die entsprechenden hypothetischen Reaktionen, wird in der zitierten Arbeit gezeigt, daß bei Erfüllung der genannten Voraussetzung auch eine ideale Linearität zwischen den Größen ΔH und ΔS, die auf die übliche Weise aus der Abhängigkeit zwischen $\lg k$ und $1/T$ berechnet wurde, besteht. Eine andere Datengruppe entspricht einer hypothetischen Reaktion, für welche sich die Geraden $\lg k$ gegen $1/T$ nicht in einem Punkt schneiden. Das ist gleichbedeutend mit dem Fehlen einer isokinetischen Temperatur. Die Punkte der paarweisen Kreuzung dieser Geraden (insgesamt für 5 hypothetische Reaktionen) sind in einem Temperaturintervall von 113° angeordnet. Ungeachtet dessen ist die Abhängigkeit zwischen den aus diesen Geraden berechneten Größen ΔH und ΔS mit guter Näherung linear, und wird durch den Korrelationskoeffizienten 0,988 charakterisiert. Bei Anwendung der Kriterien, die in [87] angeführt sind, entspricht dies einer ausgezeichneten Einhaltung der *IB*. Weiterhin wies Petersen [605] darauf hin, daß ihm aus der Literatur kein einziges Beispiel bekannt ist, wo die Forderung nach nur einem Schnittpunkt der genannten Geraden auch nur annähernd erfüllt ist.

Eine vollständigere Analyse der Besonderheiten verschiedener Methoden bei der Bearbeitung experimenteller Daten zur Überprüfung der *IB* hat Exner durchgeführt [606, 607]. Eine analoge Analyse dieses Problems wird auch von Malawski angegeben [608, 609]. Exner zeigte, daß das Suchen nach einer Abhängigkeit zwischen den „experimentellen" Werten von ΔH und ΔS im Prinzip nicht gerechtfertigt ist, da diese Größen entsprechend der Art ihrer Berechnung nicht unabhängig sind. Exner führte eine detaillierte statistische Analyse durch und folgerte [607], daß weder die in der Nähe der mittleren experimentellen Temperatur liegenden Größen β, noch alle übrigen, die aus der normalen Abhängigkeit zwischen ΔH und ΔS bestimmt wurden, einen realen physikalischen Sinn haben.

Als Kriterium für die Einhaltung der *IB* schlägt Exner die Existenz einer linearen Abhängigkeit zwischen $\lg k_{T1}$ und $\lg k_{T2}$ vor, wobei T_1 und T_2 verschiedene Temperaturen sind, auf die sich die genannten Geschwindigkeitskonstanten der gleichen Reaktionsserie beziehen. Dieses Kriterium wurde erstmals in der Arbeit [186] angewandt und gezeigt, daß es trotz Fehlens einer linearen Abhängigkeit zwischen den Größen $\lg A$ und E, für die Größen $\lg k$ bei zwei verschiedenen Temperaturen erfüllt wird. Die Untersuchung der Abhängigkeit zwischen $\lg k_{T_1}$ und $\lg k_{T_2}$ besitzt den Vorteil, daß wir es in diesem Fall mit unabhängigen experimentellen Größen zu tun haben. Die Situation ist analog, wenn eine lineare Abhängigkeit zwischen den Größen E und $\lg k$ [491, 610, 611] gefunden wird. Dazu muß man bemerken, daß eben diese Linearität zwischen $\lg k_{T_1}$ und $\lg k_{T_2}$ eine unmittelbare Bedingung für die Einhaltung der einfachen Formen des *LFE* bei verschiedenen Temperaturen ist.

Wenn letzteres für eine bestimmte Reaktionsserie gilt, so kann man die *IB* auch in den Koordinaten $\varrho^*(\varrho)$ gegen $1/T$ nachweisen. Der isokinetischen Temperatur entspricht unter diesen Bedingungen der Punkt, in dem $\varrho = 0$ ist.

Die oben angeführten Einwände gegen eine Überschätzung der Bedeutung der Korrelationen in den Koordinaten ΔH und ΔS müssen zweifellos beachtet und bei der praktischen Bearbeitung der Daten berücksichtigt werden. Ungeachtet dessen wäre es offenbar nicht richtig anzunehmen, daß der objektive Wert der Resultate beim Nachweis der Einhaltung der *IB* in erster Linie davon abhängt, in welchen Koordinaten die Darstellung der Daten erfolgt. Von grundlegender Bedeutung sind dennoch zwei weitere Faktoren, die mit dem Charakter der Daten selbst zusammenhängen. Das sind einmal experimentelle Fehler in den Größen k und — was besonders betont werden muß — das Temperaturintervall.

Uns scheint, daß der „Hauptfehler" bei der Mehrzahl der Literaturbeispiele für die Einhaltung der *IB* nicht im verwendeten Koordinatensystem ΔH gegen ΔS besteht, sondern in dem zu engen Temperaturintervall, in welchem die experimentellen Daten gemessen wurden. Je kleiner dieses Intervall ist, um so größer werden die Verfälschungen durch die Ungenauigkeit in der Größe k. Das gilt für alle möglichen Methoden zur Bearbeitung der experimentellen Daten. Deshalb sind die Resultate im Falle kleiner Temperaturintervalle, wie sie auf Grund der bequemen Durchführung kinetischer Messungen erhalten werden, meistens recht ungenau. Die erste Forderung an die Methode der Datenanalyse besteht darin, daß der Grad der Genauigkeit exakt ermittelt wird und keine Schlußfolgerungen gezogen werden, die sich nicht eindeutig aus dem experimentellen Material ergeben. In diesem Sinne ist die Verwendung der Koordinaten ΔH und ΔS weniger geeignet, da die Aufstellung von Kriterien zur Festlegung des Intervalls, in dessen Grenzen sich mit genügend großer Wahrscheinlichkeit der Wert der isokinetischen Temperatur befindet, kompliziert und wenig anschaulich ist. Das soll jedoch nicht bedeuten, daß die Möglichkeit zur Bearbeitung der Daten in diesen Koordinaten völlig auszuschließen ist. In jedem Falle sollten verschiedene Methoden verwendet und die erhaltenen Resultate verglichen werden. Aber dies ist wiederum nur dann sinnvoll, wenn sich die Angaben auf ein genügend großes Temperaturintervall beziehen und natürlich genügend Punkte vorhanden sind.

Es scheint zweckmäßig, die Abhängigkeit in den Koordinaten $\lg k_{T_1}$ gegen $\lg k_{T_2}$ für alle Temperaturpaare als primäres Kriterium anzusehen, unter Verwendung der Abhängigkeit (12.4) oder bei gleichzeitiger Berechnung der Daten für alle Temperaturen, entsprechend der Formel [179]:

$$\lg k_T = x_0 + \frac{x_1}{T} + x_2 \lg k_{T_0} + x_3 \frac{\lg k_{T_0}}{T} \tag{12.3}$$

x_0, x_1, x_2 und x_3 sind Korrelationsparameter; T_0 die Standardtemperatur.

$$-\frac{x_2}{x_3} = \gamma \quad \text{und} \quad -\frac{x_3}{x_2} = \beta$$

Wenn $T_2 > T_1$ ist, so sind die isokinetische Temperatur β und die Größe γ aus (4.16) mit der Neigung χ der Geraden

$$\lg k_{T_2} = \text{const} + \chi \lg k_{T_1} \tag{12.4}$$

durch folgendes Verhältnis verbunden:

$$\chi = \frac{(T_2 - \beta)T_1}{(T_1 - \beta)T_2} = \frac{\gamma - \dfrac{1}{T_2}}{\gamma - \dfrac{1}{T_1}} \tag{12.5}$$

Diese Beziehung zwischen den Größen χ, β und γ, die der Veränderung in einem bestimmten Intervall entspricht, wird durch die Angaben in Tab. 55 charakterisiert. Aus elementaren Überlegungen wird klar, daß sich bei kleinem Temperaturintervall die Größe χ gewöhnlich nicht sehr stark von 1 unterscheidet. Tatsächlich ist es wenig wahrscheinlich, daß die isokinetische Temperatur im Intervall zwischen T_1 und T_2 liegt, da sonst eine negative Größe χ resultiert (Variante 1 aus Tab. 55).

Tabelle 55:

Intervalle, in denen sich die Größen β und γ, die einem bestimmten Intervall von χ-Werten aus Gleichung (12.4) entsprechen, bewegen.

Nr. der Variante	Intervall oder Wert χ	β	γ
1	$-\infty \div 0$	$T_1 \div T_2$	$\frac{1}{T_1} \div \frac{1}{T_2}$
2	$0 \div \frac{T_1}{T_2}$	$T_2 \div +\infty$	$\frac{1}{T_2} \div 0$
3	$\frac{T_1}{T_2} \div 1$	$-\infty \div 0$	$0 \div -\infty$
4	$1 \div +\infty$	$0 \div T_1$	$\infty \div \frac{1}{T_1}$
5	$\frac{T_1}{T_2}$	$\pm\infty$	0
6	1	0	$\pm\infty$

Anmerkung: Die Klassifikation der möglichen Sonderfälle in dieser Tabelle entspricht denen, die Exner [607] oder Malawski [609] angeführt haben.

Ein großer positiver Wert von χ würde bedeuten, daß die Größe β etwas, aber nicht wesentlich kleiner als T_1 ist (Variante 4). Das ist jedoch auch wenig wahrscheinlich, wenn man eine statistisch gleichmäßige Verteilung der isokinetischen Temperaturen für verschiedene Reaktionsserien von $-\infty$ bis $+\infty$ annimmt.

So stehen wir in der Praxis meistens vor der Aufgabe, geringe Unterschiede der Größe χ von 1 zu bestimmen. Von der Genauigkeit und Zuverlässigkeit, mit der dies durchgeführt werden kann, hängt auch der Grad der Genauigkeit ab, mit welchem wir die Größe der isokinetischen Temperatur für eine gegebene

Reaktion beurteilen können. Wenn keine Linearität zwischen $\lg k_{T_2}$ und $\lg k_{T_1}$ besteht, so kann natürlich von einer Einhaltung der *IB* nicht die Rede sein.

Bei Erfüllung der *IB* sind im Prinzip 2 Grenzfälle möglich, die der isoentalphischen ($\beta = 0,\ \gamma = \pm\infty$) und der isoentropischen ($\beta = \pm\infty,\ \gamma = 0$) Reaktion entsprechen. Für diese werden in den Grenzen der betrachteten Reaktionsserie alle Veränderungen der freien Aktivierungs- oder Reaktionsenergie vollständig entweder durch die Entropie- oder die Enthalpiekomponente bestimmt. Im letzten Falle ist $\chi = \frac{T_1}{T_2}$ (Variante 5 in Tab. 55), im ersten ist $\chi = 1$ (Variante 6). Da die Größen T_1 und T_2 sich nicht sehr stark voneinander unterscheiden können, so ist der Wert $\frac{T_2}{T_1}$ nur wenig kleiner als 1.

Bei der Bearbeitung der experimentellen Daten tritt zunächst folgende Frage auf. Mit welcher Zuverlässigkeit können wir sagen, daß sich die Größe χ entweder von 1 oder von $\frac{T_1}{T_2}$ bzw. von beiden Größen unterscheidet? Allein der Wert des Korrelationskoeffizienten für die Auftragung in den Koordinaten $\lg k_{T_2}$ gegen $\lg k_{T_1}$ ist noch kein hinreichendes Kriterium, um sichere Schlußfolgerungen abzuleiten. Eine wesentliche Bedeutung besitzt der mittlere quadratische Fehler s_χ für die Größe χ. Ausgehend vom Wert s_χ, kann man mit Hilfe des *t*-Testes von Student das Werteintervall abschätzen, in dem sich die Größe χ mit einer Wahrscheinlichkeit von etwa 90% befindet. Das würde eine ziemlich geringe Genauigkeit darstellen, während eine Wahrscheinlichkeit von 99% ein durchaus akzeptables Maß an Sicherheit enthält. Letzteres bedeutet, daß wir praktisch bei 5 Werten von $\lg k$ für die beiden zu vergleichenden Temperaturen mit völliger Sicherheit den Wert χ in den Grenzen $\chi \pm 4s_\chi$ und bei 10 Werten von $\lg k$ in den Grenzen $\chi \pm 3{,}2s_\chi$ festlegen können.

Wenn die Größe $\frac{T_1}{T_2}$ in diesen Bereich fällt, so kann die betrachtete Reaktionsserie als isoentropisch gelten. Wenn der Wert 1 in diesen Bereich fällt, so erlaubt die zu erreichende Genauigkeit nicht, die Möglichkeit einer isoenthalpischen Reaktionsserie auszuschließen. Da sich auf Grund der ähnlichen Werte von T_1 und T_2 die Größe $\frac{T_1}{T_2}$ wenig von 1 unterscheidet, ist es durchaus möglich, daß diese beiden Werte innerhalb des Werteintervalls liegen. In einem solchen Falle können wir nicht sagen, ob die betrachtete Reaktionsserie isoentropisch oder isoenthalpisch ist oder durch einen beliebigen negativen Wert der isokinetischen Temperatur charakterisiert wird. In analoger Weise kann man von den Werten $\beta > T_2$ nur in jenen Fällen sprechen, wenn die Differenz $\frac{T_1}{T_2} - \chi$ die Größe s_χ mindestestens um das 2···3fache übertrifft. Die Lage der Größe β im Intervall 0 bis T_1, unter der Bedingung eines deutlichen Unterschiedes von Null, kann nur dann zu Schlußfolgerungen herangezogen werden, wenn die Differenz $\chi - 1$ die Größe s_χ 2···3mal übertrifft. Es ist möglich, daß bei der Kombination mit anderen Methoden die ziemlich strengen Grenzen etwas erweitert werden können. Dabei kann man sich z. B. die Abhängigkeit der Größe χ von der Temperatur T_2 zunutze machen, wenn die Messungen bei mehr als 2 Temperaturen durchgeführt werden. Ausgehend von (12.5) erhalten wir

$$\chi = \frac{\gamma}{\gamma - \frac{1}{T_1}} - \frac{1}{\gamma - \frac{1}{T_1}} \cdot \frac{1}{T_2} \tag{12.6}$$

Folglich muß die Abhängigkeit des χ von $1/T_2$ linear sein, mit einer Neigung von $\left(\frac{1}{\gamma - \frac{1}{T_1}}\right)$ und dem Ordinatenabschnitt $\left(\frac{\gamma}{\gamma - \frac{1}{T_1}}\right)$. Bei Gültigkeit der Hammett- oder Taft-Gleichung für eine bestimmte Reaktionsserie entspricht diese Methode der Untersuchung der Temperaturabhängigkeit von $\varrho(\varrho^*)$, da sich diese Größe ebenfalls in linearer Abhängigkeit von $1/T$ befinden muß [siehe (4.18)].

Wir werden im folgenden einige Beispiele betrachten, in welchen die Überprüfung der *IB* nicht auf die Koordinaten ΔH und ΔS beschränkt ist.

Sinev, Hinsburg und Kjat [612] haben die Kinetik der Reaktion von am Benzolring substituierten Diantipyryl-(phenyl)-methylcarbonium-Ionen mit Basen studiert, die zur Bildung der entsprechenden Carbinole führt. Die Untersuchungen wurden in einem Temperaturintervall von 30° C (10,25 und 40°C) an 10 Verbindungen durchgeführt. Die lineare Abhängigkeit in den Koordinaten ΔH^* gegen ΔS^* wird gut erfüllt (mit Ausnahme des Punktes für $-OCH_3$). Die Größe der isokinetischen Temperatur (aus der Neigung dieser Geraden berechnet) beträgt $\beta = 228°K$.

Bei diesem Beispiel wurde die Einhaltung der *IB* auch durch die Untersuchung der Schnittpunkte der Geraden in den Koordinaten $\lg k$ gegen $1/T$ überprüft. Dabei ergibt sich, daß alle Punkte im Intervall $232 \pm 5°K$ angeordnet sind, was gut mit dem oben genannten Wert von β übereinstimmt.

Für diese Reaktionsserie wird die Hammett-Gleichung erfüllt. (Allerdings nicht sehr genau; $r = 0{,}92-0{,}97$). Die Größe β, die aus der Temperaturabhängigkeit von ϱ bestimmt wurde, ist 223°K. Dieser Wert stimmt ebenfalls mit den oben angeführten Werten überein. Auf diese Weise führen 3 unabhängige Methoden zu einem übereinstimmenden Resultat. Es sei noch erwähnt, daß diese Reaktionsserie zu einem interessanten Sonderfall gehört (Variante 4 aus Tab. 55), wo $\chi > 1$ ist und ϱ sich mit steigender Temperatur vergrößert.

Von Idlis und Hinsburg [489] wurden die Daten für eine analoge Reaktion mit substituierten Phenyl-bis-(p-Dimethyl-aminophenyl)-methylcarboniumionen angegeben. Diese Reaktion ist für 13 Substituenten bei 7 Temperaturen im Intervall von 10···40°C untersucht worden.

Die Neigung der Geraden in den Koordinaten ΔH^* und ΔS^* ist $\beta = 330°K$ (die Punkte für m-NO_2, p-NO_2, p-NH_2 und p-$N(CH_3)_2$ weichen ab). Die Geraden in den Koordinaten $\lg k$ gegen $1/T$ für 9 Substituenten schneiden sich in einem Punkt, der ebenfalls der Größe $\beta = 330°K$ entspricht (die Geraden für die genannten 4 Substituenten verlaufen nicht durch diesen Punkt). Die Untersuchung der Temperaturabhängigkeit von ϱ führt zur Größe $\beta = 350°K$. Bei der Berechnung der Größen ϱ wurde die Gleichung von Yukawa und Tsuno (1.31) unter Berücksichtigung der Daten für die erwähnten 4 Substituenten verwendet. Aus der Miterfassung dieser Daten erklären die Autoren den etwas zu hohen Wert von β. Die annähernde Übereinstimmung der isokinetischen Temperatur ist bei dieser Reaktionsserie deutlich sichtbar, da sich die Größe ϱ im untersuchten Temperaturintervall um das Doppelte verkleinert. Es ist unschwer zu erkennen, daß dieses Beispiel zur Variante 2 aus Tab. 55 gehört.

Als drittes Beispiel wollen wir die Reaktionsserie der basischen Hydrolyse substituierter Phenyltosylate in Wasser betrachten.

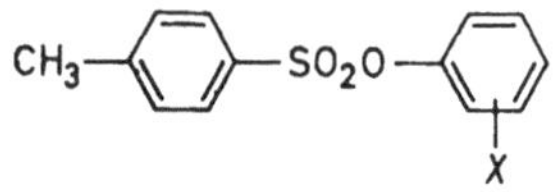

Weiter oben wurde diese Reaktion bereits als möglicher Standard zur Bestimmung der Größen σ^0 erwähnt. Die Kinetik wurde ebenfalls bei 15 und 85°C [199] ergänzend zu den früher gewonnenen Daten bei 40, 50 und 60°C [195] untersucht. Die mittleren Fehlerquadrate in den Größen k betragen 2 bis 4%. Sie

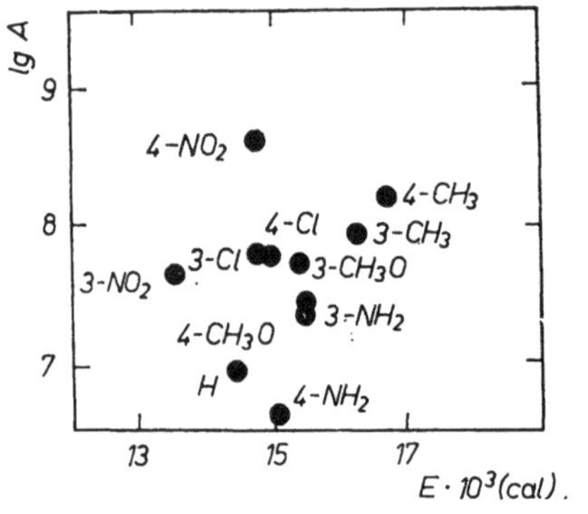

Abb. 42: Überprüfung der *IB* für die basische Hydrolyse substituierter Phenyltosylate in einem kleinen Temperaturintervall (40, 50 und 60 °C)

wurden als Fehler für die Neigung der Geraden in den Koordinaten k_1 gegen [NaOH] berechnet. k_1 sind die bei großem Basenüberschuß beobachteten Werte der pseudomonomolekularen Geschwindigkeitskonstanten. Da wir uns bei dieser Reaktionsserie in gewisser Weise der Grenze der normalen experimentellen Möglichkeiten nähern, und zwar sowohl im Sinne der Genauigkeit der Daten, als auch hinsichtlich der Größe des Temperaturbereiches, ist es sinnvoll, diesen Aspekt am vorliegenden Beispiel etwas eingehender zu betrachten.

Es ist interessant zu sehen, welchen Einfluß eine starke Ausweitung des Temperaturintervalles hat, in welchem die experimentellen Daten erfaßt werden. Wenn man die Größen E und lg A, die nur aus den Angaben für 40, 50 und 60°C berechnet wurden, gegeneinander aufträgt, so wird ein Bild erhalten, das in Abb. 42 dargestellt ist. Die Abbildung führt ohne weiteres zu der Schlußfolgerung, daß zwischen den genannten Größen keinerlei Abhängigkeit besteht.

Somit gelangt dieser Fall in die Kategorie [69], für die eine gute Erfüllung des *LFE* besteht, ohne das die isokinetische Beziehung gilt. Die Anerkennung der Existenz einer solchen Klasse von Reaktionen enthält einen logischen Widerspruch, da die Erfüllung der *IB* eine unabdingbare Voraussetzung für die Gültigkeit des *LFE* ist. Zieht man jedoch die Daten für 15 und 85°C mit heran, so wird die Situation grundlegend verändert, und die Größen lg A für alle meta- und para-substituierten Derivate liegen im Rahmen der Meßgenauigkeit auf einer Geraden (Abb. 43). Das bedeutet, daß diese Reaktionsserie isoentropisch ist. Eine Erörterung des Verhaltens der orthosubstituierten Derivate erfolgt im Kap. 15.

Abb. 43: Isokinetische Beziehung für die basische Hydrolyse substituierter Phenyltosylate in einem größeren Temperaturintervall (15, 40, 50, 60 und 85 °C)

• meta- und para-Substituenten
o ortho-Substituenten

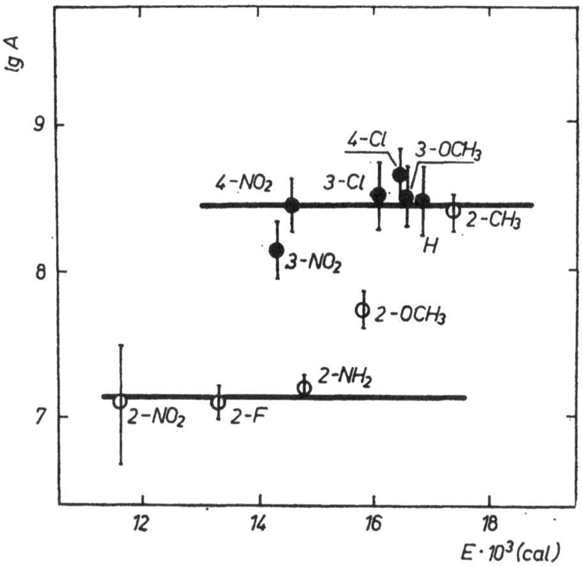

Tabelle 56:

Die Abhängigkeit „experimenteller" Werte der Aktivierungsenergie vom entsprechenden Temperaturintervall

Substituent	E_{cal} für das Temperaturintervall 40···60°	15···85°	Substituent	E_{cal} für das Temperaturintervall 40···60°	15···85°
4-NO_2	14800	14614 ± 225	4-Cl	15000	16486 ± 225
3-NO_2	13500	14351 ± 292	3-OCH_3	15400	16596 ± 289

Die Daten in Tab. 56 zeigen, wie stark in dem betrachteten Fall die „experimentellen" Werte der Aktivierungsenergie E von der Breite des Temperaturintervalles abhängen. Wie man sieht, erreicht der Unterschied 1,5 kcal/Mol.

Bei der Datenanalyse nach Gleichung (12.4) für alle möglichen Temperaturpaare fallen in 6 von 10 Fällen die Größe χ und $\frac{T_1}{T_2}$ innerhalb der Grenzen des Wertes $\pm s_\chi$ zusammen. In den verbleibenden 4 Fällen übersteigt die Wahrscheinlichkeit, daß $\frac{T_1}{T_2} - \chi$ von 0 verschieden ist, nur einmal 95% (für das Gernz-Temperaturpaar 15 und 85 °C ist diese Wahrscheinlichkeit $\sim$ 90%). Folglich führt auch diese Methode zur Isoentropie als der wahrscheinlichsten Schlußfolgerung.

Zum gleichen Resultat führen die Datenanalyse nach Gleichung (12.3) sowie Berechnungen unter Berücksichtigung der Temperaturabhängigkeit von ϱ und schließlich auch Berechnungen, die berücksichtigen, daß die effektive isokinetische Temperatur selbst temperaturabhängig ist. Folglich haben wir hier wieder einen Fall, wo unabhängige Methoden der Datenanalyse zu dem gleichen Resultat führen.

Somit gehören die 3 genannten Reaktionsserien, die innerhalb genügend großer Temperaturintervalle (30 oder 70° C) durch die Übereinstimmung der Resultate aus unterschiedlichen Methoden, unter Einbezug des Zusammenhanges zwischen ΔH und ΔS, charakterisiert wurden, zu vollkommen verschiedenen Typen der Abhängigkeit zwischen der Enthalpie- und der Entropie-Komponente, entsprechend den Varianten 4, 2 und 5 aus Tab. 55.

In den ersten beiden Fällen sind die Veränderungen von lg k in Abhängigkeit von der Struktur in der Hauptsache durch den Induktionseinfluß der substituierten Phenylringe bedingt, und auch der Charakter der Reaktionen ist identisch, da der einzige Unterschied zwischen beiden im Ersatz der Antipyrinkerne (als konstante Substituenten am Reaktionszentrum) durch p-Dimethylaminophenyl-Reste besteht. Im dritten Fall wird der beobachtete Einfluß der Substituenten hauptsächlich bedingt durch die Einwirkung des Induktionseffektes auf die polare Kopplung mit dem Reaktionszentrum, da diese Reaktionsserie durch einen positiven Brückeneffekt charakterisiert wird (siehe Kap. 11.2.). Hier beobachten wir einen Sachverhalt, der mit der klassischen Anschauung übereinstimmt, daß sich der Einfluß der elektronischen Effekte nur in der energetischen Charakteristik der Reaktion zeigt, ohne die Entropiekomponente zu berühren. Auf diese Weise werfen die drei Fälle ein schwieriges Problem auf, da wir offensichtlich keine Hinweise für die Existenz eines universellen Wertes von γ oder β, der einem gleichartigen Wechselwirkungsmechanismus entspräche, finden. Im Kap. 4 ist jedoch gezeigt worden, daß die Existenz eines solchen Typs von Konstanten eine notwendige Voraussetzung für Korrelationsgleichungen ist.

Um die Unklarheit der hier entstandenen Situation hervorzuheben, führen wir noch folgendes Beispiel an.

Ausgehend von den Konstanten der basisch und sauer katalysierten Enolisierung des Acetons [613], der Konstante der basisch katalysierten Säuredissoziation des Nitromethans [169], den in diesen Arbeiten angeführten Aktivierungsparametern und den pK_a-Werten für Aceton bei verschiedenen Temperaturen [614, 615] kann man einen interessanten Vergleich der Geschwindigkeitskonstanten und der Aktivierungsparameter für die Reaktion

$$X{-}CH_3 + CH_3COO^{\ominus} \rightarrow X{-}\overline{C}H_2^{\ominus} + CH_3COOH \qquad (12.7)$$

bei starken Veränderungen der Elektronegativität und des $-R$-Charakters der Gruppe X anstellen. Die entsprechenden Daten sind in Tab. 57 angegeben. Wie man sieht, wird die Änderung der Geschwindigkeitskonstante um den Faktor $2 \cdot 10^{-6}$ nicht von einer entsprechenden Änderung der Aktivierungsenergie begleitet und somit fast ausschließlich durch den entropischen Faktor bedingt. Angesichts des großen Bereiches der Änderung der Geschwindigkeitskonstante müßte man unwahrscheinliche Fehler (Größenordnung 8 kcal/Mol für E) bei der

Tabelle 57:

Die Abhängigkeit der Geschwindigkeitskonstanten und der Aktivierungsparameter vom Substituenten X für die Reaktion (12.7)

X	$k_{25°C}$ [l/Mol · sec]	E [cal/Mol]	lg A
$-COCH_3$	$1{,}6 \cdot 10^{-8}$	22100	8,40
$-NO_2$	$1{,}55 \cdot 10^{-4}$	20570	11,50
$-C{=}O \ldots H^+, nH_2O$[1]	$3{,}15 \cdot 10^{-2}$	22300	14,36

[1]) Für die hydratisierte protonierte Form des Acetons [614, 615]

Bestimmung der Aktivierungsparameter annehmen, wenn die beobachtete Erscheinung aus den experimentellen Fehlern erklärt werden soll.

Folglich müssen wir für diese Reaktionsserie eine Isoenthalpie annehmen. In diesem Fall liegt ein gemeinsamer Einfluß des Induktionseffektes und der polaren Kopplung des $-R$-Substituenten X mit dem $+R$-Reaktionszentrum vor. Weiter oben haben wir bereits gesehen (Beispiel 3 aus Tab. 57), daß sich die Reaktion bei gemeinsamem Einfluß des Induktionseffektes und der polaren Kopplung des $+R$-Substituenten mit dem $-R$-Reaktionszentrum als isoentropisch erwies.

Schwierigkeiten, die bei Versuchen zur unmittelbaren Interpretation der Abhängigkeit der Enthalpie- und Entropiekomponente der Substituenten auftreten, kann man durch folgende Überlegungen umgehen. Intuitiv sind wir geneigt, die beobachtete Reaktions- oder Aktivierungsenthalpie mit der entsprechenden Änderung der potentiellen Energie zu identifizieren. Dies ist aber nur am absoluten Nullpunkt gerechtfertigt. Bei den Temperaturen, bei welchen die experimentellen Daten gewöhnlich ermittelt werden, kann die Enthalpiekomponente wesentlich von der Veränderung der potentiellen Energie abweichen, während die freie Energie der letzteren näher kommt oder mit ihr linear verbunden ist. In diesem Sinne kann man dann sagen, daß ΔF ein besseres Maß für die potentielle Energie ist als ΔH (siehe z. B. [36]). Die unmittelbare Ursache dafür kann das zusätzliche Auftreten von Solvatationserscheinungen sein, wodurch die „wahren" oder „eigentlichen" Größen ΔH und ΔS verfälscht werden. Bleibt man auf dem Niveau verallgemeinerter Feststellungen, so schließt sich hier der Kreis, und wir kommen zum gleichen Argument, mit welchem dieses Kapitel eingeleitet wurde: Wenn das *LFE* erfüllt ist, muß ΔF proportional der potentiellen Energie sein und zwischen ΔH und ΔS eine lineare Abhängigkeit existieren.

Die konkreteren Vorstellungen über die Rolle der Solvatationserscheinungen in den Enthalpie-Entropie-Beziehungen werden in dem Kapitel beleuchtet werden, das der Betrachtung des Lösungsmitteleinflusses gewidmet ist.

Kapitel 13: Zur Kennzeichnung der Nukleophilie, der Elektrophilie und der abgespaltenen Gruppen

13.1. Gegenüberstellung der Experimente und der theoretischen Ableitungen

Ausgehend von den Darlegungen im Kap. 6 bietet sich ein sehr einfaches Schema zur experimentellen Überprüfung der Gesetzmäßigkeiten, die auf hypothetischem Wege in Kap. 4.3., abgeleitet worden sind, an. Dazu ist eine ausreichende Zahl experimenteller Daten für die Reaktionstypen 1, 2, 3 und 4 (siehe Kap. 6) unter verschiedenen Kombinationen des nucleophilen bzw. elektrophilen Angriffs sowie der dabei austretenden elektronegativen und elektropositiven Gruppen nötig.

Bei diesen Betrachtungen wird die Konstanz des Lösungsmitteleinflusses und der Temperatur vorausgesetzt. Leider ist gegenwärtig die Lösung so komplexer Aufgaben noch nicht möglich, da die vorhandenen Daten aus Untersuchungen der Kinetik und der Gleichgewichte der Reaktionen (s. Tab. 3 und 4, Kap. 6) für die Mehrzahl der Kombinationen, die praktisches Interesse haben, nicht ausreichen. Der Vielzahl an Reaktionsserien, für die der Einfluß des variablen Substituenten bei Konstanz des Reaktionszentrums untersucht wurde, stehen nur einige Arbeiten gegenüber, in denen die Variation des Reaktionszentrums bei Konstanz eines anderen Zentrums betrachtet wurde, das mit einer Variablen gekoppelt ist (elektrophile bzw. nucleophile Zentren). Das gleiche gilt für die Variation der abgespaltenen Gruppen. Dabei sind auch nicht alle Daten geeignet, die Information bezüglich des Einflusses der Variation des Reaktionszentrums zu vergrößern. Dieser Sachverhalt ist leicht am Beispiel der Brönsted-Gleichung zu erläutern. Vom abstrakten Standpunkt aus umfaßt diese Gleichung den Fall der nucleophilen Substitution am H-Atom als Struktureinheit des Typs E-(Nr. 1 aus Tab. 4), der kombiniert ist mit verschiedenen elektronegativ austretenden Gruppen Y unter nucleophilem Angriff von $Y|^{\Delta-}$ (siehe Tab. 3). Der langsamste Schritt einer beliebigen Reaktion, die einer Säure- oder Basenkatalyse unterworfen ist, läuft auf eine Protonenübertragungsreaktion hinaus [615]. Dieser Reaktionstyp kann in folgender Form geschrieben werden:

$$Y_i - H + Y_j{:}^{\Delta-} \underset{k_{ji}}{\overset{k_{ij},\, K_{ij}}{\rightleftarrows}} Y_i{}^{\Delta-} + Y_j - H \tag{13.1}$$

k_{ij}, k_{ji} und K_{ij} sind die Geschwindigkeitskonstanten der Hin- und Rückreaktion sowie die Gleichgewichtskonstante.

Aus elementaren thermodynamischen Überlegungen resultiert:

$$\lg K_{ij} = \lg K_{ai} - \lg K_{aj} \tag{13.2}$$

K_{ai} und K_{aj} sind die Aciditätskonstanten für $Y_i - H$ und $Y_j - H$. Gleichzeitig kann (13.2) als ein Sonderfall der Anwendung des *PPL* oder des *LFE* betrachtet werden, wenn als Aciditätsmaß (Elektrophilie) $\lg K_{ai}$ und als Basizitätsmaß (Nucleophilie) $\lg K_{aj}$ auftritt, das freie und das gekreuzte Glied gleich Null, und die beiden Konstanten für die Reaktionsserie gleich 1 sind. Die Brönsted-Gleichung stellt einen Versuch dar, die Reaktionsgeschwindigkeiten in (13.1) zu korrelieren, unter Verwendung der gleichen Maße für die Elektrophilie und Nucleophilie wie zur Charakterisierung der Eigenschaften der Reagentien:

$$\lg k_{ij} = \lg k_{0j} + \alpha_j \lg K_{ai} \tag{13.3}$$

$$\lg k_{ij} = \lg k_{i0} + \beta_i \lg K_{aj} \tag{13.4}$$

Unter der Voraussetzung gleicher Verhältnisse für die Rückreaktion und bei Verwendung von (13.2) erhält man folgende Abhängigkeit:

$$\lg k_{ij} = \lg k_{00} + \alpha_0 \lg K_{ai} + (\alpha_0 - 1) \lg K_{aj} + \gamma \lg K_{ai} \lg K_{aj} \tag{13.5}$$

Die Formel (13.5) kann als verallgemeinerte Brönsted-Gleichung bezeichnet werden. Die Größen $\lg k_{00}$, α_0 und γ sind Konstanten der Reaktionsserie. Sie enthalten die einzigen zusätzlichen Informationen, die notwendig sind, um die Geschwindigkeiten aller Protonierungsreaktionen zu berechnen, wenn nur die Werte der entsprechenden Säurekonstanten benutzt werden. Folglich ist die Gleichung (13.5) von äußerst hohem praktischem Nutzen. Die einzigste Bedingung für die Anwendbarkeit von (13.5) ist die Erfüllung von (13.3 und 4) für alle i und j mit konstanten Werten von α_j und β_i. Aber gerade diese Voraussetzung ist im allgemeinen nicht erfüllt und die Säuren und Basen verschiedener Typen bilden unterschiedliche Geraden in den Koordinaten $\lg k_{ij}$ gegen $\lg K_{ai}$ oder $\lg k_{ij}$ gegen $\lg K_{aj}$ [616–618]. Ein Typ von Säuren oder Basen umfaßt Verbindungen mit einem konstanten Reaktionszentrum und alle Variationen des Katalysators stellen Veränderungen des Substituenten dar. In einem solchen Falle bietet die Brönsted-Gleichung keine zusätzlichen Informationen, da sie praktisch eine modifizierte Darstellung der bekannten Korrelationsgleichungen für Reaktionsserien mit einem veränderlichen Substituenten ist. Wenn man sich z. B. nur auf die aliphatischen Carbonsäuren beschränkt, so ist die Größe $\lg K_{ai}$ linear mit der Konstanten σ^* für die entsprechenden Substituenten verbunden und die Gleichung vom Typ (13.3) oder (13.4) läuft auf die Taft-Gleichung hinaus. Im Falle m- oder p-substituierter Benzoesäuren kommen wir in analoger Weise zur Hammett-Gleichung. Aus dem Gesagten kann man schlußfolgern, daß die Brönsted-Gleichung, aber auch alle übrigen Gleichungen für die Reaktionsserien mit veränderlichem Reaktionszentrum nur dann eine zusätzliche Bedeutung besitzen, wenn ihre Anwendbarkeit bei veränderlichen Werten der Konstanten für eine Reaktionsserie größer ist als die entsprechenden Gleichungen, die die Variation des Substituenten bei konstantem Reaktionszentrum berücksichtigen. Wenn die Brönsted-Gleichung mit unveränderlichen Konstanten ausschließlich bei Säuren gleichen Typs anwendbar ist, die sich voneinander nur durch die Substituenten am konstanten Säurezentrum unterscheiden, so wäre es irreführend zu behaupten, daß die Größen $\lg k$ linear von $\lg K_a$ abhängen. Wenn sich zwei Größen in linearer Abhängigkeit von einer dritten befinden, so sind sie notwendigerweise untereinander linear abhängig. Dieser Sonderfall einer allgemeinen Erscheinung ist nicht immer sofort augenfällig. Nicht selten werden in der Literatur Beispiele zur

Korrelation der Reaktionsfähigkeit mit anderen physikochemischen Konstanten angeführt (spektralen, polarographischen usw.). Solche Korrelationen sind immer nur so zu verstehen, daß eine dritte Größe existiert, die Parameter einer bestimmten Eigenschaft enthält, von welcher sich sowohl die Größe lg k als auch der entsprechende physikochemische Parameter in linearer Abhängigkeit befinden. Auf dieser Grundlage entsteht die Frage, ob es überhaupt sinnvoll ist, die BRÖNSTED-Gleichung als unabhängige Einheit im Rahmen allgemeiner Korrelationsschemata anzusehen. Um diese Frage positiv zu beantworten, ist es notwendig, Beispiele für die Erfüllung dieser Gleichung innerhalb solcher Säuregruppen zu finden, deren Dissoziationskonstanten nicht durch eine Gleichung des HAMMETT- oder TAFT-Types erfaßt werden. Solche Beispiele gibt es durchaus.

So befinden sich bei der säurekatalysierten Dehydratisierung des Acetaldehydhydrates, in erster Näherung die Punkte für aliphatische und aromatische Carbonsäuren, und auch für Phenole auf einer gemeinsamen Geraden [618]. Die Dissoziation der letztgenannten Säuregruppe kann vorläufig noch nicht durch eine Gleichung des Types HAMMETT-TAFT erfaßt werden. Das liegt allerdings mehr an der ungenügenden Untersuchung der Korrelation von Reaktionsserien mit veränderlichen Substituenten des Typs X—OH (Nr. 21 aus Tab. 3), wobei X der veränderliche Substituent ist. Man kann auch andere analoge Beispiele angeben. Es ist jedoch noch kein Fall bekannt, wo die Punkte aller Säuren (bzw. Basen) verschiedener Strukturtypen auf einer einzigen „BRÖNSTED-Geraden" liegen. Daraus folgt, daß die verallgemeinerte BRÖNSTED-Gleichung (13.5) in der Praxis nicht erfüllt ist. Das bedeutet gleichzeitig, daß die Elektrophilie der Protonsäuren und die Nucleophilie der Basen quantitativ nicht nur durch einen Parameter, welcher der entsprechenden Säure- (oder Basen-)Konstanten K_a entspricht, charakterisiert werden können. Selbst in diesem wohl einfachsten Falle würde sich zeigen, daß mindestens eine zweiparametrige Gleichung erforderlich ist. Diese Behauptung muß man allerdings im relativen Sinne verstehen. Jedes Ergebnis ist geprägt von den möglichen Fehlern, deren Größe noch als zulässig gilt. Wenn die Abweichungen von der aufgestellten Regressionsgeraden für einen Säuretyp (z. B. Carbonsäuren) eine bestimmte Größenordnung nicht übersteigen, so können die Daten für alle Säure- (Base-)Typen durch eine einzige BRÖNSTED-Gleichung erfaßt werden. Dabei kann allerdings die Erfüllung der Gleichung darin bestehen, daß die Korrelation 10 Größenordnungen bei der Veränderung der Geschwindigkeitskonstanten umfaßt, aber die Abweichungen betragen „insgesamt nur" 1···1,5 Größenordnungen. Vom prinzipiellen Standpunkt aus ist das ein wichtiges Resultat. Jedoch vom praktischen Standpunkt aus sind solche Abweichungen bereits so groß, daß der erreichte Genauigkeitsgrad nicht als ausreichend gelten kann.

So gibt EDWARDS [57] unter Benutzung von Gleichung (1.34) ein Beispiel für die Korrelation katalytischer Geschwindigkeitskonstanten für die Mutarotation der Glukose mit Basen verschiedener Typen ($SO_4^{\ominus}$, $ClCH_2COO^{\ominus}$, $CH_3COO^{\ominus}$, C_5H_5N, NH_3 u. $OH^{\ominus}$) an.

Dieser Sachverhalt beweist jedoch nicht, daß man auf diese Weise in allen Fällen der Säure- und Basenkatalyse die Fehler der BRÖNSTED-Gleichung verbessern kann. Das gilt um so mehr, als gerade in dem Beispiel von EDWARDS diese Gleichung zu nicht allzu großen Fehlern führt (bis 0,3 Logarithmeneinheiten).

Ausgehend von dem Gesagten kann man die folgenden Verallgemeinerungen treffen.

Die Größe lg K_a oder der äquivalente Parameter H aus Gleichung (1.34) von EDWARDS definieren in qualitativer Hinsicht die Nukleophilie bezüglich des aktiven Wasserstoffs ($-H^{\delta+}$). Jedoch wird durch die einzelnen Parameter die Nukleophilie und die Elektrophilie der Protonensäuren nur bei ganz einfachen Gleichgewichten zwischen Säuren und Basen erfaßt.

Die Betrachtung der Geschwindigkeit protolytischer Reaktionen muß noch um einen zusätzlichen Faktor ergänzt werden, der gegenwärtig allerdings nicht mit Sicherheit identifiziert werden kann. Möglicherweise entspricht ihm die Größe E_n aus der EDWARDS-Gleichung, und er ist mit dem genannten Parameter für die Elektrophilie verbunden.

Für die Nukleophilie (charakterisiert durch die Polarisationsfähigkeit) ergeben sich einfachere Fälle. Das äußert sich darin, daß die experimentellen Daten in die Gleichung von SWAIN-SCOTT eingesetzt werden können (Kap. 1.5.):

$$\lg k = \lg k_0 + s \cdot n \tag{13.6}$$

Diese Gleichung gilt als Sonderfall der allgemeineren Gleichung von EDWARDS:

$$\lg k = \lg k_0 + \alpha E_n + \beta H \tag{13.7}$$

Dabei befinden sich die Größen n und E_n in linearer Abhängigkeit voneinander [57].

Es ist wichtig, darauf hinzuweisen, daß die Gleichung (13.6) mit der gleichen Bedeutung der Parameter lg k_0 und s bei Variation des Nukleophils befolgt wird [56]. Da die Gleichung (13.6) auf den Fall der nukleophilen Substitution am aliphatischen Kohlenstoffatom [56], am aromatischen Kohlenstoff [619] und am Schwefel im Chloranhydrid der Benzolsulfonsäure [56, 619] anwendbar ist, so kann auch der Typ des Elektrophilen variieren.

Die Größen n (oder E_n) für eine Serie beliebiger Nukleophiler gleichen Typs ist besonders dann interessant, wenn diese eine einheitliche Skala mit den Konstanten n für einen umfangreicheren Satz von Nucleophilen bilden. Als Beispiel dafür soll die Nukleophilie aliphatischer Amine in verschiedenen Reaktionsserien angeführt werden. Wie von HALL [620] gezeigt wurde, wird die Abhängigkeit der Geschwindigkeitskonstanten der Reaktion aliphatischer Amine mit Elektrophilen bei Variation des Amins durch die TAFT-Gleichung nicht erfaßt. Definiert man dagegen für die Amine dieser Reaktionsserie, bei bekanntem Wert von s, die Parameter der Nukleophilie n, so ist es möglich, die SWAIN-SCOTT-Gleichung auf diese Reaktionsserien anzuwenden. Tatsächlich ist ein derartiger Zusammenhang zwischen den Größen n und den Substituentenkonstanten der Amine bislang noch nicht gefunden worden.

Die grundsätzliche Frage, die jedoch gegenwärtig ohne eine befriedigende Antwort bleibt, betrifft die prinzipielle Möglichkeit, jedem Nukleophilen einen konstanten, universellen Parameter vom Typ n, E_n, H usw. zuzuschreiben und den Elektrophilen einen jeweils entsprechenden Parameter beizuordnen, die alle möglichen Mechanismen des Substituenteneinflusses in Nukleophilen bzw. Elektrophilen mit verschiedenen Reaktionszentren (einschließlich sterischer Effekte) erfassen sollten. Ob man jedoch die Abweichungen von der BRÖN-

Tabelle 58:

Parameter der Nukleophilie n nach Swain-Scott *sowie* E_n *und* H *nach* Edwards

nukleophiles Reagens	n[1])	E_n	H
H_2O	0,00	0,00	0,00
OH^-	4,20 ± 0,15	1,65	17,48
F^-	—	−0,27	4,9
Cl^-	3,04 ± 0,09	1,24	(−3,00)
Br^-	3,89 ± 0,09	1,51	(−6,00)
J^-	5,04 ± 0,21	2,06	(−9,00)
HS^-	5,1	—	—
S^{2-}	—	3,08	14,66
SO_3^{2-}	5,1	2,57	9,00
SO_4^{2-}	2,5	0,59	3,74
$S_2O_3^{2-}$	6,36 ± 0,04	2,52	3,60
HCO_2^-	3,8	—	—
N_3^-	4,00	1,58	6,46
CN^-	—	2,79	10,88
NO_2^-	—	1,73	5,09
NO_3^-	—	0,29	(0,40)
SCN^-	4,77 ± 0,09	1,83	1,00
HPO_4^{2-}	3,8	—	—
$HPSO_3^{2-}$	6,6	—	—
$C_2H_5SO_2S^-$	—	2,06	(−5,00)
$CH_3C_6H_4SO_2S^-$	—	2,11	(−6,00)
$(CH_3O)_2POS^-$	—	2,04	4,00
$(C_2H_5O)_2POS^-$	—	2,07	4,00
$C_6H_5O^-$	—	1,46	11,74
CH_3COO^-	2,72 ± 0,14	0,96	6,46
$ClCH_2COO^-$	—	0,79	4,54
2,4,6-$(NO_2)_3C_6H_3O^-$	1,9	—	—
NH_3	4,23[2])	1,84	11,22
$SC(NH_2)_2$	4,1	2,18	0,80
C_5H_5N	3,6	1,20	7,04
$C_6H_5NH_2$	4,40 ± 0,27	1,78	6,28
H_2NNH_2	5,34[2])	—	—
CH_3NH_2	5,21[2])	—	—
$C_2H_5NH_2$	4,93[2])	—	—
$C_3H_7NH_2$	4,95[2])	—	—
$C_4H_9NH_2$	5,04[2])	—	—
iso-$C_3H_7NH_2$	4,68[2])	—	—
iso-$C_4H_9NH_2$	4,99[2])	—	—
sek.-$C_4H_9NH_2$	4,66[2])	—	—
tert.-$C_4H_9NH_2$	4,15[2])	—	—
$CH_2{=}CHCH_2NH_2$	4,92[2])	—	—
$C_6H_5CH_2NH_2$	4,92[2])	—	—
$(CH_3)_2NH$	5,63[2])	—	—
$(C_2H_5)_2NH$	4,75[2])	—	—
$(C_3H_7)_2NH$	4,75[2])	—	—
$(C_4H_9)_2NH$	4,77[2])	—	—

Fortsetzung der Tabelle 58

nukleophiles Reagens	n[1])	E_n	H
$(iso\text{-}C_3H_7)_2NH$	3,92[2])	—	—
$(iso\text{-}C_4H_9)_2NH$	4,60[2])	—	—
$(HOCH_2CH_2)_2NH$	4,75[2])	—	—
$(CH_3)_3N$	6,01[2])	—	—
$(C_2H_5)_3N$	4,09[2])	—	—
$(C_2H_5)(CH_3)_2N$	5,44[2])	—	—
$(C_3H_7)(CH_3)_2N$	5,35[2])	—	—
$(C_4H_9)(CH_3)_2N$	5,38[2])	—	—
$(iso\text{-}C_3H_7)(CH_3)_2N$	4,85[2])	—	—
$(sek.\text{-}C_4H_9)(CH_3)_2N$	4,71[2])	—	—
$(tert.\text{-}C_4H_9)(CH_3)_2N$	4,02[2])	—	—
$(HOCH_2CH_2)(CH_3)_2N$	5,20[2])	—	—
$(HOCH_2CH_2)_3N$	3,85[2])	—	—
	5,67[2])	—	—
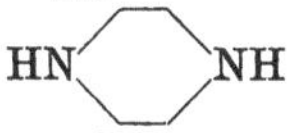	5,59[2])	—	—
	5,59[2])	—	—
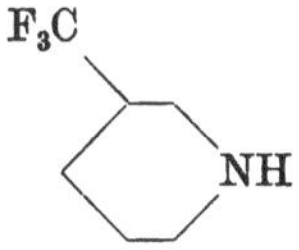	5,05[2])	—	—
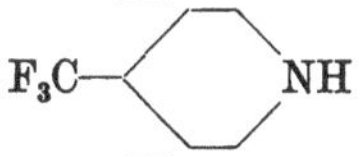	5,22[2])	—	—
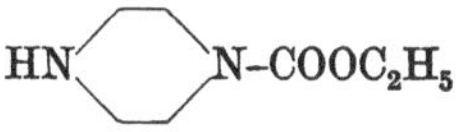	5,11[2])	—	—
	5,29[2])	—	—

[1]) Die Werte von n sind aus [56] entnommen, E_n und H folgen aus [57, 58]
[2]) aus [620]

STED-, SWAIN-SCOTT- oder EDWARDS-Gleichung [59, 621—623] auf die prinzipielle Unmöglichkeit zurückführt, in der Praxis ein völlig korreliertes Schema aufzustellen, oder ob dies nur ein Hinweis ist, daß von den Parametern der Nukleophilie und Elektrophilie eben mehr als zwei existieren müssen, ist schwer zu sagen. Dies ist somit eines der interessantesten, aber noch seiner Lösung harrenden Probleme auf dem Gebiet der quantitativen Theorie organischer Reaktionen.

Die Größen n, E_n und H für verschiedene Nukleophile werden in Tab. 58, $\lg k_0$, s, α und β für elektrophile Substrate in Tab. 59 aufgeführt.

Tabelle 59:

Die Parameter lg k_0 und s nach Gleichung (13.6) sowie α und β nach Gleichung (13.7) für die nukleophile Substitution an elektrophilen Substraten[1])

Elektrophiles Substrat und Reaktionsbedingung	s	α	β	lg k_0
CH_3Br, 1%iges wäßriges Aceton 49,8 °C	1,00	2,50	0,006	−5,04
Äthyl-p-Toluolsulfonat, 61%iges wäßriges Dioxan, 50 °C	0,66 ± 0,28	1,68	0,014	−5,22
Benzylchlorid, 61%iges wäßriges Dioxan, 50 °C	0,87 ± 0,10	3,53	−0,128	−5,94
β-Propiolacton, H_2O, 50 °C	0,77 ± 0,30	2,00	0,069	−4,25
Epichlorhydrin, H_2O, 20 °C	0,93 ± 0,03	2,46	0,036	−6,01
2,3-Epoxypropanol, H_2O, 20 °C	1,00 ± 0,01	2,52	0,000	−6,55
(CH_2–CH_2)$\overset{+}{S}$–CH_2–CH_2–Cl, 5%iges wäßriges Äthanol, 25 °C	0,95 ± 0,07	2,45	0,074	−2,54
Benzolsulfochlorid, 50%iges wäßriges Aceton, 0,5 °C	1,25 ± 0,42	—	—	−4,57
Benzoylchlorid, 50%iges wäßriges Aceton, 0,5 °C	1,43 ± 0,20	3,56	0,008	−3,28
Diazoaceton, H_2O, 25 °C	—	2,37	0,191	—
JCH_2COO^-, H_2O, 25 °C	—	2,58	−0,052	−6,25
$ClCH_2COO^-$, H_2O, 25 °C	1,08[2])	—	—	−9,56
Äthylenoxid, H_2O, 20 °C	1,19[2])	—	—	−9,21
Propylenoxid, H_2O, 20 °C	0,99[2])	—	—	−8,24
HNCO, H_2O, 60 °C	1,28[2])	—	—	−3,21
$ClCOOC_2H_5$, H_2O, 20 °C	2,37[2])	—	—	−9,61
CH_3NCS, H_2O, 20 °C	0,99[2])	—	—	−6,47
Piperonal, Methanol, 25 °C	1,61[2])	—	—	−9,60
2,4-Dinitrochlorbenzol, Äthanol, 25 °C	2,68[2])	—	—	−16,54
CH_3Br, Benzol, 100 °C	0,57[2])	—	—	−6,36
C_2H_5Br, Benzol, 100 °C	0,78[2])	—	—	−9,24
$CH_2{=}CHCH_2Br$, Benzol, 100 °C	0,89[2])	—	—	−8,48

[1]) Die Werte von s und lg k_0 entstammen aus [56], E_n und H folgen aus [57, 58].
[2]) Aus [620]; die Berechnung geht von den Größen n für aliphatische Amine aus.

13.2. Quantitative Charakterisierung der austretenden Anionen

Im Kap. 4.3. wurde gezeigt, daß man einfache lineare Korrelationen für Reaktionsserien, bei welchen die elektronegativ austretende Gruppe als veränderlicher Faktor gilt, erhalten kann. Diese Möglichkeit ergab sich sowohl für einen unterschiedlichen Grad der Intensität der Wechselwirkungen im Ausgangs- und im aktivierten Zustand, als auch dann, wenn die Wechselwirkung in beiden Zuständen gleich ist. Deshalb ist zunächst die Frage interessant, ob die einfachen Korrelationsbeziehungen vom Typ der HAMMETT- bzw. TAFT-Gleichung gelten, in welchen die austretende Gruppe nur durch einen Parameter hinreichend charakterisiert sein würde. Das zweite interessante Problem ist die voraussichtliche Identität der Parameter der Nukleophilie und der austretenden Gruppen (Gegenüberstellung der Gleichungen (4.39) und (4.21) im Kap. 4.3.). Angaben, die zur Klärung dieser Problematik beitragen, erscheinen in der Literatur erst in allerletzter Zeit.

Als erstes müssen wir feststellen, daß das Verhalten der austretenden Gruppe sich häufig selbst qualitativ von der Erwartung unterscheidet, wenn man ihren Einfluß auf die Geschwindigkeitskonstante nur als induktiven Effekt definieren würde. Bei der Reaktion zwischen Benzoylhalogeniden und Morpholin vergrößert sich die Reaktionsgeschwindigkeit von Fluor zu Jod um mehr als 5 Größenordnungen [624]. LITWINENKO und POPOW [625] benutzten deshalb diese Reaktionsserie in Cyclohexan bei 25 °C als Standard zur Definition der Zahlenwerte des wahrscheinlichen Parameters für die austretende Gruppe, den sie mit τ bezeichneten. $\tau = \lg k - \lg k_0$ wobei sich k_0 auf Benzoylfluorid bezieht (siehe Tab. 60). Die Autoren zeigten, daß es die so definierten Parameter gestatten, für einige physikalische Konstanten (Bindungsenergie und Ionisierungsenergie der Kohlenstoff-Halogenbindung in Acylhalogeniden, chemische Verschiebung im NMR-Spektrum für verschiedene Halogenverbindungen usw.) lineare Korrelationen zu erhalten. Das gleiche gilt auch für Eliminierungen von Halogenwasserstoff aus Verbindungen des Typs:

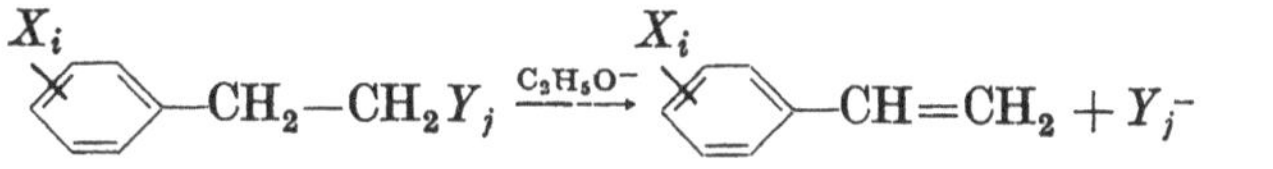

Y_j ist das Halogenatom. Die angeführte Reaktion folgt der HAMMETT-Gleichung und die Größen $\lg k_0$ und ϱ befinden sich in linearer Abhängigkeit von τ.

Die kombinierte Korrelationsgleichung lautet folgendermaßen:

$$\lg k_{ij} = \lg k_{00} + \gamma\tau_j + \varrho\sigma_i + \alpha\sigma_i\tau_j$$
$$(\lg k_{00} = -7{,}326;\ \gamma = 0{,}837;\ \varrho = 3{,}16 \text{ und } \alpha = -0{,}20) \tag{13.8}$$

Aus der Korrelation der physikalischen Parameter mit den Größen τ betrachten wir 2 Beispiele genauer. So wird die Energie $D_{C^+-X^-}$ für den ionischen Bindungsbruch von Acylhalogeniden wie folgt angegeben:

$$D_{C^+-X^-} = D^0_{C^+-X^-} + \gamma\tau \tag{13.9}$$
$$(D^0_{C^+-X^-} = 282{,}4;\ \gamma = -11{,}09;\ r = 0{,}994)$$

Diese Korrelation weist auf den möglichen physikalischen Inhalt von τ hin, obwohl natürlich ein beliebiger Prozeß, wenn er den angegebenen Gesetzmäßigkeiten unterliegt, als Standard ausgewählt werden kann.

LITWINENKO und POPOW [625] zeigten, daß sich der Gleichung vom Typ (13.9) auch die Elektronegativitäten nach PAULING unterordnen, wenn zwischen τ und σ^* eine Linearität besteht. Dieses Resultat wurde mit Hilfe der ursprünglichen

PAULINGschen Größen χ erhalten. Wenn man τ den verbesserten Größen aus Tab. 36 gegenüberstellt, so verschwindet diese Linearität. Wenn diese Abhängigkeit real existieren würde, so sollte sie im Grunde leichter als alle zufälligen Übereinstimmungen erkannt worden sein. Wenn man die Größe τ als Elektronegativität definieren würde (gleichgültig, ob durch χ oder σ^* ausgedrückt), so würde man eine Vergrößerung der τ-Werte mit Zunahme der Werte von σ^* oder χ erreichen. Das ist jedoch nicht der Fall.

Unter Benutzung der chemischen Verschiebung im NMR-Spektrum der Verbindung CH_3X als zweiten Standard, definierten LITWINENKO und POPOW auch den Ausdruck von τ für die Gruppe CH_3COO^-. Die so erhaltene Größe stimmt mit den Daten für die Acetylierung von p-Nitroanilin überein. In einer weiteren Mitteilung zeigten LITWINENKO, POPOW und BOROWENSKII [626], daß mit den Größen τ auch lg k für die Reaktion von p-Toluolsulfohalogeniden mit Diäthylamin in Benzol (bei 25°C) linear verbunden ist:

$$\lg k = -9{,}05 + 1{,}46\tau \qquad (r = 0{,}999; \quad s = 0{,}062) \tag{13.10}$$

k ändert sich dabei in den Grenzen von 8 Größenordnungen. Es wird auch gezeigt [626], daß die Größe τ durch das gemeinsame Wirken des induktiven Effektes der Halogenatome und die Polarisierbarkeit der Kohlenstoff-Halogenbindung charakterisiert werden kann:

$$\tau = 10{,}65\sigma^* + 0{,}97R_{C-X} - 34{,}00 \qquad (r = 0{,}999; \; s = 0{,}021) \tag{13.11}$$

oder

$$\tau = 10{,}78\sigma^* + 0{,}98R_X - 33{,}80 \qquad (r = 0{,}999; \; s = 0{,}010) \tag{13.12}$$

Dabei ist R_{C-X} die Refraktion der Bindung Kohlenstoff-Halogen und R_X ist die Refraktion der Halogenatome.

Man muß jedoch berücksichtigen, daß diese Korrelation nur durch einen statistischen Freiheitsgrad charakterisiert wird. Deshalb gibt es keine vollständige Sicherheit, daß sie für alle elektronegativ austretenden Gruppen mit Allgemeingültigkeit befolgt wird.

Wenn man z. B. versucht, die Größe τ für $CH_3CO_2^-$ nach (13.11) oder (13.12) zu berechnen, so erhält man auch nicht die entfernteste Übereinstimmung mit experimentellen Größen.

Einige Vorsicht ist auch angebracht bei der Beurteilung der τ-Wertskala selbst, da sie sich nur auf Halogene als austretende Gruppen beschränkt. Von besonderem Wert wäre daher die Ergänzung experimenteller Daten für andere elektronegativ austretende Gruppen.

Die quantitative Charakteristik der austretenden elektronegativen Gruppe bei der nukleophilen Substitution in aromatischen Systemen wurde von WISGERT und OSDOROWSKI [627] untersucht. Dieser Fall unterscheidet sich wesentlich von der Reihenfolge der Reaktionsgeschwindigkeit bei den Acylhalogeniden; er ist genau umgekehrt. Am schnellsten reagiert das Fluor- und am langsamsten das Jodhomologe.

Als Standard-Reaktionsserie wurde die Reaktion des 2,4-$(NO_2)_2C_6H_3Y$ mit Piperidin ausgewählt, wobei Y die elektronegativ austretende Gruppe ist. Ausgehend von den Daten dieser Reaktionsserie definierte man „aromatische" Parameter τ_{Ar} entsprechend der Gleichung für die austretenden Gruppen

$$\tau_{Ar} = \lg k - \lg k_0 \tag{13.13}$$

k_0 bezieht sich auf die Chlorverbindung.

Tabelle 60:

Die Parameter τ und τ_{Ar} für elektronegativ austretende Gruppen

Elektronegativ austretende Gruppen	τ	τ_{Ar}	Elektronegativ austretende Gruppen	τ	τ_{Ar}
F	0,00	2,89	$OSO_2C_6H_2(CH_3)_3$—2,4,6	—	1,24
Cl	3,40	0,00	$OSO_2C_6H_4Cl$—4	—	1,60
Br	4,79	0,004	$OSO_2C_6H_4NO_2$—2	—	1,80
J	5,35	−0,637	SC_6H_5	—	−3,38
OCH_3	—	−3,12	$SC_6H_4NO_2$—4	—	−1,98
OC_6H_5	—	−1,71	$OC_6H_4NO_2$—4	—	0,84
$OCH_2C_6H_5$	—	−3,31	SOC_6H_5	—	0,02
$OCOCH_3$	1,68	−1,37	$SO_2C_6H_5$	—	0,87
$OSO_2C_6H_5$	—	1,41	NO_2	—	2,32
$OSO_2C_6H_4CH_3$—4		1,29			

Es wurde beschrieben [627], daß sich die Größen lg k für die Reaktion von 2,4-$(NO_2)_2C_6H_3$—Y mit anderen Nukleophilen ($C_6H_5S^-$, CH_3O^-, $C_6H_5NH_2$ und $C_5H_{11}N$) und auch für p-$O_2NC_6H_4Y$ mit Piperidin, in einer hinreichenden linearen Abhängigkeit von τ_{Ar} befinden. Auf dieser Basis erfolgte die Berechnung der Größen von τ_{Ar} für andere elektronegativ austretende Gruppen zusammen mit den Halogenen. Die entsprechenden Werte für τ_{Ar} sind in Tab. 60 zusammengestellt.

Die Übereinstimmung zwischen den Parametern der austretenden Gruppen Y — sowie der Nukleophilie der damit verbundenen Gruppen $Y|^{\Delta^-}$ wurde von Davis [628] untersucht. Ausgehend von einem symmetrischen Übergangszustand beim nukleophilen Angriff (siehe Kap. 4.3.) kommt er zu dem Schluß, daß die Größen in der Gleichung (13.7) von Edwards für die Verbindung CH_3—Y und $^-OOCCH_2Y$ (Y = J, Br, Cl und p-$CH_3C_6H_4SO_2O$) linear abhängen von den Werten der Parameter E_n für die jeweils dazugehörigen Nukleophilen $Y|^-$, wobei die Neigung der Abhängigkeit gleich 1 ist. Davis zeigt, daß diese Linearität aus der Anwendung der Thermodynamik nichtstationärer Gleichgewichte auf die genannte Problematik folgt, wobei dann die Neigung aus theoretischen Gründen vorausgesagt werden kann. Dem kann man nur dann zustimmen, wenn dieser Neigungswert mit E_n-Werten aus dem Elektrodenpotential erhalten wird. Im allgemeinen gilt jedoch, daß die Neigung von den Bedingungen der Standardisierung der Parameter für die Nukleophilie abhängt. Somit ergibt sich für α

folgende Abhängigkeit vom E_n-Wert der austretenden Gruppe:

$$\alpha = \alpha_0 + E_n \tag{13.14}$$

Setzt man diesen Wert in Gleichung (13.7) ein und nimmt an, daß damit die Reaktionsserie bei konstantem i-ten Nukleophil und variabler austretender Gruppe j voll erfaßt wird, so erhalten wir:

$$\lg k_{ij} = \lg k_{00} + (\alpha_0 + E_{nj}) E_{ni} + \beta_i H_i \tag{13.15}$$

Aus (13.15) gelangt man einfach zu folgender Beziehung:

$$\lg k_{ij} - \lg k_{i0} = E_{ni} E_{nj} + H_i(\beta_j - \beta_0) = \gamma_i \tau_j \tag{13.16}$$

Demzufolge muß sich die Größe τ bei Berücksichtigung des additiven Gliedes $H_i(\beta_j - \beta_0)$ in linearer Abhängigkeit vom entsprechenden E_n befinden. In sehr grober Näherung wird diese Abhängigkeit tatsächlich erfüllt. Das wird jedoch schwerlich ausreichen, um weitgehendere Schlußfolgerungen zu treffen.

In der vorstehenden Darlegung wurden die ersten Schritte in Richtung der Entwicklung eines Korrelationsschemas für Reaktionsserien bei Variation der austretenden Gruppen unternommen. Man kann hoffen, daß das weitere Anwachsen des experimentellen Materials dieses Problem zu einer weiteren Klärung führt.

Kapitel 14: Zur Frage der quantitativen Berechnung des Lösungsmitteleinflusses

Auf Grund der Vielfalt der Wechselwirkungsmechanismen zwischen dem Lösungsmittel und den gelösten Stoffen sind die Solvatationserscheinungen oft noch weit komplizierter zu interpretieren, als die Struktureinflüsse der reagierenden Verbindungen auf die freie Reaktions- und Aktivierungsenergie. So ist es zu erklären, daß, ungeachtet der großen Zahl experimenteller Arbeiten, die der Untersuchung des Lösungsmitteleinflusses auf die Aktivitätskoeffizienten, die Gleichgewichtskonstanten und Geschwindigkeitskonstanten gewidmet sind, die quantitative Interpretation der erhaltenen Daten oftmals schwierig ist und die gefundenen Abhängigkeiten in ihrer Verallgemeinerungsfähigkeit meist stark begrenzt sind.

Das erschwert die Aufstellung einer allgemeinen Theorie über den Einfluß des Mediums auf die Reaktionsfähigkeit. Eine derartig komplizierte Aufgabe kann daher im Rahmen dieses Buches nicht gelöst werden. Deshalb unterbleibt im folgenden der Versuch zu einer Verallgemeinerung und es werden nur einige speziellere Probleme vom Standpunkt der Anwendung des PPL und LFE aus betrachtet.

14.1. Skala der „Polarität“ der Lösungsmittel

Für die Berechnung des Substituenteneinflusses auf die freie Reaktions- oder Aktivierungsenergie ist in den meisten Fällen die quantitative Bestimmung der Induktionskomponente der Ausgangspunkt.

Die quantitative Bestimmung des Lösungsmitteleinflusses könnte einfach erfolgen, wenn auch in diesem Falle die Möglichkeit bestände, eine bestimmte Eigenschaft zu ermitteln, die für verschiedene Lösungsmittel charakteristisch ist, und die für die Wechselwirkung mit dem gelösten Stoff allein verantwortlich gemacht werden kann. Naheliegenderweise sollte diese Eigenschaft einer gleichartigen Wechselwirkung entsprechen.

Die klassische Theorie, die auf der Basis der Arbeiten von Born [629] und Kirkwood [630] entwickelt wurde, löst dieses Problem ziemlich einfach, indem sie ausschließlich vom elektrostatischen Modell der Wechselwirkungen zwischen dem gelösten Stoff und dem Lösungsmittel ausgeht (siehe z. B. [80]). In diesem Falle ist die einzige Größe, durch die das Lösungsmittel charakterisiert wird, seine makroskopische Dielektrizitätskonstante D. Nach dieser Theorie muß sich die freie Energie eines geladenen Teilchens in Lösung proportional zur Größe $1/D$ verhalten und die freie Energie eines polaren Moleküls proportional zu der Größe $(D - 1)/(2D + 1)$. Folglich muß sich auch die Größe lg k in linearer Abhängigkeit von $1/D$ bzw. entsprechend von $(D-1)/(2D+1)$ befinden:

$$\lg k = \lg k_0 + \text{const.}\, \frac{1}{D} \tag{14.1}$$

$$\lg k = \lg k_0 + \text{const}\, \frac{(D-1)}{(2D+1)} \tag{14.2}$$

Tatsächlich gibt es eine Reihe von Beispielen für die Befolgung dieser Gleichungen [631—643], wobei die Fälle besondere Aufmerksamkeit verdienen [631—633, 642], in denen die Punkte für verschiedene binäre Gemische oder Lösungsmittel gleicher Komponenten auf einer Geraden liegen. Das wird jedoch nur in Ausnahmefällen beobachtet. Weit häufiger existiert für jedes Komponentenpaar binärer Gemische eine eigene lineare Abhängigkeit [636, 641] des Typs (14.1) oder (14.2). In der Mehrzahl der Fälle werden jedoch diese Gleichungen nicht befolgt [639, 644—648].

Auf der Grundlage dieser Abhängigkeiten hat sich die Vorstellung entwickelt, daß mit der Dielektrizitätskonstante die sogenannte „Polarität" des Lösungs-, mittels ermittelt wird.

Die Weiterentwicklung der Theorie Born-Kirkwoods durch Ingold und Hughes [649] führte zu der allgemeinen Regel, daß eine Vergrößerung der Polarität des Mediums die Zunahme der Geschwindigkeit solcher Reaktionen fördert, für welche im aktivierten Zustand eine größere Ladungstrennung besteht als im Ausgangszustand. Dazu gehören in erster Linie Solvolysereaktionen vom Typ S_N1, da in diesem Falle die Geschwindigkeit durch den Grad der Ionisierung bestimmt wird. Die Abhängigkeit $\lg k$ von $(D-1)/(2D+1)$ ist jedoch für solche Reaktionen nicht linear [644, 645].

Aus diesem Grunde sah man sich veranlaßt, nach anderen Verfahren zur quantitativen Charakterisierung der „Polarität" oder der „ionisierenden Kraft" der Lösungsmittel zu suchen. Den diesbezüglichen Versuchen wird stets ein bestimmter physiko-chemischer Prozeß zugrunde gelegt, dessen quantitative Erfassung zu einer die verschiedenen Lösungsmittel charakterisierenden Wertetabelle führt. Außer den im Kap. 1.6. genannten Größen kann man noch die E_T-Werte [650] ergänzen. Sie werden ausgehend von den solvatochromen Verschiebungen für das stark polare Pyridin-N-phenolbetain erhalten.

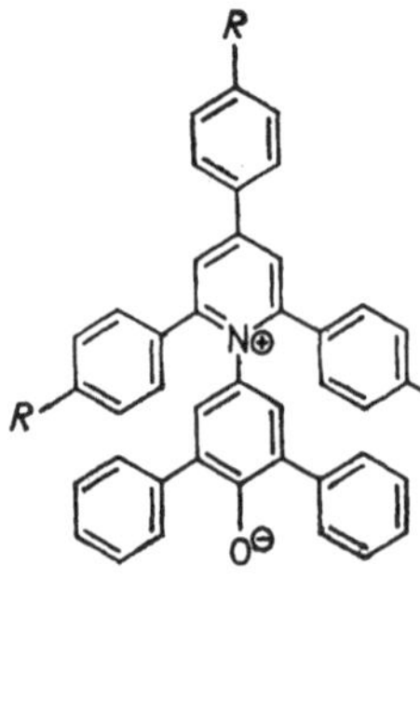

Schließlich sind noch folgende Skalen zu erwähnen:

Die Ω-Werte (ausgehend von dem exo-endo-Produktverhältnis bei der Addition des Cyclopentadiens an Methylacrylat) [651].

Die χ-Werte [652] für elektrophile Substitutionen in der aliphatischen Reihe, zu deren Bestimmung die Standardreaktion von Brom mit Tetramethyl-Zinn verwendet wurde; die P-Werte [653], die aus den chemischen Verschiebungen $\delta_F^{p-NO_2}$ für p-Nitrofluorbenzol und anderen [654—658] NMR-Spektren erhalten werden.

Smith, Fainberg und Winstein [659] schlugen vor, die Solvolyse von tert.-Butylchlorid als Standardreaktion zur Bestimmung der „ionisierenden Kraft“ der Lösungsmittel durch die Solvolyse von p-Methoxyneophyl-p-toluolsulfonat zu ersetzen, da diese Reaktion mit einem anchimeren Effekt verbunden ist, der eine Umlagerung verursacht:

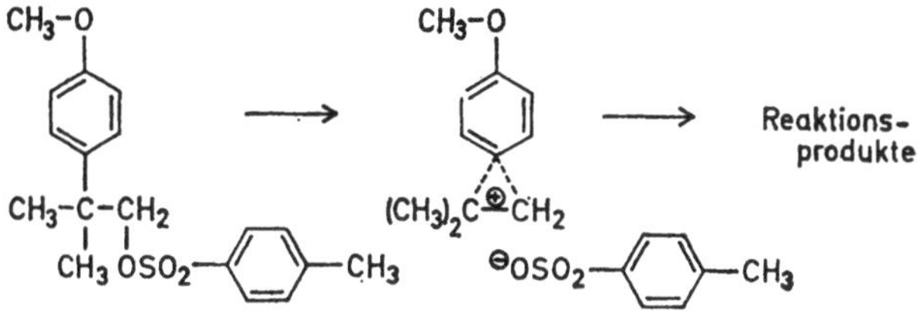

Für diese Reaktion konnte experimentell bestätigt werden, daß der Reaktionsablauf auch in weniger polaren nucleophilen Lösungsmitteln nach S_N1 erfolgt [659].

Insgesamt darf man sagen, daß die Vielzahl der Skalen und der entsprechenden Bezeichnungen für die „Polaritäten“ der Lösungsmittel durchaus mit der Vielzahl der „Polaritäten“ der Substituenten konkurrieren kann. Dabei sind die meisten der genannten Skalen zumindest teilweise gleichwertig, da zwischen ihnen lineare Abhängigkeiten existieren, die entweder für alle oder für bestimmte Typen von Lösungsmitteln befolgt werden. Eine solche Abhängigkeit gibt es zwischen den Größen Y und Z, oder zwischen P und lg k der Solvolyse von p-Methoxyneophyl-p-toluolsulfonat.

Im letzten Fall gilt die Beziehung nur für aprotische Lösungsmittel. Somit sind die angegebenen Skalen wirklich ein angenähertes Maß für die gleiche Eigenschaft (oder einen Komplex von Eigenschaften) unterschiedlicher Lösungsmittel.

Im folgenden wollen wir uns etwas genauer mit den Ursachen des Lösungsmitteleinflusses befassen. Als erste Frage ist zu klären, was die „Polarität“ oder die „ionisierende Kraft“ des Lösungsmittels ist.

Bei der ursprünglichen Interpretation der Größen Y, die auf den Werten von lg k für die Solvolyse von tert.-Butylchlorid als Standardreaktionsserie beruhen, wurde von Winstein und Grunwald [63] angegeben, daß sie nicht nur ein Maß der „Polarität“ sind (letztere stellt für das Lösungsmittel ein Kontinuum dar), sondern sie enthalten auch eine Komponente, die durch die spezifische elektrophile Einwirkung des Lösungsmittels bedingt ist, z. B. durch die Bildung von Wasserstoffbindungen des Typs

$$R\text{—Cl} \ldots \text{HO}R' \qquad (14.3)$$

Dagegen erfaßt die Konstante Y nicht die nukleophilen Eigenschaften des Lösungsmittels. Den angegebenen Bedingungen entsprechend sind die Größen Y kein Maß für die Fähigkeit des Lösungsmittels zur gleichartigen Wechselwirkung. Deshalb kann an die Y-Werte kein Anspruch auf universelle Anwendbarkeit erhoben werden [660]. Unter diesem Aspekt ist verständlich, daß bei den Korrelationen nach der Gleichung nach WINSTEIN-GRUNWALD (siehe Kap. 1.6.)

$$\lg k = \lg k_0 + m\,Y \tag{14.4}$$

die Größen m für die gleiche Reaktion in verschiedenen binären Gemischen nicht übereinstimmen, und auch die Werte $\lg k$ für verschiedene Lösungsmittel, die durch den gleichen Y-Wert charakterisiert werden, nicht immer untereinander gleich sind [661–664].

Wenn die „Polarität" ein Maß für die Fähigkeit des Lösungsmittels zur gleichartigen Wechselwirkung sein soll, dann kann sie nicht mit der „ionisierenden Kraft" entsprechend der Deutung nach WINSTEIN-GRUNWALD identisch sein. Trotzdem kann natürlich die Größe Y für einen Teil der Lösungsmittel in erster Näherung die Polarität charakterisieren.

Wenn man die Polarität als quantitativen Parameter bestimmen will, der für alle Lösungsmittel ohne Ausnahme gilt (einschließlich der Gasphase), dann muß die betrachtete Eigenschaft in hohem Grade unspezifisch sein und darf nicht von der Struktur des Lösungsmittels oder des gelösten Stoffes abhängen. Daraus folgt, daß eigentlich alle chemischen Verbindungen von der Betrachtung ausgeschlossen bleiben müßten.

Somit bleibt nur die Bestimmung des Begriffs „Polarität" als eine Eigenschaft, die dem Lösungsmittel als „Quasikontinuum" eigen ist und bei der Wechselwirkung mit dem gelösten Stoff nicht mit der Bildung von Bindungen zwischen den Molekülen des Lösungsmittels und des gelösten Stoffes verbunden ist.

Ausgehend von einer solchen Definition der „Polarität" des Lösungsmittels ist zur quantitativen Charakterisierung der Intensität dieser Eigenschaft unbedingt die Beachtung der folgenden zwei Voraussetzungen nötig. Erstens muß der genannte Typ der Wechselwirkungen zwischen dem Lösungsmittel und dem gelösten Stoff real existieren.

Zweitens ist es notwendig, einen solchen Modellprozeß zu finden, für den dieser Typ der Wechselwirkung die einzige Möglichkeit darstellt, oder es muß eine Möglichkeit zur quantitativen Bestimmung der entsprechenden Teilkomponenten an der Gesamtintensität der Wechselwirkung bestehen.

Die erste Bedingung wird offenbar annähernd erfüllt. Darauf weist zumindest die begrenzte Einhaltung der Gleichungen (14.1) und (14.2) hin, da das makroskopische Dielektrikum des Lösungsmittels keinem spezifischen Wechselwirkungsmechanismus unterliegt.

Ein Modellprozeß, der nur von der unspezifischen Wechselwirkung mit dem Lösungsmittel abhängt, ist offenbar noch nicht gefunden worden. Man könnte jedoch annehmen, daß in den untersuchten Modellprozessen, die für die quantitative Charakteristik der Lösungsmittel vorgeschlagen wurden, der Einfluß der unspezifischen Solvatation die Hauptkomponente darstellt, während die spezifische Wechselwirkung mit dem Lösungsmittel für einige weniger wesentliche „Abweichungen" verantwortlich ist. Wenn diese Annahme richtig ist, kann man versuchen, die Einflüsse der „Polarität" und der spezifischen Effekte quantitativ zu trennen und auf dieser Grundlage eine präzisierte Skala des Lösungsmitteleinflusses aufzustellen. Bei diesem Vorgehen erhebt sich zunächst die Frage nach dem Kriterium für die Gleichartigkeit der Wechselwirkung. Wir können die Beziehung (4.49) für ein binäres Lösungsmittelgemisch benutzen (oder die Gleichung (4.52), wenn als Modellgröße die Reaktionsgeschwindigkeit verwendet wird. Nach Gleichung (4.52) muß die Größe lg k linear von dem molaren Anteil einer Komponente des binären Gemisches abhängen, wenn der Einfluß der beiden Komponenten nach ein und demselben Mechanismus erfolgt. Auf der Grundlage dieses Kriteriums basiert eine Reihe von Arbeiten [665—672], für die als Modellprozeß die Solvolyse des tert.-Butylchlorids verwendet wurde. Weiter unten werden kurz die wichtigsten Resultate dieser Untersuchungen dargelegt. Bevor wir die Bestimmung der Komponente der spezifischen Solvatation erläutern, seien zunächst einige Beispiele für deren reale Existenz vorweggestellt.

Abb. 44: Abhängigkeit der Geschwindigkeitskonstanten der Solvolyse des tert.-Butylchlorids von der Äthanolkonzentration in Nitrobenzol (120 °C)

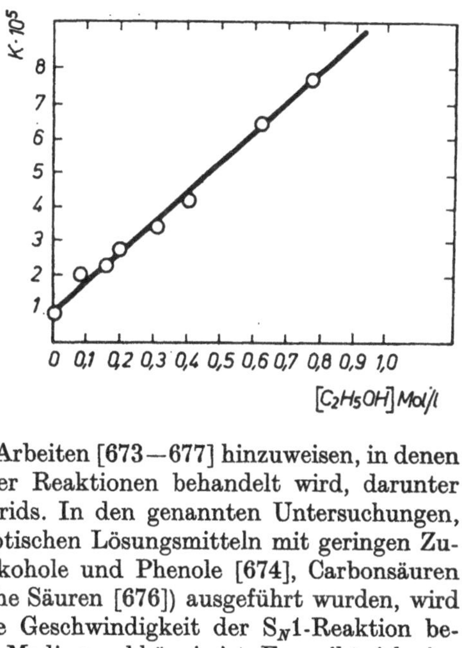

In diesem Zusammenhang ist auf die Arbeiten [673—677] hinzuweisen, in denen die elektrophile Katalyse solvolytischer Reaktionen behandelt wird, darunter auch die Solvolyse des tert.-Butylchlorids. In den genannten Untersuchungen, die durch kinetische Messungen in aprotischen Lösungsmitteln mit geringen Zusätzen von elektrophilen Agenzien (Alkohole und Phenole [674], Carbonsäuren [673], molekularem HCl [675], aprotische Säuren [676]) ausgeführt wurden, wird der Einfluß der Lösungsmittel auf die Geschwindigkeit der S_N1-Reaktion betrachtet, der nicht von der Polarität des Mediums abhängig ist. Es ergibt sich eine lineare Abhängigkeit der Geschwindigkeitskonstante 1. Ordnung von der Konzentration des elektrophilen Zusatzes. Das gilt gleichzeitig als Bestätigung für die Bimolekularität der Reaktionen [673—677]. Damit ist die Solvolyse des tert.-Butylchlorids als Modell für die Untersuchung der Lösungsmitteleigenschaften unbrauchbar, da beim Übergang von aprotischen Lösungsmitteln zu Alkoholen, H_2O usw. eine Veränderung des Reaktionsmechanismus bewirkt wird.

Wenn wir daher nicht auf die Solvolyse des tert.-Butylchlorids als Modellreaktion verzichten wollen, so müssen wir zunächst den Mechanismus dieser Reaktion erörtern, obwohl er als idealer S_N1-Mechanismus in die Lehrbücher Eingang gefunden hat.

Der Einfluß der elektrophilen Zusätze auf die Geschwindigkeit der Solvolyse des tert.-Butylchlorids in Nitrobenzol wird durch die Abb. 44 und 45 illustriert.
Besondere Beachtung verdient die Abb. 45, aus der deutlich zu erkennen ist, daß die katalytische Aktivität des p-Nitrophenols die des o-Nitrophenols weit übertrifft. Das ist ein Beweis für die Wirkung der OH-Gruppe bei dieser Katalyse, die im o-Nitrophenol durch eine intramolekulare Wasserstoffbrückenbindung blockiert ist.

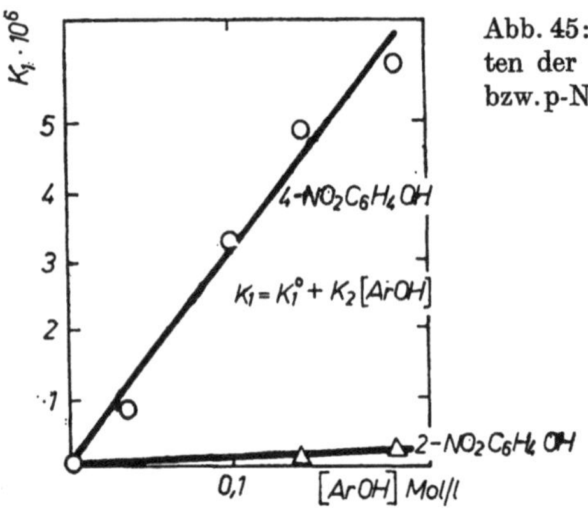

Abb. 45: Abhängigkeit der Geschwindigkeitskonstanten der Solvolyse des tert.-Butylchlorids von der o- bzw. p-Nitrophenolkonzentration in Nitrobenzol (70 °C)

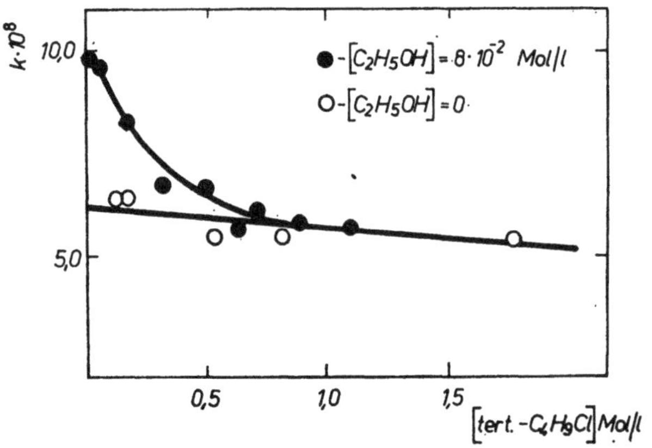

Abb. 46: Abhängigkeit der Geschwindigkeitskonstanten der Solvolyse von tert.-Butylchlorid in reinem Nitrobenzol und in Nitrobenzol unter geringem Zusatz von Äthanol (70 °C)

Daß diese elektrophile Katalyse nicht durch die Beteiligung der elektrophilen Komponente des Lösungsmittels am geschwindigkeitsbestimmenden Reaktionsschritt verursacht wird, sondern zu den reinen Solvatationserscheinungen gehört, folgt aus den Angaben [667], die in Abb. 46 dargestellt sind.
Die Vergrößerung der Konzentration des tert.-Butylchlorids bei Vorhandensein eines geringen Zusatzes von Äthanol als elektrophiles Agens in Nitrobenzol führt zur allmählichen Verringerung der Geschwindigkeitskonstante der Solvolyse bis hin zu Werten, die für Gemische von tert.-Butylchlorid und Nitrobenzol ohne jegliche Zusätze gefunden werden. Ein solches Bild könnte nicht beobachtet werden, wenn die wirkliche Reaktionsordnung bezüglich Äthanol gleich 1 wäre.

Auf dieser Grundlage kann folgendes Schema des Einflusses elektrophiler Zusätze (z. B. Alkohol) als wahrscheinlich gelten [665, 667]:

$$RCl + R'OH \leftrightharpoons RCl\cdots HOR'$$

$$RCl \xrightarrow{k_1} \textit{Produkte} \qquad (14.5)$$

$$RCl\cdots HOR' \xrightarrow{k_2} \textit{Produkte}$$

In diesem Schema ist der Komplex $RCl\cdots HOR'$ reaktionsfähiger als das Molekül RCl, das der spezifischen Solvatation nicht unterliegt.

Bei kleineren Zusätzen von $R'OH$ befinden sich der Komplex und das RCl-Molekül im Gleichgewicht, und die Gesamtreaktionsgeschwindigkeit wird durch dessen monomolekulare Umwandlung bestimmt. Der Effekt der elektrophilen Katalyse ist eine Folge der Verlagerung des Gleichgewichts auf die Seite der Bildung des Komplexes $RCl\cdots HOR'$, wobei der Einfluß der zunehmenden Polarität des Mediums hinzukommt, wenn der elektrophile Zusatz polarer ist als die aprotische Grundkomponente des Lösungsmittels bzw. umgekehrt.

Aus dem Schema (14.5) resultieren einige wichtige Schlußfolgerungen. Wenn bei genügend großer Konzentration der elektrophilen Komponente des Lösungsmittels die Konzentration des Komplexes $RCl\cdots HOR'$ viel größer wird als die Konzentration der nicht spezifisch solvatisierten Moleküle RCl, so hat die weitere Vergrößerung der Konzentration der elektrophilen Komponente einen Einfluß auf die Geschwindigkeit der Solvolyse nur durch die Veränderung der Polarität des Mediums oder der Intensität der Wasserstoffbrückenbindung. Deshalb müssen bei binären Gemischen aus aprotischen und elektrophilen Lösungsmitteln zwei verschiedene Bereiche der relativen Konzentrationen dieser Komponenten existieren.

Ein Intervall wird bei kleinen Konzentrationen der elektrophilen Komponente durch ein kompliziertes Bild des gemeinsamen Einflusses der Polarität, der elektrophilen Katalyse und des Gleichgewichtes zwischen den spezifisch solvatisierten und nicht solvatisierten Molekülen des Reagenses charakterisiert. Ein Spezifikum des zweiten Bereiches (große Konzentration der elektrophilen Komponente oder letztere in reinem Zustand) ist die Abhängigkeit der Reaktionsgeschwindigkeit ausschließlich von der Polarität des Mediums. Das erweckt den Anschein, als gäbe es keinerlei Einfluß einer spezifischen Solvatation.

Weiter müssen sich die Geschwindigkeitskonstanten für die Umwandlung des RCl-Moleküls und der Komplexe $RCl\cdots HOR'$, aber auch für die durch die verschiedenen elektrophilen Agenzien gebildeten Komplexe voneinander unterscheiden. Die Größe dieser Unterschiede muß natürlich auch von der Natur des Reagenses abhängen.

Im Falle binärer Gemische, bestehend aus zwei aprotischen Komponenten verschiedener Polarität, müßte die Geschwindigkeit der Solvolyse nur von der Polarität des Mediums abhängen, und $\lg k$ sollte sich in linearer Abhängigkeit von den molaren Anteilen jeder dieser Komponenten befinden.

Im Falle binärer Gemische, bestehend aus zwei elektrophilen Komponenten, die sich in ihren Polaritäten unterscheiden, aber ähnliche Zerfallsgeschwindigkeiten für die mit dem Reagens gebildeten Komplexe haben, muß die Geschwindigkeit der Solvolyse ebenfalls praktisch nur von der Polarität des Mediums abhängen und demzufolge eine lineare Abhängigkeit des lg *k* vom molaren Anteil der Komponenten bestehen. Die lineare Abhängigkeit des lg *k* vom molaren Anteil muß auch bei binären Gemischen aprotischer Lösungsmittel mit elektrophilen Lösungsmitteln im Bereich größerer Konzentrationen der elektrophilen Komponente befolgt werden, wo praktisch das ganze Reagens in Form von Komplexen mit Molekülen des elektrophilen Zusatzes vorliegt. Die experimentellen Daten zeigen, daß die lineare Abhängigkeit des lg *k* vom molaren Anteil wirklich für folgende Systeme eingehalten wird: Benzol-Pyridin [670], Nitrobenzol-Dimethylsulfoxid [670], Dimethylsulfoxid-Dimethylformamid [672], tert.-Butylchlorid-Nitrobenzol [670] (Abb. 47), Methanol-Äthanol bei 25°C [666] (Abb. 48) und Methanol-tert.-Butanol [672].

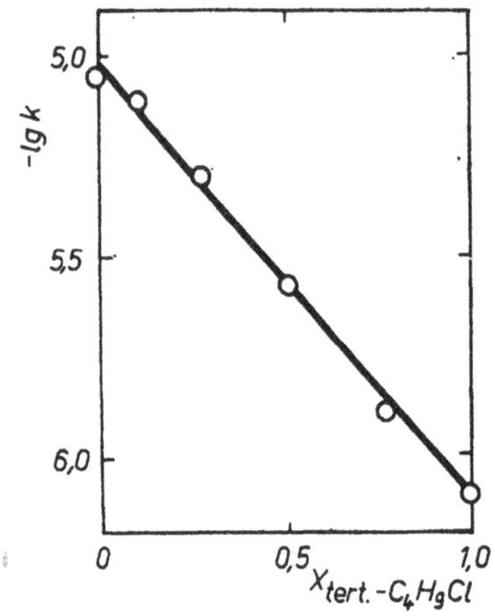

Abb. 47: Kinetik der Solvolyse des tert.-Butylchlorids im binären System Nitrobenzol—tert.-Butylchlorid (120°C)

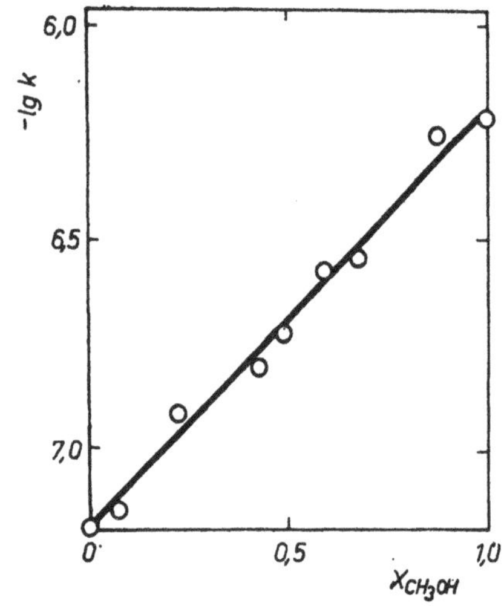

Abb. 48: Kinetik der Solvolyse des tert.-Butylchlorids im System Äthanol—Methanol (25°C)

Diese Daten lassen erkennen, daß die Größe lg *k* bei den genannten Systemen unter der Bedingung der Abwesenheit oder der ungefähren Konstanz der Einflüsse aller übrigen Faktoren nur von der Polarität des Mediums abhängt.

Bei Verwendung der experimentellen Daten aus [678], trifft man auf analoge Verhältnisse bezüglich der lg *k*-Werte, wenn bei der Zersetzung des tert.-Butylesters des Ameisensäurehydroperoxids in Gegenwart von Pyridin das System n-Heptan-Benzol unberücksichtigt bleibt.

In Gemischen von Alkohol mit aprotischen Lösungsmitteln befinden sich die Größen lg *k* für die Solvolyse des tert.-Butylchlorids nicht mehr über das Gesamtintervall der molaren Anteile der Lösungsmittelkomponenten in einer linearen Abhängigkeit [665] (Abb. 49).

Wenn die molaren Anteile des Alkohols jedoch gegenüber der anderen Komponente um $^1/_3$ vergrößert werden, so beobachtet man lineare Abschnitte, deren Extrapolation auf die reine aprotische Komponente den Wert lg *k* für die Solvolyse des Komplexes R—Cl···HOR' bei für die jeweilige Komponente charakteristischen Polaritätswerten ergeben muß. Eine solche Extrapolation führt zu ungefähr übereinstimmenden Resultaten für die verschiedenen Alkohole (Methanol, Äthanol, Propanol-1, Propanol-2, Butanol und Isobutanol), wenn Benzol und Nitrobenzol die aprotischen Komponenten sind [665].

Dagegen sind die Abhängigkeiten des lg k von den molaren Anteilen für die folgenden binären Gemische aus aprotischen Komponenten nicht linear [670]:

Benzol-Nitrobenzol (Abb. 50), Benzol-Dimethylsulfoxid (Abb. 51) und Pyridin-Dimethylsulfoxid (Abb. 52).

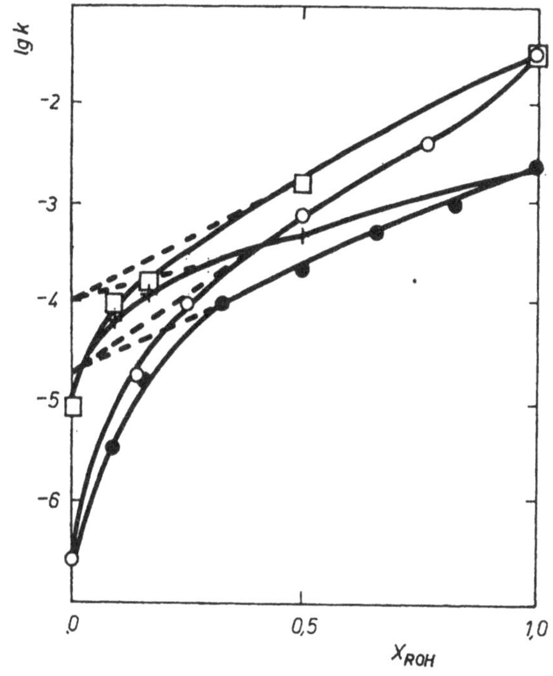

Abb. 49: Kinetik der Solvolyse des tert.-Butylchlorids bei 120 °C in den Gemischen

□ Methanol – Nitrobenzol
○ Methanol – Benzol, + – Äthanol – Nitrobenzol
• Äthanol – Benzol bei 120 °C

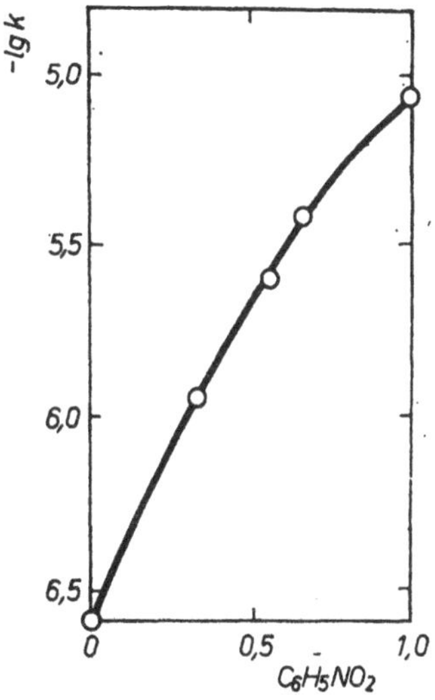

Abb. 50: Kinetik der Solvolyse von tert.-Butylchlorid im System Benzol–Nitrobenzol (120 °C)

Daraus kann man die Schlußfolgerung ableiten, daß der Zusatz einer polaren Komponente die Geschwindigkeit der Reaktion nicht nur auf Grund der erhöhten Polarität des Mediums vergrößert, sondern auch durch einen zusätzlichen Mechanismus der Wechselwirkung.

Wenn es sich bei den polaren Komponenten um aprotische dipolare Verbindungen handelt, so kann man eine Dipol-Dipol-Wechselwirkung zwischen den Molekülen des Lösungsmittels und der reagierenden Verbindung annehmen. In diesem Falle wird die Solvolysegeschwindigkeit des tert.-Butylchlorids noch durch eine zweite Variante der spezifischen Solvatation beeinflußt, die zusätzlich zur Bildung der Komplexe des Typs R—Cl···HOR' wirkt. Wenn die Komplexbildung über den Dipol-Dipol-Mechanismus nach folgendem Schema

$$\gt C^{\delta+} - Cl^{\delta-}$$
$$A^{\delta-} - B^{\delta+}$$

zu einer Vergrößerung der Reaktionsfähigkeit des tert.-Butylchlorids führt, so muß die Dipol-Dipol-Wechselwirkung das gleiche Resultat ergeben, wie die Komplexbildung auf Grund der H-Brückenbindung. Die lineare Extrapolation

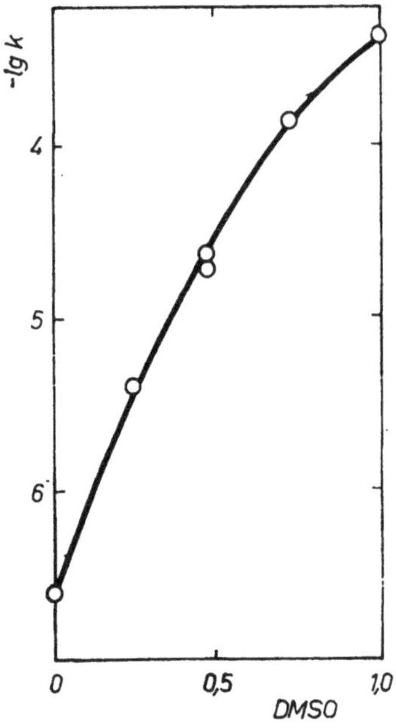

Abb. 51: Kinetik der Solvolyse von tert.-Butylchlorid im System Benzol—Dimethylsulfoxid (120 °C)

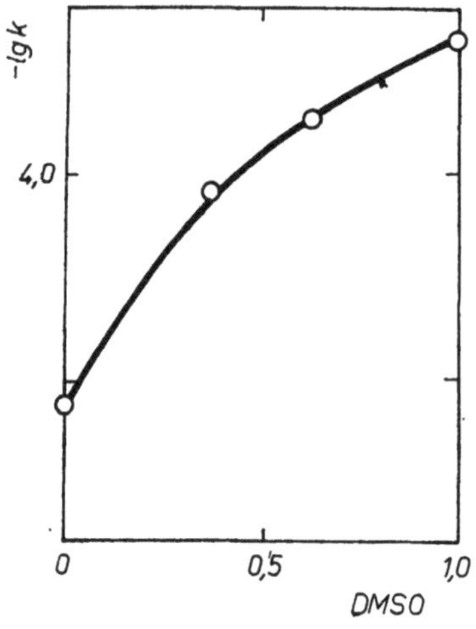

Abb. 52: Kinetik der Solvolyse von tert.-Butylchlorid im System Pyridin—Dimethylsulfoxid (120 °C)

bei hohem Gehalt einer dipolaren Komponente auf die reine inerte Komponente muß dann den lg k-Wert für den Dipol-Dipol-Komplex ergeben. Wenn man annimmt, daß die Abhängigkeit lg k von der Polarität für den Dipol-Dipol-Komplex und das unbeeinflußte tert.-Butylchlorid übereinstimmen, so ist der Unterschied zwischen den lg k-Werten für das reine dipolare Lösungsmittel und für den auf die inerte Komponente extrapolierten Wert ein Maß für die Änderung der Polarität beim Übergang vom ersteren zum zweiten.

Auf Grund dieser Vorstellungen kann man die Größen lg k sowohl für das unbeeinflußte tert.-Butylchlorid als auch für die Komplexe des Typs RCl···HO—R' in den verschiedenen aprotischen Lösungsmitteln abschätzen. Es zeigt sich dabei, daß in beiden Fällen eine angenäherte lineare Abhängigkeit mit der Neigung 0,66 erhalten wird. Das ist auch auf Grund der Voraussetzung, daß diese beiden Größen nur von der Polarität des Mediums abhängen, zu erwarten (Abb. 53). Aus dem Anstieg dieser Abhängigkeit kann man die Unterschiede in den Polaritäten zwischen den Alkoholen und den aprotischen Lösungsmitteln abschätzen, die in den lg k-Werten für das unbeeinflußte tert.-Butylchlorid enthalten sind. Auf diese Weise erhält man die Größen für die Polarität der verschiedenen Lösungsmittel, sowohl für die „reinen“ Lösungsmittel als auch mit einer gewissen Näherung die der Komponenten, welche den Einfluß der Komplexbildung auf Grund der

Abb. 53: Die Abhängigkeit zwischen den Größen lg k für die Solvolyse von tert.-Butylchlorid unter Extrapolation auf aprotische Lösungsmittel aus Angaben für Gemische dieser Lösungsmittel mit Alkoholen und den Grössen lg k, die für diese aprotischen Lösungsmittel gemessen wurden (120°C)

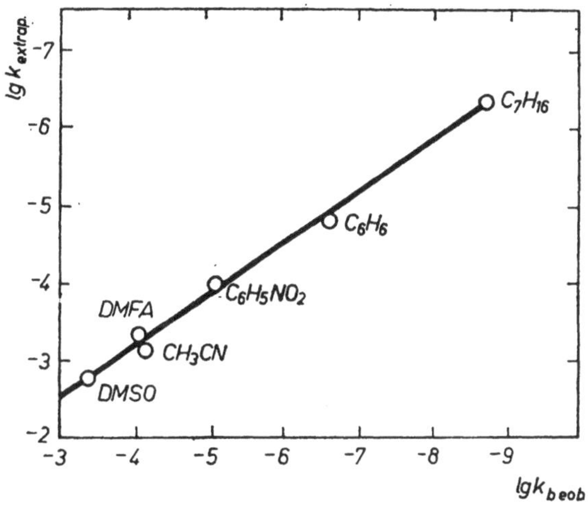

H-Brückenbindung und der Dipol-Dipol-Wechselwirkung widerspiegeln. Diese Größen werden durch Y^0 gekennzeichnet. Damit soll auf ihre Verwandtschaft zu den Y-Werten von WINSTEIN und GRUNWALD hingewiesen werden. Die Konstanten Y^0 werden auf folgende Weise erhalten:

$$Y^0 = (2{,}3\,RT \lg k/k_0) \cdot 10^{-3}\,\text{kcal} \tag{14.6}$$

Dabei ist k_0 die Geschwindigkeitskonstante für den Zerfall des tert.-Butylchlorids in der Gasphase, und k ist die Geschwindigkeitskonstante der Solvolyse des unbeeinflußten tert.-Butylchlorids im jeweiligen Lösungsmittel.

Die Größen Y^0 für Lösungsmittelgemische können aus den Daten der reinen Komponenten mit der Formel

$$Y^0_{Misch} = \sum_i N_i Y_i{}^0 \tag{14.7}$$

berechnet werden. N_i und $Y_i{}^0$ sind der molare Anteil bzw. die Größe Y^0 für die reine i-te Komponente.

Die Werte Y^0 sind für einige Lösungsmittel in Tab. 61 gemeinsam mit anderen Angaben über die Polarität der Lösungsmittel angegeben.

Überprüfen wir nunmehr die Frage, ob wenigstens eine angenäherte Beziehung zwischen den Größen des Typs Y^0 oder Y und der Funktion $(D - 1)/(2D + 1)$ aus der Gleichung (14.2) nach KIRKWOOD existiert. SMITH, FAINBERG und WIN-

Tabelle 61:

„Polaritätsangaben" für einige Lösungsmittel nach verschiedenen empirischen Skalen

Lösungsmittel	E_T [650]	Z [65]	Y' aus (14.8)	Y^0 aus (14.6)
Gasphase	—	—	0,00	0,00
Isooktan	—	60,1	—	—
n-Heptan	—	—	4,9	4,9
n-Hexan	30,9	—	—	—
Tetrachlorkohlenstoff	32,5	—	—	—
Schwefelkohlenstoff	32,6	—	—	—
Toluol	33,9	—	—	—
Diäthyläther	34,6	—	4,8[1])	—
Tetrahydrofuran	37,4	—	8,3[1])	—
Benzol	34,5	—	8,8	8,8
Diphenyläther	35,3	—	—	—
1,4-Dioxan	36,0	—	—	—
N,N-Dimethylanilin	—	—	9,2	—
tert.-Butylchlorid	—	—	9,7	8,6
2,6-Lutidin	36,7	—	—	—
Anisol	37,2	—	—	—
Chlorbenzol	37,5	58,0	9,7	9,7
Brombenzol	37,5	59,2	—	—
o-Dichlorbenzol	—	60,0	—	—
Fluorbenzol	—	60,2	—	—
cis-Dichloräthylen	—	63,9	—	—
Piperidin	—	—	10,6	10,6
Aceton	42,2	65,7	11,3	11,3
Äthylacetat	38,1	—	12,1 8,6[1])	—
1,2-Dimethoxyäthan	38,2	61,1	—	—
α-Pikolin	38,3	—	—	—
Chloroform	39,1	63,2	—	—
Chinolin	39,4	—	—	—
Pyridin	40,2	64,0	11,5	11,5
Tetramethylharnstoff	41,0	—	—	—
Methylenchlorid	41,1	64,2	—	—
Acetophenon	41,3	—	—	—
1,2-Dichloräthan	41,9	—	—	—
Benzonitril	42,0	65,0	—	—
Nitrobenzol	42,0	—	11,6	10,4
tert.-Butylalkohol	43,9	71,3	12,9	9,8
Acetonitril	46,0	71,3	13,2	10,6
Dimethylformamid (DMFA)	43,8	68,5	13,4	11,4
Anilin	44,3	—	15,8	—
Dimethylsulfoxid (DMSO)	45,0	71,1	14,8	13,2
Nitromethan	46,3	—	14,3[1])	—
Isoamylalkohol	47,0	—	—	—
Isopropylalkohol	48,6	76,3	14,8	10,8
n-Butylalkohol	50,2	77,7	15,2	10,9
n-Propylalkohol	50,7	78,3	15,4	11,2

Fortsetzung der Tabelle 61

Lösungsmittel	E_T [650]	Z [65]	Y' aus (14.8)	Y^0 aus (14.6)
Benzylalkohol	50,8	—	15,9	—
Äthanol	51,9	79,6	16,0	11,5
Essigsäure	51,9	79,2	17,1	—
Äthylenglykolmonomethyläther	52,3	—	—	—
N-Methylformamid	54,1	—	12,9	—
Phenol	—	—	18,0	—
Methanol	55,5	83,6	17,5	12,7
Äthylenglykol	56,3	85,1	—	—
Formamid	56,6	83,3	19,3	—
Wasser	63,1	94,6	22,2[1])	—
Ameisensäure	—	—	22,8[1])	—

[1]) Aus den Angaben für die Solvolyse von p-Methoxyneophyl-tosylat [659].

STEIN [659] zeigten, daß eine solche Linearität annähernd für die lg k-Werte der Solvolyse des p-Methoxy-neophyltosylats bei 75°C gegeben ist. Das gilt allerdings nur für aprotische Lösungsmittel, während die Punkte für alle hydroxylhaltigen Lösungsmittel erheblich abweichen.

Eine noch grobere Linearität ist für die P-Werte TAFTS festgestellt worden [653]. Andererseits wurde von PINCOCK [678, 679] gezeigt, daß sich die Größen lg k bei 90°C für den bereits erwähnten Zerfall des tert.-Butylperoxyformiats in aprotischen Lösungsmitteln (Heptan, Cyclohexan, n-Butyläther, Chlorbenzol, p-Chlortoluol, Tetrahydrofuran, Nitromethan und Nitrobenzol) in guter linearer Abhängigkeit von $(D - 1)/(2D + 1)$ befinden (Neigung = 6,5). Die Punkte für leicht polarisierbare Lösungsmittel (Benzol und andere aromatische Kohlenwasserstoffe, CCl_4, Cyclohexen, aber auch Dioxan) weichen von dieser Geraden nach der positiven Seite ab. Dagegen befinden sich die Daten für die letztgenannten Lösungsmittel in linearer Abhängigkeit von den Größen $(n_D^2 - 1)/(n_D^2 + 2)$. n_D ist der Brechungsindex. Dieses bestätigt, daß die Ursache für die Abweichung von der vorher betrachteten Linearität wirklich die Polarisierbarkeit ist. Der Punkt für Dioxan weicht jedoch auch bei der Verwendung des Brechungsindex wesentlich ab. Die Abhängigkeit der Größe Y^0 von $(D - 1)/(2D + 1)$ ist in Abb. 54 dargestellt.

In dieser Abbildung ist die Gerade auch durch die Punkte für die Gasphase und für n-Heptan geführt worden. In diesen Fällen muß jede spezifische Solvatation fehlen. Wie man sieht, ergibt sich ein recht interessantes Bild. Für die Mehrzahl der polaren Lösungsmittel (gleichgültig ob hydroxylhaltige, aprotisch dipolare oder aprotisch inerte) häufen sich die Punkte rechts oberhalb der Geraden. Daraus folgt, daß die Größe Y^0 bei Zunahme der Polarität einem gewissen Maximalwert zustrebt, ähnlich der Funktion $(D - 1)/(2D + 1)$. Dieser liegt mit den oben genannten zwei Punkten (Gasphase, n-Heptan) auf der Geraden.

Die größten Abweichungen werden für Benzol, und in geringerem Maße für Piperidin, tert.-Butylalkohol und Dimethylsulfoxid beobachtet. Wenn man die indirekte Methode und den Näherungscharakter für die Abschätzung von Y^0 für alle hydroxylhaltigen und dipolar aprotischen Lösungsmittel berücksichtigt, dann muß im wesentlichen nur die Abweichung für Benzol beachtet werden.

In allen übrigen Fällen kann man annehmen, daß die Abweichungen eine Folge ungenauer Korrekturen der spezifischen Solvatation sind. (Die Zugehörigkeit des Piperidins zu den inerten Lösungsmitteln ist nicht bewiesen, aber der Punkt für diese Verbindung stimmt mit der experimentellen Größe lg k überein.)

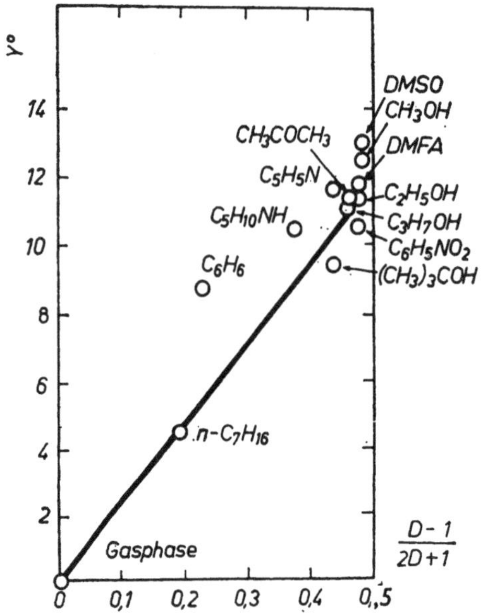

Abb. 54: Die Abhängigkeit der korrigierten Größen Y^0 („echte“ Polarität) von der Dielektrizitätskonstanten

Folglich ergibt sich für alle betrachteten Lösungsmittel, mit Ausnahme von Benzol, die Schlußfolgerung, daß die von uns gesuchte Polarität der Funktion $(D - 1)/(2D + 1)$ sehr ähnlich ist. Das abweichende Verhalten des Benzols ist in Übereinstimmung mit den Ergebnissen von Pincock auf den Einfluß der Polarsierbarkeit zurückzuführen. Auf diese Weise scheint es, daß die Polarität als Form einer gleichartigen Wechselwirkung durch die gezeigte Abhängigkeit von der Dielektrizitätskonstante, zuzüglich einer Korrektur für den dipolaren Einfluß der Polarisierbarkeit, bestimmt wird.

Daraus läßt sich die allgemeine Schlußfolgerung ableiten, daß bei DK-Werten $>10\cdots15$ alle wesentlichen Veränderungen der Geschwindigkeiten und des Gleichgewichtes der Reaktion nicht nur mit Veränderungen der Polarität des Mediums zusammenhängen, sondern in der Hauptsache durch die spezifische Solvatation bedingt sind.

Das bedeutet nicht, daß verschiedene Reaktionstypen nicht auch sehr stark von der Polarität des Mediums abhängen (siehe z. B. [680]).

Die Berechtigung für diese Schlußfolgerung zu sichern, ist keineswegs einfach. Um das zu erkennen, genügt es, sich den Lösungsmittelgemischen zuzuwenden, deren eine Komponente Wasser ist. So ändert sich die Konstante der Solvolysegeschwindigkeit des tert.-Butylchlorids (bei 25 °C) beim Übergang von Methanol zu reinem Wasser um mehr als 4 Größenordnungen [644]. Weiter oben wurde gezeigt, daß die Geschwindigkeit der Solvolyse der Komplexe des Typs R—Cl···HOR' weniger empfindlich gegenüber dem Einfluß der Polarität ist als die Geschwindigkeit der Solvolyse des freien tert.-Butylchlorids. Die Größe Y^0 ändert sich jedoch beim Übergang von Methanol zu Wasser nur unbedeutend. Der Geraden in Abb. 54 entspricht die Abhängigkeit:

$$Y^0 = 23{,}4\,\frac{(D - 1)}{(2D + 1)}$$

wobei Y^0 für Methanol und Wasser den Wert 11,3 bzw. 11,6 hat. Von diesem Gesichtspunkt aus erscheint es zweckmäßig, den Unterschied der Geschwindigkeiten in Methanol und Wasser auf den Einfluß der unspezifischen Solvatation zurückzuführen. Analog ist wahrscheinlich die Situation bei der Mehrzahl der Reaktionen in Lösungsmittelgemischen, von denen eine Komponente Wasser ist. Deshalb ist es nötig, den linearen Abschnitt bei der Abhängigkeit der Solvolyse des tert.-Butylchlorids von den molaren Anteilen des Methanols und Äthanols anders zu interpretieren, wenn als aprotische Komponente Nitrobenzol verwendet wird. Da die Dielektrizitätskonstante des Nitrobenzols (37,75 bei 25 °C) den entsprechenden Wert für Methanol (32,65 bei 25 °C) übertrifft (desgleichen die *DK*-Werte der übrigen Alkohole), kann der Ausdruck $(D - 1)/(2D + 1)$ beim Übergang von Nitrobenzol zu Alkohol nicht größer werden. Deshalb können die geraden Abschnitte in Abb. 49 nicht mit der Veränderung der „echten“ Polarität übereinstimmen. Am ehesten spiegeln sie die Änderung der Intensität der spezifischen Solvatation des tert.-Butylchlorids durch die Wasserstoffbrückenbindung wider. Dies gilt unter der Bedingung einer völligen Verlagerung des Solvatationsgleichgewichtes nach der rechten Seite. Daraus folgt zwangsläufig, daß die abgeschätzten Größen von Y^0 für Alkohole ungenau sind. Die Ungenauigkeiten sind jedoch nicht so groß, daß sie die Verwendbarkeit der Kirkwood-Beziehung ausschließen würden.

Aus diesem Grunde sei wieder auf die empirischen Parameter der Polarität oder der Ionisierungskraft des Lösungsmittels verwiesen, die am Anfang dieses Paragraphen erwähnt wurden. Dabei ist als erstes der ausreichende Grad der Universalität dieser Größen zu unterstreichen. Die Universalität äußert sich vor allem in der Gleichwertigkeit, welche man zwischen den Parametern des Lösungsmitteleinflusses beobachtet, wenn man von den verschiedensten Modellprozessen zu ihrer Bestimmung ausgeht. Ein konkreter Ausdruck der Gleichwertigkeit sind die entsprechenden linearen Abhängigkeiten zwischen diesen Parametern. Besonders bemerkenswert ist, daß letztere auch im Falle großer Temperaturintervalle ihre Gültigkeit behalten.

In den Abb. 55···57 [668] sind die Größen lg k für die Solvolyse des tert.-Butylchlorids bei 120 °C, die im Prinzip den Konstanten Y äquivalent sind, gegen die Z-Werte von Kosower [65, 66] (UV-Spektren), die G-Werte von Allerhand und Schleyer [488] (IR-Spektren der Wasserstoffbrückenbindung) und die P-Werte von Taft und Mitarbeitern [653] (chemische Verschiebung im NMR-Spektrum) aufgetragen.

Wie man sieht, wird im Falle der Z-Werte eine Linearität beobachtet, die mit Pyridin und Aceton beginnend bis zum Wasser führt und mehr als 5 Größenordnungen der Veränderung von lg k umfaßt. Die Linearität der G-Werte zwischen der Gasphase und Pyridin ist mit einer Änderung von lg k um etwa 7 Größenordnungen verbunden. In Abb. 57 (P-Werte) sind die Abweichungen der Punkte für die hydroxylhaltigen Lösungsmittel durch ein verschiedenes Verhalten in beiden Modellprozessen (Einflüsse der „echten" Polarität und der Wasserstoffbrückenbindung) zu erklären. Aus diesen Darlegungen folgt, daß die empirischen Skalen der Lösungsmittelpolarität weder in praktischer Hinsicht wenig brauchbar sind, noch ihnen der physikalische Gehalt fehlt.

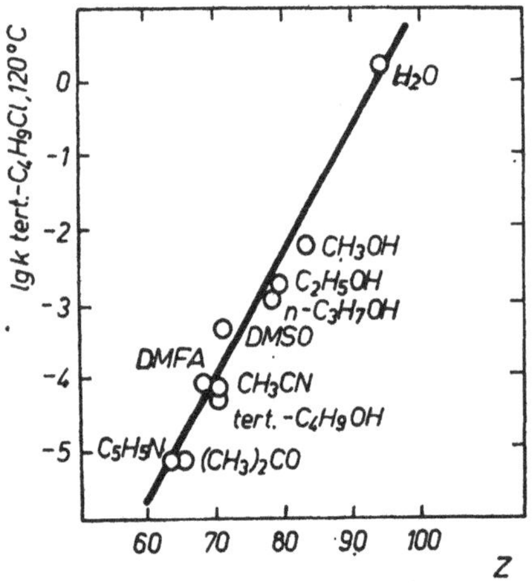

Abb. 55: Abhängigkeit des lg k der Solvolyse des tert.-Butylchlorids von der Konstante Z

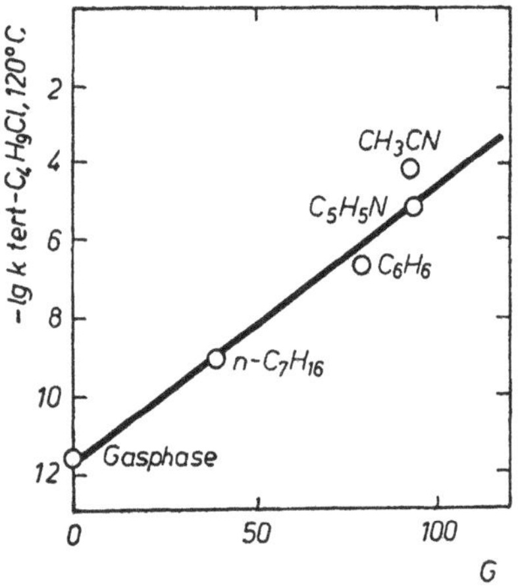

Abb. 56: Abhängigkeit des lg k der Solvolyse des tert.-Butylchlorids von der Konstante G (nach Allerhand und Schleyer)

Für die Gasphase und aprotische Lösungsmittel kennzeichnen sie qualitativ die „echte" Polarität, bei relativ kleiner Korrektur für Dipol-Dipol-Wechselwirkungen. In hydroxylhaltigen Lösungsmitteln bestimmen sie ungefähr die Summe (mit Ausnahme der Medien mit $D < 10-15$) der „echten" Polarität und der Fähigkeit dieser Lösungsmittel zur Bildung von H-Brückenbindungen. In Lösungsmitteln mit gleichzeitiger Änderung beider Typen der Lösungsmitteleinflüsse, aber auch für solche Gemische, in welchen das Solvatationsgleichgewicht nicht vollständig auf eine Seite verschoben ist, führen die empirischen Skalen nicht zu guten Ergebnissen. Hier erscheint es sinnvoll, eine empirische Skala der Polarität auf einem solchen Modellprozeß aufzubauen, dessen Daten den gesamten Bereich von der Gasphase bis zum Wasser umfassen.

Dazu kann man die Größen lg k für die Solvolyse des tert.-Butylchlorids bei 120°C verwenden. Um ergänzende Resultate für einige Lösungsmittel zu erhalten und den Wert für die „Polarität" von Wasser, dessen lg $k_{120°C}$ durch eine wenig genaue Extrapolation der Werte bei niederen Temperaturen bestimmt wurde, zu präzisieren, ist es möglich, nachträglich die gute Linearität zwischen den Größen lg k für die Solvolyse des tert.-Butylchlorids und die oben erwähnte Solvolyse des p-Methoxyneophyltoxylats auszunutzen. Als Standardmedium mit der Polarität 0 wählt man logischerweise die Gasphase. Die Größen der Polarität werden in kcal/Mol angegeben und durch Y' gekennzeichnet, da sie sich auf denselben Modellprozeß beziehen, wie auch die Y-Werte von WINSTEIN und GRUNWALD.

$$Y' = 2{,}303\,RT\,(\lg k - \lg k_{Gas}) \cdot 10^{-3} \qquad (14.8)$$

Die errechneten Größen für Y' sind in Tab. 61 aufgeführt. Mit Hilfe der IR-Spektroskopie wurde die Theorie von BORN und KIRKWOOD unter Separierung der Polarisierbarkeit (Gleichung von BUCKINGHAM [681]) bzw. des Einflusses der spezifischen Solvatation weiterentwickelt (Modifikation nach CALDOW-THOMPSON [682, 683]).

Abb. 57: Abhängigkeit des lg k der Solvolyse des tert.-Butylchlorids von der Größe P (nach TAFT)

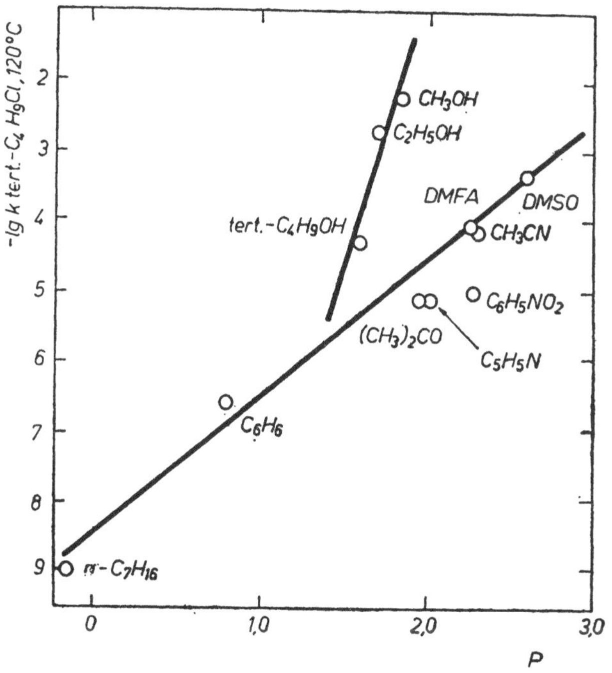

Die Gleichung von BUCKINGHAM-CALDOW-THOMPSON hat für polare Lösungsmittel des Typs $R-X$, wobei R der variable Substituent ist, folgende Form:

$$\frac{\Delta\nu}{\nu_0} = C_1 + C_2\,\frac{D-1}{2D+1} + C_3\,\frac{n^2-1}{2n^2+1} + C_4\sigma^* \qquad (14.9)$$

Dabei ist $\Delta\nu = \nu - \nu_0$; ν und ν_0 sind die entsprechenden IR-Frequenzen einer beliebigen Gruppe der betrachteten Verbindung im jeweiligen Lösungsmittel $R-X$ und im Standardlösungsmittel R_0-X. D ist die Dielektrizitätskonstante, n der Brechungsindex des Lösungsmittels und σ^* die TAFTsche Induktionskonstante für den Substituenten R. C_1, C_2, C_3, C_4 sind Konstanten.

Bei unpolaren Lösungsmitteln wird vor den Konstanten C_2 und C_3 der Multiplikator 0,5 hinzugefügt. $C_4\sigma^*$ wird als Summand betrachtet, der den Einfluß der spezifischen Solvatation widerspiegelt. Die Brauchbarkeit der Gleichung (14.9) wird auch in den Arbeiten [684, 685] behandelt. Besonders bemerkenswert ist, daß in dieser Gleichung zur Charakterisierung des Einflusses der Struktur des Lösungsmittels uns bereits bekannte Substituentenkonstanten herangezogen werden. Die Möglichkeiten, welche in dieser Richtung existieren, werden im folgenden Paragraphen ausführlich behandelt.

14.2. Über die quantitative Berechnung der spezifischen Solvatation

In Kap. 5.2. wurde dargelegt, daß die Berechnung des Einflusses der spezifischen Solvatation besonders kompliziert ist, wenn das Solvatationsgleichgewicht (14.5) nicht vollständig auf eine Seite verschoben ist. Wie wir den Ausführungen

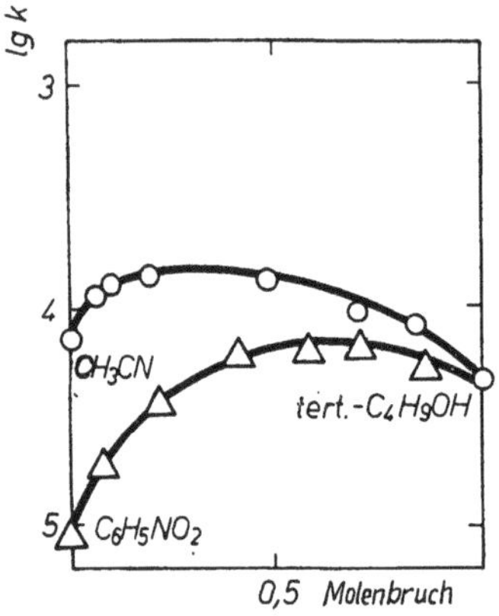

Abb. 58: Kinetik der Solvolyse von tert.-Butylchlorid im System Acetonitril/tert.-Butylalkohol und Nitrobenzol/tert.-Butylalkohol (120 °C)

des vorhergehenden Paragraphen entnehmen konnten, liegt ein solcher Fall anscheinend bei der Solvolyse des tert.-Butylchlorids in Gemischen hydroxylhaltiger und aprotischer Lösungsmittel vor. Wie kompliziert dabei das Bild des gemeinsamen Einflusses der Polarität des Mediums und der spezifischen Solvatation werden kann, ist aus Abb. 58 ersichtlich. In Gemischen von Acetonitril oder Nitrobenzol mit tert.-Butylalkohol nimmt die Geschwindigkeit der Solvolyse des tert.-Butylchlorids zunächst zu. Das wird durch die Zunahme der Polarität erklärt, da die genannten aprotischen Lösungsmittel polarer sind als tert.-Butylalkohol (entsprechend der Y^0-Skala). Jedoch wird dieser Verlauf sehr bald durch die Verschiebung des Solvatationsgleichgewichtes auf die Seite des Zerfalls der Komplexe R—Cl···HOR' unter Bildung des weniger reaktionsfähigen unbeeinflußten tert.-Butylchlorids überlagert. Dadurch kommt es zu einem Abfall des Wertes der Geschwindigkeitskonstante bei ziemlich hohen Konzentrationen der aprotischen Komponente.

Die Versuche, ähnliche Zusammenhänge durch experimentelle Bestimmung der Y-Parameter für Lösungsmittelgemische zu erhalten, sind im Prinzip unbegründet, obwohl sich durchaus praktische Erfolge zur Korrelation einer Reihe von Daten ergeben.

Solche Korrelationen können nun als Beispiele zur Anwendung des *PPL* im Sinne einer rein formalen empirischen Untersuchung betrachtet werden, aber den erhaltenen Resultaten darf keinerlei physikalische Bedeutung beigemessen werden (siehe Anhang 2). Im Prinzip ist es in solchen Fällen unumgänglich, die Geschwindigkeit der Reaktion aus der Kenntnis des Solvatationsgleichgewichtes und den unterschiedlichen Geschwindigkeiten für die nicht solvatisierte und die solvatisierte Form auszurechnen. Zur Realisierung derartiger Versuche kann man sich bei der Betrachtung der Solvolyse des tert.-Butylchlorids in Gemischen von Alkoholen mit Benzol oder Nitrobenzol auf die Arbeit [667] stützen. In dieser Arbeit ist auch eine etwas genauere Berechnung zur Untersuchung der Hydrolysegleichgewichte der protonisierten Form des Acetons durchgeführt worden. Diese Berechnung basiert auf der Bestimmung der Geschwindigkeitskonstante für die Enolisierung des Acetons in einem breiten Bereich der Aciditätsänderung des Mediums und der Aktivitätsänderung des Wassers [686]. Unter der Bedingung, daß das Solvatationsgleichgewicht (14.5) vollständig nach rechts verschoben ist, kann man annehmen, daß die Moleküle des Lösungsmittels, die in die Zusammensetzung des solvatisierten Komplexes eingehen, als Struktureinheiten der reagierenden Verbindung zu betrachten sind. Daraus folgt die Möglichkeit zur quantitativen Berechnung des Einflusses der Veränderungen im Bau der Lösungsmittelmoleküle in gleicher Weise, wie das auch im Falle der Berechnung von Veränderungen im Reagenz selbst verwirklicht werden kann.

Im folgenden sind einige Beispiele angegeben.

1. Die Konstante K_{ij} des Säure-Base-Gleichgewichtes zwischen Nitroessigester und aliphatischen Aminen des Typs $R_iN(CH_3)_2$ in aliphatischen Alkoholen R_jOH wird durch folgende Gleichung korreliert [567]:

$$\lg K_{ij}/K_{00} = \varrho_1^* \sigma_i^* + \varrho_2^* \sigma_j^* + \varrho_{1,2}^* \sigma_i^* \sigma_j^* + \delta E_s^0 \qquad (14.10)$$

Dabei ist $\lg K_{00} = -1{,}55 \pm 0{,}040$; $\varrho_1^* = -2{,}62 \pm 0{,}20$; $\varrho_2^* = -2{,}61 \pm 0{,}34$; $\varrho_{1,2}^* = -13{,}21 \pm 1{,}63$; $\delta = 1{,}61 \pm 0{,}09$; $r = 0{,}988$ und $s = 0{,}10$.

Auf diese Weise wird der Einfluß der Strukturänderung der Alkohole gut durch induktive und sterische Konstanten des jeweiligen Substituenten korreliert. Dabei ändert sich die Größe K_{ij} in Abhängigkeit von der Natur des Alkohols um 2 Größenordnungen, und der allgemeine Bereich für die Änderung von K_{ij}, der durch die Gleichung (14.10) erfaßt wird, erreicht 2,7 Größenordnungen. Durch die Anwesenheit des „gekreuzten Gliedes" $\varrho_{1,2}^* \sigma_i^* \sigma_j^*$ wird eine interessante Erscheinung beobachtet, die man auf das Vorhandensein von Punkten mit gleichen Solvatationseigenschaften zurückführen kann.

Wenn $\sigma_j^* = -\dfrac{\varrho_1^*}{\varrho_{1,2}^*}$ ist, heben sich die Summanden $\varrho_1^* \sigma_i^*$ und $\varrho_{1,2}^* \sigma_i^* \sigma_j^*$ gegenseitig auf und die Größe K_{ij} hängt in einem solchen Lösungsmittel nicht von der Struktur des Amins ab. Im vorliegenden Fall werden die Punkte gleicher Solvatation für keinen der untersuchten Alkohole genau realisiert. Lediglich Isopropylalkohol kommt diesem Verhalten ziemlich nahe. Die Größe K_{ij} wird beim Übergang von $R_i = (CH_3)_3C$ nach $R_i = C_6H_5CH_2$ um 0,32 Einheiten verändert, während die entsprechende Änderung für Methanol und tert.-Butylalkohol gleich 1,35 und 0,79 ist. Beim Benzylalkohol ist dieser Unterschied noch größer. Besonders hervorzuheben ist, daß die Empfindlichkeiten gegenüber dem Einfluß des

Induktionseffektes im Lösungsmittel (Alkohol) und in der reagierenden Verbindung praktisch einander gleich sind (vgl. die Werte ϱ_1^* und ϱ_2^*). Das kann als direkter Beweis dafür gelten, daß in dem betrachteten Fall das Molekül des Lösungsmittels, welches in die Zusammensetzung des solvatisierten Komplexes eingeht, ein „vollwertiger" Bestandteil des reagierenden Systems ist.

2. Die Geschwindigkeitskonstanten der Solvolyse des tert.-Butylchlorids in Wasser und 8 Alkoholen (Methanol, Äthanol, Propanol-1, Propanol-2, Butanol-1, tert.-Butylalkohol, Hexanol-1 und Äthylenglykol) bei 120 °C werden durch folgende Gleichung beschrieben [687]:

$$\lg k = \lg k_0 + \varrho^* \sigma^* + \delta E_s^0 + \varkappa \sigma^* E_s^0 \tag{14.11}$$

(σ^* und E_s^0 für die Substituenten X und X—OH)

$$\lg k_0 = -1{,}78 \pm 0{,}10; \quad \varrho^* = 6{,}22 \pm 0{,}62; \quad \delta = 1{,}20 \pm 0{,}36; \quad \varkappa = 3{,}03 \pm 0{,}92;$$

$$r = 0{,}997 \text{ und } s = 0{,}17.$$

Durch diese Korrelation werden die Veränderungen der Größe lg k innerhalb von 7 Größenordnungen erfaßt. Offensichtlich ist es nur bedingt richtig, diese Veränderungen dem Einfluß der Polarität des Mediums zuzuschreiben (siehe vorhergehenden Paragraphen) und damit den tatsächlichen physikalischen Inhalt der betrachteten Erscheinung zu erklären.

Letzteres könnte auf folgende Weise gedeutet werden. Im vorliegenden Fall haben wir es nicht mit dem Einfluß des wechselnden Reaktionsmediums zu tun, sondern mit dem Einfluß des wechselnden Substituenten in der reagierenden Verbindung, die als Solvatationskomplex des Typs R—Cl···HOR' vorliegt.

3. Die Lösungsmittelparameter χ_R, welche aus der Solvatochromie des langwelligen Maximums der Absorption der farbgebenden Gruppe des Ferrocyanins erhalten wurden, werden für die Alkohole X—OH mit den Induktionskonstanten korreliert [687]:

$$\chi_R = 43{,}0 - 10{,}2\sigma^* \tag{14.12}$$

Für monosubstituierte sowie meta- und para-disubstituierte Benzole wird die Größe χ durch folgende Gleichung korreliert [687]:

$$\chi_R = 46{,}6 - (4{,}6 \pm 0{,}4) \sum \sigma^0 \tag{14.13}$$

Für die monosubstituierten Benzolderivate müssen die Konstanten σ_p^0 verwendet werden, und für die disubstituierten Verbindungen σ_m^0 oder σ_p^0. Der Punkt für Anilin weicht stark ab. Die Gleichung (14.13) beschreibt offensichtlich nicht den Einfluß der spezifischen Solvatation, sondern die Abhängigkeit der „echten" Polarität des Mediums vom Bau der Lösungsmittelmoleküle. Die „echte" Polarität (die Größen Y^0 oder $(D-1)/(2D+1)$ muß eng mit den Dipolmomenten der Lösungsmittelmoleküle verbunden sein. In dieser Hinsicht ähnelt diese Gleichung den durch Exner [476] aufgestellten Korrelationsbeziehungen der Dipolmomente verschiedener Verbindungstypen (einschließlich substituierter Benzolderivate) mit den Substituentenkonstanten.

4. Die Geschwindigkeitskonstanten der Reaktion [688]

$$\begin{bmatrix} R_i - OH_2^+ \\ Cl^- \end{bmatrix} \rightarrow R_iCl + H_2O$$

mit den entsprechenden Alkoholen R_iOH werden durch die folgende Gleichung korreliert [687]:

$$\lg k_i = -(2{,}31 \pm 0{,}13) + (1{,}45 \pm 0{,}20) E_s^0$$
$$r = 0{,}963;\ s = 0{,}18. \qquad (14.14)$$

In diesem Fall ist es schwer zu entscheiden, ob der Einfluß des Substituenten im reagierenden protonisierten Alkoholmolekül, welches in die Zusammensetzung des Ionenpaars eingeht, oder der Einfluß des Substituenten im Alkoholmolekül, das als Lösungsmittel in die Zusammensetzung des solvatisierten Komplexes eingeht, berücksichtigt wird.

Aus den genannten Beispielen kann man verallgemeinerte Schlußfolgerungen ziehen über die Möglichkeit der Verwendung gewöhnlicher Substituentenkonstanten zur Berechnung des Lösungsmitteleinflusses im Falle der spezifischen und auch der unspezifischen Solvatation.

Zur Illustration des Einflusses solvatisierter Komplexe auf Grund von Wasserstoffbrückenbindungen werden in Tab. 62 die Daten für die Solvolyse des tert.-Butylchlorids in verschiedenen Lösungsmitteln angegeben. Für Vergleichszwecke wurde die Arbeit [687] herangezogen.

Wie man sieht, führt die Bildung dieser Komplexe zu einer Vergrößerung der Geschwindigkeitskonstanten um fast vier Größenordnungen. Das ist bedeutend

Tabelle 62:
Die Abhängigkeit der Solvolysegeschwindigkeit des tert.-Butylchlorids vom Lösungsmittel

Lösungsmittel	Dielektrizitätskonstante	$\lg k_{120°C}$	$\lg k^{1)}_{\text{berechn.}}$	$\Delta \lg k$²)
$HCONH_2$	109,5	−0,8	−5,0	+3,4
$HCONHCH_3$	182,4	−4,3	−5,0	—
$HCON(CH_3)_2$	36,7	−4,1	−5,2	—
$C_6H_5NH_2$	6,98	−2,64	−6,3	+3,7
$C_6H_5N(CH_3)_2$	5,02	−6,30	−6,8	—
C_6H_5OH	10,28	−1,5	−5,9	+4
$C_6H_5OCH_3$	4,30	−5,7	−7,0	—
CH_3COOH	6,19	−2,0	−6,5	+3,8
$CH_3COOC_2H_5$	6,03	−5,8	−6,5	—
H_2O	78,5	+0,8	−5,1	+5,9³)

¹) Berechnet nach Gleichung $\lg k = -11{,}5 + 13 \left(\frac{D-1}{2D+1}\right)$ (s. Abb. 54). Diese Größe ist gleich lg *k* für nichtsolvatisiertes tert.-Butylchlorid.

²) $\Delta \lg k = \lg k - \lg k^0$, wobei sich k^0 auf Lösungsmittel, die nicht zur Bildung von Wasserstoffbindungen fähig sind, bezieht.,

³) $\Delta \lg k = \lg k - \lg k_{ber}$.

größer, als bei der Solvatation der aliphatischen Alkohole, die im vorhergehenden Paragraphen behandelt wurden. In Übereinstimmung damit kann die spezifische Solvatation des tert.-Butylchlorids mit Wasser zu einer um 5,9 Größenordnungen erhöhten Geschwindigkeitskonstanten führen. Abschließend muß noch bemerkt werden, daß die spezifische Solvatation praktisch einer homogenen Katalyse entspricht. In diesem Falle ist der Katalysator gleichzeitig auch Lösungsmittel. Das gleiche gilt auch für die saure Katalyse in Lösungen konzentrierter Mineralsäuren.

14.3. Einfluß der spezifischen Solvatation auf die Enthalpie-Entropie-Verhältnisse und auf das LFE

In Kap. 4.3. wurde gezeigt, daß die freie Energie nur dann ein Maß für die Intensität der gleichartigen Wechselwirkung ist, wenn eine lineare Abhängigkeit zwischen der enthalpischen und entropischen Komponente besteht. In Kap. 7.2. wurde die Dissoziation der aliphatischen Carbonsäuren als Standardreaktionsserie zur Bestimmung der Werte der Induktionskonstanten erörtert. Jedoch berührten wir bisher nicht die Frage, inwiefern die genannte Bedingung tatsächlich erfüllt wird. Hierzu ist es günstiger, die Diskussion in den Termini ΔH und ΔF an Stelle von ΔH und ΔS zu führen. Man kann annehmen, daß bei einer Säure-Basen-Reaktion, die nicht durch zusätzliche Faktoren erschwert wird, die Änderung des Substituenten nur die enthalpische Komponente beeinflußt, während die entropische Komponente konstant bleibt. Wenn unter den zusätzlichen Faktoren in erster Linie Effekte verstanden werden, die durch den Lösungsmitteleinfluß hervorgerufen werden, so liegen für das Säure-Base-Gleichgewicht in der Gasphase optimale Reaktionsbedingungen vor. Im Falle einer solchen, für Carbonsäuren hypothetischen Reaktion, muß die freie Aktivierungsenergie ausschließlich von der enthalpischen Komponente abhängen. Letztere muß der Änderung der potentiellen Energie des Systems während des Reaktionsverlaufes gleich sein. Die Größen $\Delta H_{int} = \Delta E_p$ sind ein Maß für die „innere" oder „echte" Acidität bzw. Basizität. Wenn man sich jetzt den Größen ΔH_{H_2O} und ΔF_{H_2O} für Carbonsäuren und Phenole in Wasser zuwendet, dann stellt man fest, daß die Anordnung der Verbindungen in der Reihenfolge abnehmender Werte von ΔF_{H_2O} (entsprechend der Vergrößerung der Acidität oder der Verkleinerung der Basizität der konjugierten Basen) nicht mit der Reihenfolge nach abnehmenden Werten von ΔH_{H_2O} übereinstimmt [689, 690].

Dieser Fakt kann in zweierlei Hinsicht interpretiert werden. Entweder die Größen ΔH_{H_2O} fallen mit ΔE_p zusammen bzw. nähern sich diesem Wert oder ΔF_{H_2O} hat zu der Größe ΔE_p eine engere Beziehung als zu ΔH_{H_2O}. Im ersten Fall müssen wir ΔF_{H_2O} als zufällige Größe betrachten, die im Prinzip kein direktes Maß der echten Acidität ist. Daraus folgt notwendigerweise der Schluß, daß die Größe σ^* als Maß der echten Elektronegativität der Substituenten unbrauchbar ist. Im letzteren Fall wird begreiflich, weshalb einfache Korrelationsbeziehungen im allgemeinen für die freie Energie angestellt werden, aber nicht für deren enthalpische Komponente [36]. Diese Schlußfolgerung ist jedoch nicht ganz eindeutig und erfordert spezielle Begründungen.

Eine Variante zur Lösung dieser Problematik wurde von Helper ausgearbeitet

[689], der vorschlug, die Größen ΔH_{H_2O} und ΔS_{H_2O} auf folgende Weise darzustellen:

$$\Delta H_{H_2O} = \Delta H_{int} + \Delta H_{ext} \tag{14.15}$$

$$\Delta S_{H_2O} = \Delta S_{int} + \Delta S_{ext} \tag{14.16}$$

Die Indices „*int*" und „*ext*" beziehen sich auf die „echten" Größen der entsprechenden thermodynamischen Funktionen (für die Gasphase) und auf Komponenten, die durch den Solvatationseinfluß des Wassers hervorgerufen werden. Ausgehend von den obigen Überlegungen ist anzunehmen, daß die Größe ΔS_{int} bei Variation der Substituenten an gleichbleibenden Basizitätszentren konstant bleibt. Folglich sind alle Änderungen in der Größe ΔS_{H_2O} durch die Komponente ΔS_{ext} bedingt, und bei Betrachtung relativer Änderungen $\Delta\Delta H_{H_2O}$ und $\Delta\Delta S_{H_2O}$ im Vergleich zur Säure mit dem Standardsubstituenten resultiert:

$$\Delta\Delta S_{H_2O} \cong \Delta\Delta S_{ext} \tag{14.17}$$

Helper schlußfolgert weiter [689, 691], daß bei der Wechselwirkung zwischen Ionen und dem Lösungsmittel eine lineare Abhängigkeit zwischen den Größen $\Delta\Delta H_{int}$ und $\Delta\Delta S_{ext}$ beachtet werden muß:

$$\Delta\Delta H_{ext} = \beta\,\Delta\Delta S_{ext} = \beta\,\Delta\Delta S_{H_2O} \tag{14.18}$$

Ausgehend von (14.17) und (14.18) folgt somit:

$$\Delta\Delta F_{H_2O} = \Delta\Delta F_{int} + \Delta\Delta F_{ext} = \Delta\Delta H_{int} + (\beta - T)\Delta\Delta S_{H_2O} \tag{14.19}$$

Er schätzte die Größen $\Delta\Delta H_{int}$ aus den Frequenzen der Valenzschwingungen der O—H-Bindung ab und kam so zu folgendem Wert für die Größe $\beta = 280\,°K$.

$$\Delta\Delta F_{ext} = (\beta - T)\,\Delta\Delta S_{H_2O} \tag{14.20}$$

Bei Temperaturen, die dem Wert von β nahekommen, wird (14.20) ~ 0, und es gilt

$$\Delta\Delta F_{H_2O} \cong \Delta\Delta H_{int} \tag{14.21}$$

Folglich liegt im definierten Temperaturintervall (unweit von 280 °K) die Größe ΔF_{H_2O} sehr nahe bei ΔE_p und ist deshalb ein besseres Maß für die echte Acidität als ΔH_{H_2O}. Trotzdem führt uns dieses Vorgehen keinen Schritt weiter im Verständnis des komplizierten Bildes der Enthalpie-Entropie-Beziehungen. Die oben erhaltenen Schlußfolgerungen werden durch das Argument begründet, daß die aus den spektralen Daten berechneten Größen ΔH_{int} gut korreliert sind mit den Größen σ^* (aliphatische Carbonsäuren) oder σ (Phenole).

Im Grunde genommen sind das lediglich zwei an sich bekannte Beispiele für das Bestehen einer Linearität zwischen den Verschiebungen der spektralen Frequenzen und den Substituentenkonstanten. Andererseits muß man sich wundern, wie gut die Größe β dem Temperaturintervall „angepaßt" ist, auf welches sich unsere experimentellen Daten beziehen. Die Schlußfolgerungen sind jedoch wenig brauchbar für Temperaturen, die sich von β wesentlich unterscheiden.

Eine sinnvollere Behandlung zur Kenntnis der Rolle der spezifischen Solvatation ist von TAFT [690] unter Berücksichtigung der Bildung von Wasserstoffbrückenbindungen mit Wassermolekülen entwickelt worden. Ausgangspunkt ist die Annahme der beiden folgenden Abhängigkeiten, die für die freien Energien und Enthalpien der Wasserstoffbrückenbindungen [690, 692] formuliert wurden.

$$\Delta\Delta F_f = \alpha' \Delta\Delta F_A \tag{14.22}$$

$$\Delta\Delta H_f \cong 2{,}5 \Delta\Delta F_f \tag{14.23}$$

$\Delta\Delta F_f$ sind die freien Energien der Wasserstoffbrückenbindungen zwischen den Basen einer bestimmten Serie und einer Säure, die als Vergleichsstandard ausgewählt wurde. $\Delta\Delta F_A$ sind die freien Energien für die Ionisation der Säuren, welche mit den betrachteten Basen konjugiert sind (in Wasser bei 25°). $\Delta\Delta H_f$ sind die Enthalpien der Wasserstoffbrückenbindungen, und α ist eine Konstante, die für eine gegebene Basenserie und die Standardsäure charakteristisch ist. 2,5 ist (annähernd) eine universelle Konstante. Die Größen $\Delta\Delta F_f$, $\Delta\Delta F_A$ und $\Delta\Delta H_f$ stellen die Differenz zwischen den Werten der betrachteten Substituenten und den Standardsubstituenten am konstanten Basizitätszentrum dar. Ferner wird angenommen, daß sowohl die Base als auch die konjugierte Säure in wäßriger Lösung mit Wassermolekülen durch Wasserstoffbrückenbindungen verbunden sind. Es wird gegenwärtig von vielen Autoren darauf hingewiesen [686, 693—697], daß solche Wasserstoffbrückenbindungen eine wichtige, manchmal sogar entscheidende Rolle in den Säure-Basen-Gleichgewichten spielen. Die uns interessierenden Prozesse können jetzt in den folgenden Schemata dargestellt werden:

$$X - B^{\nu}_{(g)} + X_0 - BH^{\nu+1}_{(g)} \rightleftarrows X - BH^{\nu+1}_{(g)} + X_0 - B^{\nu}_{(g)} \tag{14.24a}$$

$$\begin{aligned} &X - B^{\nu}\cdots H - \mathrm{OH} + X_0 - BH^{\nu+1}\cdots \mathrm{OH_2} \rightleftarrows \\ &X - BH^{\nu+1}\cdots \mathrm{OH_2} + X_0 - B^{\nu}\cdots \mathrm{HOH} \end{aligned} \tag{14.24b}$$

Das Gleichgewicht (14.24a) gilt für die Gasphase und (14.24b) für Wasser. In (14.24b) wird die Teilnahme nur eines Wassermoleküls an der spezifischen Solvatation der Säure- und Basemoleküle angenommen. In Wirklichkeit ist die Solvatation nicht auf ein Molekül beschränkt und in die Zusammensetzung des Solvatationskomplexes tritt eine größere Anzahl von Molekülen ein [686, 693 bis 694]. Durch X_0 wurde der Standardsubstituent gekennzeichnet, und durch B das Zentrum der Basizität. Als „echtes" Maß der relativen Basizitäten für die Verbindung $X—B$ wird die freie Energie $\Delta\Delta F_{(g)}$ nach (14.24a) angenommen:

$$\Delta\Delta F_{(g)} = \Delta\Delta H_{(g)} = \Delta\Delta E_{p(g)} \tag{14.25}$$

Der Ausdruck (14.22) wird ersetzt durch

$$\Delta\Delta F_f = \alpha \Delta\Delta F_{(g)}$$

Zur Vereinfachung kann man annehmen, daß die freie Energie der Wasserstoffbrückenbindung im Komplex $X—BH^{\nu}\cdots \mathrm{OH_2}$ infolge der starken Fähigkeit der Säuren zur Wasserstoffbrückenbindung nur wenig vom Substituenten X abhängt.

Zu den gleichen Resultaten führt auch die Hypothese, daß die freie Energie der Wasserstoffbrückenbindungen dieses Typs linear von $\Delta\Delta F_A$ abhängt. Wenn wir die Beziehungen (14.22) und (14.23) verwenden, erhalten wir:

$$\Delta\Delta F_{H_2O} = \Delta\Delta F_{(g)} - \Delta\Delta F_f = (1 - \alpha)\Delta\Delta F_{(g)} \quad (14.26)$$

$$\Delta\Delta H_{H_2O} = \Delta\Delta F_{(g)} - 2{,}5\Delta\Delta F_f = (1 - 2{,}5\alpha)\Delta\Delta F_{(g)} \quad (14.27)$$

Aus den Gleichungen (14.26) und (14.27) folgt, daß zwischen den Größen $\Delta\Delta H_{H_2O}$ und $\Delta\Delta F_{H_2O}$ eine lineare Abhängigkeit mit der Neigung φ bestehen muß. Diese ist gleich

$$\varphi = \frac{\Delta\Delta H_{H_2O}}{\Delta\Delta F_{H_2O}} = \frac{1 - 2{,}5\alpha}{1 - \alpha} \quad (14.28)$$

Abhängig von der Größe α können Sonderfälle auftreten, die in Tab. 63 beschrieben wurden. Von der hier entwickelten Theorie ausgehend, ist es interessant, die experimentellen Größen φ mit den Vorstellungen über die Intensität der Wasserstoffbrückenbindungen verschiedener Typen zu vergleichen.

Tabelle 63:
Abhängigkeit der Größe φ aus (14.28) von der Intensität der Wasserstoffbrückenbindung zwischen Gasen und Wasser

Variante	α	φ
Bei Vernachlässigung der H-Bindung	0	1
verhältnismäßig schwache H-Bindung	$0 < \alpha < 0{,}4$	$0 < \varphi < 1$
„kritische“ Intensität der H-Bindung	0,4	0
Intensität der H-Bindung kommt der Bindung zwischen Basen und Protonen nahe	$0{,}4 < \alpha < 1$	$-\infty < \varphi < 0$
Intensität der H-Bindung und der Bindung mit Protonen sind einander gleich	1	$\pm\infty$
Intensität der H-Bindung ist größer als die Intensität der Bindung mit Protonen	$\alpha > 1$	$\varphi > 1$

Der Einfachheit halber wird unter „Intensität“ der Wasserstoffbrückenbindung die Empfindlichkeit von α gegenüber den Größen $\Delta\Delta F_f$ bei der Änderung der echten Basizität verstanden.

Es ist zu berücksichtigen, daß die Linearität zwischen $\Delta\Delta H_{H_2O}$ und $\Delta\Delta F_{H_2O}$ nur für Substituenten gilt, die selbst keine Tendenz zur Wasserstoffbrückenbindung zeigen. Für Substituenten, die zur Bildung von Wasserstoffbrückenbindungen mit Wassermolekülen befähigt sind, ergeben sich zwangsläufig Abweichungen [690]. Das wird durch die Dissoziation protonisierter Amine bestätigt, für die hinreichend genaue experimentelle Werte von $\Delta\Delta H_{H_2O}$ [698—700] vorliegen. Hierbei erhält man eine sehr gute lineare Abhängigkeit zwischen $\Delta\Delta H_{H_2O}$ und $\Delta\Delta F_{H_2O}$ mit der Neigung $\varphi = 0{,}85$, die für alle primären Amine mit „normalen“ Substituenten erfüllt wird. Von dieser Abhängigkeit weichen die Punkte für Amine mit basischen Substituenten wie NH_2, COO^- und SO_3^- in Richtung negativer Werte von $\Delta\Delta H_{H_2O}$ ab.

Auch die Punkte sekundärer und tertiärer Amine weichen ab. Das ist nicht erstaunlich, da der bedeutende Einfluß der Wasserstoffbrückenbindungen des Typs $\gt N^+ - H \cdots OH_2$ auf die Basizität der protonisierten Amine bekannt ist [103, 117—119]. Die Abhängigkeit des pK_a der Amine von $\sum \sigma^*$ der Substituenten zerfällt in drei annähernd parallele Geraden. Eine eingehendere Behandlung der Berechnung des Einflusses der Wasserstoffbrückenbindung des vorliegenden Typs auf die Basizität der Amine erfolgt in den Arbeiten [117—119]. Eine wichtige Information liefert die Untersuchung der folgenden Gleichgewichte in der Gasphase [690—701]:

$$X - NH_2 \rightarrow B(CH_3)_3 \rightleftarrows X - NH_2 + B(CH_3)_3 \qquad (14.29)$$

Diese Reaktion kann als akzeptables Modell für die Protonisierung der Amine betrachtet werden, da letztere in der Gasphase experimentell nicht zu realisieren ist. Es wurde gezeigt, daß die Größen $\Delta\Delta S_{(g)}$ (für die Substituenten C_2H_5, FCH_2CH_2, F_2CHCH_2 und F_3CCH_2, $X_0 = C_2H_5$) gleich 0 sind. Folglich ist dies eine experimentelle Bestätigung für (14.25). Ferner existiert eine genaue lineare Abhängigkeit zwischen $\Delta\Delta F_g$ und den Größen $\Delta\Delta F_{H_2O}$ für die Protonisierung der gleichen Amine in Wasser.

Aus Tab. 63 ist zu erkennen, daß die Enthalpie-Entropie-Beziehungen verschiedener Basentypen sich in unmittelbarer Abhängigkeit von der Intensität der Wasserstoffbrückenbindung zwischen den Molekülen der Base und denen des Wassers befinden müssen. Die Intensität muß von der Natur der Atome abhängen, die das Basizitätszentrum darstellen und sich somit in der Reihe $N > O > F$ verringern. Weiterhin muß sie auch von der Ladung an diesem Atom abhängen, woraus sich die Reihenfolge $O^- > N > O$ ergibt. Auf dieser Basis kann man die folgende Reihenfolge für eine anwachsende Intensität der Wasserstoffbrückenbindung und entsprechend für die Größe α erwarten: Basen vom Typ der Triarylcarbinole $\left(\gt C-OH + H^+ \leftrightharpoons \gt C^+ + H_2O\right)$, Amine, konjugierte Basen hydroxylhaltiger Säuren. Diese Reihenfolge wird tatsächlich durch experimentelle Daten bestätigt. So ist aus Tab. 64 zu erkennen, daß im Falle der Triarylcarbinole die Größe φ sich dem Wert eins nähert, was der ersten Variante in Tab. 63 entspricht. Im folgenden sei nochmals auf die Carbonsäuren zurückgeführt.

In Abb. 59 [87] werden im wesentlichen 3 Gruppen von Carbonsäuren beobachtet. Die erste Gruppe setzt sich aus p- und m-substituierten Benzoesäuren zusammen. Dazu gehört auch die Benzoesäure selbst, für die $\varphi \approx 0$ und folglich $\alpha \approx 0{,}4$ gilt. Aliphatische Säuren mit elektronegativen Substituenten bilden die zweite Gruppe. In diesem Falle ist der Anstieg φ negativ und die Größe α beträgt ungefähr 0,5. Stark abweichend sind die Punkte für solche „anomalen" Substituenten wie $^-OOC(CH_2)_2$, $^-OOCCH_2$ und $HOOC-CH_2CH_2$ (siehe Kap. 7.2.). Jedoch zeigen auch hydroxylhaltige Substituenten ein abweichendes Verhalten. Diese Abweichungen werden entsprechend den obigen Ausführungen durch die Bildung zusätzlicher Wasserstoffbrückenbindungen erklärt. Schließlich haben wir eine dritte Gruppe alkylsubstituierter aliphatischer Säuren, deren Anordnung in Abb. 59 durch eine vertikale Linie ($\alpha \approx 1$) charakterisiert werden kann (der Punkt für Ameisensäure fällt heraus). In diesem Fall müssen wir feststellen, daß die Intensität der Wasserstoffbrückenbindung des Typs $COO^- \cdots HOH$ annähernd gleich der Intensität der kovalenten Bindung zwischen Sauerstoff und Wasserstoff in der Carboxylgruppe ist.

Es ist augenscheinlich, daß eine einfache mathematische Beziehung zwischen den Größen φ aus (14.28) und den entsprechenden Werten der isokinetischen bzw. der Isogleichgewichts-Temperatur β existiert:

$$\beta = \frac{\varphi}{1 - \varphi} \cdot T \qquad (14.30)$$

Abb. 59: Abhängigkeit der Dissoziationsenthalpie der Carbonsäuren von der freien Energie der Dissoziation

- o aliphatische Säuren mit Alkylsubstituenten
- • aliphatische Säuren mit elektronegativen Substituenten
- ⊕ *m*- und *p*-substituierte Benzoesäuren
- \+ *o*-substituierte Benzoesäuren

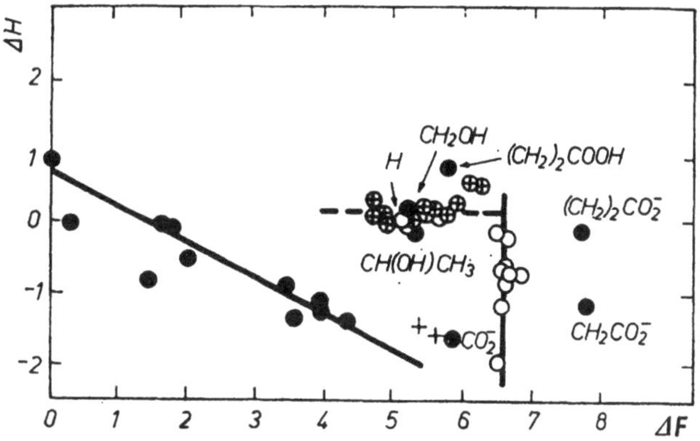

Da aber φ von der Größe α abhängt, so leiten wir die Schlußfolgerung ab, daß im Fall der Säure-Basen-Gleichgewichte die Größe der Isogleichgewichtstemperatur durch die Intensität der Wasserstoffbrückenbindung zwischen Base und Lösungsmittel (Wasser) bestimmt wird. Die Isogleichgewichtstemperatur β_H für die Wasserstoffbrückenbindung ist gleich:

$$\beta_H = 496\,°K \qquad (14.31)$$

In Tab. 64 sind auch die Größen der Isogleichgewichtstemperatur β für die betrachteten Basen angegeben. Aus diesen Daten entnimmt man, daß die Basentypen praktisch den ganzen Bereich der negativen und einen bedeutenden Teil der positiven Isogleichgewichtstemperaturen überstreichen, wobei die ganze Mannigfaltigkeit auf die Änderung der Größe α zurückgeführt werden kann. Daraus können nunmehr einige verallgemeinerte Schlußfolgerungen gezogen werden.

Hervorzuheben ist die große Bedeutung der Größe α für die Standardreaktionsserie, die zur Bestimmung der Zahlenwerte der Substituentenkonstanten (zumindest der Induktions- und Resonanzkonstanten) ausgewertet wird. Je kleiner α ist, d. h. je näher diese Reaktionsserie der Isoentropie kommt, um so besser wird das Isogleichgewichts- oder das isokinetische Verhältnis (Linearität zwischen den Größen ΔH und ΔF) erfüllt. Aus Tab. 64 ist zu erkennen, daß diese Voraussetzung weder von der Dissoziation der aliphatischen Carbonsäuren noch der Dissoziation p- und m-substituierter Benzoesäuren in Wasser erfüllt wird, d. h. gerade zwei fundamentale Standardreaktionsserien entsprechen dieser Voraussetzung nicht. Besser entspricht ihr dagegen die Dissoziation der protonisierten aliphatischen

Tabelle 64:
Die Größen φ, α und β für einige Basentypen in Wasser bei 298°K

Basentypen	φ	α	β, °K
Triarylcarbinole	0,95	0,03	−5700
β- und γ-substituierte Pyridine	0,90	0,07	−2700
aliphatische primäre Amine und o-, m- und p-substituierte Aniline	0,85	0,09	−1680
Phenole[1]) (Anionen)	0,25	0,33	− 100
	0,00	0,4	0
m- und p-substituierte Benzoesäuren (Anionen)[2])	0,00	0,4	0
aliphatische Carbonsäuren mit „normalen" elektronegativen Substituenten	−0,5	0,5	+ 100
aliphatische Carbonsäuren mit gesättigten Kohlenwasserstoff-Substituenten (Anionen)[2])	∞	1	+ 298

[1]) Die Abschätzung der Größe φ für Phenole unter Verwendung der Daten aus [87] führt zu sehr ungenauen Resultaten und der Unterschied φ von 0 kann nicht in allen Fällen bewiesen werden. Wie man sieht, verändert das die Größe α, die aus $\varphi = 0,25$ folgt, nur wenig.
[2]) Graphisch ermittelt aus Abb. 59.

und aromatischen primären Amine in Wasser. Natürlich hebt ein großer Wert von α die Gültigkeit des *LFE* nicht auf und führt nicht notwendigerweise zu direkten Fehlern, wenn man sich auf die Betrachtung der „normalen" Substituenten beschränkt. Trotzdem wird eine gewisse Ungenauigkeit in das System gebracht, insbesondere in der Nähe der Werte $\alpha \approx 0,4$ und $\alpha \approx 1$. In diesem Zusammenhang taucht die Frage auf, ob nicht für unser ganzes System der Induktionskonstanten die Notwendigkeit besteht, „die Operationsbasis" auf neue Standardreaktionen mit genügend kleinen Werten von α zu verlegen. Zu erwähnen sind auch noch die Schlußfolgerungen, die bezüglich der Wasserstoffbrückenbindungen in den Theorien der Säure-Basen-Gleichgewichte, der Säurekatalysierten Reaktionen und der Aciditätsskalen gemacht wurden [693—697]. Aus der geringfügigen Größe von α für die Ionisation der Triarylcarbinole folgt z. B., daß die Aciditätsfunktion H_R' das genaueste Maß für die Aktivität des Protons in den Lösungen konzentrierter Mineralsäuren ist [693, 702—704], während alle übrigen Typen der Aciditätsfunktion eine Komponente enthalten, die durch die Änderung der Aktivität des Wassers bedingt ist. Leider kann dieser interessante Problemkreis im Rahmen dieses Buches nicht weiter betrachtet werden.

Was die allgemeinen Schlußfolgerungen betrifft, so sind diese recht weitreichender Natur. Zunächst soll dazu eine Überprüfung unserer Ansichten über die Reaktionsmechanismen sowie den Einfluß von Struktur- und Lösungsmitteleffekten auf chemische Reaktionen und andere Prozesse erfolgen. Das Wesen dieser Überprüfung besteht darin, daß wir dem Einfluß der spezifischen Solvation und insbesondere dem der Wasserstoffbrückenbindung etwas mehr Wert beimessen als das gewöhnlich der Fall ist. Derartige Überprüfungen sind an Einzelbeispielen in der Literatur bereits beschrieben und die Wichtigkeit der Wasserstoffbrückenbindungen wird auch bei allen neubearbeiteten Prozessen und Erscheinungen stets deutlich. Es ergibt sich daher die Frage, ob nicht die Theorie der Wasserstoffbrückenbindungen zum Ausgangspunkt des allgemeinen Gebäudes der quantitativen Theorie der Reaktionsfähigkeit werden sollte, um die Möglichkeit wahrzunehmen, den Mißverhältnissen und Widersprüchen zu entgehen, auf die wir noch zu oft bei der Analyse der experimentellen Daten treffen. Wenn man die Darlegungen in diesem Paragraphen über die Bedeutung der Wasserstoffbrückenbindungen für die quantitative Theorie der Reaktionsfähigkeit auf alle Reaktionen ausdehnt, kann man interessante Verallgemeinerungen für die IB treffen. In dieser Hinsicht erscheinen alle Fälle der Entwicklung der IB als eine Folge der Beziehung (14.23). Dabei müssen die Reaktionen, bei welchen im Verlauf der Aktivierung oder beim Übergang in den Endzustand die Änderung der Intensität der Wasserstoffbrückenbindungen zwischen dem Reaktionszentrum und dem hydroxylhaltigen Lösungsmittel nicht vom Substituenten abhängen, zur Klasse der isoentropischen gezählt werden.

Nehmen wir an, daß für eine beliebige Reaktionsserie, die Größe $\Delta\Delta F_{SH}$ für ein protonenabgebendes Lösungsmittel *SH* nur durch den Induktionseinfluß des Substituenten verändert wird, so gilt:

$$\Delta\Delta F_{(SH)} = \varrho^*_{SH}\sigma^* \qquad (14.32)$$

Daher gilt für den Einfluß der Wasserstoffbrückenbindung mit dem Lösungsmittel

$$\Delta\Delta F_{(SH)} = \Delta\Delta F_{(g)} + \Delta\Delta F_{f(SH)} \qquad (14.33)$$

Die Komponente $\Delta\Delta F_{f(SH)}$ gibt den Einfluß der Änderung der Intensität der Wasserstoffbrückenbindung in Abhängigkeit vom Substituenten wider. Falls die Wasserstoffbrückenbindung den Ausgangszustand mehr stabilisiert, ist die Größe

$$\Delta\Delta F_{f(SH)} < 0 \qquad (14.34)$$

Bei stärkerer Stabilisierung des End- oder des Aktivierungszustandes ist

$$\Delta\Delta F_{f(SH)} > 0 \qquad (14.35)$$

Wenn man die Beziehung (14.22) berücksichtigt und (14.25) auf alle betrachteten Reaktionsklassen ausdehnt, so folgt:

$$\Delta\Delta F_{f(SH)} = \alpha_{B,SH}\Delta\Delta E_B \qquad (14.36)$$

$$\Delta\Delta F_{(SH)} = \Delta\Delta E + \alpha_{B,SH}\Delta\Delta E_B \qquad (14.37)$$

$\Delta\Delta E$ und $\Delta\Delta E_B$ sind die Glieder der potentiellen Energie für die betrachtete Reaktion und die Addition des Protons an das Reaktionszentrum in der Gasphase, $\alpha_{B,SH}$ ist eine Konstante, die für das betrachtete Reagenz *B* und das Lösungsmittel *SH* bei gegebener Temperatur charakteristisch ist. Ausgehend von (14.23) erhalten wir:

$$\frac{\Delta\Delta H^0_{f(SH)}}{\Delta\Delta F^0_{f(SH)}} = 2{,}5 \qquad (14.38)$$

Da sich dieses Verhältnis auf 25 °C bezieht, ist es für die Standardwerte der Enthalpie und Entropie bei der Bildung der Wasserstoffbrückenbindung verwendbar und wird deshalb mit dem Index „0" versehen.

Ausgehend von (14.36) und (14.38) erhalten wir:

$$\alpha_{B,SH} = \left(2{,}5 - 1{,}5\,\frac{T}{T_0}\right)\alpha^0_{B,SH} \tag{14.39}$$

$\alpha^0_{B,SH} = \dfrac{\Delta\Delta F^0_{f(SH)}}{\Delta\Delta E_B}$ ist eine Konstante, die nicht von der Temperatur abhängt; $T_0 = 298\,°K$ ist die Standardtemperatur. Ferner gilt entsprechend den angegebenen Bedingungen: $\Delta\Delta E = \varrho_g{}^*\sigma^*$ und $\Delta\Delta E_B = \varrho_B{}^*\sigma^*$. Daraus folgt

$$\Delta\Delta E_B = \frac{\varrho_B{}^*}{\varrho_g{}^*}\,\Delta\Delta E \tag{14.40}$$

Wenn wir (14.39) und (14.40) in (14.37) einsetzen, dann resultiert:

$$\Delta\Delta F_{(SH)} = \left[1 + \left(2{,}5 - 1{,}5\,\frac{T}{298}\right)\eta\right]\Delta\Delta E \tag{14.41}$$

Dabei ist $\eta = \alpha^0_{B,SH}\cdot\dfrac{\varrho_B{}^*}{\varrho_g{}^*}$. Es ist unschwer zu erkennen, daß $\alpha^0_{B,SH} \geqslant 0$ sein muß. Wenn jedoch die Wasserstoffbrückenbindung im Ausgangszustand stärker ist, so geht die Größe $\Delta\Delta F_{f(SH)}$ in (14.32) mit negativem Vorzeichen ein, was vom formalen Gesichtspunkt her die Größe $\alpha^0_{B,SH}$ ebenfalls negativ werden läßt. Die Größe $\varrho_B{}^* > 0$ (wir erinnern uns, daß $\Delta\Delta E$ gleich der Energie der sauren Dissoziation der mit B^ν konjugierten Säure $BH^{\nu+1}$ in der Gasphase ist). Das Vorzeichen von $\varrho_g{}^*$ hängt davon ab, ob die elektronegativen Substituenten den Ablauf der Reaktion in der Gasphase fördern oder hemmen. Im ersten Fall ist $\varrho_g{}^* < 0$,im zweiten Fall ist $\varrho_g{}^* > 0$. Da die entsprechenden Größen lg k und ΔF umgekehrte Vorzeichen besitzen, ist in diesem Fall die Abhängigkeit des Vorzeichens von ϱ^* entsprechend dem Charakter der Reaktionsserie umgekehrt als bei den Korrelationen der lg k-Werte. Folglich hängt das Vorzeichen der Größe η sowohl vom Charakter der betrachteten Reaktionsserie als auch davon ab, ob die Wasserstoffbrückenbindung mit dem Lösungsmittel den Ausgangs- oder den End- (bzw. den aktivierten) Zustand stabilisiert. Vom Vorzeichen und der absoluten Größe von η hängt es ab, zu welcher Klasse der Enthalpie-Entropie-Beziehung die betrachtete Reaktion gehört bzw. ob die Größe β die isokinetische oder die Isogleichgewichts-Temperatur darstellt. Mögliche Varianten sind in Tab. 65 aufgeführt.

Die Größe der isokinetischen oder der Isogleichgewichts-Temperatur wird dabei durch folgende Beziehung bestimmt:

$$\beta = 496 + \frac{199}{\eta} \tag{14.42}$$

Den oben dargelegten Sachverhalt kann man auf folgende Weise zusammenfassen. Bei allen Reaktionen in der Gasphase wirken sich die Induktions- und

Tabelle 65:

Abhängigkeit der isokinetischen Temperatur β vom Typ der Reaktion und dem Charakter des Einflusses der Wasserstoffbrückenbindung

(Das Vorzeichen + kennzeichnet die Erfüllung der gegebenen Voraussetzung)

Typ der Reaktion		Zustand, der durch die Wasserstoffbrückenbindung stabilisiert wird			
nucleophil $\varrho^{1)} < 0$	elektrophil $\varrho^{1)} > 0$	Ausgangs-Z.	End-Z. bzw. aktivierter Z.	η	β, °K
+		+		>0	>496
	+		+		
+			+	<0	<496
	+	+		$-0{,}40$	0[1])
beliebig				0	$\pm\infty$[2])

[1]) isoenthalpische Variante.
[2]) isoentropische Variante.

Resonanzeinflüsse der Substituenten nur auf die Größe der potentiellen Energie aus (in Übereinstimmung mit den klassischen Vorstellungen). Die einzige Ausnahme von dieser Regel betrifft die Wasserstoffbrückenbindung, bei deren Bildung sich der elektronische Einfluß des Substituenten auch auf die entropische Komponente auswirkt. Für die anderen Reaktionen wird die *IB* mit universellen Werten der Isogleichgewichtstemperatur $\beta = 496$ °K befolgt. Abweichungen von der Isoentropie werden bei elektronischem Substituenteneinfluß für Reaktionen in Lösung nur durch den Einfluß der Wasserstoffbrückenbindung erklärt. Große Absolutwerte von β entsprechen einer geringen Änderung dieses Einflusses. Bei der Annäherung an den Wert $\beta_H = 496$ °K bleibt die Rolle der Wasserstoffbrückenbindung bestimmend[1]). Im Prinzip kann eine analoge Behandlung auch für Reaktionsserien entwickelt werden, bei welchen das Lösungsmittel nicht zu den konstanten Faktoren zählt.

Ausgehend von diesen Postulaten ist es zweckmäßig, die Reaktionsserien zusammenzufassen, für die die Forderung der Isoentropie erfüllt wird. Zu dieser Gruppe gehören alle die Reaktionen, bei welchen der Einfluß der Substituenten auf die freien Reaktions- oder Aktivierungsenergien nicht durch Wasserstoffbrückenbindungen kompliziert wird. Die Existenz solcher Reaktionen wurde bereits von HAMMETT [9] am Beispiel der alkalischen Hydrolyse der substituierten Äthylbenzoate gezeigt. In Kap. 12 sahen wir, daß das auch für die alkalische

[1]) Zur Vermeidung von Mißverständnissen wird hervorgehoben, daß die gesamte Darlegung keine absoluten Werte der freien Energie der Wasserstoffbrückenbindung betrachtet, sondern die Empfindlichkeit dieser Größe gegenüber dem Substituenteneinfluß. Das kommt auch durch die Größen $\Delta\Delta F_f$ zum Ausdruck.

Hydrolyse der substituierten Phenyltosylate zutrifft. Zweifellos kann noch eine Reihe weiterer Reaktionsserien nachgewiesen werden, wenn man genauere Verfahren zur Untersuchung der *IB* benutzt. Auf der Grundlage dieser Hypothese wird auch das Fehlen eines einheitlichen, universellen Wertes für die isokinetischen Temperaturen [oder der Größe γ aus (4.16)] verständlich, der für jeden Mechanismus gleichartiger Wechselwirkungen charakteristisch ist. Das folgt aus der unmittelbaren Anwendung des *PPL*.

Im Falle aller elektronischen Einflüsse ist $\gamma = 0$ (Isoentropie) und nur durch den zusätzlichen Einfluß der Wasserstoffbrückenbindung kann dieser Fakt in vielen Fällen nicht nachgewiesen werden.

Selbstverständlich ist die dargelegte Hypothese, falls sie sich im großen und ganzen als richtig erweisen sollte, nicht frei von Fehlern. Im Vergleich zur Berücksichtigung des Lösungsmitteleinflusses ausschließlich auf der Basis der elektrostatischen Wechselwirkung stellt sie praktisch das andere Extrem dar. Ohne Zweifel müssen wir bei der Vereinigung aller dieser Extreme zu einheitlichen Vorstellungen eine wesentlich weiterführende Konzeption haben. Das ist jedoch die Aufgabe einer gesonderten Untersuchung.

Kapitel 15: Zum Problem des „Ortho-Effektes"

Es ist seit langem bekannt, daß der Einfluß ortho-substituierter Phenylringe auf die Reaktionsfähigkeit mit gewissen Besonderheiten verbunden ist, die im Falle der meta- und para-substituierten Phenylringe nicht auftreten. So sind z. B. ortho-substituierte Benzoesäuren stärkere Säuren als die Benzoesäure selbst und zwar unabhängig von der Natur des ortho-Substituenten. Daß die Einführung eines Alkylsubstituenten in das Molekül einer Carbonsäure zur Erhöhung der Acidität führt, stößt normalerweise auf den Protest jedes Organikers. Deshalb wurde das genannte Beispiel wie auch eine Reihe analoger Erscheinungen als Anomalie betrachtet, welche die Bezeichnung „Ortho-Effekt" erhielt. Tatsächlich paßt der Umstand, daß die Einführung einer Methylgruppe in die ortho-Stellung der Benzoesäure deren Säurestärke mehr erhöht ($pK_a = 3{,}92$) als die Einführung von Chlor in die para-Stellung ($pK_a = 3{,}99$), nicht ohne weiteres in die Auffassungen über den induktiven und den Resonanzeinfluß der Substituenten, wie sie in den vorhergehenden Kapiteln betrachtet wurden. In allgemeiner Form äußert sich der „ortho-Effekt" in der Nichtbefolgung der Hammett-Gleichung für ortho-substituierte Derivate [9, 10].

An die Lösung der Probleme, die mit dem „ortho-Effekt" verbunden sind, kann man unter zwei Gesichtspunkten herangehen. Der erste besteht darin, daß die Existenz des „ortho-Effektes" nicht mit qualitativ neuen Erscheinungen des Substituenteneinflusses auf das benachbarte Reaktionszentrum verbunden ist. Als Wirkung des ortho-Substituenten können der sterische Effekt, die intramolekulare Wasserstoffbindung sowie der Feldeffekt auftreten [9, 10, 705]. In dieser Hinsicht haben wir es also bei den ortho-substituierten Phenylringen nicht mit irgendwelchen prinzipeill neuen Erscheinungen zu tun, sondern vor uns steht lediglich das Problem der quantitativen Bestimmung der Komponenten in der summarischen Größe $\Delta\Delta F$, die durch die verschiedenen bekannten Substituenteneffekte bedingt sind.

Die zweite Möglichkeit zur Interpretation des „ortho-Effektes" beruht auf der Annahme qualitativ neuer Arten der Wechselwirkungen, wie sie für andere Typen von Substituenten bisher noch nicht nachgewiesen wurden.

Es ist klar, daß der erste Gesichtspunkt vernünftiger ist, da er sich auf bereits bekannte Fakten stützt. Nur dann, wenn die im Rahmen der bekannten Fakten gegebenen Möglichkeiten völlig erschöpft sind, liegt ein Grund vor, prinzipiell neue Hypothesen zu Hilfe zu nehmen.

Der einzuschlagende Weg zur Interpretation des „ortho-Effektes" ist relativ einfach. Es ist notwendig, entweder eine Reaktionsserie zu finden, bei welcher der Einfluß der oben genannten zusätzlichen Strukturfaktoren ausgeschlossen

Tabelle 66:

Die Größen σ_0 für verschiedene Modellprozesse. Für alle Skalen ist $\sigma_H{}^0 = 0$

Substituent	Charakter der Größen[1]) σ und Nummer des Modellprozesses[2])												
	σ						σ^0						
	1	2	3	4	5	6	7	8	9	10	11	12	13
NH_2	—	—	—0,35	—	—	—	—	—	—	0,074	—	—	—
OCH_3	—0,39	—0,27	—	—	—0,34	—0,23	—0,095	—0,67	—0,53	—0,034	—	—0,30	—
OC_2H_5	—0,35	—0,25	—	—	—	—	—	—	—	—	—	—	—
OH	—	—0,38	—0,2	—	—	—	—	—	—	—	—	—	—
C_2H_5	—	—	—	—0,036	—	—	—	—	—	—	—	—	—
CH_3	—0,17	—0,14	—0,1	0,003	—0,14	—0,12	—0,054	—0,14	—0,16	—0,191	—	—0,02	—
2,3-C_4H_4	—	—	—	—	—	—	—	—	0,41	—	—	—	—
F	0,24	0,06	—	0,291	0,17	0,25	—	0,23	0,16	0,596	—	—	—
Cl	0,20	0,21	0,4	0,219	0,22	0,28	0,366	0,37	0,31	0,540	0,53	0,34	0,12
Br	0,21	0,20	—	0,296	—	—	—	0,41	—	—	—	—	0,29
J	0,21	—	—	0,341	—	—	—	0,43	—	—	—	—	—
NO_2	0,80 1,22[3])	0,76	0,95	—	0,65	0,54	0,703	0,97	0,94	1,243	0,67	0,66	—

[1-3]) siehe nebenstehende Seite.

bleibt, oder den rein polaren Einfluß der ortho-Substituenten nach einer anderen bekannten Methode zu bestimmen, und auf dieser Grundlage die Größen des Typs σ nach HAMMETT oder σ^0 nach TAFT zu berechnen. Man muß ferner zur quantitativen Erfassung der Beiträge aller anderen Struktureffekte in analoger Weise wie bei den aliphatischen Substituenten verfahren.

Versuche zur Bestimmung der Größen $\sigma(\sigma^0)$ für ortho-Substituenten wurden von vielen Autoren beschrieben [706—717], nachdem TAFT [30—32, 39] erstmalig die Gleichung (1.13) zur quantitativen Bestimmung der polaren Komponente bei der Hydrolyse ortho-substituierter Äthylbenzoate benutzt hatte.

Infolgedessen gibt es zur Zeit ebensoviele verschiedene Skalen für die Größen σ^0 wie es verschiedene Substituenten gibt, für die diese Größe bestimmt wurde. Die entsprechenden Daten sind in Tab. 66 aufgeführt.

Es genügt ein flüchtiger Blick auf Tab. 66, um sich davon zu überzeugen, wie wenig die Größen übereinstimmen, die aus verschiedenen Standardprozessen erhalten wurden. Es sei nochmals betont, daß alle Bearbeiter bei der Bestimmung der Größen bemüht waren, Einflüsse wie den sterischen Effekt und die intramolekulare Wasserstoffbindung zu eliminieren. Das wurde erreicht, entweder durch die entsprechende Auswahl einer Modellreaktion (genügender Abstand zwischen dem ortho-Substituenten und dem Reaktionszentrum), oder durch Auswertungen nach der Methode von TAFT. Die Größen σ_0 wurden auf den gleichen

[1]) Die Größen $\sigma_0{}^0$ sind aus solchen Modellprozessen bestimmt worden, in denen für meta- und parasubstituierte Phenylderivate eine lineare Abhängigkeit mit den Größen σ^0 erfüllt wird unabhängig von der Natur und der Stellung des Substituenten.

[2]) 1. $\sigma_0{}^*$ nach TAFT bestimmt nach Gleichung (1.13) aus den kinetischen Daten für die basische und saure Hydrolyse ortho-substituierter Äthylbenzoate [30—32, 39].
2. Aus pK_a-Werten ortho-substituierter Benzoesäuren [708].
3. Aus den Frequenzen der *IR*-Absorptionsspektren ortho-substituierter Benzonitrile [707, 713].
4. Aus den kinetischen Daten für die saure und basische Hydrolyse ortho-substituierter Äthylbenzoate in 80%igem Äthanol bei 100,8 °C [712].
5. Aus den Frequenzen der IR-Absorptionsspektren für 2′-substituierte 2-Oxy-benzaniline [710].
6. Mittelwerte aus den folgenden Reaktionsserien [717]:
   a) pK_a für ortho-substituierte Phenylpropionsäuren in 35%igem wäßr. Dioxan.
   b) Geschwindigkeitskonstanten dieser Säuren mit Diphenyldiazomethan in Äthanol und in Dioxan.
   c) pK_a-Werte ortho-substituierter Phenylessigsäuren in Wasser.
   d) pK_a-Werte ortho-substituierter Zimtsäuren in Wasser.
7. Geschwindigkeitskonstanten des Zerfalls von $ArCOOCH_2CH_2S^+(CH_3)_2J^-$, wobei Ar = ortho-substituiertes Phenyl ist, in Wasser bei 25 °C [706].
8. Gleichgewichtskonstanten der Bildung von Ionenpaaren aus ortho-substituierten Benzoesäuren und 1.3-Diphenylguanidin in Benzol bei 25 °C [709, 714].
9. Pyrolyse ortho-substituierter Isopropylbenzoate in der Gasphase bei 337 °C [714].
10. Basische Hydrolyse ortho-substituierter Phenyltosylate in Wasser bei 50 °C [715].
11. pK_a-Werte ortho-substituierter Phenylessigsäuren in Wasser bei 25 °C [714].
12. pK_a-Werte ortho-substit. β-Phenolpropionsäuren in H_2O bei 25°C [714].
13. pK_a-Werte von $o\text{-}XC_6H_4PO_2OH^-$ in Wasser [714].

[3]) Diese Größe ist analog $\sigma_p{}^-$ und spiegelt die Anwesenheit der polaren Kopplung mit dem $+R$-Reaktionszentrum für die Dissoziation der Aniline und Phenole wider.

Maßstab wie die σ-Werte von HAMMETT durch Übernahme der entsprechenden Werte für die Konstanten ϱ der jeweiligen Reaktionsserie gebracht.

Infolge der Nichtübereinstimmung der σ^0-Werte sind Arbeitshypothesen notwendig. Entweder entspricht infolge einer polaren Kopplung ein Teil der ausgewählten Modellprozesse nicht den Forderungen der Gleichartigkeit der Wechselwirkung mit dem Reaktionszentrum, oder es existiert noch eine weitere Ursache für den „ortho-Effekt“.

Man kann zeigen, daß es nach der ersten Hypothese nicht möglich ist, die Nichtübereinstimmung der σ^0-Werte zu erklären. In Tab. 66 sind die Größen $\sigma^0 (\sigma_0{}^0)$ für 6 Reaktionsserien aufgeführt, deren Daten mit den entsprechenden Werten für meta- und para-substituierte Phenylringe korrelieren, und für die der sterische Effekt und die intramolekulare Wasserstoffbindung ausgeschlossen bleiben (letztere ist zumindest nicht für alle Substituenten möglich). Die Übereinstimmung zwischen den Resultaten, die aus den verschiedenen Modellprozessen erhalten werden, wird jedoch nicht besser.

Das angeführte Material zwingt somit zur Annahme, daß die Ursache des „ortho-Effektes“ nicht nur auf den Einfluß bereits bekannter Strukturfaktoren der Substituenten beschränkt ist [198, 199, 715, 718, 719]. Es ist bemerkenswert, daß eine solche Schlußfolgerung aus den Resultaten unabhängiger und parallelverlaufender Arbeiten in zwei Laboratorien an völlig verschiedenen Objekten und unter unterschiedlichen Reaktionsbedingungen erhalten wurde (Gasphase bei 337 °C und wäßrige Lösungen bei Temperaturen bis zu 85 °C). Das Ziel der Untersuchungen war in beiden Fällen die Bestimmung der induktiven Konstanten $\sigma_0{}^0$ für ortho-substituierte Phenylderivate. Zunächst wurde in beiden Laboratorien eine Reaktionsserie ausgewählt, für die die polare Kopplung der para-Substituenten mit dem Reaktionszentrum ausgeschlossen ist. Daraufhin wurden die Daten für die gleichen Serien auch für ortho-Substituenten bestimmt und auf dieser Basis die Größen $\sigma_0{}^0$ berechnet.

Eine dieser Reaktionsserien (bzw. Gruppen von Reaktionsserien) ist die thermische Spaltung von Estern mit aromatischen Substituenten in der Acyl- bzw. Alkylgruppe der Moleküle in der Gasphase bei 337 °C. Sie wurde von SMITH, JONES und YATES untersucht [286—288, 714, 719]. Die Autoren konnten zeigen, daß die lg k-Werte für meta- und para-substituierte Isopropylbenzoate gut mit den Größen σ^0 korrelieren [287]. Der geringe Wert von $\varrho = 0{,}33$ ist wohl der einzige Mangel dieser Untersuchungen. Die Größen $\sigma_0{}^0$, die aus den entsprechenden Daten für ortho-substituierte Derivate bestimmt wurden [711, 714] (Nr. 9 in Tab. 66), müßten reine induktive Parameter für ortho-substituierte Phenylderivate sein.

Die zweite Reaktionsserie ist die basische Hydrolyse substituierter Phenyltosylate, die vorher schon mehrmals erwähnt wurde (siehe Kap. 7.4. und Kap. 12.). Sie wurde von MAREMJAE [195, 198, 199, 715, 720] in wäßriger Lösung bei Temperaturen zwischen 15° und 85 °C sowie in Wasser-Äthanol-Gemischen bis zu einem Äthanolgehalt von 80% untersucht. Die Größen, die aus den Daten für diese Reaktionsserie (Nr. 10 in Tab. 66 für 50 °C in Wasser) erhalten wurden, müssen ebenfalls „echte“ Induktionskonstanten ortho-substituierter Phenylderivate sein. Wie jedoch aus Tab. 66 zu erkennen ist, sind sie nicht identisch mit den Werten des vorher beschriebenen Verfahrens. Somit beseitigt die genaue Bestimmung der Größen des Typs σ^0 keineswegs die eingangs geschilderten Schwierigkeiten. Für Phenyltosylate wurde auch eine vergleichende Untersuchung des Verhaltens ortho- und meta- oder para-substituierter Derivate in Abhängigkeit von der Temperatur und vom Lösungsmittel [198, 199, 715, 720] durchgeführt. Die erhaltenen Resultate verdienen besondere Aufmerksamkeit.

Wie oben bereits erwähnt, wurden die Größen $\sigma_0{}^0$ in diesem Falle in Wasser bei 50°C bestimmt, ausgehend von der Gleichung

$$\sigma_0{}^0 \equiv \frac{\lg k - \lg k_0}{\varrho} \tag{15.1}$$

Abb. 60: Abhängigkeit des lg k der basischen Hydrolyse substituierter Phenyltosylate von den Konstanten σ^0 und $\sigma^0_{0(H_2O)}$ in Wasser bei 15 °C

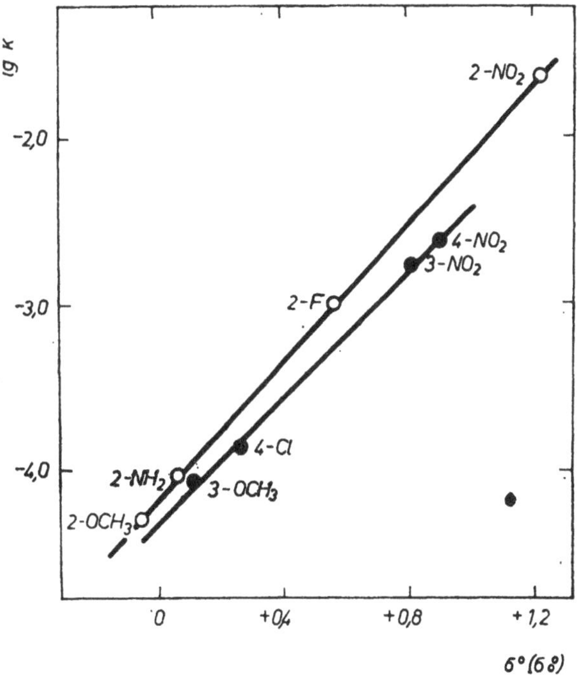

Dabei sind ϱ (im betrachteten Falle = 1,7) und lg k_0 aus der Korrelation der Größen lg k für meta- und para-Substituenten mit dem entsprechenden σ^0-Wert berechnet worden.

Wenn man demzufolge von den Standardbedingungen ausgeht, liegen beim Auftragen der Größen lg k gegen $\sigma_0{}^0$ die Punkte für ortho-Substituenten auf einer gemeinsamen Geraden mit den Punkten für meta- und para-Substituenten. Man braucht jedoch nur die Temperatur oder das Lösungsmittel zu verändern, um eine Änderung des gesamten Bildes zu erhalten (Abb. 60 u. 61). Obwohl die Linearität mit den Größen σ^0 erhalten bleibt, darunter auch die der ortho-Substituenten, liegen nunmehr die Punkte für die letzteren bereits auf einer gesonderten Geraden. Das bedeutet, daß beim Auftragen einer Reaktionsserie bei verschiedenen Temperaturen oder verschiedenen Lösungsmitteln keine einheitliche Linearität der Abhängigkeit für die lg k-Werte beobachtet wird, die sowohl meta- und para-, als auch ortho-substituierte Derivate umfaßt. Es scheint uns, daß diese Tatsache grundlegende Bedeutung für das Verständnis der phänomenologischen Seite des „ortho-Effektes“ hat, wenn auch damit die Ursachen im einzelnen noch offen bleiben.

Bei einer umfassenderen Überprüfung stellte sich heraus, daß die erhaltenen Größen $\sigma_0{}^0$ auch mit den für die ortho-Derivate erhaltenen Daten einer Reihe anderer Reaktionsserien korrelieren. Dazu gehören auch jene, die als Modell zur Bestimmung der verschiedenen Skalen der Konstanten σ_0 dienten (s. Tab. 66). Jedoch stimmten in der Regel die Geraden für ortho-Substituenten nicht mit denen für meta- und para-Substituenten überein [721, 720]. In den Fällen der

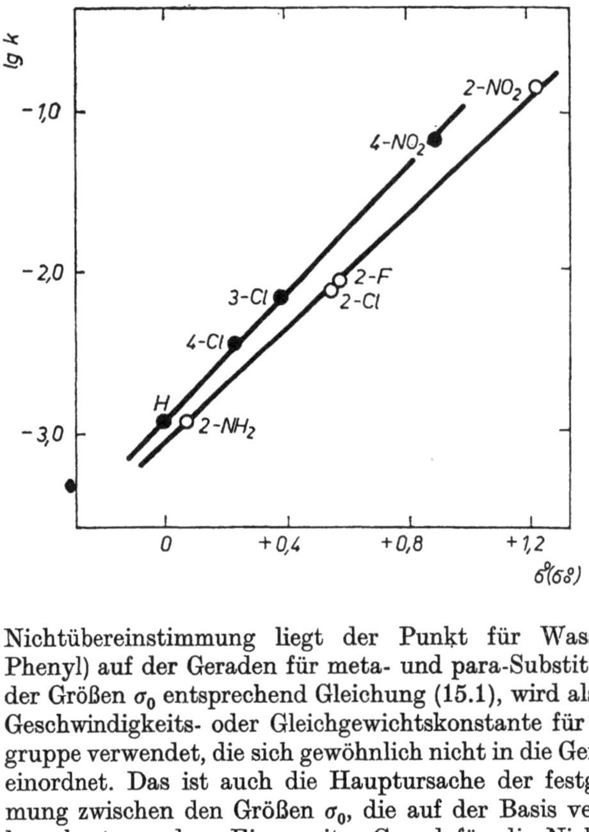

Abb. 61: Abhängigkeit des lg k der basischen Hydrolyse substituierter Phenyltosylate von den Konstanten σ^0 und $\sigma^0_{0(H_2O)}$ in 30%igem wäßrigen Äthanol bei 60 °C

• *m*- und *p*-Substituenten

o *o*-Substituenten

Nichtübereinstimmung liegt der Punkt für Wasserstoff (nichtsubstituiertes Phenyl) auf der Geraden für meta- und para-Substituenten. Bei der Berechnung der Größen σ_0 entsprechend Gleichung (15.1), wird als Größe k_0 jedoch gerade die Geschwindigkeits- oder Gleichgewichtskonstante für die unsubstituierte Phenylgruppe verwendet, die sich gewöhnlich nicht in die Gerade für ortho-Substituenten einordnet. Das ist auch die Hauptursache der festgestellten Nichtübereinstimmung zwischen den Größen σ_0, die auf der Basis verschiedener Reaktionsserien berechnet wurden. Ein zweiter Grund für die Nichtübereinstimmung sind die Unterschiede in den Größen ϱ für ortho-, meta- und para-substituierte Derivate. Dieser Umstand wirkt sich jedoch nicht auf die relativen Werte der Größen σ_0, sondern nur auf den Maßstab aus.

Eine detaillierte Analyse zeigt [720], daß man die Daten für ortho-substituierte Derivate in zwei Gruppen einteilen kann, von denen jede mit einer der angeführten Skalen der σ_0-Werte besser korreliert. Deshalb kann man mit zwei Skalen der Größen σ_0 auskommen. Besonders geeignet sind dabei die Größen $\sigma_0{}^0$. Da sich die von Smith und Jones bestimmten Größen auf die Gasphase beziehen, bezeichnen wir sie mit $\sigma^0_{0(g)}$. Die Größen, die aus der Reaktionsserie der alkalischen Hydrolyse in Wasser erhalten wurden, bezeichnen wir entsprechend mit $\sigma^0_{0(H_2O)}$.

Mit den Größen $\sigma^0_{0(H_2O)}$ korrelieren die pK_a-Werte der mono- und polysubstituierten Phenole und der Anilinium-Ionen, die ein oder zwei ortho-Substituenten enthalten, recht gut [133]. Für die Dissoziation der Phenole in Wasser bei 25 °C wird folgende Abhängigkeit befolgt:

$$pK_a = (9{,}87 \pm 0{,}04) - (1{,}98 \pm 0{,}11) \sum \sigma_m{}^0 - (2{,}45 \pm 0{,}05) \sum \sigma_0{}^0$$
$$- (1{,}82 \pm 0{,}30)\, \sigma_p{}^0 - (1{,}27 \pm 0{,}31)\, \sigma^-_{R(p)}$$
$$r = 0{,}9933;\ s = 0{,}115.$$

Zur Korrelation wurden 68 Phenole verwendet, davon 29 mit Substituenten in ortho-Stellung. Die Änderung des pK_a-Wertes erfolgte in den Grenzen von 10 logarithmischen Einheiten. Es wurden die Größen σ^-_R aus [486] benutzt.

Für die Dissoziation der Anilinium-Ionen gilt folgende Gleichung:

$$pK_a = (4{,}26 \pm 0{,}15) - (3{,}66 \pm 0{,}15) \sum \sigma_0{}^0 - (2{,}28 \pm 0{,}38) \sum \sigma_m{}^0$$
$$- (1{,}69 \pm 0{,}89)\, \sigma_p{}^0 - (1{,}28 \pm 0{,}68)\, \sigma^+_{R(p)} - (3{,}20 \pm 0{,}87)\, \sigma^-_{R(p)}$$
$$r = 0{,}9800;\ s = 0{,}200.$$

Zur Korrelation wurden 51 substituierte Aniline erfaßt, davon 20 mit Substituenten in ortho-Stellung. Die Änderung des pK_a-Wertes erfolgte hier im Bereich von 14 logarithmischen Einheiten.

Die Autoren schlagen vor, diese Reaktionsserien als sekundäre Standards zur Berechnung der Werte $\sigma_m{}^0$ und $\sigma^0_{0(H_2O)}$ zu benutzen. Die dabei erhaltenen Werte sind für verschiedene Substituenten in der Anlage III enthalten. Die Ungenauigkeiten in den Parametern der Korrelation für die substituierten Aniline resultieren daraus, daß bei der Berechnung der pK_a-Werte für eine Reihe dieser Substanzen die Aciditätsfunktion H_0 angewendet wurde. Das trägt zumindest zu einem zusätzlichen Fehler bei, wenn nicht sogar angenommen werden muß, daß die pK_a-Werte, die mit Hilfe von H_0 bestimmt wurden, im gesamten Intervall $pK_a < -3$ keine physikalische Bedeutung besitzen [727].

Die ϱ_0-Werte unterscheiden sich in beiden Fällen von ϱ_m und ϱ_p, wobei die letztgenannten Größen innerhalb der Fehlergrenze übereinstimmen. Die Lage des Punktes für Wasserstoff sowohl auf der Geraden für ortho-, als auch auf der Geraden für meta- und para-Substituenten wurde willkürlich festgelegt, da sonst zusätzliche Schwierigkeiten bei polysubstituierten Verbindungen mit den Substituenten in 2- und 4-Stellung auftreten. In diesen Fällen bringt die genannte Ungenauigkeit offensichtlich nur einen geringfügigen zusätzlichen Fehler mit sich. Das entscheidende Ergebnis dieser beiden Korrelationen ist die Schlußfolgerung, daß eine polare Kopplung des ortho-Substituenten mit dem Reaktionszentrum fehlt, während sie für para-Substituenten vorhanden ist. (Die Berechnungen wurden mit dem Rechenautomaten Ural-4 unter Benutzung des in [722] angegebenen Programms realisiert. Durch das Programm wurden alle statistisch unwesentlichen Glieder aus der vorgegebenen allgemeinen Gleichung ausgeschlossen.)

Diese Schlußfolgerung wird zumindest qualitativ auch bei anderen Reaktionsserien bestätigt [718, 720]. Weiter wurde eine vergleichende statistische Analyse [720] der Daten für 24 Reaktionsserien (einschließlich der in Tab. 56 enthaltenen) durchgeführt. Bei dieser Analyse konnte man allerdings nur auf eine bedeutend geringere Zahl an Daten für ortho-Substituenten (bis 8, in einem Fall sogar nur 3) zurückgreifen, als das bei der Dissoziation der substituierten Phenole und Aniline der Fall war. Das zwingt dazu, das Ergebnis mit einer gewissen Vorsicht zu betrachten. Die Korrelationen wurden mit den Skalen $\sigma^0_{0(H_2O)}$, $\sigma^0_{0(g)}$ und $\sigma_0{}^*$ (Nr. 10, 9 und 1 in Tab. 66) vorgenommen. In allen Fällen sind die Korrelationswerte mit den Größen $\sigma_0{}^*$ weniger gut als die mit den anderen beiden Skalen erhaltenen Werte. Nur für eine Reaktion (pK_a-Werte für o-$XC_6H_4SeCH_2COOH$ in Wasser)

Tabelle 67:

Gegenüberstellung der Korrelationsergebnisse von ortho-substituierten Derivaten mit den Werten $\sigma^0_{0(H_2O)}$ und $\sigma^0_{0(g)}$

r[1])	Serienzahl	Gute Übereinstimmung mit $\sigma^0_{0(H_2O)}$	mit $\sigma^0_{0(g)}$	Schlechte Korrelation
>0,99	8	4	4	—
0,98···0,99	8	4	4	—
0,97···0,98	4	2	2	—
0,95···0,97	3	2	1	—
<0,95[2])	1			1
Summe	24	12	11	1

[1]) Der Korrelationskoeffizient bezieht sich auf die Korrelation mit der Skala $\sigma_0{}^0$, die das beste Ergebnis liefert.

[2]) pK_a-Wert der Phenylessigsäuren in Wasser bei 25 °C [272]. Die Größen r sind gleich 0,889; 0,881 und 0,763 bei der Korrelation mit den Größen $\sigma^0_{0(H_2O)}$, $\sigma^0_{0(g)}$ und $\sigma_0{}^*$.

ist der Wert r bei der Anwendung von $\sigma_0{}^*$ vergleichbar mit r für $\sigma_{0(g)}$ (0,986 und 0,984). Die Werte $\sigma_0{}^*$ selbst stehen besser mit $\sigma^0_{0(g)}$ ($r = 0{,}989$) in Korrelation als mit $\sigma_{0(H_2O)}$ ($r = 0{,}961$). Deshalb ist es sinnvoll, nur diese Ergebnisse zu vergleichen. Die entsprechenden Daten werden in Tab. 67 angeführt. Wie zu erkennen ist, gibt eine dieser Skalen in 23 von 24 Fällen ein gutes oder befriedigendes Resultat. Bei einem Teil der betrachteten Beispiele wurde ein besseres Ergebnis mit den Konstanten $\sigma^0_{0(H_2O)}$ erreicht und bei einem anderen Teil mit den Konstanten $\sigma^0_{0(g)}$. Dabei sollte man eine bessere Korrelation mit $\sigma^0_{0(H_2O)}$ für Wasser und hydroxylhaltige Lösungsmittel erwarten, im Vergleich zu $\sigma^0_{0(g)}$ für die Gasphase und inerte Lösungsmittel, wenn die Unterschiede zwischen beiden Skalen, die durch die Größe $r = 0{,}933$ ausgedrückt werden, im wesentlichen durch den Einfluß des Lösungsmittels bestimmt würden. Die Ergebnisse bestätigen jedoch diese Hypothese nicht ganz [720].

Alle 12 Reaktionsserien (mit Ausnahme der pK_a-Werte der substituierten

Phenole und Aniline), die besser mit $\sigma_{0(H_2O)}$ korrelieren, wurden tatsächlich in wäßrigen bzw. hydroxylhaltigen Lösungsmitteln durchgeführt. Jedoch von 11 Serien, die ein besseres Ergebnis mit den Größen $\sigma^0_{0(g)}$ geben, gehören nur 3 zu inerten Lösungsmitteln. In den restlichen Fällen ist das Lösungsmittel Wasser oder wäßriges Dioxan. Wie kompliziert die hier zu beobachtenden Verhältnisse sind, ist zumindest daran zu sehen, daß z. B. die pK_a-Werte der ortho-substituierten Benzoesäuren in Benzol und Wasser besser mit den Größen $\sigma^0_{0(g)}$ korrelieren, während in Alkohol, wäßrigem Dioxan und wäßrigem Äthanol bessere Ergebnisse bei der Anwendung der Werte $\sigma^0_{0(H_2O)}$ erhalten werden.

Somit haben wir keine objektive Begründung dafür, die Indices in den Bezeichnungen dieser Konstanten in eine direkte Beziehung zum physikalischen Wesen der Größen zu setzen.

Für die alkalische Hydrolyse ortho-substituierter Phenyltosylate sind die Daten in einem genügend breiten Temperaturintervall bekannt, so daß man hier mit einiger Sicherheit die Enthalpie-Entropie-Verhältnisse diskutieren kann. Es zeigte sich [199], daß für die Substituenten NO_2, F und NH_2 ein Isoentropieverhalten beobachtet wird, und zwar sowohl für die meta- als auch für die para-Position (siehe Abb. 43). Hierbei liegt für diese Substituenten in den Koordinaten lg A gegen E der Logarithmus um 1,3 lg A-Einheiten niedriger als bei den *m*- und *p*-Verbindungen.

Die Punkte für OCH_3 und besonders für CH_3 weichen bei großen lg A-Werten von dieser Gesetzmäßigkeit ab. Im Falle der CH_3-Gruppe erreicht lg A den Wert, der charakteristisch für den m- und p-Substituenten ist. Folglich wird weder das Isoentropieverhalten noch die *IB* für o-Substituenten auf Grund zusätzlicher Komplikationen eingehalten.

Daraus folgt, daß man bei einer genauen Überprüfung nur für die Substituenten unterschiedliche Korrelationen der Größen $\sigma^0_{0(H_2O)}$ benutzen kann, für die ein Isoentropieverhalten befolgt wird. Das gilt natürlich nur im Bereich der Standardserie (Hydrolyse substit. Phenyltosylate). Smith und Yates [719] zeigten, daß diese Besonderheiten im Verhalten der o-substituierten Derivate nicht allein vom Lösungsmittel abhängen, da sie auch in der Gasphase nicht vollständig verschwinden. Beim Auftragen der lg k-Werte für die Pyrolyse substituierter 1-Phenyläthylacetate gegen die lg k-Werte für substituierte 1-Phenyläthyl-methylcarbonate liegen die Punkte für *o*- und *m*-Substituenten auf zwei unterschiedlichen Geraden die sich allerdings im Punkt für das unsubstituierte Phenyl schneiden.

In den letzten Jahren wurde einiges zur Klärung des *o*-Effektes beigetragen. Die hauptsächliche Schlußfolgerung ist jedoch, daß für o-substituierte Phenylderivate keine einheitliche Skala von Induktionskonstanten gilt, wie das für m- und p-substituierte Verbindungen der Fall ist.

Inwieweit diese Schlußfolgerung endgültig ist, und welche Wege zu genaueren quantitativen Berechnungen des *o*-Effektes notwendig sind, müssen weitere Untersuchungen zeigen. Andererseits darf man nicht verschweigen, daß in einigen Fällen die o-substituierten Derivate ein recht einfaches Verhalten zeigen.

Ranneva und Shatenstein [181, 723] wiesen nach, daß die kinetischen Daten des Wasserstoffaustauschs an o-substituierten Phenylderivaten mit den Induktionskonstanten der betreffenden Substituenten korrelieren. Im Falle des Deuteriumaustausches in m- und p-Stellung kann diese Linearität nicht beobachtet werden. Ein noch eindrucksvolleres Beispiel beschrieb Sinev [724] für die folgende

Reaktion des Farbstofftyps Antipuringelb

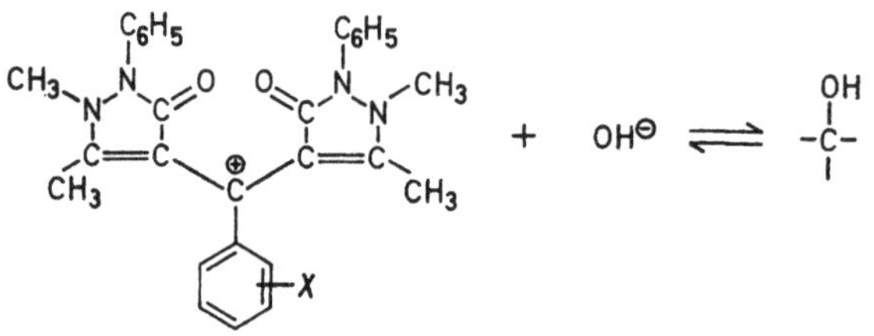

Für o-substituierte Derivate befinden sich die Logarithmen der Gleichgewichtskonstanten wie auch die der Geschwindigkeitskonstanten in linearer Abhängigkeit von den entsprechenden Induktionskonstanten (einschließlich der $+R$-Substituenten wie $O-CH_3$).

In einer vorhergehenden Arbeit wurde gezeigt [725], daß für die gleiche Reaktionsserie starke polare Kopplungen des p-Substituenten mit dem Reaktionszentrum auftreten, wie sie gewöhnlich nur bei Reaktionen von Carbonium-Ionen zu beobachten sind. Aus diesem Grunde muß hier die Gleichung von OKAWA und TSUNO verwendet werden.

Es zeigt sich, daß hier ein Beispiel für das Fehlen der polaren Kopplung der o-Substituenten mit dem Reaktionszentrum vorliegt, während eine solche bei p-Substituenten vorhanden ist. Das könnte man für den betrachteten Fall auch durch die sterische Hinderung der Konjugation als Folge einer Abweichung des ortho-Substituenten aus der Koplanarität mit dem Reaktionszentrum erklären (siehe Tab. 48). Diese Annahme erscheint jedoch nicht umfangreich genug, um als Ursache für das vollständige Verschwinden der Konjugation von o-Substituenten (z. B. Cl oder Br) mit dem Benzolkern zu gelten.

Unter diesen Umständen muß die Einschätzung der Methode zur „quantitativen“ Beschreibung des *o*-Effektes [36] mit Vorsicht erfolgen. Sie verwendet die Größen $\lg k_0/k_p$, wobei k_0 und k_p die Geschwindigkeitskonstanten für die gleichen Substituenten in o- und p-Stellung in gleichen Reaktionsserien sind. Diese Methode geht von der Annahme aus, daß der polare Einfluß der o-Substituenten genau gleich dem der p-Substituenten ist. Leider läßt sich nur schwer aus der Gesamtheit des experimentellen Materials ein direkter Beweis für die Richtigkeit dieser Annahme finden. Trotzdem gibt es aber indirekte Überlegungen, die die angenäherte Gültigkeit wahrscheinlich machen. So ist die Korrelation der verschiedenen Skalen der Größen σ_0^0 nach der Gleichung

$$\sigma_0^0 = z_0^* \cdot \sigma^* + z_0^R \cdot \sigma_R + C \qquad (15.2)$$

den Beziehungen (9.7) und (9.8) völlig analog, mit Ausnahme der Konstanten C, die den Anteil des „ortho-Effektes“ widerspiegeln könnte. Es zeigt sich, daß für alle betrachteten Varianten die Größen z_0^R in grober Näherung mit der Größe $z_p^R = 0{,}43$ aus Tab. 44 [720] übereinstimmen. Wenn daraus eine Aussage über die Gleichheit der Resonanzeinflüsse der Substituenten in o- und p-Stellung gemacht werden kann, und die Induktionskomponente aus der Annahme einer Übertragung dieses Einflusses über σ-Bindungen in gleicher Weise berechenbar ist wie im Falle der aliphatischen Verbindungen, dann kann man die theoretischen Werte für die Größe σ_0^0 bestimmen. Sie unterscheiden sich nicht wesentlich von den entsprechenden σ_p^0-Werten [720]. Die Verallgemeinerungsfähigkeit dieser Methode scheint einer Überprüfung wert zu sein. Deshalb sollte die ausführlichere Behandlung aufgehoben werden, bis umfangreicheres experimentelles Material vorliegt. Die Perspektive dieser Methode wird durch die Ausführungen in einer Arbeit von MAREMJAE [731] gezeigt.

Die Probleme, die bei der Berechnung des Einflusses von o-Halogenatomen auftreten, wurden schon gesondert in der Arbeit [726] behandelt.

Nachwort

Die in diesem Buch betrachteten Probleme, welche mit der Suche nach quantitativen Abhängigkeiten zwischen dem chemischen Bau der Substanzen, der Natur der Lösungsmittel und den Geschwindigkeitskonstanten der Reaktion zusammenhängen, sind bewußt unvollständig und unvollkommen gehalten. Deshalb läßt sich nur schwer eine umfassende und allgemein gültige Aussage machen. Betrachten wir zusammenfassend einige Überlegungen allgemeiner Natur.

Es ließ sich zeigen, daß die quantitative Charakterisierung der Abhängigkeit der Reaktionsfähigkeit vom Bau der Substanzen und von den Lösungsmitteln durch die Vereinigung von drei „Komponenten" realisiert werden kann: Die qualitative Theorie der die Reaktionsfähigkeit beeinflussenden Struktur der reagierenden Moleküle und Eigenschaften der Lösungsmittel, die allgemeine Methodologie zur Ableitung quantitativer Gesetzmäßigkeiten aus experimentellen Daten der untersuchten Systeme und die Interpretation der Resultate an einigen konkreten Beispielen. Auf die geringsten Schwierigkeiten trafen wir bei der Begründung des methodischen Herangehens, der Ausarbeitung allgemeiner Formelschemata und der Ableitung der grundlegenden Typen der Parameter. Diese Aufgaben konnten im Rahmen der Anwendung des *PPL* bzw. *LFE* gelöst werden.

Betrachtet man schließlich die qualitativen Aussagen und Resultate, so enthalten sie das chemische Wesen der gesamten Problematik. Es besteht kein Zweifel, daß die in den letzten Jahrzehnten entwickelten qualitativen Vorstellungen oft völlig ausreichend für die Voraussage oder wenigstens die Interpretation der erhaltenen quantitativen Abhängigkeiten sind. Vor allem gilt das für die Theorie des Substituenteneinflusses auf die freie Aktivierungs- oder Reaktionsenergie.

Die Vielzahl solcher Beispiele festigt unsere Überzeugung, daß die von uns benutzte qualitative Theorie im allgemeinen der Wirklichkeit entspricht, und daß die verschiedenen Methoden zur Ableitung von quantitativen Beziehungen den grundlegenden Gesetzmäßigkeiten, die in den freien Energien chemischer Systeme enthalten sind, nicht widersprechen.

Es muß jedoch betont werden, daß diese Aussage nicht in allen Fällen zutrifft, da wir auf Beispiele stießen, wo die Resultate der Analyse experimenteller Daten nicht unmittelbar aus den Vorstellungen der qualitativen Theorie vorausgesagt werden können.

Diese Beispiele können in zweierlei Hinsicht gedeutet werden. Einerseits könnten die festgestellten Unstimmigkeiten auf die Unvollkommenheit der Methode, d. h. des Näherungsverfahrens oder der mangelnden Gültigkeit des *PPL* bzw. *LFE* zurückgeführt werden. Andererseits kann in jedem dieser Fälle eine Aussage über die Existenz vorher unbekannter Effekte oder unbekannter Arten der Wechselwirkung gemacht werden.

Bei korrekter Anwendung der Methode sollte der zuerst genannte Standpunkt entfallen können. Das soll durch folgende Beispiele illustriert werden.

Nehmen wir an, daß uns nichts bekannt wäre über die sterischen Einflüsse der Substituenten. Bei einer Abweichung von der Korrelation mit induktiven Konstanten für eine Reihe von Reaktionsserien würde der zuerst genannte Fall eintreten und Zweifel an der Richtigkeit der Methode entstehen.

Daraus würde die Frage nach der Anwendung einer anderen, besseren Methode folgen. Die Berücksichtigung des zweiten Standpunktes hingegen weist nicht nur den Weg zur Aufdeckung der Existenz, sondern auch der quantitativen Gesetzmäßigkeiten der sterischen Wechselwirkung.

Im folgenden sei nochmals auf einige Besonderheiten der Anwendungen des *PPL* und *LFE* hingewiesen, die den methodischen Kernpunkt der Betrachtungen und der Analyse des gesamten Materials darstellen.

PPL und *LFE* sind sehr gut geeignet zur Planung der Experimente und der Interpretation der erhaltenen Werte. Sie können aber nicht die Rolle einer selbständig entwickelten theoretischen Konzeption einnehmen, die für einen bestimmten Bereich der konkreten Erscheinungen gilt.

Auf der Grundlage des *PPL* und *LFE* darf man keine sogenannte „abstrakte theoretische Chemie" entwickeln. Das schließt keineswegs aus, daß einige allgemeine logische Konstruktionen sich als überaus nützlich erwiesen haben.

Diese Einschätzung ist nicht nur von den Besonderheiten des *PPL* und *LFE*, sondern auch vom Grad der Genauigkeit, der angestrebt werden soll, abhängig.

Wenn man z. B. a priori auf die Forderung verzichtet, daß die Fehler in der Theorie die gleiche Größenordnung besitzen wie die Ungenauigkeit der Experimente, so könnte man bis zum gegenwärtigen Zeitpunkt von einer völlig ausreichenden, quantitativen Theorie des induktiven Effektes sprechen.

In diesem Zusammenhang tritt ein grundlegendes Problem auf. Hat es überhaupt Sinn, eine so weitgehende Konkretisierung des theoretischen und rechnerischen Apparates anzustreben? Handelt es sich dabei nicht um ein Zahlenspiel, das kein direktes Verhältnis zur Wirklichkeit besitzt?

Nach den Ausführungen im Kap. 2. (siehe auch Anlage I) wird das *PPL* im allgemeinen nur angenähert befolgt, und es ist theoretisch unmöglich, den Grad dieser Annäherung vorauszusagen. Dieses Problem kann schwerlich abstrakt gelöst werden, sondern nur auf der Grundlage der Analyse des experimentellen Materials. Wenn man allgemeine und weitergehende Schlußfolgerungen aus einer ungenügenden Zahl statistischer Freiheitsgrade zieht, dann besitzt die darauf beruhende theoretische Konzeption tatsächlich die Tendenz, in eine Zahlenspielerei überzugehen. Wichtig ist aber nicht nur dieses kritische Herangehen, sondern auch die anzustrebende Zielstellung. Wenn die Kritik an der Theorie die Durchführung zusätzlicher Messungen anregt, dann ist das ein richtiger und überaus nützlicher Weg. Bei konsequentem Vorgehen muß jedoch auch ein Urteil über jene theoretischen Konzeptionen gefällt werden, die im allgemeinen nicht Zahlen verknüpfen, die sich auf festgelegte und kontrollierbare Versuchsbedingungen beziehen, oder die auf Überlegungen vom Typ „größer — kleiner" basieren.

Hat man jedoch eine größere, wenn auch oft ungenügende Zahl statistischer Freiheitsgrade, dann ist die Situation anders als dann, wenn es weniger Gleichungen als Unbekannte gibt. Bei der Anwendung des *PPL* oder des *LFE* auf derartige Fälle bleibt jede Schlußfolgerung ausgeschlossen.

Hier ist es angebracht, daran zu erinnern, mit welcher Genugtuung ein experimentelles Resultat aufgenommen wird, das mit den Aussagen der Theorie übereinstimmt, obwohl dieses der Existenz nur eines statistischen Freiheitsgrades entspricht.

Wenn man die Kritik von dem Standpunkt aus übt, daß unsere quantitativen Vorstellungen trotzdem unvollkommen sind und deshalb sich alles auf eine rohe Abschätzung beschränken muß oder sich nach klassischen Gesichtspunkten nur auf qualitative Überlegungen beziehen kann, dann trägt dieser Standpunkt nur schwerlich zu einer weiteren Vervollkommnung unserer Vorstellungen bei.

Im Prinzip muß man anerkennen, daß der zu erreichende Grad an Genauigkeit beim Erkenntnisprozeß der Naturgesetzmäßigkeiten nicht so sehr durch die Theorie begrenzt wird, als vielmehr durch die Experimente. Deshalb steht vor der Aufstellung einer Theorie die Aufgabe, das Experiment mit größter Genauigkeit durchzuführen.

Aus der Logik des *PPL* und *LFE* folgen einige Unstimmigkeiten, die auf Lücken in den gegenwärtig existierenden Vorstellungen hinweisen.

Andererseits zeigte sich, daß ein spezieller Typ der Wechselwirkungsmechanismen, die Wasserstoffbrückenbindung, einen bedeutend größeren und weitergehenden Einfluß auf die Geschwindigkeits- und Gleichgewichtskonstanten besitzt, als dies in der letzten Zeit allgemein anerkannt wurde.

In theoretischer Hinsicht verdienen folgende Komplikationen, die bei der Analyse des induktiven Einflusses auftreten, besondere Beachtung.

1. Der qualitative Unterschied zwischen den induktiven Effekten des Wasserstoffes und der gesättigten Kohlenwasserstoffsubstituenten auf der einen Seite und der elektronegativen Substituenten auf der anderen.
2. Das Auftreten von Dipolwechselwirkungen zwischen geladenen Substituenten in Dicarbonsäuren, die nicht nur induktiver, sondern auch elektrostatischer Natur sind.
3. Das Auftreten eines zusätzlichen Übertragungsmechanismus induktiver Einflüsse über cyclische Systeme neben der Leitfähigkeit der Bindungen.
4. Die Existenz eines polaren Einflusses im Falle des *o*-Effektes bei Abwesenheit sterischer Effekte und zwischenmolekularer Wasserstoffbrückenbindungen.

In allen diesen Fällen muß man die Existenz zusätzlicher Wechselwirkungstypen zwischen den Struktureinheiten im Molekül annehmen, wenn sie nicht auf bereits bekannte zurückzuführen sind. In der Konkretisierung solcher neuer Probleme wurden wesentliche Fortschritte gemacht. Eine weitere wesentliche Unstimmigkeit zwischen den Aussagen der Theorie und den erhaltenen Resultaten besteht in der unterschiedlichen Auffassung der isokinetischen Beziehung. Beim Versuch, die logische Einheitlichkeit des theoretischen Fundamentes zu bewahren, darf man diese Unstimmigkeiten nicht vernachlässigen. In den vorhergehenden Darlegungen wurden einige Möglichkeiten genannt, die diese Anomalie mit dem spezifischen Einfluß der Wasserstoffbrückenbindung zu den Lösungsmittelmolekülen verbinden. Aber wir sind noch weit davon entfernt, mit völliger Sicherheit sagen zu können, daß der Weg zur endgültigen Lösung dieses außerordentlich wichtigen Problems bereits gefunden ist.

Die Mannigfaltigkeit der spezifischen Solvatation sowie auch die Änderung ihrer Intensität paßt nicht ganz in den Rahmen der gewohnten Vorstellungen, an die sich der Autor bislang gehalten hat. Obwohl die Bedeutung und die Breite des Wirkungsfeldes der Wasserstoffbrückenbindung ein allgemein anerkannter Faktor ist, gibt es trotzdem offensichtlich die Tendenz, ihre Rolle vom quantitativen Gesichtspunkt aus zu unterschätzen. In diesem Zusammenhang entsteht das Bedürfnis nach ausführlicheren und zielstrebigen experimentellen Untersuchungen und daraus resultierenden theoretischen und rechnerischen Schemata.

Die Notwendigkeit zur Berechnung der spezifischen Solvatation beschränkt sich natürlich nicht auf die Wasserstoffbrückenbindungen. Eine Reihe von Teilaspekten dieser interessanten Probleme wurden von uns nicht behandelt. Das bedeutet nicht, daß entsprechende quantitative Arbeiten fehlen. Man kann z. B. auf die kürzlich publizierten Untersuchungen von SHATENSTEIN und Mitarbeitern verweisen [728, 729].

Das Material, das in diesem Buch behandelt wurde, bestätigt, daß eine ausführliche Datenanalyse für bestimmte Reaktionen durchaus solche Erscheinungen festzustellen erlaubt, die gewöhnlich bei statistischer Mittelwertbildung der Korrelationsresultate aus vielen Reaktionsserien verloren gehen. Es scheint uns, daß heute, wo die Benutzung der Korrelationsgleichungen immer tiefer in die Praxis der organischen Chemie eindringt, die Gefahr ihrer zu formalen Anwendung ohne gründlichere Analyse des physiko-chemischen Wesens der untersuchten Prozesse besteht.

Bei der weiteren Entwicklung der Theorie und der Effektivität ihrer praktischen Anwendung treten rein chemische Probleme in den Vordergrund, wobei die Korrelationsmethode als Grundlage zu deren Klärung und Formulierung dient.

Wenn das im vorliegenden Buch angegebene Material dazu beitragen wird, die Aufmerksamkeit der Fachkollegen auf die genannten Probleme zu lenken, betrachtet der Autor seine Aufgabe als erfüllt.

Anlage I

Ableitung des PPL

Wir gehen aus von einer stetigen Funktion $f(x, y)$, mit den Argumenten x und y, und stellen uns das Ziel, eine Näherungsgleichung für diese Funktion zu finden:

$$F[f(x, m), f(n, y)] = f(x, y) \tag{1}$$

n und m sind beliebige konstante Werte der Argumente x und y. Die Aufgabenstellung zeigt, daß wir die Funktion mit zwei voneinander unabhängigen Variablen durch Funktionen mit einer Variablen ersetzen müssen, in welchen die Werte der anderen unabhängigen Variablen konstant bleiben.

Dazu entwickeln wir die Funktion $F = f$ in einer TAYLOR-Reihe, wobei gilt:

$$f(n, y) = f(n, m) \text{ und } f(x, m) = f(n, m):$$

$$f(x, y) = f(x, m) + [f(n, y) - f(n, m)]\, f_y'(x, m) + \frac{1}{2}\, [f(n, y) - f(n, m)]^2 \times f_y''(x, m) + \cdots \tag{2}$$

$$f(x, y) = f(n, y) + [f(x, m) - f(n, m)]\, f_x'(n, y) + \frac{1}{2}\, [f(x, m) - f(n, m)^2] \times f_x''(n, y) + \cdots \tag{3}$$

mit

$$f_y'(x, m) = \left.\frac{\partial f(x, y)}{\partial f(n, y)}\right|_{y=m} \quad \text{usw.}$$

Am Punkt mit den Koordinaten $x = n$ und $y = m$ erhalten wir:

$$f_y''(x, m) = f_x''(n, y) = 0$$

In der Nähe dieses Punktes können die jeweiligen 2. Ableitungen infolge der Stetigkeit der Funktion $f(x, y)$ nicht wesentlich von Null verschieden sein. Außerdem sind in diesem Bereich die Multiplikatoren $[f(n, y) - f(n, m)]^2$ und $[f(x, m) - f(n, m)]^2$ vor $f_y''(x, m)$ und $f_x''(n, y)$ ebenfalls entsprechend klein.

Daraus folgt, daß die beiden letzten Glieder der Gleichungen (2) und (3), die von 2. oder höherer Ordnung sind, ein Produkt zweier kleiner Größen darstellen und somit vernachlässigt werden können. Es sei vermerkt, daß bei der Entwicklung der Funktion $f(x, y)$ in einer Taylorreihe nach den Variablen x und y die Glieder der 2. Ordnung nur infolge der geringen Größen von $(x - n)$ oder $(y - m)$ klein sind. Wir verfügen über keine Information bezüglich der Ableitungen

$$\left.\frac{\partial f(x, y)}{\partial y}\right|_{y=m} \quad \text{und} \quad \left.\frac{\partial f(x, y)}{\partial x}\right|_{x=n}$$

wenn wir nicht die Art der Funktion $f(x, y)$ kennen. Hierin liegt der ganze Sinn der betrachteten Methode der Modellierung einer Funktion. Bei Vernachlässigung der Glieder 2. und höherer Ordnung und unter Gleichsetzung der rechten Teile von (2) und (3) erhalten wir:

$$f(x, m) + [f(n, y) - f(n, m)]f_y'(x, m) = f(n, y) + [f(x, m) - f(n, m)]f_x'(n, y) \quad (4)$$

Diese Gleichung kann man durch einfache algebraische Umwandlung in folgende Form überführen:

$$\frac{f_x'(x, m) - 1}{f(x, m) - f(n, m)} = \frac{f_x'(n, y) - 1}{f(n, y) - f(n, m)} = \alpha_{n,m} \quad (5)$$

Bei Variation der Größe y und Konstanz von x bleibt der linke Teil dieser Gleichung konstant und bei Variation von x unter Konstanthalten von y der rechte Teil. Daraus folgt, daß sowohl der rechte als auch der linke Teil gleich der Konstanten $\alpha_{n,m}$ ist, unabhängig von den Argumenten x und y. So folgt aus (5)

$$f_y'(x, m) = 1 + \alpha_{n,m}[f(x, m) - f(n, m)] \quad (6)$$

Setzt man den erhaltenen Wert $f_y'(x, m)$ in (2) ein, so erhält man

$$f(x, y) = f(x, m) + [f(n, y) - f(n, m] \{1 + \alpha_{n,m}[f(x, m) - f(n, m)]\} \quad (7)$$

oder nach Transformation:

$$f(x, y) = f(n, m) + [f(x, m) - f(n, m)] + [f(n, y) - f(n, m)]$$
$$+ \alpha_{n,m}[f(x, m) - f(n, m)][f(n, y) - f(n, m)] \quad (8)$$

Wenn $f(n, m) = f_0$, $f(x, m) - f(n, m) = x'$, $f(n, y) - f(n, m) = y'$ und $\alpha_{n,m} = \alpha$ ist, kann die Gleichung (8) in folgender Form geschrieben werden:

$$f(x, y) = f_0 + x' + y' + \alpha x'y' \quad (9)$$

Dieses Resultat kann man auf Funktionen mit mehreren Variablen $f(x_1, x_2, \ldots x_i \ldots)$ ausdehnen. Wir betrachten eine neue Funktion:

$$F[f(x_1, n_2, \ldots, n_i \ldots), f(n_1, x_2, \ldots, x_i, \ldots)] \equiv f(x_1, x_2, \ldots, x_i, \ldots)$$

Nach dem Entwickeln dieser Funktion in einer Taylorreihe bei

$$f(x_1, n_2, \ldots, n_i, \ldots) = f(n_1, n_2, \ldots, n_i)$$

$$\text{und} \quad f(n_1, x_2, \ldots, x_i, \ldots) = f(n_1, n_2, \ldots, n_i, \ldots)$$

und Ersetzen von $f(n, y)$ durch $f(n_1, x_2, \ldots, x_i, \ldots)$ und $f(x, m)$ durch $f(x_1, n_2, \ldots,$

$n_i, \ldots)$ erhält man einen Ausdruck analog der Gleichung (9). Dann verfährt man in gleicher Weise mit den Funktionen $f(n_1, x_2, \ldots, x_i, \ldots)$ usw., bis man keine weitere Entwicklung nach Funktionen des Typs $f(n_1, n_2, \ldots, x_i, \ldots)$ mehr vornehmen kann (von denen jede von einer unabhängigen Variablen des Typs x_i abhängt).

Für Funktionen mit drei Variablen erhalten wir:

$$f(x, y, z) = f_0 + x' + y' + z' + \alpha x'y' + \alpha x'z' + \alpha' y'z' + \alpha\alpha' x'y'z' \quad (10)$$

wenn $f(x, y, z)$ in der Form $F[f(x, m, q), f(n, y, z)]$ vorliegt.

Analog gilt:

$$f(x, y, z) = f_0 + x' + y' + z' + \alpha'' x'y' + \alpha''' x'z' + \alpha''' y'z' + \alpha''\alpha''' x'y'z' \quad (11)$$

wenn $f(x, y, z)$ die Form $F[f(x, y, q), f(n, m, z)]$ hat.

Vergleicht man (10) und (11), so kann man daraus schließen, daß $\alpha = \alpha' = \alpha'' = \alpha'''$ ist.

Analog erhält man für Funktionen mit mehreren Variablen:

$$f(x_1, x_2, \ldots, x_i, \ldots) = f_0 + \sum_i x_i' + \alpha \sum_{j \neq i}\sum x_i' x_j' + \alpha^2 \sum_{i \neq j \neq k}\sum\sum x_i' x_j' x_k' + \ldots \quad (12)$$

wobei $f_0 = f(n_1, n_2, \cdots, n_i, \cdots)$; $x_i' = f(n_1, n_2, \cdots, x_i, \cdots) - f(n_1, n_2, \cdots, n_i, \cdots)$ usw. ist; $n_1, n_2, \cdots, n_i, \cdots$ sind beliebige konstante Werte von $x_1, x_2, \cdots, x_i, \cdots$ im betrachteten Intervall der Veränderung der Funktion f. Die Gleichung (12) ist der mathematische Ausdruck des *PPL* (s. Gleichung 2.3).

Aus dem Vorstehenden ergibt sich, daß man die Aufteilung der Variablen nicht unbedingt bis zum Ende weiterführen muß. Man erhält keine prinzipielle Veränderung, wenn für die Funktion $f(x_1, x_2, \cdots, x_i, \cdots)$ Ausdrücke wie $F[f(x_1, x_2, \cdots, x_i, n_{i+1}, n_{i+2}, \cdots), f(n_1, n_2, \cdots, n_i, x_{i+1}, x_{i+2}, \cdots)]$ eingesetzt werden.

Folglich kann man im rechten Teil der Gleichung (12) einen Teil der Veränderlichen zusammenfassen und durch neue Ausdrücke der folgenden Art ersetzen:

$$x_j' + x_{j+1}' + \cdots + \alpha\,(x_j' x_{j+1}' + \cdots) + \alpha^2\,(x_j' x_{j+1}' + \cdots) + \cdots = x'_{(j,\,j+1\ldots)} \quad (13)$$

Es zeigt sich, daß im rechten Teil der Gleichung des *PPL* jeder Parameter des Typs x_i' die Funktion nicht nur einer, sondern auch mehrerer unabhängiger Variabler sein kann.

Folglich approximiert die Gleichung (12) die Funktion f nur innerhalb eines bestimmten Intervalls der Änderung der Variablen x_i. Diese Approximation wird genauer, wenn der Wert der Argumente x_i der Konstante n_i näher kommt. Außerdem muß das Zusammentreffen der Extrema im Approximationsbereich zu einer erheblichen Verschlechterung der Resultate führen, weil sich in diesem Falle die erhaltenen Typen $f'x_i = f'(x_1,,, n_i \ldots)$ in einer stärkeren Abhängigkeit von den Variablen x_i' befinden. Auch hängt im allgemeinen Falle die Lage des Maximums von den Werten dieser und aller übrigen Argumente, außer x_i, ab.

Unter derartigen Bedingungen wird die Vernachlässigung der höheren Ableitungen unzulässig grob. Das führt dazu, daß die Funktionsabschnitte f, die auf verschiedenen Seiten des Extremwertes angeordnet sind, nicht in einer einzigen Näherungsabhängigkeit des Typs (12) beschrieben werden können.

Weiterhin, wenn die Funktion f gegen Null geht (bei definierten Werten von q_u für eine der Veränderlichen (x_u)) unabhängig vom Wert aller übrigen Konstanten, so ist Gleichung (12) bei $x_u = q_u$ nicht anwendbar, weil sie im allgemeinen dabei nicht gegen Null geht.

Wenn wir also das *PPL* anwenden, können wir mit befriedigender Genauigkeit in einem genügend großen Intervall nur „geeignete“ Funktionen approximieren. Da die Anwendung dieser Methode nur sinnvoll ist, wenn die Art der approximierten Abhängigkeit unbekannt ist, kann die Frage nach der Anwendungsmöglichkeit des *PPL* nur empirisch gelöst werden. Folglich ist das *PPL* nur für solche Prozesse eine effektive Methode zur Planung des Experimentes und zur Datenanalyse, die durch „geeignete“ Funktionen beschrieben werden. Das einzige Kriterium für die Erfüllung dieser Bedingung ist der experimentelle Beweis der Befolgung des *PPL* für den betrachteten Typ. Man kann eine Überlegung zur Abschätzung der Wahrscheinlichkeit für die Befolgung des *PPL* in einem beliebigen System aufstellen, wenn im voraus bekannt ist, daß das betrachtete Intervall der Veränderung der Einflußfaktoren genügend klein ist, oder ihr Einfluß auf die Größen f verhältnismäßig gering ist ($f - f_0 \ll f_0$ im gesamten Intervall), so ist die Anwendbarkeit des *PPL* wahrscheinlicher als bei Nichteinhaltung dieser Bedingungen. Trotzdem sind solche Voraussagen natürlich fragwürdig.

Anlage II

Möglichkeiten zur Anwendung des PPL für die Experimentplanung

Die Gleichung (12) (vgl. S. 276) eröffnet in solchen Fällen die Möglichkeit zur ökonomischen und effektiven Planung des Experiments zur empirischen Suche nach optimalen Lösungen physiko-chemischer Probleme, wo wir es mit sehr komplizierten Objekten oder Prozessen zu tun haben, die von den vorhandenen Theorien nicht beschrieben werden können. Dafür ist die Erfüllung zweier Voraussetzungen unumgänglich. Die erste ist die Möglichkeit, eine Eigenschaft des Objektes oder eine Kennlinie des Prozesses quantitativ auszudrücken. Hierbei ist das Kriterium der „optimalen Charakterisierung" anzuwenden. Die zweite Forderung betrifft die Möglichkeit, reproduzierbare Angaben aus exakt fixierten Bedingungen des Experiments zu erhalten. Diese Bedingungen sind so allgemein, daß sie an die Grenzen der wissenschaftlichen Lösung des Problems heranführen. Das unwissenschaftliche Herangehen an die Lösung angewandter Probleme ist eine viel häufigere Erscheinung als man sich unter dem Aspekt, daß jeder Forscher ein Spezialist auf seinem Gebiet ist, vorstellen kann. Es ist offensichtlich, daß man in vielen Fällen der experimentellen Forschung überhaupt keine Theorie der Planung des Experiments benutzt.

Nehmen wir einen Prozeß oder ein Objekt an, dessen zahlenmäßiger Wert uns als Charakteristikum dient (Produktausbeute, Viskosität, Erweichungstemperatur, Widerstand gegenüber Biegung und Zerreißen, Abnutzung usw.), so hängt dieser von der Zahl der Faktoren (Temperatur, Zeitdauer, Druck, Konzentration der Komponenten oder Katalysatoren, Gerätekonstanten usw.), die vom Experimentator kontrolliert werden, ab. Je größer die Zahl der Faktoren ist und je größer das Ausmaß ihrer Variationsbreite ist, desto größer ist die Zahl der auf dieser Grundlage möglichen Kombinationen und desto hoffnungsloser ist es, auf empirischer Basis eine Bestimmung der Parameter zu finden, die dem optimalen Endresultat entspricht. Für die „ökonomische Lösung" solcher Aufgaben kann man versuchen, das *PPL* anzuwenden. Konkret kann man das erreichen durch folgendes Standardschema. Zuerst müssen alle veränderlichen Faktoren bekannt sein, die auf das Endresultat einen Einfluß ausüben. Jedem dieser Faktoren wird eine bestimmte mit ihm verknüpfte formale Eigenschaft zugeschrieben, deren Intensität quantitativ durch einen Parameter des Typs x_i aus (12) (siehe Kap. 2.3.) ausgedrückt werden kann.

Die uns in diesem Falle interessierende quantitative Charakteristik des Prozesses oder Objektes wird mit der Funktion f aus (12) identifiziert. Für die Berechnung aller möglichen Werte dieser Funktion bei einem bestimmten Umfang der Faktoren, die sich in vorgegebenen Grenzen ändern, ist es erforderlich, alle entsprechenden Werte der Parameter x_i' für die Intensität der formalen Eigenschaften zu kennen, und zwar entweder in Form einer Auswahl von Ziffern, die mit diskreten Werten des entsprechenden Faktors übereinstimmen, oder in Form ihrer funktionalen Abhängigkeit von entsprechenden sich kontinuierlich verändernden Faktoren (Temperatur, Zeit, Konzentration usw.). Außerdem muß man die Größe des Parameters α als Störung zwischen den Einflüssen der einzelnen Faktoren kennen. Für die Bestimmung aller genannten Größen ist es nötig, eine bestimmte Zahl von Experimenten der folgenden Art auszuführen.

Erstens werden die Standardwerte aller beeinflussenden veränderlichen Faktoren festgelegt. Diese Standardwerte sind am besten in der Mitte des Intervalls der Änderung auszuwählen, weil dadurch eine bessere Befolgung des *PPL* gewährleistet ist. Das Ergebnis der Messung der uns interessierenden Charakteristik (wenn alle Faktoren Standardwerte haben) entspricht dann der Größe f_0 aus (12).

Dann beläßt man alle übrigen Faktoren bei ihren Standardwerten und variiert den Wert eines jeden von ihnen der Reihe nach und mißt die entsprechenden Werte $F_i^0 = f(n_1, n_2 \ldots x_i)$ für die zu untersuchende Näherungsfunktion.

Die Differenzen

$$F_i^0 - f_0 = x_i' \tag{14}$$

sind gleich den Zahlenwerten der Intensitätsparameter für die entsprechenden formalen Eigenschaften.

Bei stetig veränderlichen Faktoren genügt es, nur eine begrenzte Anzahl an Werten jeder Größe des Typs x_i' zu messen, um die übrigen mit Hilfe der graphischen Interpolation erhalten zu können. Dann variiert man gleichzeitig zwei Faktoren und bestimmt die Größe α nach der Formel

$$\alpha = [F_{ij}^0 - x_i' - x_j' - f_0]/x_i'x_j' \tag{15}$$

Wenn man diese Operation einige Male für verschiedene Faktorenpaare wiederholt hat, berechnet man die mittleren Werte der Größe α. Schließlich variiert man alle Faktoren, und zwar möglichst willkürlich und vergleicht den erhaltenen experimentellen Wert der Größen $f(x_1, x_2, \cdots, x_i, \cdots)$ mit dem nach Gleichung (12) berechneten Wert.

Bei Übereinstimmung (zumindest angenähert), sowie bei befriedigender Übereinstimmung der Größen α, kann man annehmen, daß das *PPL* auf die untersuchten Prozesse oder Objekte anwendbar ist. Da man beim Anstreben optimaler Bedingungen nach (12) diejenige Kombination der Parameter x_i' berechnet, die der optimalen Kombination für die Werte aller Faktoren entspricht, führt man eine experimentelle Überprüfung durch.

Meist wird eine gleichzeitige Optimierung einer ganzen Reihe von Parametern des Prozesses oder Objektes gefordert. In diesem Fall müssen für jede Kombination der Einflußfaktoren die Werte aller Parameter gemessen werden, um für jede von ihnen den Parameter nach Gleichung (12) bestimmen zu können. Dann ist die Berechnung der komplexen Optimierungsvarianten unter Einschluß aller Parameter und bei der Anwendung der modernen Rechentechnik möglich.

Anlage III

Die Größenwerte σ_m^0 und $\sigma^0_{0(H_2O)}$, die aus den pKa-Werten substituierter Phenole und Aniline bestimmt wurden [133]

Substituent	σ_m^0	$\sigma^0_{0(H_2O)}$	Substituent	σ_m^0	$\sigma^0_{0(H_2O)}$
C_2H_5	0,0	−0,23	NH_3^+	0,86[1])	1,20
	−0,07[1])		$N(CH_3)_3^+$	0,91	0,91
$(CH_3)_2CH$	−0,06[1])	−0,30	$CH_2NH_3^+$	0,29	0,80
$(CH_3)_3CCH_2$	—	−0,45	$CH_2NH(CH_3)_2^+$	0,38	0,42
$(CH_3)_3C$	−0,12	−0,64	$CH_2N(CH_3)_3^+$	0,37	0,37
	−0,06[1])		$(CH_2)_2NH_3^+$	0,18	0,18
C_6H_5	—	−0,09	$(CH_2)_2NH(CH_3)_2^+$	0,19	0,36
$(CH_3)_3Si$	−0,05[1])	—	$(CH_2)_2N(CH_3)_3^+$	0,10	0,02
Br	—	0,60	$(CH_2)_3N(CH_3)_3^+$	−0,01	−0,07
		0,54[1])	CN	—	1,13
J	—	0,57			1,08[1])
		0,52[1])	SO_2CH_3	0,69[1])	—
C_2H_5O	0,12[1])	—	SO_3^-	−0,28	—
CHO	—	0,61	SO_2NH_2	0,66[1])	1,06
CH_3CO[2])	—	−0,19	PO_3^{2-}	−0,18	—
		0,67[1])			

[1]) Konstanten aus den Werten für Aniline.

[2]) Im Falle dieses Substituenten ist eine intramolekulare Wasserstoffbindung möglich, die die Ursache für den großen Unterschied der Größe $\sigma^0_{0(H_2O)}$ für zwei verschiedene Reaktionsserien ist [133].

Literatur

[1] M. Ch. Karapetjanc, „*Methoden der vergleichenden Berechnung physikalisch-chemischer Eigenschaften*", Verlag „Nauka", Moskau, 1965 (russ.)
[2] C. G. Derick, J. Amer. Chem. Soc., **33**, 1152, 1162, 1167 (1911).
[3] B. J. N. Brönsted, K. J. Pederson, Z. phys. Chem., **108**, 185 (1924).
[4] L. P. Hammett, H. L. Pfluger, J. Am. Chem. Soc. **55**, 4079 (1933).
[5] L. P. Hammett, Chem. Revs., **17**, 125 (1935).
[6] G. N. Backhard, W. G. K. Ford, E. Singleton, J. Chem. Soc. 1936, 17.
[7] J. F. Dippy, A. B. Watson, J. Chem. Soc. 1936, 644.
[8] L. P. Hammett, J. Am. Chem. Soc., **59**, 96 (1937).
[9] L. P. Hammett, „*Physical Organic Chemistry*", N. Y., 1940.
[10] H. H. Jaffe, Chem. Revs., **53**, **191** (1953).
[11] N. C. Deno, A. Schriesheim, J. Am. Chem. Soc. **77**, 3051 (1955).
[12] Y. Okamoto, H. C. Brown, J. Org. Chem., **22**, 485 (1957).
[13] C. G. Swain, W. P. Langsdorf, J. Am. Chem. Soc., **73**, 3813 (1951).
[14] P. B. D. de la Mare, J. Chem. Soc. **1954**, 4450.
[15] J. D. Roberts, J. K. Sanford, F. L. J. Sixma, H. Cerfontain, R. Zagt, J. Am. Chem. Soc. **76**, 4525 (1954).
[16] V. Gold, D. P. N. Satchell, J. Chem. Soc. **1956**, 2743.
[17] C. W. McGary, Y. Okamoto, H. C. Brown, J. Am. Chem. Soc., **77**, 3037 (1955).
[18] H. C. Brown, Y. Okamoto, J. Am. Chem. Soc. **79**, 1913 (1957).
[19] N. C. Deno, W. L. Ewans, J. Am. Chem. Soc. **79**, 5804 (1957).
[20] H. C. Brown, Y. Okamoto, T. Inukai, J. Am. Chem. Soc. **80**, 4969 (1958).
[21] Y. Okamoto, T. Inukai, J. Am. Chem. Soc. **80**, 4964 (1958).
[22] Y. Okamoto, T. Inukai, H. C. Brown, J. Am. Chem. Soc. **80**, 4969 (1958).
[23] Y. Okamoto, T. Inukai, H. C. Brown, J. Am. Chem. Soc. **80**, 4972 (1958).
[24] Y. Okamoto, H. C. Brown, J. Am. Chem. Soc. **80**, 4976 (1958).
[25] H. C. Brown, Y. Okamoto, J. Am. Chem. Soc. **80**, 4979 (1958).
[26] H. C. Brown, L. M. Stock, J. Am. Chem. Soc. **79**, 1421 (1957).
[27] H. C. Brown, L. M. Stock, J. Am. Chem. Soc. **79**, 5175 (1957).
[28] H. C. Brown, G. Marino, L. M. Stock, J. Am. Chem. Soc. **81**, 3310 (1959).
[29] F. G. Bordwell, P. J. Boutan, J. Am. Chem. Soc. **78**, 854 (1956).
[30] D. H. McDaniel, H. C. Brown, J. Org. Chem. **23**, 420 (1958).
[31] R. W. Taft, J. Am. Chem. Soc. **74**, 3120 (1952).
[32] R. W. Taft, J. Am. Chem. Soc. **75**, 4231 (1953).
[33] R. W. Taft, J. Am. Chem. Soc. **75**, 4538 (1953).
[34] R. W. Taft, D. J. Smith, J. Am. Chem. Soc. **76**, 305 (1954).
[35] M. M. Kreevoy, R. W. Taft, J. Am. Chem. Soc. **77**, 5590 (1955).
[36] R. W. Taft, Kapitel XIII in M. S. Newman, Steric Effects in Organic Chemistry, New York, 1956, S. 556.
[37] M. M. Kreevoy, R. W. Taft, J. Am. Chem. Soc. **79**, 4011 (1957).
[38] M. M. Kreevoy, R. W. Taft, J. Am. Chem. Soc. **79**, 4016 (1957).

[39] R. W. TAFT, J. Am. Chem. Soc. **74**, 2729 (1952).
[40] C. K. INGOLD, J. Chem. Soc. 1930, 1032.
[41] G. E. BRANCH, M. CALVIN, „*The Theory of Organic Chemistry*", N. Y., 1941.
[42] W. A. PAVELICH, R. W. TAFT, J. Am. Chem. Soc. **79**, 4935 (1957).
[43] C. K. HANCOCK, E. A. MEYERS, B. J. YAGER, J. Am. Chem. Soc. **83**, 4211 (1961).
[44] M. M. KREEVOY, J. Am. Chem. Soc. **81**, 1608 (1959).
[45] J. D. ROBERTS, W. T. MORELAND, J. Am. Chem. Soc. **75**, 2167 (1953).
[46] R. W. TAFT, J. Phys. Chem. **64**, 1805 (1960).
[47] R. W. TAFT, S. EHRENSON, I. C. LEWIS, R. E. GLICK, J. Am. Chem. Soc. **81**, 5352 (1959).
[48] R. W. TAFT, I. C. LEWIS, J. Am. Chem. Soc. **81**, 5343 (1959).
[49] R. W. TAFT, J. Am. Chem. Soc. **79**, 1045 (1957).
[50] R. W. TAFT, I. C. LEWIS, J. Am. Chem. Soc. **80**, 2436 (1958).
[51] J. L. ROBERTS, H. H. JAFFE, J. Am. Chem. Soc. **81**, 1635 (1959).
[52] H. VAN BEKKUM, P. E. VERKADE, B. M. WEPSTER, Rec. trav. chim. **78**, 815 (1959).
[53] Y. YUKAWA, Y. TSUNO, Bull. Chem. Soc., Japan, **32**, 965 (1959).
[54] Y. YUKAWA, Y. TSUNO, Bull. Chem. Soc., Japan, **32**, 971 (1959).
[55] V. A. PALM „*Korrelationsgleichungen in der organischen Chemie*", Band II, Tartu, 1961 (russ.) Seite 136.
[56] C. G. SWAIN, C. B. SCOTT, J. Am. Chem. Soc. **75**, 141 (1953).
[57] J. O. EDWARDS, J. Am. Chem. Soc. **76**, 1540 (1954).
[58] J. O. EDWARDS, J. Am. Chem. Soc. **78**, 1819 (1956).
[59] W. P. JENCKS, I. CARRIUOLO, J. Am. Chem. Soc. **82**, 1778 (1960).
[60] M. LEVY, M. SZWARC, J. Am. Chem. Soc. **77**, 1949 (1955).
[61] C. H. BAMFORD, A. D. JENKIS, R. JOHNSTON, Trans. Faraday Soc. **55**, 418 (1959).
[62] E. GRUNWALD, S. WINSTEIN, J. Am. Chem. Soc. **70**, 846 (1948).
[63] E. GRUNWALD, S. WINSTEIN, J. Am. Chem. Soc. **73**, 2700 (1951).
[64] S. WINSTEIN, A. H. FAINBERG, J. Am. Chem. Soc. **79**, 5937 (1957).
[65] E. M. KOSOWER, J. Am. Chem. Soc. **80**, 3253 (1958).
[66] E. M. KOSOWER, J. Am. Chem. Soc. **80**, 3261 (1958).
[67] C. G. SWAIN, R. B. MOSELEY, J. Am. Chem. Soc. **77**, 3727 (1955).
[68] C. G. SWAIN, R. B. MOSELEY, D. E. BROWN, J. Am. Chem. Soc. **77**, 3731 (1955).
[69] J. E. LEFFLER, J. Org. Chem. **20**, 1202 (1955).
[70] R. F. BROWN, J. Org. Chem. **27**, 3010 (1962).
[71] Y. OGATA, Y. TAKAGI, J. Am. Chem. Soc. **80**, 3591 (1958).
[72] Y. YUKAWA, Y. TSUNO, J. Am. Chem. Soc. **80**, 6346 (1958).
[73] P. BELTRAME, M. SIMONETTA, Gazz. Chem. Ital. **89**, 495 (1959).
[74] SAPOŽNIKOVA, Z. L. LINECKAJA, N. I. DARPENKO, Ž. fiz. Chim. **36**, 917 (1962).
[75] J. MILLER, Austr. J. Chem. **9**, 61 (1956).
[76] R. C. PETERSEN, J. H. MARGRAF, S. D. RASS, J. Am. Chem. Soc. **83**, 3819 (1961).
[77] V. A. PALM, R. V. VIZGERT, Doklady Akad. Nauk SSSR **142**, 1091 (1962).
[78] O. EXNER, Coll. Chem. Comm. **29**, 1094 (1964).
[79] J. E. LEFFLER, Nature **205**, 1101 (1965).
[80] S. GLASSTONE, K. LAIDLER, H. EYRING, The Theory of Rate Processes, New York, 1941.
[81] J. HINE, J. Am. Chem. Soc. **81**, 1126 (1959).
[82] J. HINE, W. C. BAILEY, J. Am. Chem. Soc. **81**, 2075 (1959).
[83] J. HINE, J. Am. Chem. Soc. **82**, 4877 (1960).
[84] V. A. PALM, „*Korrelationsgleichungen in der organischen Chemie*", Band I, Tartu, 1962 (russ.) Seite 3.
[85] W. F. SAGER, C. D. RITCHIE, J. Am. Chem. Soc. **83**, 3498 (1961).
[86] C. D. RITCHIE, W. F. SAGER, „*Progress in Physical Organic Chemistry*", Vol. 2., N. Y., 1964.
[87] J. E. LEFFLER, E. GRUNWALD, „*Rates and Equilibria of Organic Reactions*", N. Y.— London, 1963.

[88] V. A. Palm, „*Reaktionsfähigkeit organischer Verbindungen*", **1**, Nr. 1, 7 (1964) (russ.).
[89] V. A. Palm, „*Untersuchungen auf dem Gebiet der Reaktionsfähigkeit organischer Verbindungen*", Dissertation, Tartu—Moskau, 1966 (russ.).
[90] B. S. Eljanov, „*Korrelationsgleichungen in der organischen Chemie*", Band II, Tartu, 1963 (russ.) Seite 67.
[91] V. A. Palm, „*Reaktionsfähigkeit organischer Verbindungen*", **1**, Nr. 1, 128 (1964) (russ.).
[92] S. Brownstein, Can. J. Chem., **38**, 1590 (1960).
[93] B. M. Scigolev, „*Die mathematische Bearbeitung von Experimenten*", M., 1962 (russ.).
[94] L. M. Batuner, M. E. Pozin, „*Mathematische Methoden in der chemischen Technik*", Goschimisdat, 1963 (russ.).
[95] I. G. Kirkwood, F. H. Westheimer, J. Chem. Phys. **6**, 506, 513 (1938).
[96] S. Siegel, J. M. Komarmy, J. Am. Chem. Soc. **82**, 2547 (1960).
[97] M. J. S. Dewar, P. J. Grisdall, J. Am. Chem. Soc. **84**, 3539 (1962).
[98] S. Ehrenson, in „*Progress in Physical Organic Chemistry*", N. Y.—London—Sydney, 1964, Seite 199ff.
[99] A. P. Marchand, Dissertation, The University of Chicago, 1965.
[100] T. I. Temnikova, „*Seminar über theoretische Grundlagen der organ. Chemie*", 1962 (russ.).
[101] H. A. Bent, Can. J. Chem. **38**, 1235 (1960).
[102] G. G. Smith, G. O. Larson, J. Am. Chem. Soc. **82**, 99 (1960).
[103] H. K. Hall, Jr., J. Am. Chem. Soc. **79**, 441 (1957).
[104] G. W. Stevenson, D. Williamson, J. Am. Chem. Soc. **80**, 5943 (1958).
[105] W. A. Henderson, Jr., C. A. Streuli, J. Am. Chem. Soc. **82**, 5791 (1960).
[106] M. M. Kreevoy, E. T. Harper, R. E. Duvall, H. S. Wilgus, L. T. Ditsch, J. Am. Chem. Soc. **82**, 4899 (1960).
[107] P. Ballinger, E. A. Long, J. Am. Chem. Soc. **82**, 795 (1960).
[108] J. Hine, O. B. Ramsay, J. Am. Chem. Soc. **84**, 973 (1962).
[109] M. I. Kabachnik, Giljarov, Tschan-Tschen-De, E. I. Matrosov, Izvest. Akad. Nauk SSSR, Ser. chim. Nauk, 1589 (1962).
[110] V. I. Sloveckij, A. N. Faijnzilberg, S. S. Novikov, Izvest. Akad. Nauk SSSR, Ser. chim. Nauk, 989 (1962).
[111] S. S. Novikov, A. A. Faijnzilberg, V. I. Sloveckij, „*Korrelationsgleichungen in der organ. Chemie*", Band II, Tartu, 1963 (russ.), Seite 109.
[112] M. M. Kreevoy, B. E. Eichinger, F. E. Stray, E. A. Katz, J. H. Sellstedt, J. Org. Chem. **29**, 1641 (1964).
[113] V. A. Palm, A. V. Tuulmets, „Reaktionsfähigkeit organ. Verbindungen" **1**, Nr. **1**, 44 (1964) (russ.).
[114] Ju. I. Churgin, M. G. Dmitrieva, „*Reaktionsfähigkeit organ. Verbindungen*", **1**, Nr. 2, 35 (1964) (russ.).
[115] I. L. Knunjanc, B. L. Djatkin, Izvest. Akad. Nauk SSSR, Ser. chim. Nauk, 923 (1964).
[116] V. G. Jašunskij, O. I. Samoijlova, L. E. Cholodov, Ž. org. Chim. **34**, 2050 (1964).
[117] F. E. Condon, J. Am. Chem. Soc. **87**, 4481 (1965).
[118] F. E. Condon, J. Am. Chem. Soc. **87**, 4485 (1965).
[119] B. D. Guseva, B. A. Poraij-Košic, „*Reaktionsfähigkeit organ. Verbindungen*" **2**, Nr. 4(6), 29 (1965) (russ.).
[120] „*Der theoretische Stand der chem. Struktur in der organ. Chemie*", Vortrag der Kommission Ser. chim. Nauk Akad. SSSR, Izvest. Akad. Nauk SSSR, 1954.
[121] „*Physikalische Enzyklopädie*", Band 3, „*Sowjetische Enzyklopädie*", 1963 (russ.)
[122] O. Exner, „*Korrelationsgleichungen in der organ. Chemie*", Band I, 1962 (russ.), Seite 67
[123] O. Exner, J. Jonas, Coll. Czech. Chem. Commun. **27**, 2296 (1962).
[124] M. Charton, J. Org. Chem. **29**, 1222 (1964).
[125] H. D. Holtz, L. M. Stock, J. Am. Chem. Soc. **86**, 5188 (1964).
[126] T. A. Mastrukova, Y. N. Sheinker, I. K. Kuznetsova, E. M. Peresleni, Ž. org. Chim. **33**, 3328 (1963).

[127] T. A. MASTRUKOVA, Y. N. SHEINKER, I. K. KUZNETSOVA, E. M. SAKHAROVA, M. I. KABACHNIK, Tetrahedron **19**, 337 (1963).
[128] V. E. CHOLODOV, V. G. JAŠUNSKIJ, „*Reaktionsfähigkeit organ. Verbindungen*", **1**, Nr. 1, 77, 1964 (russ.).
[129] L. F. BLACKWELL, A. FISCHER, I. J. MILLER, R. D. TOPSON, J. VAUGHAN, J. Chem. Soc. **1964**, 3588.
[130] A. FISCHER, W. J. GALLOWAY, J. VAUGHAN, J. Chem. Soc. **1964**, 3591.
[131] A. FISCHER, D. A. R. HAPPER, J. VAUGHAN, J. Chem. Soc. **1964**, 4060.
[132] Ja. Ja. LINABERG, „*Acidität und Enolisierung von 1,3-Indandionen*", Dissertation, Riga, 1965 (russ.).
[133] J. W. KOPPEL, V. M. MAREMJAE, A. V. TUULMETS, „*Reaktionsfähigkeit organ. Verbindungen*", **2**, Nr. 3(5), 39 (1965) (russ.).
[134] E. BERLINER, E. A. BLOMMERS, J. Am. Chem. Soc. **73**, 2479 (1951).
[135] H. H. JAFFE, L. D. FREEDMAN, G. O. DOAK, J. Am. Chem. Soc. **75**, 2209 (1953).
[136] H. L. GOERING, T. RUBIN, M. S. NEWMAN, J. Am. Chem. Soc. **76**, 787 (1954).
[137] M. S. NEWMAN, S. H. MERILL, J. Am. Chem. Soc. **77**, 5552 (1955).
[138] E. D. STECKER, F. DUNN, E. GELBLUM, J. Am. Chem. Soc. **79**, 4748 (1957).
[139] E. N. TRACHTENBERG, G. ODIAN, J. Am. Chem. Soc. **80**, 4018 (1958).
[140] J. T. EDWARD, H. S. GANG, K. YATES, R. STEWARD, Can. J. Chem. **38**, 1518 (1960).
[141] R. STEWARD, K. YATES, J. Am. Chem. Soc. **82**, 4059 (1960).
[142] M. RAPOPORT, C. K. HANCOCK, E. A. MEYERS, J. Am. Chem. Soc. **83**, 3489 (1961).
[143] R. M. STANE, D. E. PEARSON, J. Org. Chem. **26**, 257 (1961).
[144] C. Y. MAYERS, G. MORETT, L. MAIOLI, J. Org. Chem. **27**, 625 (1962).
[145] L. D. QUIN, M. R. DYSART, J. Org. Chem. **27**, 1012 (1962).
[146] R. FUCHS, C. A. KAPLAN, J. J. BLOOMFIELD, L. F. HATCH, J. Org. Chem. **27**, 733 (1962).
[147] V. I. MINKIN, Ju. A. ŽDANOV, E. A. MEDJANCEVA, Doklady Akad. Nauk SSSR, **159**, 1330 (1964).
[148] J. P. SCHAEFER, T. J. MIRAGLIA, J. Am. Chem. Soc. **86**, 64 (1964).
[149] M. SYZ, Hch. ZOLLINGER, Helv. chim. acta **48**, 518 (1965).
[150] V. G. JAŠUNSKIJ, „*Untersuchungen der Sydnone und der Sydnonimine*", Dissertation, Moskau, 1964 (russ.).
[151] T. A. MASTRUKOVA, Y. N. SHEINKER, I. K. KUZNETSOVA, E. M. PERSLENI, G. B. SAKHAROVA, M. I. KABACHNIK, Ž. org. Chim. **33**, 3336 (1963).
[152] F. GERSON, E. HEILBRONNER, Helv. chim. acta **45**, 42 (1962).
[153] J. RUBIN, B. Z. SENKOWSKI, G. S. PANSON, J. Phys. Chem., **68**, 1601 (1964).
[154] J. D. ROBERTS, C. M. REGAN, J. Am. Chem. Soc., **76**, 939 (1954).
[155] E. S. LEWIS, H. SUHR, Chem. Ber. **91**, 2350 (1958).
[156] J. A. LEISTEN, J. Chem. Soc. 1959, 765.
[157] E. S. LEWIS, H. SUHR, Chem. Ber. **92**, 3031 (1959).
[158] E. S. LEWIS, H. SUHR, Chem. Ber. **92**, 3043 (1959).
[159] M. ÔKI, H. YWAMURA, Bull. Chem. Soc., Japan, **35**, 1551 (1962).
[160] T. FUENO, T. OBUGAMA, T. DEQUCHI, J. FURUKAWA, J. Am. Chem. Soc. **87**, 170 (1965).
[161] S. WINSTEIN, E. ALLRED, R. HECH, R. GLICK, Tetrahedron **3**, 1 (1958).
[162] J. ROČEK, Tetrahedron Letters No **5**, 1 (1959).
[163] W. A. HENDERSON, jr., S. A. BUCKLER, J. Am. Chem. Soc. **82**, 5794 (1960).
[164] J. ROČEK, Coll. Czech. Chem. Commun. **25**, 1052 (1960).
[165] J. HINE, W. C. BAILEY, jr., J. Org. Chem. **26**, 2098 (1961).
[166] A. P. GREKOV, M. S. MARACHOVA, Ž. org. Chim. **32**, 542 (1962).
[167] H. B. CHARMAN, D. R. VINARD, M. M. KREEVOY, J. Am. Chem. Soc. **84**, 347 (1962).
[168] E. L. PATMORE, R. J. GRITTER, J. Org. Chem. **27**, 4196 (1962).
[169] A. J. TALVIK, V. O. PICHL, A. E. MEIJ, „*Korrelationsgleichungen in der organ. Chemie*", Band I, Tartu, 1962 (russ.), Seite 102.

[170] J. I. Churgin, M. G. Dmitrieva, E. D. Kaverzneva, „*Korrelationsgleichungen in der organ. Chemie*", Band II, Tartu, 1963 (russ.), Seite 89.
[171] K. Bowden, N. B. Chapman, J. Shorter, J. Chem. Soc. 1963, 5239.
[172] M. M. Kreevoy, Bull. Soc. chim. France 2431 (1963).
[173] A. P. Grekov, M. C. Marachova, Ž. org. Chim. **33**, **1474** (1963).
[174] M. M. Martin, G. J. Gleicher, J. Am. Chem. Soc. **86**, 242 (1964).
[175] F. E. Condon, J. Am. Chem. Soc. **87**, 4491 (1965).
[176] J. E. Dubois, E. Goetz, Tetrahedron Letters No **5**, 303 (1965).
[177] V. O. Reijchsfeld, V. V. Korolenko, „*Reaktionsfähigkeit organ. Verbindungen*", **2**, Nr. 2 (4), 77 (1965) (russ.).
[178] J. L. Kice, R. A. Bartsch, M. A. Dankleff, S. L. Schwartz, J. Am. Chem. Soc. **87**, 1734 (1965).
[179] A. E. Pichl, V. O. Pichl, D. J. Talvik, „*Reaktionsfähigkeit organ. Verbindungen*", **2**, Nr. **3**(5), 173 (1965) (russ.).
[180] E. J. Beljaev, „*Untersuchungen der Denitrosierungsreaktion von Arylalkylnitrosaminen*", Dissertation, Leningrad, 1965 (russ.).
[181] Y. I. Ranneva, D. I. Shatenstein, „*Korrelationsgleichungen in der organ. Chemie*", Band I, Tartu, 1962 (russ.), Seite 136.
[182] Y. I. Ranneva, „*Die Untersuchung des Substituenteneinflusses aromatischer Verbindungen auf die Reaktionsfähigkeit beim Deuteriumaustausch mit dem Lösungsmittel, Kaliumamid in flüssigem Ammoniak*", Dissertation, Moskau, 1962 (russ.).
[183] N. B. Chapman, J. Shorter, K. J. Toyne, J. Chem. Soc. 1964, 1077.
[184] A. Fischer, W. J. Galloway, J. Vaughan, J. Chem. Soc. 1964, 3596.
[185] G. G. Isaeva, O. A. Juldaševa, R. G. Kostjanovskij, A. I. Shatenstein, „*Reaktionsfähigkeit organ. Verbindungen*", **2**, Nr. 3(5), 140 (1965) (russ.).
[186] V. A. Palm, R. V. Vizgert, Doklady, Akad. Nauk SSSR **142**, 1091 (1962).
[187] A. P. Grekov, M. S. Marachova, „*Korrelationsgleichungen in der organ. Chemie*", Band I, Tartu, 1962 (russ.), Seite 177.
[188] R. V. Vizgert, „*Korrelationsgleichungen in der organ. Chemie*", Band I, Tartu, 1962 (russ.), Seite 189.
[189] E. M. Kosower, D. Hofman, K. Wallenfels, J. Am. Chem. Soc. **84**, 2755 (1962).
[190] D. P. Grekov, M. S. Marachova, Ž. org. Chim. **33**, 1552 (1963).
[191] A. Fischer, J. Pocher, J. Vaughan, J. Chem. Soc. 1963, 226.
[192] A. Fischer, D. I. Stedman, J. Vaughan, J. Chem. Soc. **1963**, 751.
[193] M. M. Martin, G. J. Gleicher, J. Org. Chem. **28**, 3266 (1963).
[194] L. M. Litvinenko, R. S. Češko, R. S. Popov, „*Reaktionsfähigkeit organ. Verbindungen*", **1**, Nr. **2**, 20 (1964) (russ.).
[195] V. M. Maremjae, V. A. Palm, „*Reaktionsfähigkeit organ. Verbindungen*", **1**, Nr. 2, 85 (1964) (russ.).
[196] T. I. Crowell, C. E. Bell, jr., D. H. O'Brien, J. Am. Chem. Soc. **86**, 4973 (1964).
[197] D. B. Dždželava, B. D. Tickij, G. G. Konenko, N. N. Dychanov, „*Reaktionsfähigkeit organ. Verbindungen*", **2**, Nr. 3(5), 129 (1965) (russ.).
[198] V. M. Maremjae, V. A. Palm, „*Reaktionsfähigkeit organ. Verbindungen*", **2**, Nr. 3(5), 192 (1966) (russ.).
[199] V. M. Maremjae, V. A. Palm, „*Reaktionsfähigkeit organ. Verbindungen*", **2**, Nr. 3(5), 209 (1965) (russ.).
[200] J. D. Roberts, C. M. Regan, J. Am. Chem. Soc. **76**, 939 (1954).
[201] H. L. Goering, T. Rubin, M. S. Newman, J. Am. Chom. Soc. **76**, 787 (1954).
[202] M. Simonetta, G. Favini, Gazz. Chem. Ital. **85**, 1025 (1955).
[203] F. G. Bordwell, G. D. Copper, H. Motita, J. Am. Chem. Soc. **79**, 376 (1957).
[204] R. Fucks, J. Am. Chem. Soc. **79**, 6531 (1957).
[205] Y. Yukawa, Y. Tsuno, J. Am. Chem. Soc. **79**, 5530 (1957).
[206] E. D. Stecher, F. Dunn, E. Gelblum, J. Am. Chem. Soc. **79**, 4748 (1957).

[207] C. K. HANCOCK, J. S. WESTMORELAND, J. Am. Chem. Soc. **80**, 545 (1958).
[208] M. F. HAWTHORNE, E. S. LEWIS, J. Am. Chem. Soc. **80**, 4296 (1958).
[209] R. FUCKS, A. NISBET, J. Am. Chem. Soc. **81**, 2371 (1959).
[210] J. A. LEISTEN, J. Chem. Soc. **1959**, 765.
[211] D. N. KURSANOV, V. I. ZDANOVIČ, Z. N. PARNES, Doklady Akad. Nauk SSSR, **128**, 1196 (1959).
[212] L. M. LITVINENKO, J. G. SYROVJATKA, S. S. SKOROPISOVA, S. V. OSTROVSKAJA, Ukrainskij chim. Ž. **25**, 190 (1959).
[213] E. TOMMILA, A. NURRO, R. MUREN, S. MERENHEIMO, E. VUORINEN, Suom. Kemistil. *B* **32**, 115 (1959).
[214] H. HOFFMANN, Liebig. Ann. Chem. **634**, 1 (1960).
[215] J. T. EDWARD, H. S. CHANG, K. YATES, R. STEWARD, Can. J. Chem. **38**, 2271 (1960).
[216] M. HOJO, Y. TAKAGI, U. OGATA, J. Am. Chem. Soc. **82**, 2459 (1960).
[217] S. N. PARNES, V. I. ZDANOVIČ, D. N. KURSANOV, Doklady Akad. Nauk SSSR **132**, 1322 (1960).
[218] A. JLICETO, A. FAVA, A. SIMEONE, Gazz. Chim. Ital. **90**, 660 (1960).
[219] A. P. GREKOV, M. S. SOLOVJEVA, Ukrainskij chim. Ž. **27**, 384 (1961).
[220] G. S. KRISHNAMURTHY, S. I. MILLER, J. Am. Chem. Soc. **83**, 3961 (1961).
[221] A. K. COLTER, R. D. JOHNSON, J. Am. Chem. Soc. **84**, 3289 (1962).
[222] S. PATAI, Z. RAPPOPORT, J. Chem. Soc. **1962**, 383.
[223] R. FUCKS, J. J. BLOOMFIELD, J. Org. Chem. **28**, 910 (1963).
[224] L. A. KIPRIANOVA, A. F. REKAŠEVA, Doklady Akad. Nauk SSSR, **154**, 423 (1964).
[225] I. P. BELECKAJA, E. A. ARTEMKINA, O. A. REUTOV, Izvest. Akad. Nauk SSSR, Ser. chim., Nr. **10**, 1737 (1964).
[226] V. O. REISCHFELD, V. V. KOROLKO, „*Reaktionsfähigkeit organ. Verbindungen*", **2**, Nr. 2(4) (1965) (russ.).
[227] E. M. ARNETT, C. B. KLINGENSMITH, J. Am. Chem. Soc. **87**, 1032 (1965).
[228] P. ZUMAN, Coll. Czech. Chem. Comm. **25**, 3225 (1960).
[229] P. ZUMAN, Coll. Czech. Chem. Comm. **27**, 630 (1962).
[230] P. ZUMAN, Coll. Czech. Chem. Comm. **27**, 2035 (1962).
[231] V. G. MAYRANOVSKIJ, L. E. CHOLODOV, V. G. JAŠUNSKIJ, Ž. org. Chim. **33**, 347 (1963).
[232] L. E. CHOLODOV, V. V. ALEKSEJEV, „*Reaktionsfähigkeit organ. Verbindungen*", **2**, Nr. (3)5 (1965) (russ.).
[233] P. ZUMAN, Z. Chem. **3**, No 5, 161 (1963).
[234] S. H. MARCUS, S. I. MILLER, J. Phys. Chem. **68**, 331 (1964).
[235] A. N. EGOROČKIN, M. L. CHIDEKEL, V. A. PONOMARENKO, G. Ja. ZUEVA, G. A. RAZYVAEV, Izvest. Akad. Nauk SSSR, Ser. chim., **373** (1964).
[236] G. A. RAZYVAEV, A. N. EGOROČKIN, M. L. CHIDEKEL, V. F. MIRONOV, Izvest. Akad. Nauk SSSR, Ser. chim., 928 (1964).
[237] J. N. MOLIN, T. V. LEVINA, V. P. MAMAJEV, Doklady Akad. Nauk SSSR, **163**, 402 (1965).
[238] A. N. EGOROČKIN, M. L. CHIDEKEL, G. A. RAZYVAEV, V. F. MIRONOV, Izvest. Akad. Nauk SSSR, Ser. chim., **1521** (1964).
[239] V. V. ORDA, „*Über den Induktionseinfluß einiger Substituenten, die Fluor enthalten*", Dissertation, Kiev, **1965** (russ.).
[240] R. W. TAFT, J. Am. Chem. Soc. **79**, 1045 (1957).
[241] R. W. TAFT, E. PRICE, I. R. FOX, Y. C. LEWIS, K. K. ANDERSEN, G. T. DAVIS, J. Am. Chem. Soc. **85**, 709 (1963).
[242] D. G. O'SULLIVAN, P. W. SADLER, J. Chem. Soc. **1957**, 4144.
[243] T. L. BROWN, J. Am. Chem. Soc. **80**, 6489 (1958).
[244] N. C. R. RAO, J. RAMACHANDRAN, Current. Sci. **28**, No 3, 110 (1959).
[245] O. EXNER, Coll. Czech. Chem. Comm. **25**, 1044 (1960).
[246] V. A. PONOMARENKO, G. Ja. ZUEVA, N. S. ANDREJEV, Isvest. Akad. Nauk SSSR, Ser. chim. Nauk, **1758** (1961).

[247] K. Bowden, N. B. Chapman, J. Shorter, Can. J. Chem. **41**, 2154 (1963).
[248] W. F. Baitinger, P. R. Scheyer, T. S. S. R. Murtry, L. Robinson, Tetrahedron **20**, 1635 (1964).
[249] O. Exner, Coll. Czech. Chem. Comm. **28**, 935 (1963).
[250] A. E. Kellie, D. G. O'Sullivan, P. W. Sadler, J. Org. Chem. **22**, 29 (1957).
[251] L. M. Jagupolskij, „*Aromatische Verbindungen mit Substituenten, die Fluor enthalten*", Dissertation, Kiev, 1964 (russ.).
[252] T. Hayashi, M. Matsuo, Bull. Chem. Soc., Japan, **35**, 2100 (1962).
[253] A. V. Finkelstein, V. L. Pogrebnaja, S. V. Lukjančuk, Ž. fiz. Chim. **38**, 2092 (1962).
[254] A. V. Finkelstein, S. V. Lukjančuk, M. A. Naukina, Z. M. Kuzmina, Ž. fiz. Chim. **38**, 2964 (1964).
[255] O. Exner, Coll. Czech. Chem. Comm. **25**, 642 (1960).
[256] D. R. Earton, W. D. Phillips, D. J. Caldwell, J. Am. Chem. Soc. **85**, 397 (1963).
[257] R. W. Taft, N. C. Deno, P. S. Skell, Ann. Rev. Phys. Chem. **9**, 287 (1958).
[258] V. A. Palm, Usp. Chim. **30**, 1069 (1961).
[259] O. Exner, Chem. Listy **53**, 1302 (1959).
[260] P. R. Wells, Chem. Revs. **63**, 171 (1963).
[261] V. F. Odjakov, „*Reaktionsfähigkeit organ. Verbindungen*", **3**, Nr. 1 (7), 36 (1966) (russ.).
[262] „*Chemisches Handbuch*", 2. Auflage, Band III, Verlag „*Chemie*", 1964 (russ.), Seite 935–999.
[263] C. D. Ritchie, J. Phys. Chem. **65**, 2091 (1961).
[264] J. C. McGowan, J. Soc. Chem. Ind. **68**, 253 (1949).
[265] J. C. McGowan, J. Appl. Chem. **10**, 312 (1960).
[266] P. E. Peterson, G. Allen, J. Am. Chem. Soc. **85**, 3608 (1963).
[267] P. E. Peterson, C. Gassey, Tetrahedron Letters **23**, 1569 (1963).
[268] „*Chemisches Handbuch*", 2. Auflage, Band III, Verlag „*Chemie*", 1964 (russ.), Seite 85–185.
[269] W. Hückel, „*Theoretische Grundlagen der organ. Chemie*", sowjet. Ausgabe, Band II, I. L., 1958, Seite 578.
[270] W. F. Sager, C. D. Ritchie, J. Am. Chem. Soc. **83**, 3498 (1961).
[271] L. L. Schaleger, M. A. Turner, T. C. Chamberlin, M. M. Kreevoy, J. Org. Chem. **27**, 3421 (1962).
[272] G. Kortum, W. Vogel, K. Andurssow, Pure Appl. Chem. **1**, 190 (1961).
[273] A. N. Nesmejanov, L. I. Zacharkin, R. K. Freudlina, Izvest. Akad. Nauk SSSR, Ser. chim. Nauk, **40** (1955).
[274] J. L. Roberts, H. H. Jaffe, Tetrahedron **19** (Suppl. 2), 455 (1963).
[275] R. A. M. O'Ferrall, S. J. Miller, J. Am. Chem. Soc. **86**, 4016 (1964).
[276] K. Bowden, Can. J. Chem. **41**, 2781 (1963).
[277] K. Bowden, N. B. Chapman, J. Shorter, Can. J. Chem. **42**, 1979 (1964).
[278] K. Bowden, Can. J. Chem. **43**, 3354 (1965).
[279] „*Chemisches Handbuch*", 2. Ausgabe, Band I, Goschimisdat, 1962, Seite 966.
[280] A. Albert, E. Seržent, „*Konstanten der Säure- und Baseionisation*", Verlag Chemie, 1964 (russ.), Seite 143.
[281] dto., Seite 142.
[282] J. Hine, J. Am. Chem. Soc. **85**, 3239 (1963).
[283] R. W. Taft, spezielle Mitteilung.
[284] J. Martin, A. Buylanit, Bull. Soc. Chim. Belg. **72**, 222 (1963).
[285] A. I. Shatenstein, E. A. Gvozdeva, Teoret. eksper. Chim. **1**, 352 (1965).
[286] G. G. Smith, D. A. K. Jones, D. F. Brown, J. Org. Chem. **28**, 403 (1963).
[287] G. G. Smith, D. A. K. Jones, J. Org. Chem. **28**, 3496 (1963).
[288] G. G. Smith, D. A. K. Jones, R. Taylor, J. Org. Chem. **28**, 3547 (1963).
[289] A. I. Brodskij, L. L. Gordienko, Teoret. eksper. Chim. **1**, 452 (1965).
[290] J. P. Egorov, Teoret. eksper. Chim. **1**, 30 (1965).

[291] V. F. Kulik, J. P. Egorov, A. G. Panteleymonov, A. J. Fialkov, L. M. Jagupolskij, Teoret. eksper. Chim. 1, 171 (1965).
[292] I. P. Birjukov, M. G. Voronkov, J. A. Safin, Teoret. eksper. Chim. 1, 373 (1965).
[293] A. D. Walsh, Trans. Farad. Soc. 45, 179 (1949).
[294] R. C. Parish, L. M. Stock, J. Am. Chem. Soc. 88 (1966).
[295] M. J. S. Dewar, „*Symposium on Linear Free Energy Correlations*", Durham, 1964, preprints of papers, p. 1.
[296] D. Farcasiu, „*Reaktionsfähigkeit organ. Verbindungen*", **2**, Nr. 2(4), 119 (1965) (russ.).
[297] V. A. Palm, „*Reaktionsfähigkeit organ. Verbindungen*", **2**, Nr. 2(4), 123 (1965) (russ.).
[298] R. O. Norman, D. K. Radda, D. A. Brimaombe, P. D. Ralph, E. M. Smith, J. Chem. Soc. 1961, 3247.
[299] J. D. S. Ritter, S. I. Miller, J. Am. Chem. Soc. **86**, 1507 (1964).
[300] S. I. Miller, siehe 295, Seite 45.
[301] A. Fava, A. Iliceto, Tetrahedron Letters **12**, 18 (1960).
[302] V. F. Bystrov, L. M. Jagupolskij, A. U. Stepanjanc, J. A. Fialkov, Doklady Akad. Nauk SSSR, **153**, 1321 (1963).
[303] A. Talvik, P. Zuman, O. Exner, Coll. Czech. Chem. Comm. **29**, 1266 (1964).
[304] R. A. M. O'Ferrall, S. I. Miller, J. Am. Chem. Soc. **85**, 2440 (1963).
[305] R. A. M. O'Ferrall, S. I. Miller, J. Am. Chem. Soc. **86**, 4016 (1964).
[306] K. Bowden, N. B. Chapman, J. Shorter, Can. J. Chem. **42**, 1979 (1964).
[307] M. Charton, J. Org. Chem. **28**, 3121 (1963).
[308] I. F. I. Dippy, S. R. C. Huges, B. C. Kitchiner, J. Chem. Soc. 1964, 1275.
[309] M. M. Martin, G. P. Gleicher, J. Am. Chem. Soc. **86**, **233** (1964).
[310] V. I. Zdanovic, Z. N. Parnes, D. N. Kursanov, Doklady Akad. Nauk SSSR, **165**, 566 (1965).
[311] A. Fischer, B. R. Mann, J. Vaughan, J. Chem. Soc. 1961, 1093.
[312] J. F. J. Dippy, J. E. Page, J. Chem. Soc. 1938, 357.
[313] W. A. Pavelich, R. W. Taft, J. Am. Chem. Soc. **79**, 4935 (1957).
[314] P. R. Wells, J. Phys. Chem. **69**, 1787 (1965).
[315] O. F. Ginzburg, P. N. Zavlin, Z. org. Chim. **32**, 3559 (1962).
[316] W. Hückel, Die chemische Bindung, J. prakt. Chem. [4], 5, 105 (1957).
[317] J. Shorter, F. J. Stubbs, J. Chem. Soc. **1949**, 1180.
[318] D. Peltier, Bull. Soc. Chem. France 994 (1958).
[319] G. M. Hoop, J. M. Tedder, J. Chem. Soc. **1962**, 4857.
[320] A. Buckley, N. B. Chapman, J. Shorter, J. Chem. Soc. **1963**, 178.
[321] J. F. J. Dippy, S. R. C. Huges, Tetrahedron **19**, 1527 (1963).
[322] R. A. Robinson, J. Res. Nat. Bur. Stand., A. Phys. Chem., **68***A*, Nr. 2, 159 (1964).
[323] J. E. Dubois, J. J. Aaron, Comt. rend. **258**, 2213 (1964).
[324] J. E. Dubois, R. Uzan, Tetrahedron Letters **35**, 2397 (1964).
[325] V. P. Petrov, V. A. Koptjug, „*Reaktionsfähigkeit organ. Verbindungen*", **3**, Nr. 1(7), 135 (1966) (russ.).
[326] S.-J. Yen, H. H. Jaffe, J. Am. Chem. Soc. **81**, 3279 (1959).
[327] I. S. Saveljeva, „*Kinetische Untersuchungen der Acidolyse symmetrischer Quecksilber-organ. Verbindungen*", Dissertation, Moskau, 1964 (russ.).
[328] A. N. Nesmejanov, A. E. Borisov, I. S. Saveljeva, Doklady Akad. Nauk SSSR, **155**, 603 (1964).
[329] V. V. Koršak, V. V. Vasnev, Doklady Akad. Nauk SSSR, **156**, 1124 (1964).
[330] G. Tsughihashi, S. Miyajima, T. Otsu, O. Simamura, Tetrahedron **21**, 1039 (1965).
[331] H. H. Jaffe, J. Am. Chem. Soc. **76**, 4261 (1954).
[332] C. D. Ritchie, E. S. Lewis, J. Am. Chem. Soc. **84**, 591 (1962).
[333] Ch. R. Timotcheus, A. I. Talvik, „*Reaktionsfähigkeit organ. Verbindungen*", **1**, Nr. 2, 171 (1964) (russ.).

[334] Ch. R. Timotcheus, A. I. Talvik, „*Reaktionsfähigkeit organ. Verbindungen*", **2**, Nr. 2 (4), 186 (1965) (russ.).
[335] Ch. R. Timotcheus, A. I. Talvik, *Reaktionsfähigkeit organ. Verbindungen*, **2**, Nr. 3 (5), 305 (1965) (russ.).
[336] Ch. R. Timotcheus, A. 1. Talvik, „*Reaktionsfähigkeit organ. Verbindungen*", **2**, Nr. 3 (5), 311 (1965) (russ.).
[337] Ch. R. Timotcheus, A. I. Talvik, „*Reaktionsfähigkeit organ. Verbindungen*", **3**, Nr. 1 (7), 158 (1966) (russ.).
[338] L. Pauling, Die Natur der chemischen Bindung, Verlag Chemie, Weinheim/Bergstr., 1964.
[339] R. W. Taft, J. Chem. Phys. **26**, 93 (1957).
[340] B. P. Dailey, J. N. Shoolery, J. Am. Chem. Soc. **77**, 3977 (1955).
[341] Chiang Ming-Chien, Tai Tsui-Chen, Scientia Sinica **12**, Nr. 6, 785 (1963).
[342] Chiang Ming-Chien, Tai Tsui-Chen, Acta Chimica Sinica **30**, 312 (1964).
[343] Chiang Ming-Chien, Tsao I, Wang Wen-Chi, Acta Chimica Sinica **30**, 317 (1964).
[344] Bei Nai-Ping, Hsiao Han-Lan, Li Hsuan-Wen, sun Cheng-E, Acta Chimica Sinica **30**, 325 (1964).
[345] V. I. Vedenejev, L. V. Gurvič, V. N. Kondratjev, V. A. Medvedev, E. L. Frankevič, „*Spaltungsenergie chemischer Bindungen. Ionisationspotentiale und Elektronenaffinität*", Verlag Akad. Nauk SSSR, 1962 (russ.).
[346] „*Handbuch der Chemie*", 2. Auflage, Band I, Goschimisdat 1962 (russ.) ,Seite 325—328.
[347] M. Dewar, Hyperkonjugation, Verlag „Mir", 1965 (russ.).
[348] R. W. Taft, I. C. Lewis, Tetrahedron **5**, (1959).
[349] M. M. Kreevoy, Tetrahedron **5**, 233 (1959).
[350] K. Bowden, N. B. Chapman, J. Shorter, J. Chem. Soc. 1964, 3370.
[351] I. V. Talvik, V. A. Palm, *Reaktionsfähigkeit organ. Verbindungen* **1**, Nr. 1, 108 (1964) (russ.).
[352] I. V. Talvik, „*Reaktionsfähigkeit organ. Verbindungen*", **1**, Nr. 2, 241 (1964) (russ.).
[353] De la Mare, Fowden, Huges, Ingold, Machie, J. Chem. Soc. 1955, 3200.
[354] M. M. Kreevoy, H. Eyring, J. Am. Chem. Soc. **79**, 5121 (1957).
[355] G. W. Wheland, „*Resonance in Organic Chemistry*", N. Y., 1955.
[356] R. W. Taft, E. Price, I. R. Fox, I. Lewis, K. K. Andersen, G. T. Davis, J. Am. Chem. Soc. **85**, 3146 (1963).
[357] F. G. Bordwell, C. D. Cooper, J. Am. Chem. Soc. **74**, 1058 (1952).
[358] J. K. Kochi, G. S. Hammond, J. Am. Chem. Soc. **75**, 3445 (1953).
[359] J. F. Bunnett, G. T. Davis, J. Am. Chem. Soc. **76**, 3011 (1954).
[360] J. F. Bunnett, H. Moe, D. Knutson, J. Am. Chem. Soc. **76**, 3936 (1954).
[361] Z. R. Grabowski, Roczn. Chem. **28**, 513 (1954).
[362] H. Zollinger, C. Wittwer, Helv. chim. acta. **39**, 348 (1956).
[363] D. G. O'Sullivan, P. W. Sadler, J. Chem. Soc. **1957**, 2916.
[364] A. W. Baker, J. Phys. Chem. **62**, 744 (1958).
[365] H. H. Jaffe, J. Org. Chem. **23**, 1790 (1958).
[366] M. M. Fickling, A. Fischer, B. R. Manu, J. Packer, J. Vaughan, J. Am. Chem. Soc. **81**, 4226 (1959).
[367] A. R. Lawrence, L. N. Ferguson, J. Org. Chem. **25**, 1220 (1960).
[368] E. A. Černyšev, J. G. Tolstikova, Izvest. Akad. Nauk SSSR, Ser. chim. Nauk, 455 (1961).
[369] N. B. Chapman, D. K. Chaudkury, J. Shorter, J. Chem. Soc. **1962**, 1975.
[370] L. M. Litvinenko, N. M. Oleijnik, Ž. org. Chim. **32**, 2290 (1962).
[371] L. K. Creamer, A. Fischer, J. Vaughan, J. Chem. Soc. **1962**, 2141.
[372] L. M. Litvinenko, A. I. Kirilenko, „*Korrelationsgleichungen in der organischen Chemie*", Band I, Seite 151, Tartu, 1962 (russ.).
[373] L. M. Litvinenko, N. M. Oleijnik, „*Korrelationsgleichungen in der organ. Chemie*", Band I, Seite 165, Tartu, 1962 (russ.).

[374] J. H. Callins, H. H. Jaffe, J. Am. Chem. Soc. **84**, 4708 (1962).
[375] T. C. Bruice, S. J. Benkovic, J. Am. Chem. Soc. **85**, 1 (1963).
[376] L. M. Litvinenko, N. M. Oleijnik, Ž. org. Chim. **33**, 2287 (1963).
[377] C. Y. Meyers, Gazz. Chim. Ital. **93**, 1206 (1963).
[378] M. Isaks, H. H. Jaffe, J. Am. Chem. Soc. **86**, 2209 (1964).
[379] H. H. Jaffe, H. L. Jones, M. Isaks, J. Am. Chem. Soc. **86**, 2934 (1964).
[380] A. Fischer, D. A. R. Happer, J. Vaughan, J. Chem. Soc. 1964, 4060.
[381] L. K. Dyall, Austr. J. Chem. **17**, 419 (1964).
[382] A. G. Brook, R. Kivisikk, G. E. Lebrow, Can. J. Chem. **43**, 1175 (1965).
[383] N. G. Belocerkovskaja, „*Quasitautomere Umlagerungen der Aminotriphenylcarbinole in Lösungen starker Säuren*", Dissertation, Leningrad, 1964 (russ.).
[384] C. K. Hancock, A. D. H. Glauge, J. Am. Chem. Soc. **86**, 4942 (1964).
[385] A. B. Tomčin, L. S. Efros, „*Reaktionsfähigkeit organ. Verbindungen*", **1**, Nr. 2, 59 (1964) (russ.).
[386] H. H. Jaffe, H. L. Jones, J. Org. Chem. **30**, 964 (1965).
[387] C. Dell'Erba, D. Spinelli, Tetrahedron **21**, 1061 (1965).
[388] M. Syz, H. Zollinger, Helv. chim. acta **48**, 383 (1965).
[389] R. W. Bott, B. E. Dowden, C. Eaborns, J. Chem. Soc. 1965, 4994.
[390] V. I. Minkin, „*Die Beschaffenheit und die Chemie der Azomethine*", Dissertation, Rostov am Don, 1966 (russ.).
[391] G. Illuminati, G. Marino, J. Am. Chem. Soc. **78**, 4975 (1956).
[392] E. Baciocchi, G. Illuminati, Ricerca Sci. **28**, 1159 (1958).
[393] G. Illuminati, Ricerca Sci. **28**, 1221 (1958).
[394] G. Illuminati, Ricerca Sci. **28**, 2753 (1958).
[395] G. Illuminati, J. Am. Chem. Soc. **80**, 4941 (1958).
[396] G. Illuminati, J. Am. Chem. Soc. **80**, 4945 (1958).
[397] H. H. Jaffe, R. W. Gardner, J. Am. Chem. Soc. **80**, 319 (1958).
[398] H. H. Jaffe, J. Am. Chem. Soc. **81**, 3020 (1959).
[399] Si-Jung Yeh, H. H. Jaffe, J. Am. Chem. Soc. **81**, 3279 (1959).
[400] A. W. B. Steveninck, E. C. Kooyman, Rec. trav. chim. **79**, 416 (1960).
[401] P. B. D. De la Mare, J. Chem. Soc. 1960, 3823.
[402] O. Exner, Coll. Czech. Chem. Comm. **25**, 1044 (1960).
[403] J. Nasielski, M. Planchon, Bull. Soc. Chim. Belg. **69**, 123 (1960).
[404] R. Stewart, K. Yates, J. Am. Chem. Soc. **82**, 4059 (1960).
[405] J. Weinstein, E. McIninch, J. Am. Chem. Soc. **82**, 6064 (1960).
[406] A. G. Harrison, P. Kebarle, F. P. Lossing, J. Am. Chem. Soc. **83**, 777 (1961).
[407] S. G. Äntelis, G. V. Äpple, Doklady Akad. Nauk SSSR, **141**, 121 (1961).
[408] C. D. Ritchie, W. F. Sager, E. S. Lewis, J. Am. Chem. Soc. **84**, 2349 (1962).
[409] H. C. Brown, L. M. Stock, J. Am. Chem. Soc. **84**, 3298 (1962).
[410] O. F. Ginzburg, P. M. Zavlin, Ž. org. Chim. **32**, 3559 (1962).
[411] O. F. Ginzburg, E. I. Kvjat, S. T. Idlis, Ž. org. Chim. **32**, 2633 (1962).
[412] D. S. Moyce, H. S. Avarback, J. Am. Chem. Soc. **84**, 1644 (1962).
[413] W. F. Little, R. A. Berry, P. Kannan, J. Am. Chem. Soc. **84**, 2525 (1962).
[414] H. C. Brown, G. Goldman, J. Am. Chem. Soc. **84**, 1650 (1962).
[415] H. C. Brown, A. H. Neyens, J. Am. Chem. Soc. **84**, 1655 (1962).
[416] H. C. Brown, G. Marino, J. Am. Chem. Soc. **84**, 1658 (1962).
[417] L. M. Stock, F. W. Baker, J. Am. Chem. Soc. **84**, 1661 (1962).
[418] L. M. Stock, H. C. Brown, J. Am. Chem. Soc. **84**, 1668 (1962).
[419] R. Taylor, G. G. Smith, W. H. Weitzel, J. Am. Chem. Soc. **84**, 4817 (1962).
[420] L. H. Cordes, W. P. Jencks, J. Am. Chem. Soc. **84**, 4319 (1962).
[421] M. Liler, J. Chem. Soc. 1962, 4272.
[422] D. S. Noyce, M. J. Jorgenson, J. Am. Chem. Soc. **84**, 4312 (1962).
[423] D. S. Noyce, P. A. King, C. A. Lane, W. L. Reed, J. Am. Chem. Soc. 84, 1638 (1962).

[424] R. M. LAIRD, R. E. PARKER, J. Chem. Soc. 1963, 6065.
[425] E. BACIOCCHI, G. ILLUMINATI, La ricezea Scientifica 33, Ser. 2, 11-A, vol. 3, 1127 (1963).
[426] E. H. CORDES, W. P. JENCKS, J. Am. Chem. Soc. 85, 2843 (1963).
[427] G. J. P. AUGUSTIJN, E. C. KOOYMAN, R. LOUW, Rec. trav. chim. 82, 965 (1963).
[428] R. FUCKS, D. M. CARLTON, J. Am. Chem. Soc. 85, 104 (1963).
[429] E. J. BEHRMAN, J. Am. Chem. Soc. 85, 347 (1963).
[430] L. A. KAZICYNA, B. S. VIKOT', L. D. AŠKINADZE, O. A. REUTOV, Doklady Akad. Nauk SSSR, 151, 573 (1963).
[431] R. FAYLOR, G. G. SMITH, Tetrahedron 19, 937 (1963).
[432] B. B. P. TICE, I. LEE, F. H. KENDALL, J. Am. Chem. Soc. 85, 329 (1963).
[433] M. S. SILVER, G. C. WHITNEY, J. Org. Chem. 28, 2479 (1963).
[434] H. TANIDA, J. Am. Chem. Soc. 85, 1703 (1963).
[435] E. BACIOCCHI, G. ILLUMINATI, J. Am. Chem. Soc. 86, 2677 (1964).
[436] H. G. KUIVILA, J. F. REUWER, jr., J. A. MANGRAVITE, J. Am. Chem. Soc. 86, 2666 (1964).
[437] J. E. DUBOIS, A. SCHWARCZ, Tetrahedron Letters 32, 2167 (1964).
[438] A. N. NESMEJANOV, A. E. BORISOV, I. S. SAVELJEVA, Doklady Akad. Nauk SSSR, 155, 603 (1964).
[439] I. S. SAVELJEVA, „*Kinetische Untersuchungen der Acidolyse symmetrischer quecksilberorgan. Verbindungen*", Dissertation, Moskau 1964 (russ.).
[440] K. B. WIBERG, P. A. LEPSE, J. Am. Chem. Soc. 86, 2612 (1964).
[441] J. E. DUBOIS, J.-J. AARON, J. Chim. Phys. 1354 (1964).
[442] R. STEWARD, D. G. LEE, Can. J. Chem. 42, 439 (1964).
[443] G. E. LEWIS, Austr. J. Chem. 17, 814 (1964).
[444] H. TANIDA, T. TSUJI, H. ISHITOBI, J. Am. Chem. Soc. 86, 4904 (1964).
[445] K. KOEHLER, W. SANDSTROM, E. H. CORDES, J. Am. Chem. Soc. 86, 2413 (1964).
[446] A. RICCI, M. FOÁ, P. E. TODESCO, P. VIVARELLI, Tetrahedron Letters 24, 1935 (1965).
[447] G. MARINO, Rendiconti Classe Sci. fisiche, matem., naturali ser., *VIII*, 38, 700 (1965).
[448] D. S. NOYCE, P. A. KITTLE, J. Org. Chem. 30, 1899 (1965).
[449] A. M. AVEDIKIAN, J. CHAPUT, S. S. N'KETSIA, J. DAUSQUE, A. KERGOMARD, J. M. KONDIER, H. TANTON, Bull. Soc. Chim. France 95 (1966).
[450] A. STREITWIESER, Jr., H. F. KOCH, J. Am. Chem. Soc. 86, 404 (1964).
[451] T. H. FIFE, L. K. JAO, J. Org. Chem. 30, 1492 (1965).
[452] A. FISCHER, J. PACKER, J. VAUGHAN, J. Chem. Soc. 1962, 3318.
[453] A. FISCHER, D. I. STEDMAN, J. VAUGHAN, J. Chem. Soc. 1963, 751.
[454] R. BOLTAN, N. B. CHAPMAN, J. SHORTER, J. Chem. Soc. 1964, 1895.
[455] A. FISCHER, D. A. R. HAPPER, J. VAUGHAN, J. Chem. Soc. 1964, 4060.
[456] A. FISCHER, W. J. GALLOWAY, J. VAUGHAN, J. Chem. Soc. 1964, 3591.
[457] R. W. TAFT, J. Am. Chem. Soc. 79, 5075 (1957).
[458] R. W. TAFT, H. D. EVANS, J. Chem. Phys. 27, 1427 (1957).
[459] A. BRYSON, J. Am. Chem. Soc. 82, 4862 (1960).
[460] A. BRYSON, J. Am. Chem. Soc. 82, 487 (1960).
[461] G. H. J. FACER, H. W. THOMPSON, Proc. Roy. Soc. A 268, 68 (1962).
[462] G. H. J. FACER, H. W. THOMPSON, Proc. Roy. Soc. A 268, 79 (1962).
[463] W. A. SHEPPARD, J. Am. Chem. Soc. 85, 1314 (1963).
[464] K. D. WARREN, J. Chem. Soc. 1963, 598.
[465] D. R. EATON, W. A. SHEPPARD, J. Am. Chem. Soc. 85, 1310 (1963).
[466] J. P. SHAEFER, T. J. MIRAGLIA, J. Am. Chem. Soc. 86, 64 (1964).
[467] J. A. PAUY, K. D. WARREN, J. Chem. Soc. 1965, 4049.
[468] W. A. SHEPPARD, J. Am. Chem. Soc. 87, 2410 (1965).
[469] E. A. MEDJANCEVA, „*Untersuchungen über den Bau und die Reaktionsfähigkeit aromatischer* SCHIFF*scher Basen*", Dissertation, Rostov am Don, 1965 (russ.).
[470] I. R. FOX, P. L. LEVINS, R. W. TAFT, Tetrahedron Letters 7, 249 (1961).

[471] V. F. BYSTROV, O. A. JUŠAKOVA, R. G. KOSTJANOVSKIJ, Doklady Akad. Nauk SSSR, **147**, 843 (1962).
[471a] C. D. COOK, S. S. DANYLUK, Tetrahedron **19**, 177 (1963).
[472] R. W. TAFT, E. PRICE, I. R. FOX, I. C. LEVIS, K. K. ANDERSEN, D. T. DAVIS, J. Am. Chem. Soc. **85**, 3146 (1963).
[473] S. P. GUBIN, K. I. GRANBERG, A. N. NESMEJANOV, Doklady Akad. Nauk SSSR, **159**, 1075 (1964).
[474] R. T. C. BROWNLEE, A. R. KATRIZKY, R. D. TOMPSON, J. Am. Chem. Soc. **87**, 3260 (1965).
[475] A. J. KOŠINSKIJ, S. S. GITIS, „*Korrelationsgleichungen in der organ. Chemie*", Band I, Seite 206, Tartu 1962 (russ.).
[476] O. EXNER, Coll. Czech. Chem. Comm. **25**, 642 (1960).
[477] L. A. COHEN, W. M. JONES, J. Am. Chem. Soc. **85**, 3402 (1963).
[478] A. I. TALVIK, „Reaktionsfähigkeit organ. Verbindungen" **2**, Nr. **1**, 35 (1965) (russ.).
[479] V. M. BELIKOV, A. I. TALVIK, C. B. KORČEMNAJA, „*Reaktionsfähigkeit organischer Verbindungen*", **2**, Nr. 1, 10 (1965) (russ.).
[480] Y. TSUNO, T. YBATA, Y. YUKAWA, Bull. Chem. Soc., Japan, **32**, 960 (1959).
[481] Y. TSUNO, Memoirs Inst. Sci. Ind. Res. **16**, 197 (1959).
[482] Y. OGATA, I. TABUSHI, J. Am. Chem. Soc. **83**, 3440 (1961).
[483] T. INUKAI, Bull. Chem. Soc., Japan, **35**, 400 (1962).
[484] E. C. LIM, Spectrochim. Acta **19**, 1967 (1963).
[485] T. I. CROWELL, C. E. BELL, jr., D. H. O'BRIEN, J. Am. Chem. Soc. **86**, 4973 (1964).
[486] V. A. PALM, A. V. TUULMETS, „*Reaktionsfähigkeit organ. Verbindungen*", **1**, Nr. 1, 33 (1964) (russ.).
[487] R. A. GOVAR, Y. P. STRADYN', „*Reaktionsfähigkeit organ. Verbindungen*", **2**, Nr. 1, 22 (1965) (russ.).
[488] A. ALLERHAND, P. VON SCHLEYER, J. Am. Chem. Soc. **85**, 371 (1963).
[489] G. S. IDLIS, O. F. GINZBURG, „*Reaktionsfähigkeit organ. Verbindungen*", **2**, Nr. 4(6), 46 (1965) (russ.).
[490] I. L. BAGAL, B. A. PORAIJ-KOŠIC, „*Reaktionsfähigkeit organ. Verbindungen*", **3**, Nr. 1 (7), 102 (1966) (russ.).
[491] G. S. IDLIS, „*Kinetische Untersuchungen des Prozesses der Bildung von Aminotriphenylcarbinolen*", Dissertation, Leningrad 1966 (russ.).
[492] M. YOSHIOKA, K. HAMAMOTO, T. KUBOTA, Bull. Chem. Soc., Japan, **35**, 1723 (1962).
[493] E. BERLINER, E. A. BLOMMERS, J. Am. Chem. Soc. **73**, 2481 (1951).
[494] E. BERLINER, E. A. BLOMMERS, J. Am. Chem. Soc. **82**, 6427 (1960).
[495] V. D. BEZUGLYJ, V. N. DIMITRIEVA, I. A. ŠKODINA, L. A. MEL'NIK, Ž. org. Chem. **34**, 376 (1964).
[496] L. S. DEGTJAREW, L. N. GANJUK, A. M. GOLUBENKOVA, A. I. BRODSKIJ, Doklady Akad. Nauk SSSR **157**, 1406 (1964).
[497] A. FISCHER, W. Y. MITCHELL, G. S. OGILVIE, J. PACKER, J. E. PACKER, J. VAUGHAN, J. Chem. Soc. 1958, 1426.
[498] A. FISCHER, H. M. FOUNTAIN, J. VAUGHAN, J. Chem. Soc. 1959, 1310.
[499] A. BRYSON, J. Am. Chem. Soc. **82**, 4862 (1969).
[500] M. J. S. DEWAR, P. J. GRISDALE, J. Am. Chem. Soc. **84**, 3546 (1962).
[501] H. H. JAFFE, J. Am. Chem. Soc. **76**, 3527 (1954).
[502] H. H. JAFFE, G. O. DOAK, J. Am. Chem. Soc. **77**, 4441 (1955).
[503] G. FAVINI, Inst. Lombardo Scienze Letters, Sci. **91**, 162 (1957).
[504] E. INOTO, Y. OTSUJI, Bull. Univ. Osaka Perf. *A* **6**, 115 (1958).
[505] M. SIMONETTA, G. FAVINI, Gazz. chim. ital. **84**, 566 (1954).
[506] P. R. FALKNER, D. HARRISON, J. Chem. Soc. 1960, 1171.
[507] M. KOSOWER, J. A. SKOREZ, „*Advances in Molecular Sepctroscopy*", 1962, S. 413.
[508] R. F. EVANS, H. C. BROWN, J. Org. Chem. **27**, 3127 (1962).

[509] P. R. FALKNER, D. HARRISON, J. Chem. Soc. 1962, 2148.
[510] G. COPPENS, F. DECLERCH, C. GILLET, J. NASIELSKI, Bull. Soc. Chim. Belg. **72**, 25 (1963).
[511] N. N. ZACEPINA, I. F. TUPICIN, L. S. EFROS, Ž. org. Chem. **34**, 4065 (1964).
[512] E. BACIOCCHI, G. ILLUMINATI, Gazz. chim. ital. **87**, 981 (1957).
[513] G. ILLUMINATI, G. MARINO, J. Am. Chem. Soc. **80**, 1421 (1958).
[514] E. BACIOCCHI, G. ILLUMINATI, G. MARINO, J. Am. Chem. Soc. **80**, 2270 (1958).
[515] M. L. BELLI, G. ILLUMINATI, G. MARINO, Tetrahedron **19**, 345 (1963).
[516] M. CHARTON, J. Org. Chem. **30**, 3341 (1965).
[517] M. CHARTON, J. Chem. Soc. **1964**, Suppl. 1, 5884.
[518] K. D. WARREN, J. Chem. Soc. 1963, 598.
[519] K. D. WARREN, J. R. YANDLE, J. Chem. Soc. 4221 (1965).
[520] K. D. WARREN, J. R. YANDLE, J. Chem. Soc. 1965, 5518.
[521] S. J. HALT, A. E. KELLIE, D. G. O'SULLIVAN, P. W. SADLER, J. Chem. Soc. 1958, 1217.
[522] D. G. O'SULLIVAN, P. W. SADLER, J. Chem. Soc. 1959, 876.
[523] M. S. METZER, J. Org. Chem. **27**, 496 (1962).
[524] R. A. GAVAR, Y. P. STRADYN', S. A. GILLER, Doklady Akad. Nauk SSSR, **157**, 1424 (1964).
[525] WO KONG KWOK, R. A. M. O'FERRALL, S. I. MILLER, Tetrahedron **20**, 1913 (1964).
[526] R. A. GAVAR, Y. P. STRADYN', „Reaktionsfähigkeit organ. Verbindungen", **2**, Nr. 1, 22 (1965) (russ.).
[527] M. CHARTON, J. Org. Chem. **30**, 3346 (1965).
[528] E. G. PEREVALOVA, S. P. GUBIN, *„Korrelationsgleichungen in der organ. Chemie"*, Band II, Tartu, 1963 (russ.), Seite 26.
[529] W. LITTLE, C. N. REILLEY, J. D. JOHNSON, A. P. SANDERS, J. Am. Chem. Soc. **86**, 1382 (1964).
[530] M. N. NEFEDOVA, V. N. SEKTINA, E. G. PEREVALOVA, D. N. KURSANOV, A. N. NESMEJANOV, „Reaktionsfähigkeit organ. Verbindungen", **2**, Nr. 3 (5), 69 (1965) (russ.).
[531] E. G. PEREVALOVA, S. P. GUBIN, A. N. NESMEJANOV, „Reaktionsfähigkeit organ. Verbindungen", **3**, Nr. 1 (7), 68, 1966 (russ.).
[532] M. CHARTON, H. MEISLICH, J. Am. Chem. Soc. **80**, 5940 (1958).
[533] J. HINE, W. C. BAILEY, jr., J. Am. Chem. Soc. **81**, 2075 (1959).
[534] M. CHARTON, J. Org. Chem. **30**, 557 (1965).
[535] M. CHARTON, J. Org. Chem. **30**, 974 (1965).
[536] M. CHARTON, J. Org. Chem. **30**, 552 (1965).
[537] M. CHARTON, J. Org. Chem. **26**, 735 (1961).
[538] M. CHARTON, J. Org. Chem. **30**, 969 (1965).
[539] M. CHARTON, J. Chem. Soc. 1964, 1205.
[540] M. J. S. DEWAR, P. J. GRISDALL, J. Am. Chem. Soc. **84**, 3548 (1962).
[541] J. D. S. RITTER, S. I. MILLER, J. Am. Chem. Soc. **86**, 1507 (1964).
[542] O. EXNER, Tetrahedron Letters **13**, 815 (1963).
[543] O. EXNER, W. SIMON, Coll. Czech. Chem. Comm. **29**, 2016 (1964).
[544] R. W. TAFT, L. D. MCKEEVER, J. Am. Chem. Soc. **87**, 2489 (1965).
[545] M. S. NEWMAN, Steric Effects in Organic Chemistry, New York, 1956.
[546] F. BECKER, Z. Naturforsch. **14*a***, 547 (1959).
[547] F. BECKER, Z. Naturforsch. **15*b***, 251 (1960).
[548] F. BECKER, Z. Naturforsch. **16*b***, 263 (1961).
[549] C. K. HANCOCK, E. A. MEYERS, B. J. YAGER, J. Am. Chem. Soc. **83**, 4211 (1961).
[550] A. V. TUULMETS, „Reaktionsfähigkeit organ. Verbindungen", **1**, Nr. 1, 89 (1964) (russ.).
[551] C. K. HANCOCK, C. P. FALLS, J. Am. Chem. Soc. **83**, 4214 (1961).
[552] C. K. HANCOCK, B. J. YAGER, C. P. FALLS, J. O. SCHRECK, J. Am. Chem. Soc. **85**, 1297 (1963).
[553] D. D. ROBERTS, J. Org. Chem. **29**, 2714 (1964).

[554] I. V. Talvik, A. V. Palm, „Reaktionsfähigkeit organ. Verbindungen", 1, Nr. 1, 108 (1964) (russ.).
[555] W. G. Dauben, K. S. Pitzer, in M. S. Newman, Steric Effects in Organic Chemistry, S. 9, New York, 1956.
[556] V. A. Kodolov, „Reaktionsfähigkeit organ. Verbindungen", 2, Nr. 4 (6), 11 (1965) (russ.).
[557] S. S. Biechler, R. W. Taft, J. Am. Chem. Soc. 79, 4927 (1957).
[558] N. B. Chapman, J. Shorter, J. H. P. Utley, J. Chem. Soc. 1963, 1291.
[559] M. Friedman, J. S. Wall, J. Am. Chem. Soc. 86, 3735 (1964).
[560] M. Friedman, J. F. Cavins, J. S. Wall, J. Am. Chem. Soc. 87, 3672 (1965).
[561] J. E. Dubois, G. Mouvier, Tetrahedron Letters 20, 1325 (1963).
[562] J. E. Dubois, A. Schwarz, Compt. rend. 259, 2101 (1964).
[563] J. E. Dubois, G. Mouvier, Compt. rend. 259, 2227 (1964).
[564] J. E. Dubois, G. Barbier, Tetrahedron Letters 17, 1217 (1965).
[565] V. O. Pichl, V. T. Timotcheus, A. E. Pichl, A. I. Talvik, „Reaktionsfähigkeit organ. Verbindungen", 2, Nr. 2 (4), 16 (1965) (russ.).
[566] L. M. Litvinenko, N. M. Oleijnik, „Reaktionsfähigkeit organ. Verbindungen", 2. Nr. 2 (4), 57 (1965) (russ.).
[567] Ch. R. Timotcheus, A. I. Talvik, „Reaktionsfähigkeit organ. Verbindungen", 3, Nr. 1 (7), 174 (1966) (russ.).
[568] A. F. Popov, N. M. Oleijnik, L. M. Litvinenko, „Reaktionsfähigkeit organ. Verbindungen", 3, Nr. 1 (7), 11 (1966) (russ.).
[569] B. A. Poraij-Košic, L. M. Krjukova, „Reaktionsfähigkeit organ. Verbindungen", 3, Nr. 1 (7), 20 (1966) (russ.).
[570] I. V. Talvik, „Reaktionsfähigkeit organ. Verbindungen", 3, Nr. 1 (7), 233 (1966) (russ.).
[571] R. T. M. Fraser, Nature 205, Nr. 4977, 1207 (1965).
[572] T. C. Bruice, W. C. Bradbury, J. Am. Chem. Soc. 87, 4838 (1965).
[573] T. C. Bruice, W. C. Bradbury, J. Am. Chem. Soc. 87, 4846 (1965).
[574] M. S. Newman, J. Am. Chem. Soc. 72, 4783 (1950).
[575] N. B. Chapman, J. Shorter, J. H. P. Utley, J. Chem. Soc. 1962, 1824.
[576] B. M. Wepster, Rec. trav. chim. 76, 335 (1957).
[577] B. M. Wepster, Rec. trav. chim. 76, 357 (1957).
[578] E. Tommila, Ann. Acad. Sci., Fennicae, *A* 57, Nr. 13 (1941).
[579] E. Tommila, Ann. Acad. Sci., Fennicae, *A* 59, Nr. 3 (1942).
[580] E. Tommila, L. Brehmer, H. Elo, Ann. Acad. Sci., Fennicae, *A* 59, Nr. 9 (1942).
[581] E. Tommila, L. Brehmer, H. Elo, Ann. Acad. Sci., Fennicae, *A* 11, Nr. 16 (1945).
[582] E. Tommila, C. N. Hinshelwood, J. Chem. Soc. 1938, 1801.
[583] E. Berliner, M. C. Beckett, E. A. Bloomers, B. Newman, J. Am. Chem. Soc. 74, 4940 (1952).
[584] L. M. Litvinenko, Izvest. Akad. Nauk SSSR, Ser. chim. Nauk, 1738 (1962).
[585] D. H. McDaniel, J. Org. Chem. 26, 4692 (1961).
[586] R. W. Taft, F. Prosser, L. Goodman, G. D. Davis, J. Chem. Phys. 38, 380 (1963).
[587] C. Y. Meyers, B. Cermonini, L. Maioli, J. Am. Chem. Soc. 86, 2944 (1964).
[588] R. W. Taft, J. W. Rakshys, jr., J. Am. Chem. Soc. 87, 4387 (1965).
[589] S. I. Miller, J. Am. Chem. Soc. 81, 101 (1959).
[590] I. L. Knunjanc, A. A. Neijmyševa, V. A. Palm, N. A. Lošadkin, S. M. Markov, V. I. Savčuk, A. M. Polechin, „*Nucleophile Substitution am tetraedrischen Phosphoratom. Zusammenhang zwischen dem Bau phosphorhaltiger Verbindungen und der Reaktionsfähigkeit. Anwendung der Korrelationsgleichungen*", Vortrag auf der 3. Allrussischen Konferenz der Chemie und der Anwendung phosphororgan. Verbindungen, Moskau, Oktober 1965.
[591] V. A. Palm, A. A. Neijmyševa, I. L. Knunjanc, „Reaktionsfähigkeit organ. Verbindungen", 4, Nr. 1 (11), 38 (1967) (russ.).

[592] I. V. TALVIK, V. A. PALM, „Reaktionsfähigkeit organ. Verbindungen", **2**, Nr. 1, 110 (1965) (russ.).
[593] J. A. KOPPEL, „Reaktionsfähigkeit organ. Verbindungen", **2**, Nr. 2 (4), 26 (1965) (russ.).
[594] D. VLACHOVA, R. ZAHRADNIK, K. ANTOŠ, P. KRISTIAN, A. HULKA, Coll. Czech. Chem. Comm. **27**, 2826 (1962).
[595] R. F. BROWN, J. Org. Chem. **27**, 3015 (1962).
[596] K. D. WARREN, J. R. YANDLE, J. Chem. Soc. **1965**, **4221**.
[597] J. A. PARRY, K. D. WARREN, J. Chem. Soc. 1965, 4049.
[598] L. P. CLARK, J. Phys. Chem. **68**, 3048 (1964).
[599] L. P. CLARK, J. Am. Chem. Soc. **68**, 2150 (1964).
[600] L. P. CLARK, J. Am. Chem. Soc. **69**, 2277 (1965).
[601] L. P. CLARK, J. Am. Chem. Soc. **69**, 3565 (1965).
[602] L. P. CLARK, J. Am. Chem. Soc. **70**, 627 (1966).
[603] J. E. LEFFLER, Nature **205**, 1101 (1965).
[604] J. E. LEFFLER, J. Org. Chem. **31**, 533 (1966).
[605] R. C. PETERSEN, J. Org. Chem. **29**, 3133 (1964).
[606] O. EXNER, Nature **201**, 488 (1964).
[607] O. EXNER, Coll. Czech. Chem. Comm. **29**, 1094 (1964).
[608] M. J. MALAWSKI, Roczn. chem. **38**, 137 (1964).
[609] M. J. MALAWSKI, Roczn. chem. **38**, 1129 (1964).
[610] J. B. ROSELL, J. Chem. Soc. 1963, 5183.
[611] R. E. LOVINS, L. J. ANDREWS, R. M. KEEFER, J. Phys. Chem. **68**, 2553 (1964).
[612] V. V. SINEV, O. F. GINZBURG, E. I. KVJAT, „Reaktionsfähigkeit organ. Verbindungen", **2**, Nr. 3 (5), 90 (1965) (russ.).
[613] A. TALVIK, Uč. zap. Tartu Gos. Univ. **95**, 38 Tartu (1960).
[614] V. A. PALM, Ü. L. HALDNA, Doklady Akad. Nauk SSSR **135**, 667 (1960).
[615] V. A. PALM, Ü. L. HALDNA, A. J. TALVIK, in: „*The Chemistry of the Carbonyl Group*", London, 1966, Redaktion S. PATAI.
[616] R. P. BELL, „*The Proton in Chemistry*", Cornell University Press, Ithaca—N. Y., 1959.
[617] R. P. BELL, D. H. EVERETT, H. C. LONQUET-HIGGINS, Proc. Roy. Soc. *A* **186**, 443 (1946).
[618] R. P. BELL, W. C. E. HIGGINSON, Proc. Roy. Soc. *A* **197**, 141 (1949).
[619] R. V. VIZGERT, I. M. OZDOROVSKAJA, „Reaktionsfähigkeit organ. Verbindungen", **3**, Nr. 2 (8), 35 (1966) (russ.).
[620] H. K. HALL, J. Org. Chem. **29**, 3539 (1964).
[621] R. PEARSON, R. L. DILLON, J. Am. Chem. Soc. **75**, 2439 (1953).
[622] W. P. JENCKS, M. GILCHRIST, J. Am. Chem. Soc. **84**, 2910 (1962).
[623] J. MURTO, Acta Chem. Scand. **18**, 1043 (1964).
[624] M. BENDER, J. JONES, J. Org. Chem. **27**, 3771 (1962).
[625] L. M. LITVINENKO, A. F. POPOV, „Reaktionsfähigkeit organ. Verbindungen", **2**, Nr. 2 (4), 44 (1965) (russ.).
[626] L. M. LITVINENKO, A. F. POPOV, A. M. BOROVENSKIJ, „Reaktionsfähigkeit organ. Verbindungen", **3**, Nr. 2 (8), 93 (1966) (russ.).
[627] R. V. VIZGERT, I. M. OZDOROVSKAJA, „Reaktionsfähigkeit organ. Verbindungen", **3**, Nr. 2 (8), 16 (1966) (russ.).
[628] R. E. DAVIS, J. Am. Chem. Soc. **87**, 3010 (1965).
[629] M. BORN, Z. Physik. **1**, 45 (1920).
[630] J. G. KIRKWOOD, J. Chem. Phys. **2**, 351 (1934).
[631] J. H. ELLIOTT, M. KILPATRICK, J. Phys. Chem. **45**, 471 (1941).
[632] J. H. ELLIOTT, J. Phys. Chem. **46**, 221 (1962).
[633] M. KILPATRICK, R. D. EANES, J. Am. Chem. Soc. **65**, 589 (1943).
[634] E. TOMMILA, S. MALTAMO, Suomen Kemistilehti, **28** *B*, 73 (1955).
[635] E. TOMMILA, S. MALTAMO, Suomen Kemistilehti, **28** *B*, 118 (1955).

[636] E. TOMMILA, Acta Chem. Scand. **13**, 622 (1959).
[637] E. J. CAIRNS, J. M. PRAUSNITZ, J. Chem. Phys. **32**, 169 (1960).
[638] T. KUBOTA, M. YAMAKAWA, Bull. Chem. Soc., Japan, **35**, 55 (1962).
[639] P. BACKELMANS, M. GIELEN, J. NASIELSKI, Ind. Chim. Belge, 1265 (1964).
[640] E. TOMMILA, J. MURTO, Acta Chem. Scand., **16**, 53 (1962).
[641] S. S. KATIYAR, Z. phys. Chem. **34**, 346 (1962).
[642] S. G. ÄNTELIS, R. P. TIGER, E. J. NEVELSKIJ, J. V. ÄPELBAUM, Izvest. Akad. Nauk SSSR, **246** (1963).
[643] V. V. SINEV, „Reaktionsfähigkeit organ. Verbindungen“, **3**, Nr. 1 (7), 191 (1966) (russ.).
[644] A. H. FAINBERG, S. WINSTEIN, J. Am. Chem. Soc. **78**, 2770 (1956).
[645] E. S. RUDAKOV, Doklady Akad. Nauk SSSR, **127**, 1058 (1959).
[646] E. TOMMILA, O. VIRTANEN, Suomen Kemistilehti, **34** *B*, 139 (1961).
[647] J. B. HYNE, J. H. JENSEN, Can. J. Chem. **41**, 1679 (1963).
[648] N. TOKURA, T. KAWAHARA, S. JKEDA, Bull. Chem. Soc., Japan, **37**, 138 (1964).
[649] C. K. INGOLD, Structure and Mechanism in Organic Chemistry, Ithaca (N. Y.), 1953.
[650] K. DIMROTH, C. REICHARDT, T. SIEPMANN, E. BOHLMANN, Lieb. Ann. Chem. **661**, 1 (1963).
[651] J. A. BORSON, Z. HAMLET, W. A. MUELLER, J. Am. Chem. Soc. **84**, 297 (1962).
[652] M. GIELEN, J. NASIELSKI, Res. trav. chim. Pays-Bas, **82**, 228 (1963).
[653] R. W. TAFT, G. B. KLINGENSMITH, E. PRICE, I. R. FOX, „*Symposium on Linear Free Energy Corelations*“, Preprints of Papers, 265, Durham, North Carolina, 1964.
[654] V. A. IZMAILSKIJ, M. A. MOSTOSLAVSKIJ, Doklady Akad. Nauk SSSR **139**, 610 (1961).
[655] M. A. MOSTOSLAVSKIJ, V. A. IZMAILSKIJ, Doklady Akad. Nauk SSSR **142**, 600 (1962).
[656] M. A. MOSTOSLAVSKIJ, M. N. ŠAPKINA, „*Korrelationsgleichungen in der organ. Chemie*“, Band II, Tartu, 1963 (russ.). Seite 119.
[657] L. G. S. BROOKER, A. C. CRAIG, D. W. HESELTINE, P. W. JENKINS, L. L. LINCOLN, J. Am. Chem. Soc. **87**, 2443 (1965).
[658] J. E. DUBOIS, E. GOETZ, A. BIENVENÜE, Spectrochim. Acta **20**, 1815 (1964).
[659] S. G. SMITH, A. H. FAINBERG, S. WINSTEIN, J. Am. Chem. Soc. **83**, 618 (1961).
[660] C. G. SWAIN, A. MACLACKLAN, J. Am. Chem. Soc. **82**, 6095 (1960).
[661] A. H. FAINBERG, S. WINSTEIN, J. Am. Chem. Soc. **79**, 1597 (1957).
[662] A. H. FAINBERG, S. WINSTEIN, J. Am. Chem. Soc. **79**, 1602 (1957).
[663] A. H. FAINBERG, S. WINSTEIN, J. Am. Chem. Soc. **79**, 1608 (1957).
[664] S. WINSTEIN, A. H. FAINBERG, E. GRUNWALD, J. Am. Chem. Soc. **79**, 4146 (1957).
[665] V. A. PALM, A. O. KYRGESAAR, „Reaktionsfähigkeit organ. Verbindungen“, **1**, Nr. 1, 140 (1964) (russ.).
[666] I. A. KOPPEL, „Reaktionsfähigkeit organ. Verbindungen“, **1**, Nr. 2, 148 (1964) (russ.).
[667] I. A. KOPPEL, A. O. KYRGESAAR, V. A. PALM, „Reaktionsfähigkeit organ. Verbindungen“, **1**, Nr. 2, 125 (1964) (russ.).
[668] I. A. KOPPEL, „Reaktionsfähigkeit organ. Verbindungen“, **2**, Nr. 1, 162 (1965) (russ.).
[669] I. A. KOPPEL, „Reaktionsfähigkeit organ. Verbindungen“, **2**, Nr. 1, 167 (1965) (russ.).
[670] I. A. KOPPEL, „Reaktionsfähigkeit organ. Verbindungen“, **2**, Nr. 1, 175 (1965) (russ.).
[671] I. A. KOPPEL, „Reaktionsfähigkeit organ. Verbindungen“, **2**, 2 (4), 148 (1965) (russ.).
[672] I. A. KOPPEL, „Reaktionsfähigkeit organ. Verbindungen“, **2**, 2 (4), 169 (1965) (russ.).
[673] C. E. BOOZER, I. D. ROBINSON, A. SOLDATOS, J. C. TRISLER, C. WILEY, J. Am. Chem. Soc. **78**, 3428 (1956).
[674] Y. POCKER, J. Chem. Soc. 1959, 1179.
[675] Y. POCKER, J. Chem. Soc. 1960, 1972.
[676] H. SHINGU, K. OKAMOTO, E. AJISAKA, Nippon Kagaku Zasshi **78**, 554 (1957).
[677] K. OKAMOTO, H. SHINGU, Bull. Chem. Soc., Japan, **34**, 1131 (1961).
[678] R. E. PINCOCK, „*Solvation Phenomena*“, Symposium Reprints, **26**, the University of Alberta, Canada, 1963.
[679] R. E. PINCOCK, J. Am. Chem. Soc. **86**, 1820 (1964).

[680] B. Čubar, Usp. Chim. **34**, 1267 (1965).
[681] A. D. Buckingham, Proc. Roy. Soc. *A*, **248**, 169 (1958).
[682] G. L. Caldow, H. W. Thompson, Proc. Roy. Soc. *A*, **254**, 1 (1960).
[683] G. L. Caldow, D. Cunliffe-Jones, H. W. Thompson, Proc. Roy. Soc. *A*, **254**, 17 (1960).
[684] H. E. Hallam, T. C. Ray, Nature **189**, 75 (1961).
[685] H. E. Hallam, T. C. Ray, Trans. Far. Soc. **58**, 1299 (1962).
[686] Ü. L. Haldna, Ch. I. Kuura, L. E. I. Erreline, V. A. Palm, „Reaktionsfähigkeit organ. Verbindungen", **2**, Nr. 2 (4), 194 (1965) (russ.).
[687] I. A. Koppel, V. A. Palm, unveröffentlichte Resultate; eingehende Darlegungen dieses Materials werden speziell veröffentlicht.
[688] A. O. Kyrgesaar, V. G. Timotcheus, V. A. Palm, „*Korrelationsgleichungen in der organ. Chemie*", Band 1, Tartu, 1962 (russ.) Seite 265.
[689] L. G. Helper, J. Am. Chem. Soc. **85**, 3089 (1963).
[690] R. W. Taft, Seminarvortrag an der Kalifornischen Universität Irvin, 1966.
[691] R. E. Powell, W. M. Latimer, J. Chem. Phys. **19**, 1139 (1951).
[692] J. E. Gordon, J. Org. Chem. **26**, 738 (1961).
[693] R. W. Taft, J. Am. Chem. Soc. **82**, 2965 (1960).
[694] J. F. Bunnett, J. Am. Chem. Soc. **83**, 4973 (1961).
[695] Ü. L. Haldna, A. I. Talvik, „*Korrelationsgleichungen in der organ. Chemie*", Band 1, Tartu, 1962 (russ.), Seite 283.
[696] J. T. Edward, J. C. Wang, Cand. J. Chem. **40**, 966 (1962).
[697] J. T. Edward, H. Stollar, Can. J. Chem. **41**, 721 (1963).
[698] A. I. Riggs, J. Chem. Soc. 1961, 2572.
[699] R. Colben, Dissertation, The Pennsylvania State University, June 1966, zit. Nr. [690].
[700] R. Bates, H. B. Hetzer, J. Phys. Chem. **65**, 667 (1961).
[701] P. Love, Dissertation, The Pennsylvania State University, June 1961, zit. Nr. [690].
[702] F. A. Long, J. Schulze, J. Am. Chem. Soc. **83**, 3340 (1961).
[703] E. M. Arnett, „*Progress in Physical Organic Chemistry*", V. I. N. Y.-London, 1963, p. 237—249.
[704] E. M. Arnett, G. W. Mach, J. Am. Chem. Soc. **86**, 2671 (1964).
[705] J. D. Roberts, R. A. Carboni, J. Am. Chem. Soc. **77**, 5554 (1955).
[706] P. Mamalis, H. N. Rydon, J. Chem. Soc. 1955, 1049.
[707] H. W. Tompson, G. Stell, Trans. Faraday Soc. **52**, 1451 (1956).
[708] A. C. Farthing, B. Nam, „*Steric Effects in Conjugated Systems*", N. Y., 1958.
[709] M. M. Davis, H. B. Hetzer, J. Res. Natl. Bur. Stand. **60**, 569 (1958).
[710] A. W. Baker, A. E. Shulgin, J. Am. Chem. Soc. 81, 1523 (1959).
[711] G. G. Smith, D. A. K. Jones, „*Abstracts*", 144th National Meeting of the American Chemical Society, 1963, p. 58M.
[712] N. B. Chapman, J. Shorter, J. H. P. Utley, J. Chem. Soc. 1963, 1291.
[713] M. Charton, J. Am. Chem. Soc. **86**, 2033 (1964).
[714] D. A. D. Jones, G. G. Smith, J. Org. Chem. **29**, 3531 (1964).
[715] V. M. Maremjae, J. B. Asenbuš, „Reaktionsfähigkeit organ. Verbindungen", **2**, Nr. 1, 83 (1965) (russ.).
[716] R. Itô, T. Migita, N. Morihawa, O. Simamura, Tetrahedron **21** 955 (1965).
[717] I. J. Solomon, R. Filler, J. Am. Chem. Soc. **85**, 3492 (1963).
[718] V. M. Maremjae, „Reaktionsfähigkeit organ. Verbindungen", **2**, Nr. 3 (5), 13 (1965) (russ.).
[719] G. G. Smith, B. I. Yates, J. Org. Chem. **30**, 434 (1965).
[720] V. M. Maremjae, „*Kinetische Untersuchung der basischen Hydrolyse von Aryltosylaten*", Dissertation, Tartu 1966 (russ.).
[721] V. M. Maremjae, „Reaktionsfähigkeit organ. Verbindungen", **2**, Nr. 3 (5), 13 (1965) (russ.).
[722] A. R. Icher, J. K. Kicho, „Reaktionsfähigkeit organ. Verbindungen", **2**, Nr. 2 (4), 108 (1965) (russ.).

[723] A. J. SHATENSTEIN, Tetrahedron **18**, 95 (1962).
[724] V. V. SINEV, „Reaktionsfähigkeit organ. Verbindungen", **3**, Nr. 1 (7), 44 (1966) (russ.).
[725] V. V. SINEV, O. F. GINZBURG, E. J. KVJAT, „Reaktionsfähigkeit organ. Verbindungen", **2**, Nr. 3 (5), 84 (1965) (russ.).
[726] S. M. ŠEIJN, L. A. KOZOREZ, V. A. IGNATOV, „Reaktionsfähigkeit organ. Verbindungen", **2**, Nr. 3 (5), 152 (1965) (russ.).
[727] Ü. L. HALDNA, RODIMA, „Reaktionsfähigkeit organ. Verbindungen", **3**, Nr. 2 (8), 169 (1966) (russ.).
[728] A. I. SHATENSTEIN, E. A. KOVRIŽNYCH, V. M. BASMANOVA, „Reaktionsfähigkeit organ. Verbindungen", **2**, Nr. 24, 135 (1965) (russ.).
[729] A. I. SHATENSTEIN, V. A. BESSONOV, E. A. JAKOVLEVA, „Reaktionsfähigkeit organ. Verbindungen", **2**, Nr. 35, 253 (1965) (russ.).
[730] A. TUULMETS, „Reaktionsfähigkeit organ. Verbindungen", **4**, Nr. 1 (11), 17 (1967) (russ.).
[731] V. M. MAREMJAE, „Reaktionsfähigkeit organ. Verbindungen", **4**, Nr. 1 (11), 96 (1967) (russ.).
[732] G. S. IDLIS, O. F. GINZBURG, „Reaktionsfähigkeit organ. Verbindungen", **3**, Nr. 3 (9), (1966) (russ.).

Bei Fragen zur Produktsicherheit wenden Sie sich bitte an:
If you have any questions regarding product safety,
please contact:

Walter de Gruyter GmbH
Genthiner Straße 13
10785 Berlin
productsafety@degruyterbrill.com